MY CONTROL ENGINEERING

나의 제어공학

김동헌 지음

도서출판 Wisdom PL

머리말

제어(control)란 시스템을 사용자가 원하는 방향으로 조정하는 것이며, 이러한 방법을 연구하는 학문분야를 제어공학이라고 부릅니다. 제어 공학은 전기, 전자, 기계, 메카트로닉스, 로봇, 화학공학, 우주항공 공학에서 주가 되어 사용되고 있으며, 그 필요성과 응용성은 산업 기술의 발전 속도와 맞추어 점점 커지고 있습니다. 따라서 제어공학의 기본지식과 개념들은 전기, 전자, 기계 공학을 다루는 엔지니어들에게서 없어서는 안 될 필수 항목이 되었습니다.

제어공학을 다루는 전공 서적으로 이미 많은 서적들이 나와 있고, 다음의 두 책들이 제어공학 내용을 잘 설명해주는 저자의 추천 도서입니다.

Automatic Control(자동제어) – Benjamin C. Kuo (8판, 750 page)

Control Systems Engineering(제어시스템공학) – Norman S. Nise (5판, 847 page)

위의 서적들은 번역본도 시중에 나와 있고, 제어공학 서적의 베스트셀러입니다. 하지만 책 내용이 너무 방대하여, 짧은 시간에 제어공학을 공부하거나, 쉽게 필요한 부분만을 공부하려는 학생들에게는 상당히 부담감이 있는 것이 사실입니다.

따라서, 본서를 쓰게 된 배경이 여기에 있고, 다음과 같은 학생들에게는 위의 추천서보다는 이 책이 더 적합할 것이라 생각합니다.

1. 제어공학을 짧은 시간에 꼭 필요한 부분만을 개념적으로 이해하며 공부하고 싶은 학생
2. 제어공학에 나오는 어려운 수학을 쉬운 예제를 통하여 이해하고 싶은 학생
3. 제어공학을 공부하면서 기사시험도 같이 준비하는 학생 (기사 문제 200개 포함)
4. 제어공학 내용을 컴퓨터(MATLAB 예제 포함)를 이용하여 실무적(해석, 설계)으로 공부하고 싶은 학생

제어공학을 처음 배우는 학생들에게 제어공학 혹은 자동제어라는 과목은 매우 어렵게 느껴지고, 많은 수학식으로 인하여 학생들이 쉽게 질리는 것이 현실입니다. 2학기로 편성되어 있는 교과과정 중에 제어공학1(한 학기 과정)을 듣고 제어공학2(다음 학기 과정)를 포기하는 학생들이 많아지고 있습니다. 그러므로 저자는 제어공학을 공부하는 학생들이 제어공학의 개념적인 부분에 충실하여 학생들의 이해를 돕도록 다

음과 같은 점에 특히 유의하였습니다.

1. 이론 체계의 개념적 파악 : 라플라스 변환의 예를 들면, 라플라스 변환을 왜 학생들이 배워야 하고 어디에 사용할 수 있는지와 같은 이론 체계의 개념적 파악에 충실하도록 함

2. 기본적인 사항의 철저한 이해 : 반복적이고, 복잡한 문제 풀이보다는 이론의 원리를 쉽게 이해할 수 있도록 기본적인 사항에 페이지를 더 많이 할애함.

3. 수학적인 엄밀성 보다는 개념이해에 중점을 둠 : 수학적인 엄밀성보다도 직관적인 이해에 중점을 주고 학생들의 개념 이해와 통찰력을 갖도록 노력함.

4. 문제풀이의 단계별 체계화 : 복잡한 이론에 대한 풀이 과정을 돕고자 쉬운 예제들을 대상으로 단계별로 풀 수 있는 과정을 들어 문제 풀이를 체계화 함.

5. 컴퓨터 시뮬레이션 학습 도모 : MATLAB S/W를 이용하여 각 장에서 배운 내용들을 컴퓨터에서 실습하고 학습의 흥미를 유발하고자 각 장마다 페이지를 할애하여 각 장에 적합한 MATLAB 예제들을 다룸.

6. 국가시험 기사 문제 : 학생들이 본론에서 배운 내용을 토대로 문제를 풀어나가는 능력을 배양하고자 관련된 전기기사 문제 200개를 실었으며, 해답을 통해 확인 하도록 함.

이 책을 사용하여 제어공학을 가르치는 교수님들은 학생들의 이해도를 측정하기 위해 책 본문에 나와 있는 예제에 학생들이 숫자 혹은 수학식을 변경하여 숙제로 문제를 풀어올 것을 권고합니다. 이렇게 하면 학생들 모두가 서로 다른 문제를 직접 만들기 때문에 학생들끼리 서로 숙제를 베껴오는 문제를 해결하고 문제 풀이에 흥미도를 높일 수 있습니다. 이것이 바로 이 책에서 기사문제 외에 연습문제를 추가하지 않은 이유입니다.

본서의 모든 내용들은 전기, 전자, 기계, 제어계측, 로봇, 항공공학과 학부생이라면 반드시 학습해야 될 내용들입니다. 이 책을 쓰기 위해서 저자는 지금까지 강의한 강의노트를 바탕으로 앞에서 강조한 여섯 가지 사항들을 중심으로 노력하였으나 이러한 의도가 어느 정도 실현 되었는지는 학생 여러분들의 판단입니다. 끝으로 제어공학을 공부하고 있는 학부생들에게 이 책이 많은 도움이 되길 바랍니다.

저자 김동헌 씀

로드맵

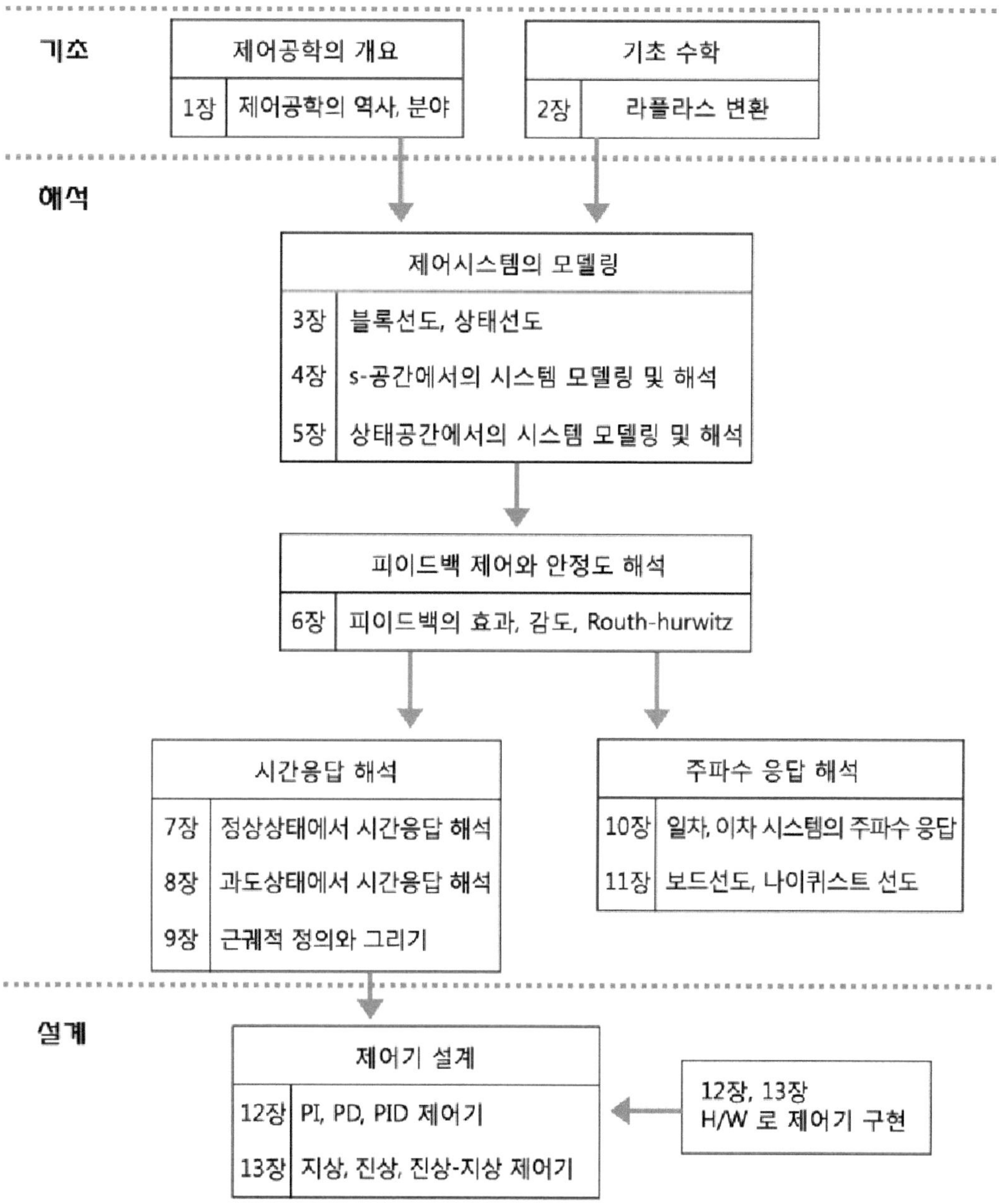
기초
제어공학의 개요
1장 제어공학의 역사, 분야
기초 수학
2장 라플라스 변환
해석
제어시스템의 모델링
3장 블록선도, 상태선도
4장 s-공간에서의 시스템 모델링 및 해석
5장 상태공간에서의 시스템 모델링 및 해석
피이드백 제어와 안정도 해석
6장 피이드백의 효과, 감도, Routh-hurwitz
시간응답 해석
7장 정상상태에서 시간응답 해석
8장 과도상태에서 시간응답 해석
9장 근궤적 정의와 그리기
주파수 응답 해석
10장 일차, 이차 시스템의 주파수 응답
11장 보드선도, 나이퀴스트 선도
설계
제어기 설계
12장 PI, PD, PID 제어기
13장 지상, 진상, 진상-지상 제어기
12장, 13장
H/W 로 제어기 구현

차 례

1. 제어공학의 개요 ········ 1
   - 1.1 제어공학의 정의와 사전지식 ········ 2
   - 1.2 제어공학에서 사용되는 용어 정의 ········ 6
   - 1.3 제어공학의 역사 ········ 9
   - 1.4 제어시스템의 분야 ········ 10
   - 1.5 제어시스템의 예 - 자격루(조선시대) ········ 12
   - 1.6 제어시스템 설계과정 ········ 14
   - 1.7 MATLAB 활용 ········ 15
   - 1.8 기사 문제 ········ 21

2. 제어공학의 기초 수학 ········ 23
   - 2.1 개요 ········ 24
   - 2.2 라플라스 변환 ········ 25
     - 2.2.1 라플라스 변환의 필요성 ········ 25
     - 2.2.2 라플라스 변환의 정의 ········ 26
     - 2.2.3 라플라스 변환과 푸리에 변환의 차이점 ········ 28
     - 2.2.4 시간함수와 주파수함수와의 관계 ········ 29
     - 2.2.5 라플라스 변환의 예 ········ 30
   - 2.3 라플라스 변환의 성질 ········ 32
   - 2.4 시스템 해석 ········ 39
   - 2.5 MATLAB 활용 ········ 43
   - 2.6 기사 문제 ········ 46

3. 블록선도와 상태선도 ········ 51
   - 3.1 블록 선도 (block diagram) ········ 52
   - 3.2 신호 흐름도 ········ 56
   - 3.3 메이슨 정리 ········ 59
   - 3.4 상태 선도 ········ 63
   - 3.5 상태 공간 방정식 ········ 68

3.6 전달 함수에서 상태 공간으로 변환 ······ 69
3.6.1 전달 함수의 분자가 상수인 경우(4차 시스템) ······ 69
3.6.2 전달 함수의 분자가 다항식인 경우 (4차 시스템) ······ 71
3.7 MATLAB 활용 ······ 74
3.8 기사 문제 ······ 78

4. s-공간에서의 시스템 모델링 및 해석 ······ 83
4.1 전기 시스템 ······ 84
4.2 기계 시스템 ······ 89
4.2.1 직선 운동 기계 시스템 ······ 89
4.2.2 회전 운동 기계 시스템 ······ 91
4.3 기어 ······ 93
4.4 기계 시스템과 전기 시스템 간의 유사(Analogy)관계 ······ 98
4.5 전기 기계 시스템 - 모터 ······ 105
4.6 산업용 시스템 모델링 ······ 113
4.7 기사 문제 ······ 118

5. 상태공간에서의 시스템 모델링 및 해석 ······ 123
5.1 상태 공간 방정식 ······ 124
5.2 전기 시스템의 상태 공간 모델링 ······ 125
5.3 기계 시스템의 상태 공간 모델링 ······ 127
5.4 전기 기계 시스템의 상태 공간 모델링 ······ 132
5.5 상태 공간 해석을 위한 선형 대수학 ······ 134
5.5.1 고유값과 고유벡터 ······ 134
5.5.2 대각선 행렬 ······ 137
5.5.3 지수 함수 행렬 ······ 138
5.6 상태 공간 방정식을 전달함수로 변환 ······ 141
5.7 상태 공간 방정식의 해 ······ 144
5.7.1 상태 천이 행렬 ······ 144
5.7.2 상사변환 ······ 149
5.8 MATLAB 활용 ······ 152
5.9 기사 문제 ······ 154

6. 피드백제어와 안정도 해석 159
6.1 피드백의 정의 160
6.2 피드백의 효과 162
6.2.1 피드백이 없을 때의 제어 162
6.2.2 피드백이 있을 때의 제어 165
6.3 피드백 시스템에서 외란에 의한 영향 167
6.4 센서(감지기) 169
6.5 BIBO 안정도 173
6.6 Routh-Hurwitz의 안정도 판별법 176
6.7 감도 (sensitivity) 184
6.8 피드백 시스템에서의 감도 185
6.9 기사 문제 188

7. 정상상태에서 시간응답 해석 193
7.1 시간 응답해석에 대한 기초 이론 194
7.2 정상상태 오차 198
7.3 시스템 유형에 따른 정상상태 오차 202
7.4 단위 피드백이 아닌 시스템에 대한 정상상태 오차 208
7.5 외란에 의한 정상상태 오차 213
7.6 MATLAB 활용 215
7.7 기사 문제 219

8. 과도상태에서 시간응답 해석 225
8.1 일차 시스템의 시간 응답 해석 226
8.2 이차 시스템의 시간 응답 해석 230
8.3 이차 부족제동 시스템의 시간 응답 해석 237
8.4 이차 부족 제동 시스템의 응답 규격 243
8.5 극점의 위치 변화에 대한 이차 부족 제동 시스템의 계단 응답 분석 251
8.6 극점과 영점추가에 대한 시스템 응답 해석 253
8.7 MATLAB 활용 260
8.8 기사 문제 263

9. 근궤적 ···· 267
9.1 근궤적의 정의 ···· 268
9.2 근궤적 그리기 절차 ···· 272
9.3 극점과 영점 추가에 의한 근궤적 변화 ···· 294
9.4 MATLAB 활용 ···· 299
9.5 기사 문제 ···· 302

10. 주파수 응답 해석 기초 ···· 305
10.1 주파수 응답의 개념 ···· 306
10.2 주파수 응답 해석을 위한 기본 수학 ···· 308
10.3 일차, 이차 시스템의 주파수 응답 ···· 312
10.4 주파수 응답과 시간 응답의 관계성 ···· 319
10.5 MATLAB 활용 ···· 322
10.6 기사 문제 ···· 324

11. 보드선도와 나이퀴스트를 이용한 주파수 응답 해석 ···· 327
11.1 보드선도 ···· 329
11.2 나이퀴스트 선도(Nyquist diagram) ···· 341
11.3 보드선도를 이용한 안정도 해석 ···· 346
11.4 나이퀴스트 선도를 이용한 안정도 해석 ···· 352
11.5 MATLAB 활용 ···· 360
11.6 기사 문제 ···· 362

12. PID 제어기 설계 ···· 369
12.1 제어기 설계의 배경과 목적 ···· 370
12.2 히터의 예를 통한 PID 제어기의 개념 이해 ···· 374
12.3 PI 제어기 설계 ···· 377
12.4 PD 제어기 설계 ···· 382
12.5 PID 제어기 설계 ···· 387
12.6 PID 제어기의 H/W 구성 ···· 395
12.6.1 아날로그 PID 제어기 구현 ···· 395
12.6.2 디지털 PID제어기 구현 ···· 398

12.7 MATLAB® 활용 ··· 400
12.8 기사 문제 ··· 420

13. 진상-지상 제어기 설계 ··· 423
13.1 지상, 진상 제어기의 개념 이해 ··· 424
13.2 지상 제어기의 설계 ··· 426
13.3 진상 제어기의 설계 ··· 430
13.4 진상-지상 제어기의 설계 ··· 438
13.5 진상-지상 제어기의 H/W 구성 ··· 442
13.5.1 수동회로 ··· 442
13.5.2 능동 회로 ··· 444
13.6 MATLAB® 활용 ··· 446
13.7 기사 문제 ··· 451

부록 제어공학에 필요한 기초수학 ··· 453

찾아보기 ··· 463

1 제어공학의 개요

이 장에서는 제어공학을 처음으로 접하거나 제어공학에 관심을 갖는 사람들을 위해 제어공학 전반에 걸쳐 주요개념들을 설명한다. “제어공학이란 무엇인가?”라는 의문에 대해 쉬운 개념과 정의로 설명하고자 한다. 먼저 제어공학에서 사용하는 주요용어들을 정리하고, 아주 단순한 시스템의 예를 들어서 시퀀스 제어와 피드백(feedback)제어의 개념을 익힌다. 그리고 제어의 개념이 응용된 각기 다른 분야의 다양한 예들을 살펴보고 제어시스템 설계 과정을 설명한다.

1.1 제어공학의 정의와 사전지식

❖ 제어란 무엇인가?

제어(control)란 대상 시스템을 사용자가 원하는 방향으로 조정 하는 것. 즉, 어떤 목적에 적합하도록 필요한 조작을 가하는 것.

예) 사용자가 눈으로 보고 행동을 취하는 것
· 직접 자동차를 운전 하는 것 ⇒ 유인제어 ⇒ 수동제어
기계가 자동으로 목적에 맞게 행동을 취하는 것
· 에어컨의 자동 온도 제어 ⇒ 무인제어 ⇒ 자동제어

❖ 제어공학이란 무엇인가?

제어란 더 자세히 설명하면, 어떤 장치나 공정의 출력신호가 원하는 상태를 따라가도록 입력신호를 적절히 조절하는 설정 혹은 설계하는 것을 뜻한다. 이러한 방법을 연구하는 학문분야를 **제어공학**이라고 부른다.

❖ 제어공학의 분류

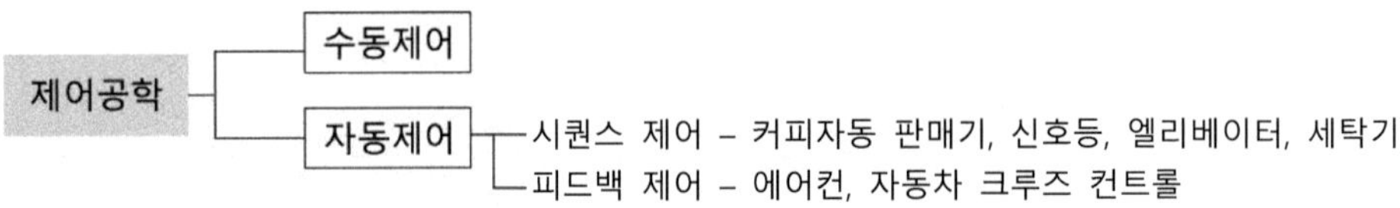

이러한 제어동작을 수행하는 회로나 장치를 **제어기**(controller)라고 하는데, 제어기의 역할을 사람이 수행하는 경우에는 수동제어(유인제어), 물리적 장치로써 제어기를 실현시킨 경우에는 자동제어(무인제어)라 부른다.

수동제어(유인제어)의 대표적인 예로는 자동차 운전을 들 수 있다. 자동차를 운전하는 경우에 운전자는 자신이 가고자 하는 목표지점에 안전하게 그리고 될 수 있는 한 빠르게 도착할 수 있도록 가속기와 브레이크와 핸들을 조작하여 자동차를 운전하는 것이다.

자동제어(무인제어)는 신호등이나 커피 자판기 등에 사용 되고 있는 시퀀스 제어(혹은 프로그램 제어라고 불림)와 에어컨이나 전열 기기의 자동온도 제어등에 사용 되고 있는 피드백 제어로 크게 나누어 진다.

❖ 시퀀스 제어

시퀀스 제어란 미리 결정된 순서대로 각 공정을 진행해가는 제어이다. 신호등, 세탁기, 엘리베이터 제어가 이에 해당하며 〈그림 1.1〉은 커피자판기의 시퀀스제어 공정을 보여준다.

〈그림 1.1〉 시퀀스제어 (커피자판기)

시퀀스 제어는 시한제어, 조건제어, 순서제어의 세 동작으로 분류한다.

시퀀스 제어
- 시한 제어
- 조건 제어
- 순서 제어

◆ **시한제어** - 미리 설정된 시간 만큼 동작을 시행시키는 제어

예) 커피 자동판매기 - 물이 나오고, 커피가 나오는 공정은 제어 회로에 미리 설정된 시간만큼 동작을 한다.

$$\text{컵 배출} \xrightarrow[\text{설정된시간}]{\text{시한제어}} \text{물,커피 배출}$$

예) 세탁기 - 세탁공정, 헹굼공정, 탈수공정에 대하여 미리 설정된 시간만큼 동작을 한다.

◆ **조건제어** - 미리 설정한 조건에 적합한지를 판단하는 제어

예) 커피 자동판매기 - 적합한 동전 종류와 동전 개수가 맞는지 확인하는 조건 제어

예) 세탁기 - 수위가 미리 설정된 높이에 이르면 센서가 이를 검출하여 급수를 멈추게 한 후 다음 세탁공정으로 넘어감. 탈수중에 뚜껑을 열면 스위치가 개방(open)되어 탈수 운전을 정지 시키는 동작.

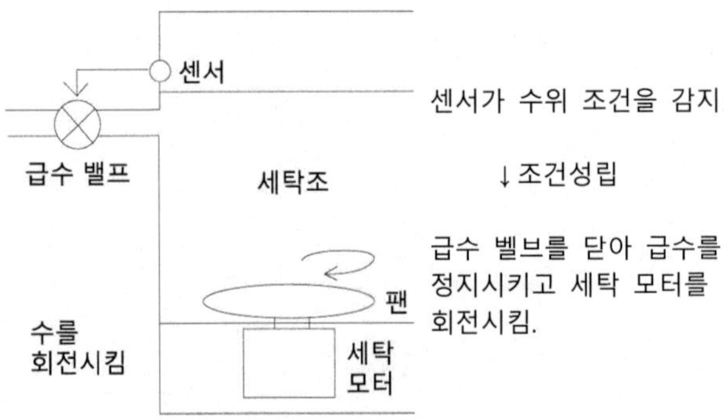

- **순서제어** - 전체 공정을 순서대로 진행하는 제어.

  전체 공정이 처음부터 끝까지의 순서가 제어 회로에 프로그램 되어 있다. 이러한 각 공정을 설정된 차례대로 진행해가는 제어 방식을 순서제어라 한다. 순서제어에서는 어떤 동작에서 다음 동작으로 넘어갈 때 시한제어, 조건제어의 동작이 포함되어 있다.

  예) 세탁기의 순서제어

급수 공정
↓
세탁 공정
↓
헹굼 공정
↓
탈수 공정

❖ 피드백 제어

피드백 제어는 출력신호가 센서에 의해 감지되어 이를 기준입력과 비교하여 그 오차가 감소하도록 하는 제어이다. 〈그림 1.2〉는 전체 피드백 제어 시스템의 구성을 보여준다.

피드백 제어의 대표적인 예로 들 수 있는 것은 히터이다. 히터는 실내온도를 일정하게 유지시켜주는 역할을 하는데, 실내온도가 미리 설정된 온도보다 낮을 때에는 열선을 가열하여 온도를 높여주고, 이 온도가 설정온도와 같아지면 열선가열 동작을 멈춤으로써 실내온도를 일정하게 유지시키는 제어동작을 수행한다.

이러한 히터에서 설정온도는 사용자에 의해 미리 결정되며, 실내온도는 히터에 부착된 센서(온도감지기)로 측정된다.

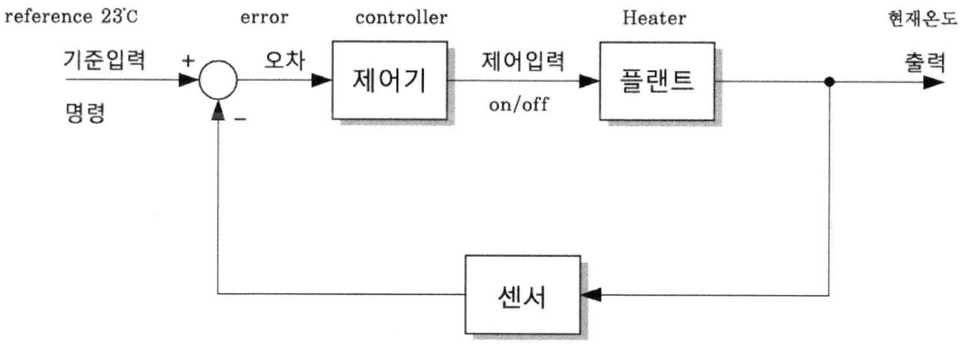

〈그림 1.2〉 제어시스템의 구성

다음은 히스테리시스 라인으로 사용자가 설정한 23°c의 온도를 기준으로 스위치가 ±0.5°c에서 개폐되는 것을 보여준다.

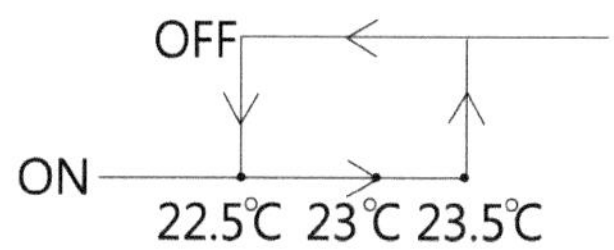

〈그림 1.2〉와 같이, 자동제어를 수행하려면 출력신호를 측정하는 센서(sensor)가 필요하며, 제어기는 이 측정신호와 기준입력 사이의 오차를 줄이면서 플랜트의 출력이 기준입력에 가까워지는 방향으로 시스템을 제어한다. 〈그림 1.2〉에서와 같이 피드백제어는 출력신호가 센서에 의해 입력단으로 피드백 되어서 이루어지는데, 이와 같이 제어대상 플랜트와 제어기 및 센서로 이루어지는 전체 시스템을 **피드백 제어시스템**(feedback control system)이라고 부른다.

앞으로 이 책에서 자동제어라 함은 피드백 제어를 다루고, 시퀀스 제어의 내용은 생략하기로 한다. 피드백 제어에 대한 장점은 다음과 같고, 이러한 장점은 6장에서 자세히 다루도록 한다.

◆ 피드백 제어의 특징

a. 정확성의 증가(오차 감소)

b. 시스템 특성 변화에 대한 감도(sensitivity)감소

c. 비선형성과 외란에 대한 효과 감소

d. 감대폭(band width)증가

1.2 제어공학에서 사용되는 용어 정의

위의 용어들을 다시 이해하기 쉽게 정의하면 다음과 같다.

- **제어**(control)란 어떤 대상시스템의 상태나 출력이 원하는 특성을 따라가도록 입력신호를 적절히 조절하는 방법을 말하며, 제어하고자 하는 대상을 플랜트(plant), 제어동작을 수행하는 장치를 **제어기**(controller)라고 부른다.

- 제어시스템은 제어기와 플랜트의 연결방식에 따라 개루프(open-loop) 제어시스템과 폐루프(closed-loop) 제어시스템으로 분류된다. 개루프 제어는 대상시스템의 특성을 잘 알고 있는 경우에 정확한 제어가 가능하다. 개루프 제어의 특징은 구성하기 쉽고, 단가가 낮으며, 보수 및 유지가 간단하다. 일반적으로 시스템의 특성을 정확히 알 수 없는 산업현장에서는 폐루프 제어가 많이 쓰이고 있다.

- 폐루프 제어는 플랜트의 출력을 입력단에 피드백 시켜 제어에 활용하기 때문에 **피드백 제어**(feedback control)라고도 한다. 이 기법을 쓰면 플랜트의 특성을 정확히 모르는 경우에도 제어를 수행할 수 있다.

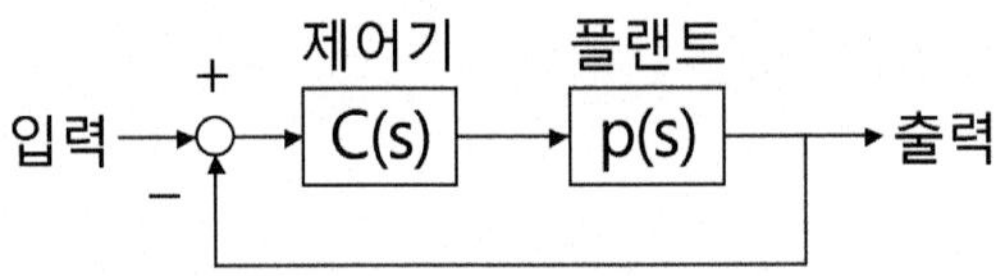

〈그림 1.3〉 피드백 제어

- 제어기를 써서 얻고자 하는 대상플랜트의 출력특성을 **제어목표**(control object)라고 한다. 제어목표에는 명령추종(command following), 안정도(stability), 외란제거(disturbance rejection), 잡음축소(noise reduction) 등이 있으며, 이 가운데 가장 중요한 목표는 명령추종(command following)과 안정도이다. 제어기를 설계한다는 것은 제어시스템의 안정도를 높이면서 명령추종과 같은 제어목표들을 달성하는 제어입력신호를 만들어내는 장치를 구성하는 것을 뜻한다. 그런데 이 제어목표들은 상충관계(trade-off)에 있기 때문에 제어기를 설계할 때에는 이 관계를 잘 절충시켜야 한다.

- **시스템**(system) : 어떤 입력에 대해서 반응하여 출력신호를 내주면서 함께 동작하는 장치나 성분들의 집합을 말한다. 제어공학에서 다루는 시스템은 주로 물리적이거나 기계적인 시스템들이지만, 이 용어 자체는 사회과학이나 의학, 생물학분야에서도 같은 의미로 쓰인다.

- **플랜트(plant)** : 제어시스템에서 제어하고자 하는 물리적 대상을 뜻한다.

- **공정(process)제어** : 출력신호가 온도, 압력, 유량, 수위, pH 등과 같은 화학적인 양이거나 열·유체 역학적인 양으로 나타나는 플랜트를 말한다. ⇒ 화학공학과에서 프로세스 제어(process control)를 다룸.

- **제어대상변수(controlled variable)** : 제어시스템에서 제어되는 변수를 뜻한다. 출력신호나 시스템내부의 상태신호 가운데 일부가 이 변수로 지정되며 측정변수에 포함된다.

  예) 기계시스템(모터, 자동차, 이동 로봇) : 위치, 속도
  전기전자시스템(회로) : 전압, 전류
  히터 : 온도

- **기준입력(reference input)** : 제어시스템에서 출력신호에 대한 기준으로 설정되는 입력을 뜻한다. 출력신호가 따라가기를 원하는 값이기 때문에 명령입력(command input), 또는 명령신호(command signal)라고도 부른다.

  예) 히터 : 사용자 설정 온도

- **외란(disturbance)** : 시스템의 외부에서 알 수 없는 시간에 발생하여 출력에 나쁜 영향을 끼치며 크기를 알 수 없는 신호를 가리키는 용어이다. 발생원인을 알 수 없는 입력단 잡음이라든지 갑작스런 펄스신호 따위가 이러한 신호의 대표적인 예이다.

- **측정잡음(measurement noise)** : 피드백을 위해 출력을 측정하는 과정에서 센서에 생기는 잡음을 말한다. 진폭은 크지 않지만 주파수 성분이 높은 특성을 가지고 있으며 대부분의 시스템에 항상 존재한다.

- **서보시스템(servo system)** : 출력신호가 위치, 속도, 가속도 등의 기계적인 양으로 나타나는 피드백 제어시스템을 말하는데, '서보'라는 단어는 주어진 명령을 마치 노예처럼 그대로 따른다는 뜻에서 유래한다.

◆ 시간에 대한 시스템 분류

시변시스템(time-varying system) : 시스템의 입출력 전달특성이 시간에 따라 바뀌는 시스템을 말한다. 이 시스템의 특성을 미분방정식으로 나타내면 시변계수(time-varying coefficient) 미분방정식이 된다.

예 : 유도 미사일이나 인공위성 추진체와 같이 공중으로 발사된 후 시간이 지나면 질량이 점점 감소하는 경우

시불변시스템(time-invariant system) : 시스템의 입출력 전달특성이 시간에 따라 바뀌지 않는 시스템을 말한다. 이 시스템의 특성을 미분방정식으로 나타내면 상수계수(constant coefficient) 미분방정식이 된다.

대부분의 시스템은 시불변 시스템이고, 이 교재에서 다루는 모든 시스템은 시불변 시스템이다.

◆ 시스템의 모델링에 대한 시스템 분류

선형시스템(linear system) : 시스템의 입출력신호들 사이의 전달특성을 G라고 할 때, 다음과 같은 성질을 만족하는 시스템을 말한다.

$$G(\alpha u_1 + \beta u_2) = \alpha G(u_1) + \beta G(u_2)$$

여기에서 u_1, u_2 는 서로 다른 두 입력신호이고, α, β는 임의의 실수들이다. 이러한 전달특성의 대표적인 예는 G가 상수인 정비례관계인데, 이 경우의 입출력 전달특성을 그래프로 나타내면 원점을 지나는 직선으로 표시되기 때문에 이러한 특성으로 표시되는 시스템을 선형(linear)시스템이라고 부른다.

ex) $y = 2x + 3$

비선형시스템(nonlinear system) : 시스템의 입출력신호들 사이의 전달특성이 선형이 아닌 시스템을 말한다. 엄밀하게 말하면 대부분의 실제 시스템들은 비선형이며, 어떤 제한된 범위나 조건 아래에서만 선형으로 근사화하여 나타낼 수 있다.

ex) $y = 2x^2 + 1$

1.3 제어공학의 역사

제어공학은 산업혁명의 원동력이 된 증기기관의 터빈 속도조절에 제어기법이 쓰이면서 주목받기 시작하였다.

1434 물시계 자격루 (세종대왕, 장영실)
1789 Watt, 증기기관의 원심조속기(flyball governor)
- 터빈의 회전수를 항상 일정 하게 유지하는 역할
1857 미국 뉴욕 Haughwout 백화점 엘리베이터 세계 최초 상용(오티스)
1868 Maxwell, 안정도 개념 수학적으로 정립
1877 Routh, 안정도 판별법
1931 미국 뉴욕 엠파이어 스테이트 빌딩(102층, 448m) 고층 엘리베이터 가동
1932 Nyquist, 폐루프 시스템의 안정도 판별법
1940 대한민국 서울 화신백화점(6층) 엘리베이터 가동
1948 Evans, 근궤적법
1950 고전제어이론 완성(주파수응답법, 근궤적법)
1960 Pontryagin, Kalman, 시간역 설계법(최적제어, LQ제어)
1980 Doyle, Zames, 시간 및 주파수역 설계법 개발(LQG / LTR, H_∞)

비교. 엘리베이터 조속기

엘리베이터 카가 정격속도 이상으로 과속 되었을 때, 미리 설정된 속도에서 동작하여 카를 안전하게 정지시키는 장치.

Haughwout 백화점(미국,뉴욕)

엠파이어 스테이트 빌딩(미국,뉴욕)

현대의 산업과 문명이 빠른 속도로 발전하면서 각종 공정과 시스템들이 대형화, 극소형화 되고 정밀화됨에 따라 제어공학의 필요성은 더욱 높아지고 있으며, 자동화 · 로봇 · 군사 · 우주 · 통신 · 생명 등의 미래 산업분야에서 제어공학은 기반기술로서 더 큰 역할을 맡게 되었다.

1.4 제어시스템의 분야

제어 시스템의 여러 분야를 설명하기 위하여 다음의 네가지 예에서 제어 시스템을 다루어 보자.

❖ 미사일 발사대 위치 제어시스템

- 미사일 발사대의 자동위치 제어시스템
- 포텐쇼미터(위치각 측정장치) R_1, R_2에 의한 편차로 발사대의 요구위치 조정

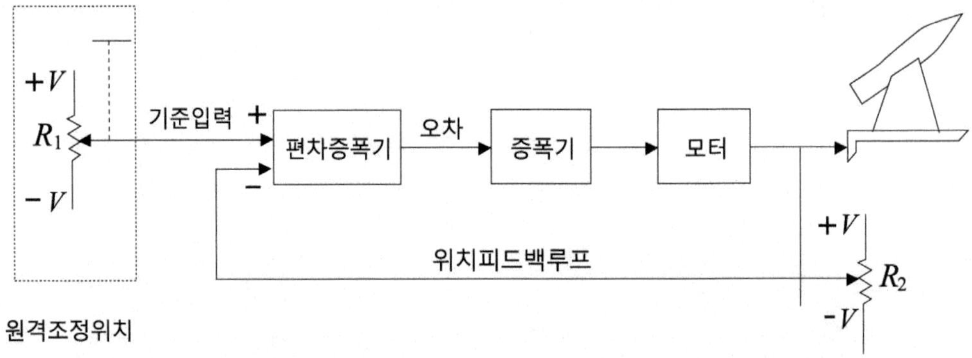

〈그림 1.4〉 미사일 발사대 위치 제어시스템

❖ 화학공정 제어시스템

- 화학성분을 자동으로 조정해 주는 제어시스템

예) 던킨 도너츠 - 입력 : 주원료 밀가루 82%, 첨가제 베이킹 파우더 18%
출력 : 던킨 도너츠의 전체 무게 혹은 크기(지름)

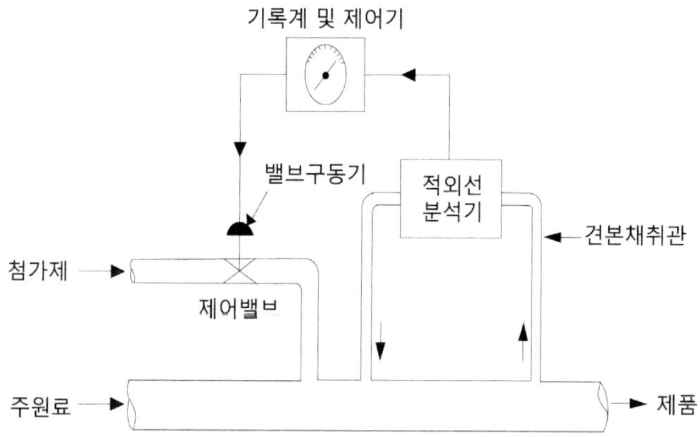

〈그림 1.5〉 화학 공정 제어시스템

❖ 화력발전 제어시스템

- 다변수 제어시스템의 대표적인 예

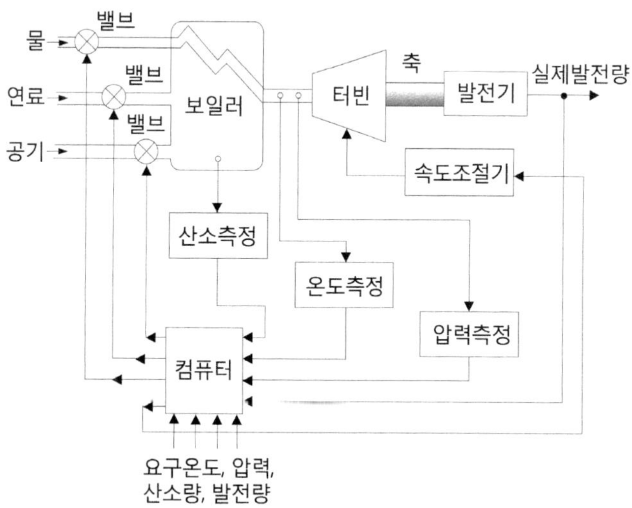

〈그림 1.6〉 화력 발전 제어시스템

❖ 자동차 운전 제어시스템

- 인간, 기계의 복합시스템인 자동차 운전시스템

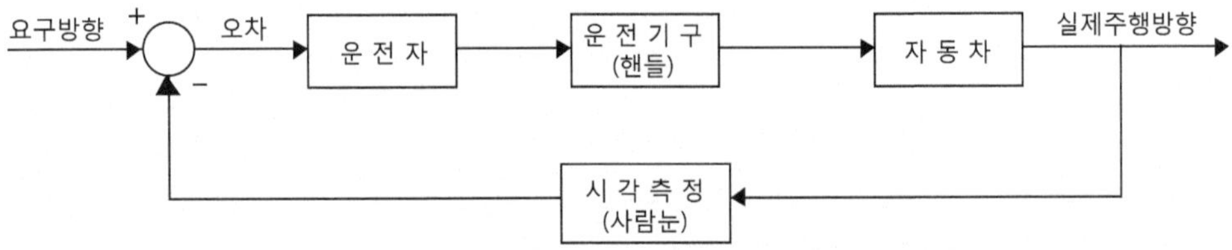

〈그림 1.7〉 인간에 의한 자동차운전 제어시스템

1.5 제어시스템의 예 - 자격루(조선시대)

대한민국 최초의 자동제어 시스템인 자격루를 통해 자동제어의 원리와 의미를 되살펴 보자. 자격루는 1434년 세종16년에 장영실에 의해 발명된 물시계로서 자동시보장치가 달려있기 때문에 자격루라고 이름 지었다. 물시계는 항아리의 한쪽 구멍을 뚫어 물이 흘러나오게 하고 그 흘러나온 물을 받는 그릇의 수위를 재서 시간을 측정하는 장치인데, 이 시계에서 가장 중요한 부분은 항아리에서 흘러나오는 물의 양이 끊임없이 일정해야 한다는 것이다. 자격루 이전의 물시계들은 유량을 개루프 제어방식으로 제어하고 있었기 때문에 정확성이 떨어졌었는데, 자격루에서는 유량제어에 피드백 제어방식을 사용함으로써 지속적이고 일정

〈그림 1.8〉 자격루: 최초의 피드백 자동제어시스템

유량제어를 할 수 있어서 시간측정의 정확성을 크게 향상시켰다. 또한 이 시계에는 일정한 시각에 시보를 울릴 수 있도록 자동시보장치를 달아 놓았는데, 이 자동시보장치는 물시계에서 기계시계로 발전하는 중간단계의 장치로서 시계발전에 크게 이바지하였다. 〈그림 1.8〉은 덕수궁에 소장되어 있는 자격루의 실물사진이며, 〈그림 1.9〉은 자격루의 유량제어장치의 구성도이다.

〈그림 1.9〉를 보면 자격루로 시간을 측정하는 원리를 알 수 있다. 대파수호라고 불리는 큰 통으로부터 소파수호로 물이 공급되고, 소파수호의 물이 시간당 일정한 양으로 수수호에 공급되면 수수호 안에 눈금이 새겨진 잣대가 일정한 속도로 상승하면서 이 잣대의 상승높이로 시간을 측정한다. 이 때 시간의 정확도는 소파수호로부터 수수호로 공급되는 물의 유속의 변화와 관계되며, 유속의 변화가 없이 일정한 경우에 정확하게 시간을 측정할 수 있다. 수수호로 공급되는 물의 유속은 소파수호의 수위에 비례하므로 소파수호의 수위를 일정하게 하면 정확한 시간측정이 가능하다. 소파수호의 수위를 일정하게 하기 위하여 넘침법(overflow method)이나 부유마개(float valve) 방식을 사용할 수 있다. 〈그림 1.9〉의 자격루에서는 부유 마개 방식을 사용하여 물의 높이를 일정하게 유지하였다.

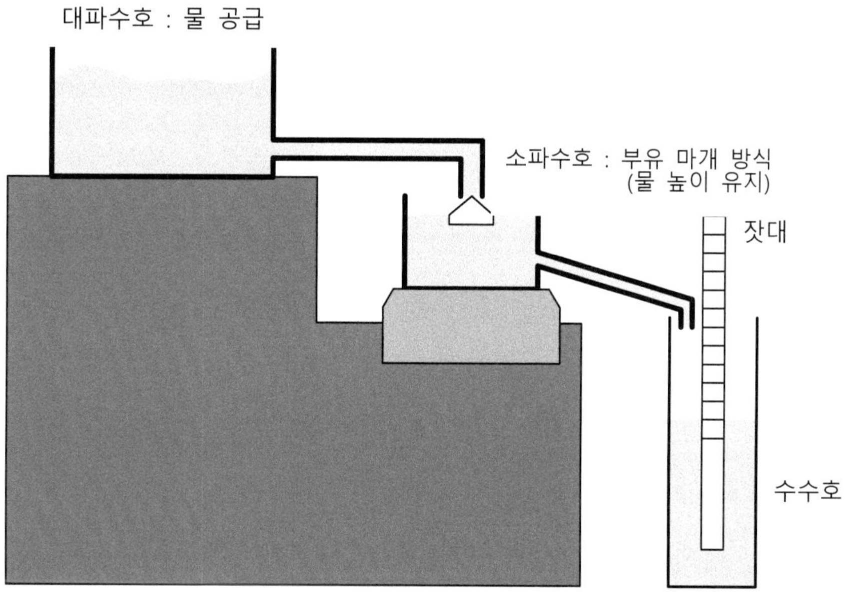

〈그림 1.9〉 자격루 제어시스템의 구성도

- 소파수호의 물 높이가 일정해야 하는 이유

  $h_1 < h_2$의 경우

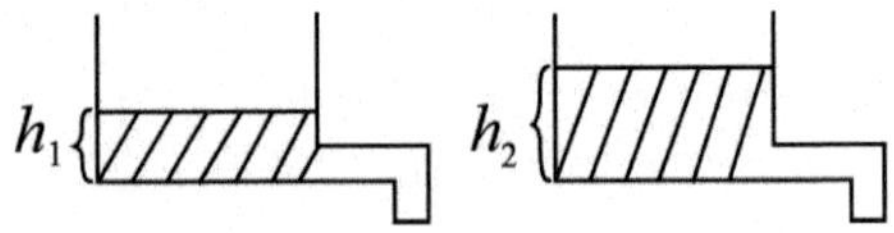

- $h_1 < h_2$의 경우 B수조가 물이 더 많이 나옴
- 토리첼리의 원리 $v = \sqrt{2gh}$ (v=속도, h=높이)
- 따라서, 소파 수호의 물 높이를 일정하게 유지시켜야 한다.

1.6 제어시스템 설계과정

1) 수학적 모델링

기계 혹은 전기, 전자 시스템의 플랜트를 전달함수 또는 상태방정식의 수학식으로 표현하는 것.

2) 시스템 해석

명령추종(command following), 안정도(stability), 외란제거(disturbance rejection), 잡음축소(noise reduction)와 같은 제어 목적의 달성도를 해당 시스템에 대하여 해석하는 것

3) 제어시스템 설계

다음과 같은 제어기 설계법을 해당 시스템에 적용하여 제어 목적을 이루게 하는 것

- PID 제어기 설계
- 진상/지상(lead/lag) 제어기 설계
- 고유값/고유벡터를 이용한 설계

4) 제어시스템 구현(S/W, H/W)

위와 같은 방식으로 설계된 제어기를 아날로그 혹은 디지털 방식의 H/W로 구현하는 것

- 아날로그 제어기 - H/W: 저항, 커패시터, OP앰프
- 디지털 제어기 - H/W: 마이컴, S/W: C 언어

다음은 해당 플랜트를 설계 목적에 맞추어 설계하고, H/W 제작을 하여 사용할 수 있는 전체적인 과정을 보여준다.

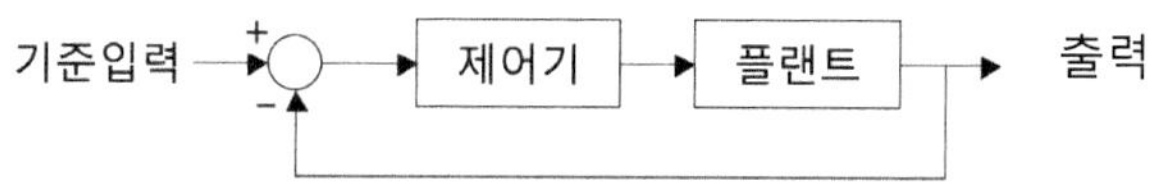

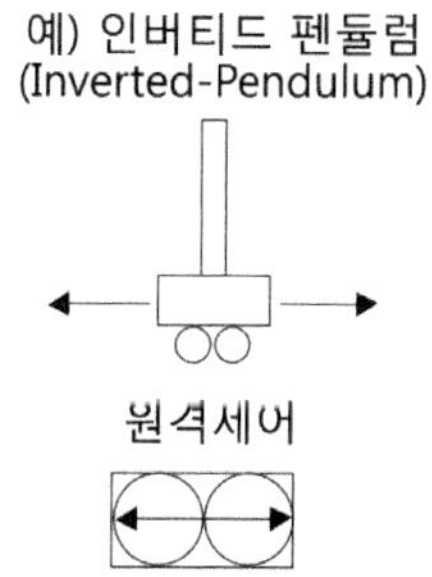

1.7 MATLAB 활용

제어공학에서 다루는 대상시스템들은 대부분 미분방정식이나 행렬 등으로 표현되는데 이러한 제어시스템의 해석 및 설계 문제는 손으로 직접 풀기에는 너무나 복잡한 경우가 많다. 제어시스템의 해석에는 이러한 복잡한 계산뿐만 아니라 여러 가지의 그래프를 그리는 작업이 뒤따르는 경우가 많고, 더욱이 제어시스템의 설계과정 중에는 이러한 작업들을 반복적으로 수행해야 한다. 따라서, 제어시스템의 해석과 설계문제에서 컴퓨터의 사용은 필수적이라고 할 수 있다. 그러나, 이런 문제들을 풀기 위하여 C 혹은 JAVA와 같은 범용 언어를 써서 관련 프로그램을 직접 작성하는 것은 수치해석 과정은 물론이고 데이터 입출력, 그래프 출력 등의 부가적인 일에 많은 시간이 소모되므로 쉬운 작업이 아니다. 따라서, 제어공학 분야에서 제어시스템 해석 및 설계문제를 쉽게 처리할 수 있도록 지원해주는 전문적인 컴퓨터 S/W들이 개발되었다. 국외에서 범용적으로 사용되는 매트랩(MATLAB)과 국내에서 개발된 셈툴(CEMTool)이 대표적인 예들이다. 이와 같은 S/W를 이용하여 제어시스템의 문제를 해석하고, 설계해 보는 것이 제어공학을 이해하는데 더욱 유익하고 흥미로울 것이다. 따라서, 본 서에는 각 장마다 다룰 제어 문제에 대하여 매트랩을 사용하여 문제를 해결하는 방법들을 보여 줄 것이다.

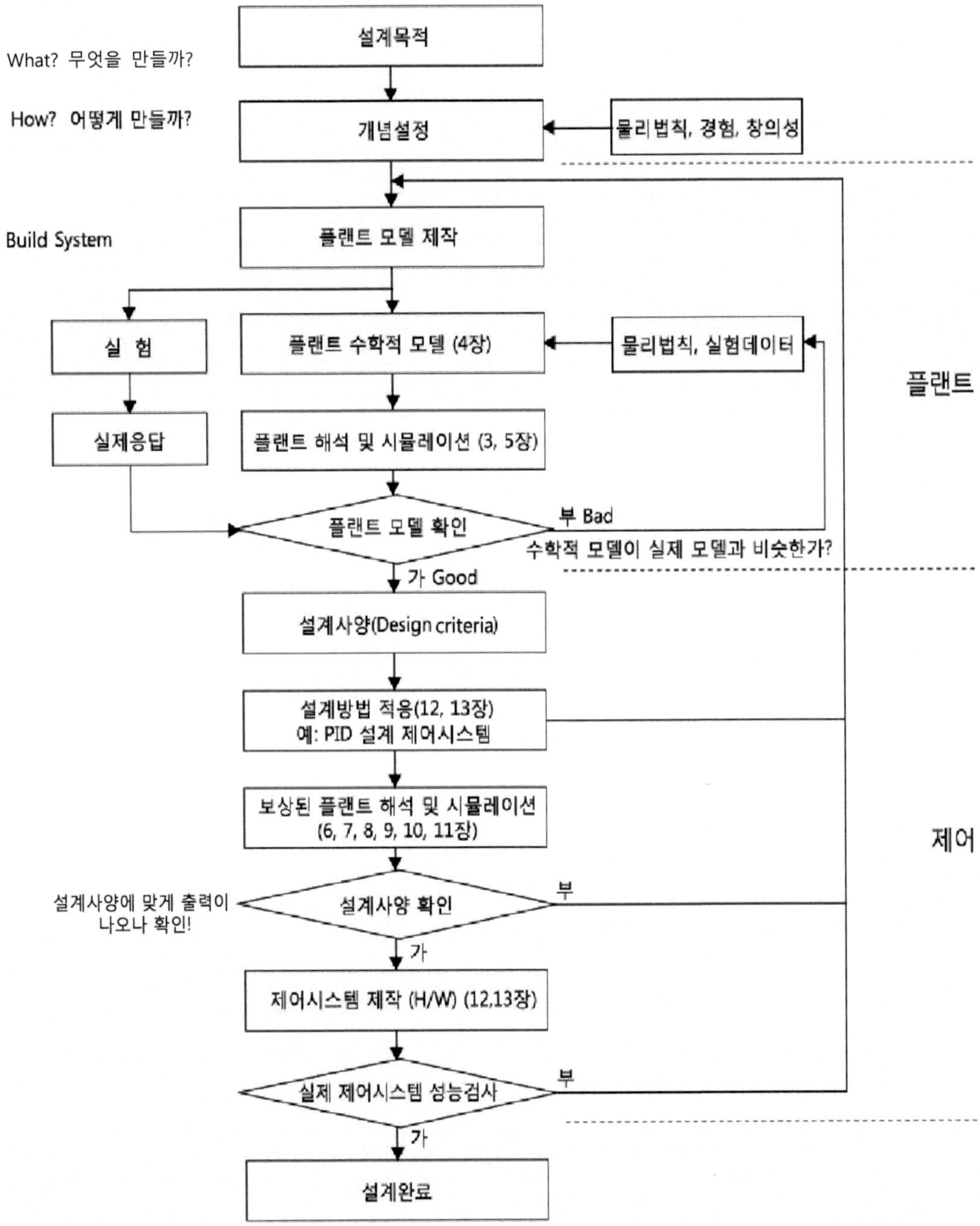

〈그림 1.10〉 제어시스템 설계과정

MATLAB은 toolbox를 이용하여 이·공학 분야에서 손쉽게 결과값을 이용할수 있으며 .m 파일을 사용해서 알고리즘을 구현하고 직접 설계 할수있다. MATLAB의 활용은 다음과 같은 분야에서도 현재 널리 활용되고 있다.

- 수학 (수치 해석)
- 전기, 전자, 제어 계측 공학 (자동제어, 신호처리)
- 기계, 로봇 공학 (자동제어, 수치 해석)
- 화학 공학 (화공 플랜트 모델링, 공정제어)

★ 다음은 2장을 들어가기 전에 MATLAB 활용을 위하여 반드시 알아두어야 할 몇 가지 기본적인 수학 표현을 MATLAB으로 다루어 본다.

3×3 행렬 A 만들기 $A=\begin{bmatrix}1&2&3\\4&5&6\\7&8&9\end{bmatrix}$

MATLAB 코드	결과
A = [1 2 3 ; 4 5 6 ; 7 8 9]	결과 A = 1 2 3 4 5 6 7 8 9

행렬의 덧셈, 뺄셈, 곱셈, 나눗셈

$$A=\begin{bmatrix}1&2\\3&4\end{bmatrix},\ B=\begin{bmatrix}1&0\\0&-1\end{bmatrix}$$

MATLAB 코드	결과
A = [1 2 ; 3 4] ; B = [1 0 ; 0 -1] ; $Y1 = A + B$	$Y1 = \begin{matrix}2&2\\3&3\end{matrix}$
$Y2 = A - B$	$Y2 = \begin{matrix}0&2\\3&5\end{matrix}$
$Y3 = A^{*}B$	$Y3 = \begin{matrix}1&-2\\3&-4\end{matrix}$
$Y4 = A/B$	$Y4 = \begin{matrix}1&-2\\3&-4\end{matrix}$

벡터의 곱셈, 나눗셈 A = [1 2], B = [3 4]	
MATLAB 코드	**결과**
A = [1 2] ; B = [3 4] ; Y1 = A.*B	Y1 = 3 8
Y2 = A./B	Y2 = 0.333 0.5000

.*(./)는 원소대 원소의 곱셈(나눗셈)이다.

행렬의 거듭 제곱 $A=\begin{bmatrix}1&2\\3&4\end{bmatrix}^2$	
MATLAB 코드	**결과**
A = [1 2 ; 3 4] ; $Y1 = A\wedge 2$	$Y1 = \begin{matrix}7 & 10\\15 & 22\end{matrix}$
$Y2 = A.\wedge 2$	$Y2 = \begin{matrix}1 & 4\\9 & 16\end{matrix}$

$A\wedge 2 = A{*}A$

$A.\wedge 2$ 행렬 A의 각 원소를 거듭 제곱한 것과 같다.

행렬의 단위 행렬 $A=\begin{bmatrix}1&0&0\\0&1&0\\0&0&1\end{bmatrix}$	
MATLAB 코드	**결과**
A = eye(3)	$A = \begin{matrix}1&0&0\\0&1&0\\0&0&1\end{matrix}$

eye는 단위 행렬 함수이다.

행렬의 역 행렬 $A=\begin{bmatrix}2&1\\3&2\end{bmatrix}$, $B=A^{-1}$	
MATLAB 코드	**결과**
A = [2 1 ; 3 2] ; B = inv(A)	$B=\begin{matrix}2.000 & -1.000\\-3.000 & 2.000\end{matrix}$

inv는 역행렬 변환 함수이다.

행렬의 판별식(determinant) $A=\begin{bmatrix}2&1\\3&2\end{bmatrix}$	
MATLAB 코드	**결과**
A = [2 1 ; 3 2] ; B = det(A)	B=1.000

det는 행렬식(determinant)이나.

행렬의 고유값(eigen value) $A=\begin{bmatrix}2&1\\3&2\end{bmatrix}$	
MATLAB 코드	**결과**
A = [2 1 ; 3 2] ; B = eig(A)	B = $\begin{matrix}3.7321\\0.2679\end{matrix}$

eig는 고유값(eigen value)이다.

전치 행렬 $B=A^T=\begin{bmatrix}1&2\\3&4\end{bmatrix}^T$	
MATLAB 코드	**결과**
A = [1 2 ; 3 4] ; B = A‘	$B=\begin{matrix}1&3\\2&4\end{matrix}$

T는 전치(transpose)이다.

부분 분수 $A(s)=\frac{2s^2+s-6}{s^2-3s+2}=K+\frac{r_1}{s-s_1}+\frac{r_2}{s-s_2}$

MATLAB 코드	결과
num = [2 1 -6] ; den = [1 -3 2] ; [r s K] = residue(num, den)	$r=\begin{matrix}4\\3\end{matrix}$ $s=\begin{matrix}2\\1\end{matrix}$ $K=2$

num은 분자의 다항식, den은 분모의 다항식 계수이다.
residue는 부분 분수 전개 함수이다.
K는 몫에 해당한다.

행렬 입력

```
A = [1 2 5;2 3 6;3 7 5] ;
B = [5 -1 7;7 -5 6;8 0 -2] ;
```

MATLAB 코드	결과
행렬의 사칙연산 $x=A+B$	$\begin{matrix}6 & 1 & 12\\9 & -2 & 12\\11 & 7 & 3\end{matrix}$
$x1=A-B$	$\begin{matrix}-4 & 3 & -2\\-5 & 8 & 0\\-5 & 7 & 7\end{matrix}$
$x2=A*B$	$\begin{matrix}59 & -11 & 9\\79 & -17 & 20\\104 & -38 & 53\end{matrix}$
행렬의 행렬식 $d1=\det(A)$	14
$d2=\det(B)$	268
행렬의 역행렬 $i1=\in v(A)$	$\begin{matrix}-1.9286 & 1.7857 & -0.2143\\0.5714 & -0.7143 & 0.2857\\0.3571 & -0.0714 & -0.0714\end{matrix}$
$i2=\in v(B)$	$\begin{matrix}0.0373 & -0.0075 & 0.1082\\0.2313 & -0.2463 & 0.0709\\0.1493 & -0.0299 & -0.0672\end{matrix}$

1.8 기사 문제

제어공학 과목은 국가 기술자격법에 의한 국가시험 분야인 기계 · 전기 · 전자 · 로봇기사 시험의 한 과목으로 편성되어 있다. 국가 자격시험인 기사 시험을 많은 학생들이 준비하면서도 학과 공부 따로 기사 시험 준비 따로 하는 것이 현 실상이다. 따라서, 본서에서는 각 장의 내용과 관련 있는 기사 시험문제를 각 장의 마지막에서 다루어 기사 시험을 준비하는 학생들에게 적응력을 높이려고 한다.

다음은 1장의 내용과 관련하여 출제 되었던 기사 문제들이다.

1 피드백 제어계의 특징이 아닌 것은?

㉮ 정확성이 증가한다.

㉯ 대역폭이 증가한다.

㉰ 구조가 간단하고 설치비가 저렴하다.

㉱ 계(系)의 특성 변화에 대한 입력 대 출력비의 감도가 감소한다.

2 다음 중 개루프 시스템의 주된 장점이 아닌 것은?

㉮ 원하는 출력을 얻기 위해 보정해 줄 필요가 없다.

㉯ 구성하기 쉽다.

㉰ 구성 단가가 낮다.

㉱ 보수 및 유지가 간단하다.

3 피드백 제어에서 반드시 필요한 장치는 어느 것인가?

㉮ 구동 장치

㉯ 응답 속도를 빠르게 하는 장치

㉰ 안정도를 좋게 하는 장치

㉱ 입력과 출력을 비교하는 장치

4 온도, 유량, 압력 등의 공업 프로세스 상태량을 제어량으로 하는 제어로서 프로세스에 가해지는 외란의 억제를 주목적으로 하는 것은?

㉮ 프로세스 제어 ㉯ 자동 조정 ㉰ 서보 기구 ㉱ 정치 제어

5 피드백 제어계 중 물체의 위치, 방위, 자세 등의 기계적 변위를 제어량으로 하는 것은?

㉮ 서보 기구(servo mechanism)
㉯ 프로세스 제어(process control)
㉰ 자동 조정(automatic regulation)
㉱ 프로그램 제어(program control)

6 서보 기구에 있어서의 제어량은?

㉮ 유량 ㉯ 위치 ㉰ 주파수 ㉱ 전압

7 엘리베이터의 자동 제어는?

㉮ 정치 제어 ㉯ 추종 제어 ㉰ 프로그램 제어 ㉱ 비율 제어

해답

1.㉰ 2.㉮ 3.㉱ 4.㉮ 5.㉮ 6.㉯ 7.㉰

2 제어공학의 기초 수학

2장에서는 제어시스템의 해석이나 설계에 필요한 수학적 방법의 기초를 다룬다. 라플라스 변환의 정의와 성질에 대해 배우고 난 후 1차 시스템인 물탱크 시스템을 해석해 본다.

2.1 개요

이 절에서는 전달함수의 정의와 라플라스 변환의 성질들에 대해 정리하고, 이것이 제어 설계 과정 중에 어떻게 어디에서 사용되는지를 보여준다.

❖ 전달함수

- 미분인자인 s 함수를 이용하여 시스템의 입출력 관계를 분수로 표현한 것.

예) $\dfrac{1}{s+2}$

- 전달 함수는 대상 시스템의 입출력 신호들 사이의 관계를 표현해주는 미분방정식이나 중합적분식(convolution integral)의 양변에 라플라스 변환을 적용하여 구해지게 되는데, 일반적으로 분수함수 형태로 되기 때문에 미분방정식이나 중합적분식 표현에 비해 간결한 표현이 된다.

- 특히 미분방정식을 풀지 않고서도 이 함수의 분모부와 분자부 인수들로부터 시스템의 특성을 어느 정도 알아낼 수 있기 때문에 제어시스템의 해석과 설계에 많이 쓰이고 있다.

예) $y'(t)+2y(t)=r(t)$

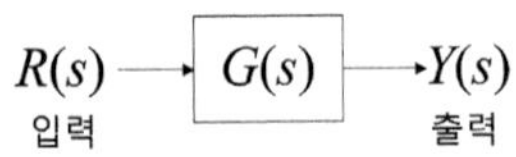

$$sY(s)+2Y(s)=R(s)$$

$$(s+2)Y(s)=R(s)$$

$$G(s)\triangleq\frac{Y(s)}{R(s)}=\frac{1}{s+2}$$

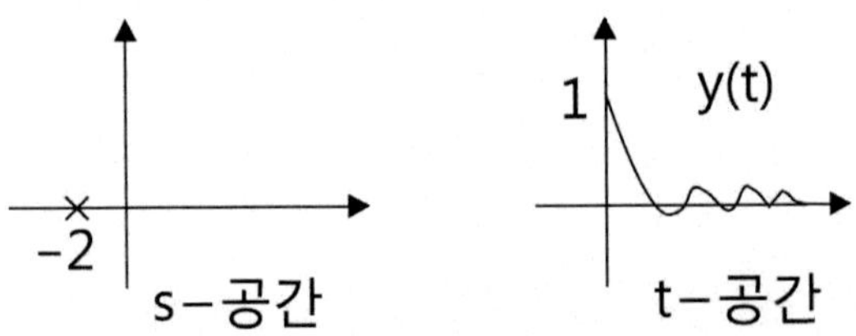

〈그림 2.1〉 s-공간과 t-공간

t- 공간에서의 변수는 소문자로 표현한다. 예) $y(t)$, $r(t)$

s- 공간에서의 변수는 대문자로 표현한다. 예) $Y(s)$, $R(s)$, $G(s)$

❖ 라플라스 변환

$$\text{수학적 정의} \quad \mathcal{L}[f(t)] \triangle \int_0^{\infty} f(t)e^{-st}dt \triangle F(s)$$

라플라스 변환은 프랑스의 수학자 라플라스(Laplace, 1749-1827)에 의해 기초가 마련되고 영국의 전기공학자인 헤비사이드(Heaviside, 1850-1925)에 의해 체계가 세워진 기법이다. 이 기법은 미분방정식을 쉽게 풀 수 있는 도구이기 때문에 제어공학뿐만 아니라 공학의 거의 모든 분야에서 활용되고 있다. 라플라스 변환의 장점은 다음과 같다.

- 미분방정식의 양변에 라플라스 변환을 적용하면 대수방정식으로 바뀌게 되어 덧셈, 뺄셈, 곱셈, 나눗셈의 대수 사칙연산에 의해 미분방정식의 해를 쉽게 구할 수 있다.
- 라플라스 변환을 쓰면 미분방정식의 전체 해를 한번에 구할 수 있다.
- 라플라스 변환은 적분 및 중합적분(convolution integral) 연산도 간단한 +-*/의 대수곱 연산으로 바꿔주기 때문에 입출력 신호들 사이의 관계가 중합적분으로 표시되는 선형시스템의 해석을 쉽게 처리할 수 있게 해준다.

2.2 라플라스 변환

2.2.1 라플라스 변환의 필요성

라플라스 변환을 학습하기 전에 라플라스 변환의 필요성에 대해 알아보자.

왜 라플라스 변환을 사용하는가?

- 선형 상미분방정식의 해를 구할 수 있다.
- 시스템을 표현해주는 전달함수를 구하기 위해 사용된다.
- 시스템의 과도 상태 혹은 정상 상태 응답을 구하기 위해 사용된다.

〈그림 2.2〉를 통해 일반적인 물리 시스템을 어떻게 수학적으로 접근하여 해석과 설계를 하는지 알아보자. 응용예로 볼과 빔(ball and beam) 시스템이 사용되었다.

볼과 빔 시스템에서 제어목적은 모터를 사용하여 빔의 각도를 바꾸어 빔 위에 올려있는 볼이 아래로 안 떨어지고 빔의 한 가운데에 놓여지도록 모터를 제어하는 것이 목적이다.

(a) 실제 시스템

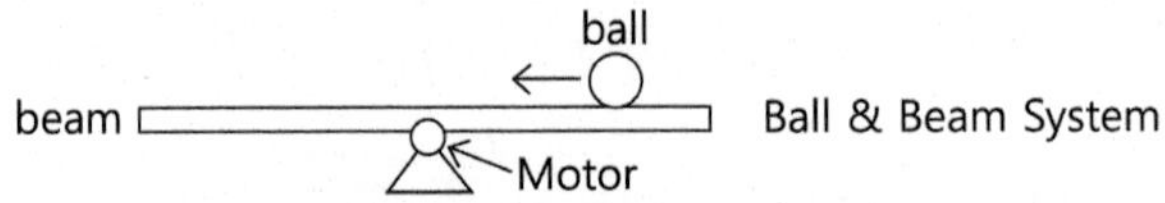

(b) 모델링	뉴튼법칙을 이용하여 미분방정식으로 표현
(c) 시스템 표현	라플라스 변환을 이용하여 전달 함수(4장) 혹은 상태방정식(5장)으로 표현
(d) 제어기 설계	컴퓨터 모의 실험을 통한 제어 입력 설계 (매 샘플링마다 모터의 전압값 설계)
(e) 설계 제어 시스템 구현	마이컴과 기억 장치를 통한 실제 제어기 구현

〈그림 2.2〉 제어 시스템 구현의 예

〈그림 2.2〉의 제어 시스템 구현은 다음과 같다.

첫 번째 단계로 실제 시스템(볼과 빔)에 물리 법칙을 이용하여 수학식인 미분방정식으로 표현한다. 다음으로 미분방정식 표현을 전달함수 혹은 상태방정식으로 바꾸어 표현한다. 다음, MATLAB 혹은 C언어로(컴퓨터 상에서) 제어 입력을 구하기 위해 모의실험 한다. 마지막 과정으로, 모의실험에서 구한 제어 입력 알고리즘을 H/W를 통해 실제 제어기로 구현한다.

2.2.2 라플라스 변환의 정의

라플라스 변환(Laplace transformation)은 선형 상미분방정식의 해를 구하거나 시스템의 전달함수를 구하는 데에 쓰이는 수학적 도구(tool)이다.

- 선형상미분 방정식
  미지함수가 독립변수를 1개 밖에 포함하지 않은 미분방정식 $F(t,y,y',y^{(n)})=0$ 를 함수 $y(t)$에 대한 n계 상미분 방정식이라 한다.

  예) $y''(t)+a^2y(t)=0$ 혹은 $y''+a^2y=0$

라플라스 변환을 사용하면 미분방정식이 대수방정식으로 바뀌어 쉽게 풀릴 뿐만 아니라, 시스템의 특성을 분수함수 형태의 전달함수로 나타낼 수 있어서 수학적으로 처리하기가 쉬워지기 때문에 제어시스템의 해석과 설계에 매우 많이 사용된다.

- 정의 : 어떤 시간함수 $f(t)$에 대한 라플라스 변환함수는 다음과 같이 정의된다.

$$\mathcal{L}\{f(t)\} = \int_0^\infty f(t)e^{-st}dt \overset{\triangle}{=} F(s) \tag{2.1}$$

여기서 s는 복소변수, $\mathcal{L}$ 는 라플라스 변환, $F(s)$는 라플라스 변환함수를 나타낸다.

하나의 예로 지수 함수 $e^{-\sigma t}$의 라플라스 변환을 구해 보자. (참조, $\int e^{at}dt = \left[\frac{1}{a}.e^{at}\right]$)

$$\mathcal{L}\{e^{-\sigma t}\} = \int_0^\infty e^{-\sigma t}.e^{-st}dt$$

$$= \int_0^\infty e^{-(s+\sigma)t}dt = \left[-\frac{e^{-(s+\sigma)t}}{s+\sigma}\right]_0^\infty$$

$e^{-\infty} = 0, e^0 = 1$ 이므로

$$\mathcal{L}\{e^{-\sigma t}\} = -\frac{e^{-\infty} - e^{-0}}{s+\sigma} = -\frac{0-1}{s+\sigma} = \frac{1}{s+\sigma}$$

즉, $e^{-\sigma t}$의 라플라스 변환이 s에 관한 식으로서 구해졌다. $e^{-\sigma t}$ 이외의 함수에 대해서도 각각 라플라스 변환을 구할 수 있고, 그들은 s의 함수가 된다.

여기서 함수 $f(t)$가 라플라스 변환이 가능하기 위해서는 식(2.1)의 적분이 존재하여야 한다. 그러기 위해서는 다음의 두가지 조건을 만족할 필요가 있다.

- $f(t)$가 적분가능(integrable)해야 한다. $f(t)$가 연속이거나 또는 불연속이라도 불연속점이 유한 개수로 한정되어 있어야 한다. 이것은 푸리에 전개가 가능해야 하는 조건과 같다.
- 식(2.1)의 적분이 유한해야 한다. 즉, t가 어느 유일한 값보다 클 때 곱 $|f(t)|e^{-at}$가 유한하게 되는 실수 a가 존재해야 한다.

2.2.3 라플라스 변환과 푸리에 변환의 차이점

라플라스 변환의 수학적 정의 : $\mathcal{L}\{f(t)\}=\int_0^\infty f(t)e^{-st}dt \triangleq F(s)$

위 식의 의미는 시간 t에 대하여 함수 $f(t)$를 라플라스 변환한 것을 나타낸다. 즉, 원래 함수 $f(t)$에 지수함수 e^{-st}를 곱해서 0에서 무한대(∞) 범위까지 시간에 대해 적분한 것이다.

우변 $F(s)$는 $f(t)$가 라플라스 변환 후에 s로 구성된 함수 F로 되었다는 것이다. 라플라스 변환 전에는 시간 t의 함수인데, 변환 후에는 s에 대한 함수로 바뀌었다는 것을 알 수 있다. 즉, t-공간에서 s-공간으로 변환되었다.

여기서, s는 복소변수(complex variable)를 나타낸다. 즉, 실수부와 허수부가 있는 복소수이다. 수식으로 표현하면 $s = \sigma + j\omega$이다.

$s = \sigma + j\omega$이므로 식(2.1)에 대입하면

$\mathcal{L}\{f(t)\} = \int_0^\infty f(t)e^{-(\sigma+j\omega)t}dt = F(\sigma+j\omega)$이다. 단지 s를 $\sigma+j\omega$로 바뀌었다.

이 때 복소수 s에서 $\sigma=0$이면, $s=j\omega$, 즉 실수부는 0이고 허수부만 남게 되어 다음 식과 같이 된다.

$$\mathcal{L}\{f(t)\} = \int_0^\infty f(t)e^{-j\omega t}dt = F(j\omega) \tag{2.2}$$

식(2.2)는 푸리에 변환 공식과 같게 된다. 개념의 요점은 라플라스 변환은 복소수 전체를 대상으로 하지만, 푸리에 변환은 실수부가 0이 되는 경우. 즉 허수부분만 고려할 때의 결과이다. 간단히 설명하면 푸리에 변환은 라플라스 변환의 특별한 경우 중 하나라고 생각하면 된다.

다음은 라플라스 변환의 도시 예를 살펴보자.

$f(t)$의 라플라스 변환 $F(s)$는 $f(t)$와 e^{-st}의 곱을 $t=0\rightarrow\infty$까지 적분한 면적이다.

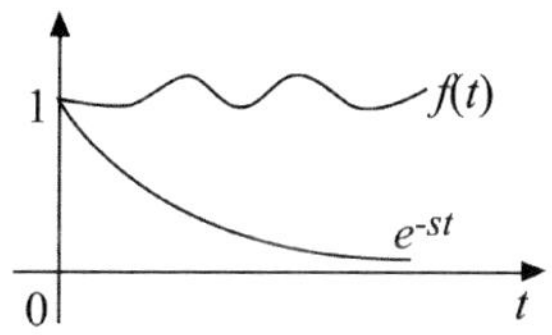

라플라스 변환을 취하면 다음 그래프와 같다.

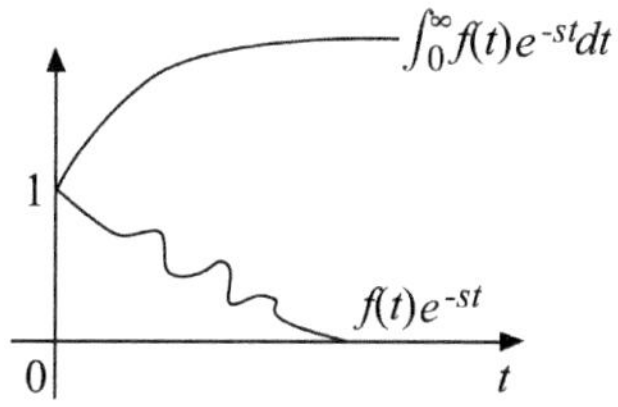

2.2.4 시간함수와 주파수함수와의 관계

식(2.1)에서 시간함수 $f(t)$에 대한 라플라스 변환은 적분핵(kernel) e^{-st}의 두 변수 s와 t 가운데 시간 t에 대한 정적분으로 정의되어 s의 함수가 되기 때문에 $F(s)$로 표기한 것이다. 변환변수 s의 단위는 시간의 역수가 되어 주파수 단위와 같기 때문에 s영역을 주파수영역 (frequency domain)이라고 부른다.

변환변수의 s단위가 시간의 역수가 되는 것은 다음의 [표 2.1]에서도 쉽게 알 수 있다.

[표 2.1] 중요한 라플라스 변환

$f(t)$	$F(s)$
1	$\frac{1}{s}$
t	$\frac{1}{s^2}$
$t^2,\ t^n$	$\frac{2}{s^3},\ \frac{n!}{s^{n+1}}$
e^{at}	$\frac{1}{s-a}$
$\sin\omega t$	$\frac{\omega}{s^2+\omega^2}$
$\cos\omega t$	$\frac{s}{s^2+\omega^2}$

2.2.5 라플라스 변환의 예

다음 시간함수의 라플라스 변환함수를 구하라.

(1) 단위 계단함수

$$u_s(t) = \begin{cases} 0, & t < 0 \\ 1, & t \geq 0 \end{cases} \tag{2.3}$$

풀이. 라플라스 변환의 정의 식(2.1)을 적용하면 다음과 같다.

$$\begin{aligned} U_s(s) &= \mathcal{L}\{u_s(t)\} = \int_0^\infty u_s(t)e^{-st}dt = \int_0^\infty 1.e^{-st}dt \\ &= \left[-\frac{1}{s}.e^{-st}\right]_0^\infty = -\frac{1}{s}(e^{-\infty} - e^0) \\ &= \frac{1}{s} \end{aligned}$$

참조

지수함수	적분공식
$e^{\infty} = \infty$ $e^{-\infty} = 0$ e^0 or $e^{-0} = 1$	$\int_0^\infty e^{-at}dt = -\frac{1}{a}[e^{-at}]_0^\infty$ $= -\frac{1}{a}(0-1) = \frac{1}{a}$

〈그림 2.3〉은 식(2.3)의 시간에 대한 함수관계를 보이고 있다. 이와 같이 함수형태가 계단 모양인 함수를 **계단함수**(step function)라 하고, 특히 크기가 1인 계단함수를 **단위 계단함수**(unit step function)라고 부른다. 이 함수는 시점 $t = 0$에서 시스템에 일정한 크기의 기준입력이 적용되는 경우를 묘사하기에 알맞기 때문에 제어시스템 분야에서 자주 사용된다.

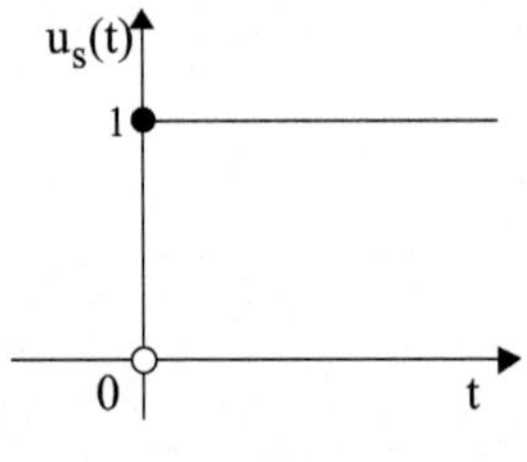

〈그림 2.3〉 단위계단함수

(2) 지수함수

$$f(t) = \begin{cases} 0, & t < 0 \\ ce^{-at}, & t \geq 0 \end{cases} \tag{2.4}$$

풀이. 라플라스변환 정의식 (2.1)을 $f(t)$에 적용하면 다음과 같다.

$$\begin{aligned} F(s) &= \mathcal{L}\{f(t)\} = \int_0^{\infty} f(t)e^{-st}dt = \int_0^{\infty} ce^{-at}e^{-st}dt \\ &= \int_0^{\infty} ce^{-(s+a)t}dt = \left[-\frac{c}{s+a}e^{-(s+a)t}\right]_0^{\infty} = -\frac{c}{s+a}(e^{-\infty} - e^{-0}) \\ &= -\frac{c}{s+a}(0-1) = \frac{c}{s+a} \end{aligned}$$

(3) 램프함수

$$f(t) = \begin{cases} 0, & t < 0 \\ at, & t \geq 0 \end{cases} \tag{2.5}$$

참조 부분적분 공식

적분

$$\int f'(t)g(t)dt = f(t)g(t) - \int f(t)g'(t)dt$$

미분

$$\int_0^{\infty} e^{-st}.at\ \ dt$$

여기서, $f'(t) = e^{-st}, \quad g(t) = at$

$f(t) = -\frac{1}{s}e^{-st}, \quad g'(t) = a$

$$\begin{aligned} \int_0^{\infty} at.e^{-st}dt &= \left[-\frac{at.e^{-st}}{s}\right]_0^{\infty} - \int_0^{\infty}\left(-\frac{a}{s}e^{-st}\right)dt = (0-0) - \frac{a}{s^2}\left[e^{-st}\right]_0^{\infty} \\ &= 0 - \frac{a}{s^2}(0-1) = \frac{a}{s^2} \end{aligned}$$

2.3 라플라스 변환의 성질

성질 1. 선형성

$$F(s) \triangleq \mathcal{L}\{f(t)\} = \int_0^{\infty} f(t)e^{-st}dt \ : \text{선형성} \tag{2.6}$$

적분은 하나의 선형 연산자이고 라플라스 변환은 시간영역 적분의 한 형태이다.

⇒선형변환 $\mathcal{L}\{\alpha f(t) + \beta g(t)\}$

$$= \mathcal{L}\{\alpha f(t)\} + \mathcal{L}\{\beta g(t)\} = \alpha F(s) + \beta G(s)$$

예) $f(t) = \cosh at = \dfrac{(e^{at} + e^{-at})}{2}$

$$\mathcal{L}[f(t)] = \frac{1}{2}\mathcal{L}\{e^{at}\} + \frac{1}{2}\mathcal{L}\{e^{-at}\} = \frac{1}{2}\left(\frac{1}{s-a} + \frac{1}{s+a}\right)$$
$$= \frac{1}{2}\left(\frac{s+a+s-a}{(s+a)(s-a)}\right) = \frac{1}{2}\cdot\frac{2s}{s^2-a^2} = \frac{s}{s^2-a^2}$$

[표 2.2] 라플라스 표(Laplace Table)

$f(t)$	$\underset{\mathcal{L}^{-1}}{\overset{\mathcal{L}}{\rightleftarrows}}$ $F(s)$	$f(t)$	$\underset{\mathcal{L}^{-1}}{\overset{\mathcal{L}}{\rightleftarrows}}$ $F(s)$
1	$\frac{1}{s}$	충격함수 $\delta(t)$	1
경사함수 t	$\frac{1}{s^2}$	계단함수 $u_s(t)$	$\frac{1}{s}$
경사함수 t^2	$\frac{2}{s^3}$	$\sin \omega t$	$\frac{\omega}{s^2+\omega^2}$
지수함수 e^{at}	$\frac{1}{s-a}$	$\cos \omega t$	$\frac{s}{s^2+\omega^2}$

미분 공식	적분 공식
$y=x^m,\quad y'=mx^{m-1}$	$\int adx = ax$
$y=e^{ax},\quad y'=ae^{ax}$	$\int x^n dx = \frac{1}{n+1}x^{n+1}$
$y=\sin x,\quad y'=\cos x$	$\int e^x dx = e^x$
$y=\cos x,\quad y'=-\sin x$	$\int e^{ax}dx = \frac{1}{a}e^{ax}$
	$\int \sin x dx = -\cos x$
	$\int \cos x dx = \sin x$

성질 2. 미분성질 → 미분방정식 풀이에서 사용

$$\mathcal{L}\left\{\frac{df(t)}{dt}\right\}=sF(s)-f(0) \tag{2.7}$$

$$\mathcal{L}\left\{\frac{d^n f(t)}{dt^n}\right\}=s^nF(s)-s^{n-1}f(0)\quad s^{n-2}f^{(1)}(0)-\cdots-f^{(n-1)}(0)$$

예) $\frac{d^2f(t)}{dt^2}=s^2F(s)-sf(0)-f^{(1)}(0)$

⇒미분 방정식 풀이에 사용됨.

다음의 미분방정식에 대하여 라플라스 미분 성질을 이용하여 구하시오.

$y''+4y'+3y=0,\qquad y(0)=3,\ y'(0)=1$

$\mathcal{L}\{y'\}=sY-y(0)=sY-3$

$\mathcal{L}\{y''\}=s^2Y-sy(0)-y'(0)=s^2Y-3s-1$

$s^2Y-3s-1+4sY-12+3Y=0$

Y로 묶음 $s^2Y+4sY+3Y-3s-13=0$

$(s^2+4s+3)Y=3s+13$

부분분수

$$Y = \frac{3s+13}{(s^2+4s+3)} = \frac{3s+13}{(s+1)(s+3)} = \frac{a}{s+1} + \frac{b}{s+3}$$

$$\begin{matrix} as+3a \\ bs+b \end{matrix}, \quad \begin{matrix} a+b=3 \\ 3a+b=13 \\ 2a=10 \end{matrix}, \quad \begin{matrix} a=5 \\ b=-2 \end{matrix}$$

$$Y = \frac{5}{s+1} + \frac{-2}{s+3}$$

$$\mathcal{L}^{-1}\left\{\frac{1}{s+1}\right\} = e^{-t}, \quad \mathcal{L}^{-1}\left\{\frac{1}{s+3}\right\} = e^{-3t}$$

$$y(t) = 5e^{-t} - 2e^{-3t}$$

예) $y'' + 9y = 0,$ $\quad y(0) = 0,\ y'(0) = 2$

$$s^2 Y - sy(0) - y'(0) + 9Y = 0$$

$$(s^2+9)Y = 2, \qquad Y = \frac{2}{s^2+9}$$

$$y = \mathcal{L}^{-1}\left\{\frac{2}{s^2+9}\right\} = \mathcal{L}^{-1}\left\{\frac{2}{3} \cdot \frac{3}{s^2+3^2}\right\} = \frac{2}{3}\sin 3t$$

- 라플라스 변환을 이용한 미분 방정식 풀이에 대한 개념.

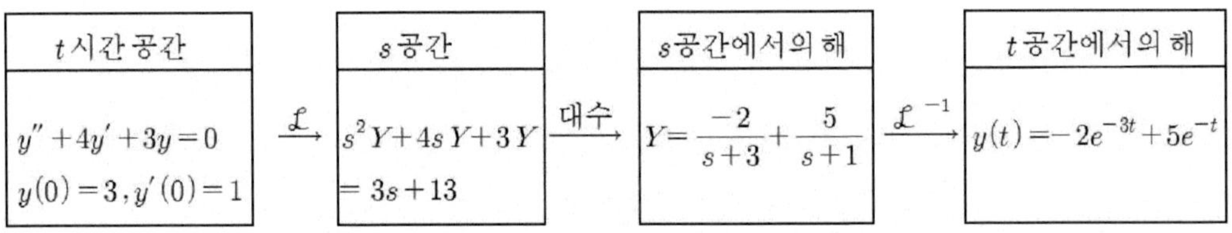

〈그림 2.4〉 라플라스 변환을 이용한 미분 방정식 풀기 예

대수에 의해 방정식을 부분 분수로 만듦.

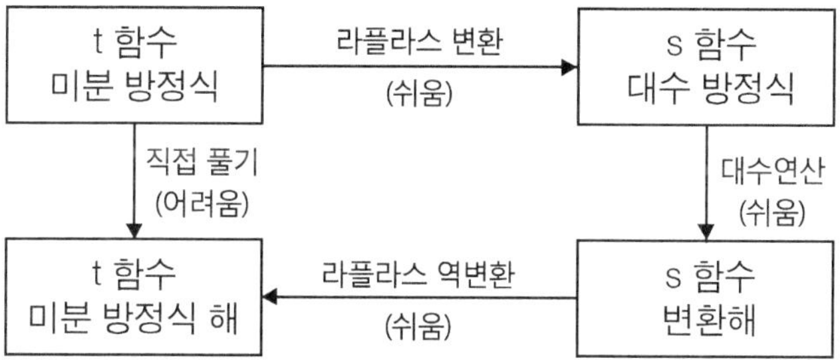

〈그림 2.5〉 라플라스변환을 이용한 미분 방정식 풀기 개념

성질 3. 적분성질 → 역 라플라스 변화에서 사용

$$\mathcal{L}\left\{\int_0^t f(\tau)d\tau\right\} = \frac{1}{s}\mathcal{L}\{f(t)\} = \frac{1}{s}F(s)$$

$$\mathcal{L}^{-1}\mathcal{L}\left\{\int_0^t f(\tau)d\tau\right\} = \mathcal{L}^{-1}\left\{\frac{1}{s}F(s)\right\}$$

$$\int_0^t f(\tau)d\tau = \mathcal{L}^{-1}\left\{\frac{1}{s}F(s)\right\} \text{ : 적분성질} \tag{2.8}$$

예) $\mathcal{L}\{f(t)\} = \dfrac{1}{s(s^2+\omega^2)}$에서 $f(t)$를 구하라.

$$\text{공식 } \mathcal{L}^{-1}\left\{\frac{1}{s^2+\omega^2}\right\} = \mathcal{L}^{-1}\left\{\frac{1}{\omega} \circ \frac{\omega}{s^2+\omega^2}\right\} = \frac{1}{\omega}\sin\omega t$$

$$\mathcal{L}^{-1}\left\{\frac{1}{s}\cdot\left(\frac{1}{s^2+\omega^2}\right)\right\} = \frac{1}{\omega}\int_0^t \sin\omega\tau d\tau = \frac{1}{\omega}\cdot\frac{1}{\omega}[-\cos\omega\tau]_0^t$$

$$= \frac{1}{\omega}\cdot\frac{1}{\omega}(-\cos\omega t + 1) = \frac{1}{\omega^2}(1-\cos\omega t)$$

성질 4. 시간 천이 (time shift) → 시산 지연을 표현

$$\mathcal{L}\{f(t-T)u_s(t-T)\} = e^{-Ts}F(s) \text{ : 시간 천이} \tag{2.9}$$

$f(t)u_s(t)$를 시간 T만큼 지연 시킨 라플라스 변환.

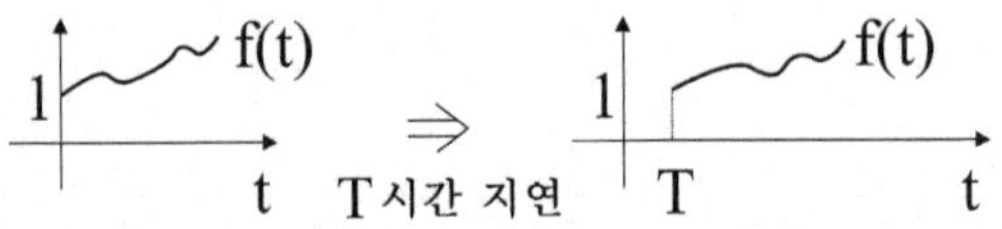

〈그림 2.6〉 단위계단함수

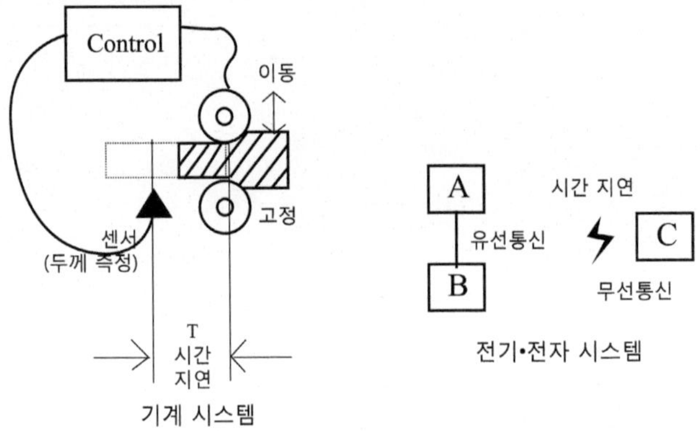

〈그림 2.7〉 시간 지연의 예

예) e^{-3s}/s^3 라플라스 역변환을 구하라.

$\mathcal{L}^{-1}\left\{\frac{1}{s^3}\right\}=\frac{t^2}{2}$ 이기 때문에, 성질 4에 의해

$\mathcal{L}^{-1}\{e^{-3s}/s^3\}=\frac{(t-3)^2}{2}u_s(t-3)$

1	$\xrightarrow{\mathcal{L}}$	$\frac{1}{s}$
t	$\xrightarrow{\mathcal{L}}$	$\frac{1}{s^2}$
t^2	$\xrightarrow{\mathcal{L}}$	$\frac{2}{s^3}$

성질 5. 변조 성질

$f(t)$에 지수 함수 $e^{\pm at}$를 곱하면 라플라스 변환은 다음과 같이 천이가 일어난다.

$$\mathcal{L}\{f(t)e^{\pm at}\}=F(s\mp a) \quad : \text{변조성질} \tag{2.10}$$

예) $2t \bullet e^{-3t}$의 라플라스 변환을 구하라.

$$\mathcal{L}\{f(t)e^{\pm at}\} = F(s \mp a)$$

$\mathcal{L}\{t\} = \dfrac{1}{s^2}$, $\mathcal{L}\{e^{-3t}\} = \dfrac{1}{s+3}$ 이기 때문에,

$$\mathcal{L}\{2t.e^{-3t}\} = \frac{2}{(s+3)^2}$$

성질 6. 초기값 정리

라플라스 변환 $F(s)$가 주어진 경우, $f(t)$의 초기 값 $f(0)$는 역라플라스 변환을 구한 다음 $t=0$을 대입하여 구하지 않고도 다음 식으로부터 바로 구할 수 있다.

$$f(0) = \lim_{t\to 0} f(t) = \lim_{s\to\infty} sF(s) \quad : \text{초기 값 정리} \tag{2.11}$$

제한조건) $f(t)$는 적분 가능(integrable) 하여야 한다. ⇒ 즉, 어떤 구간에서 연속이어야 한다.

예) $F(s) = \dfrac{5}{s(s+5)}$의 초기값 $f(0)$을 구하라.

$$\lim_{s\to\infty} sF(s) = \lim_{s\to\infty} s \bullet \frac{5}{s(s+5)} = 0$$

성질 7. 최종값 정리

$f(t)$의 최종값 $f(\infty)$는 역라플라스 변환을 구한 다음 $t=\infty$를 대입하여 구하지 않고도 다음 식으로부터 바로 구할 수 있다.

$$f(\infty) = \lim_{t\to\infty} f(t) = \lim_{s\to 0} sF(s) \quad : \text{최종 값 정리} \tag{2.12}$$

제한조건) 단, $F(s)$의 실수근이 0 이거나 (+)이면, 유효하지 않다.

(실수근이 0 이거나 (+)이면, 해석 불가능하기 때문)

제어시스템의 설계와 해석에 있어서 최종값 정리는 유용하다. 쉽게 $t \to \infty$, 시스템의 특성을 알수 있기 때문이다.

예) $F(s) = \dfrac{5}{s(s^2+s+2)}$ 의 최종값 $f(\infty)$를 구하라.

$$\lim_{t \to \infty} f(t) = \lim_{s \to 0} sF(s) = \lim_{s \to 0} \frac{5}{s^2+s+2} = \frac{5}{2}$$

위의 최종값 $\dfrac{5}{2}$를 최종값 정리를 사용하지 않고 역라플라스 변환을 이용해 구하면 다음과 같다.

$$\lambda_1, \lambda_2 = \frac{-b \pm \sqrt{b^2-4ac}}{2a} = \frac{-1 \pm \sqrt{7}i}{2}$$

증명.

$$F(s) = \frac{5}{2} \cdot \frac{1}{s} + \frac{a}{s + \left(\dfrac{-1+\sqrt{7}i}{2}\right)} + \frac{b}{s + \left(\dfrac{-1-\sqrt{7}i}{2}\right)}$$

$$f(t) = \mathcal{L}^{-1}\{F(s)\} = \frac{5}{2} + a \cdot e^{-\frac{-1+\sqrt{7}i}{2}t} + b \cdot e^{-\frac{-1-\sqrt{7}i}{2}t}, \quad f(\infty) = \frac{5}{2}$$

위의 최종값 $\dfrac{5}{2}$는 같지만 성질 7 최종값 정리를 사용해 구하는 것이 훨씬 간단하다는 것을 알 수 있다.

★ 부분 분수법 - 분수가 있는 함수식에서 낱개 분수로 바꾸는 방법

why? 복잡한 분수식은 직접 라플라스 역변환 시키기 어렵기 때문에 사용.

예) 다음의 $F(s)$를 부분 분수법을 사용해 $f(t)$를 구하라.

$$F(s) = \frac{(s+4)}{(s+2)(s+5)}$$

$$= \frac{a_1}{s+2} + \frac{a_2}{s+5}$$

$$a_1 = [(s+2)F(s)]_{s=-2} = \left[\frac{s+4}{s+5}\right]_{s=-2} = \frac{2}{3}$$

$$a_2 = [(s+5)F(s)]_{s=-5} = \left[\frac{s+4}{s+2}\right]_{s=-5} = \frac{-1}{-3} = \frac{1}{3}$$

$$F(s) = \frac{2/3}{s+2} + \frac{1/3}{s+5} = \frac{1}{3}\left(\frac{2}{s+2} + \frac{1}{s+5}\right)$$

$$f(t) = \frac{1}{3}\mathcal{L}^{-1}\left\{\frac{2}{s+2} + \frac{1}{s+5}\right\} = \frac{1}{3}\left(2e^{-2t} + e^{-5t}\right)$$

2.4 시스템 해석

시스템은 시간영역과 주파수 영역에서 해석 할 수 있으며, 이 절에서는 시간 영역에서 시스템을 해석하는 방법에 대해 알아보자.

■ 시스템 해석

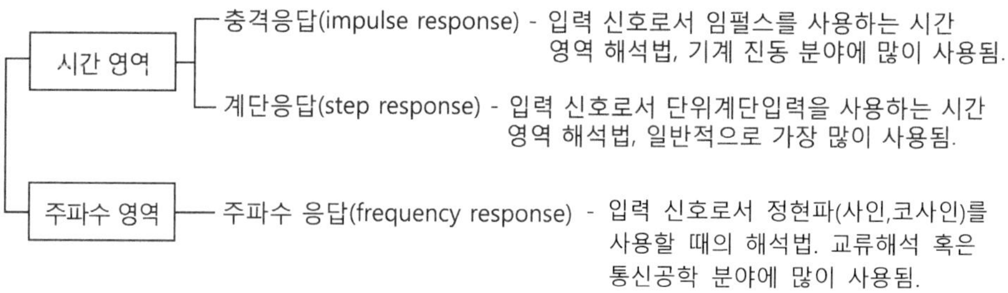

■ 충격 응답(임펄스 응답)

- 폭은 0이고, 높이는 무한대이면서 면적이 1인 함수를 입력으로 사용.

$$\delta(t) = \begin{cases} \infty & t = 0 \\ 0 & t \neq 0 \end{cases} \quad , \quad \int_{-\infty}^{\infty} \delta(t)\, dt = 1$$

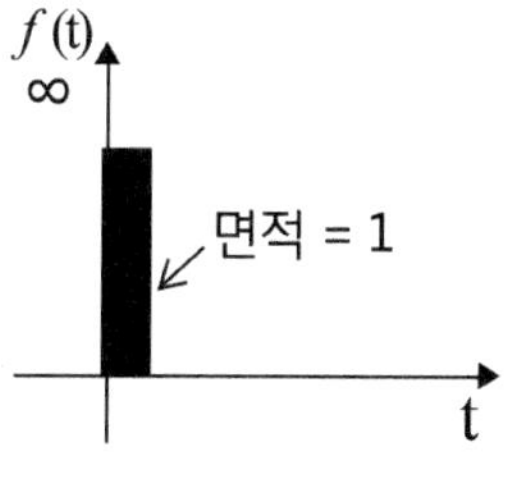

〈그림 2.8〉 충격입력 그래프

- 충격 함수를 실제로 구현하기는 불가능함. 따라서 시스템 해석을 위해 계단함수를 사용하는 것이 더 유용함.

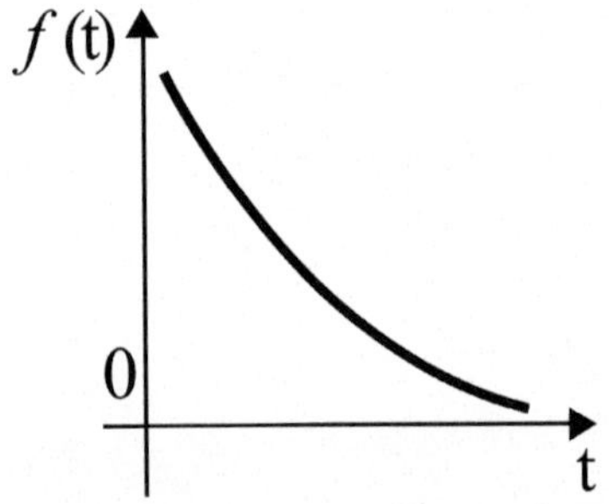

〈그림 2.9〉 전형적인 임펄스 응답 파형

■ 계단 응답

- 계단 응답이 실제 문제에서 기준 입력으로 많이 쓰이기 때문에 시간영역 해석법 가운데 가장 많이 사용 됨, 특히 제어 시스템 해석에서 널리 사용

$$\mathcal{L}\{u_s(t)\} = \frac{1}{s}$$

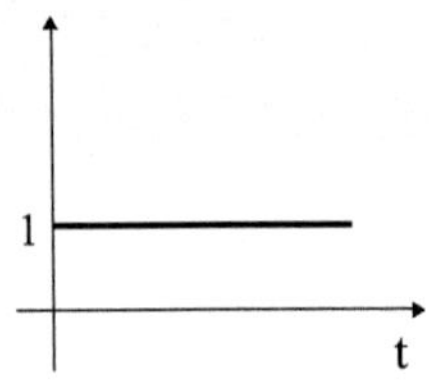

〈그림 2.10〉 계단 입력

- 다음은 전달함수를 이용하여 실제 시스템을 모델링 하는 것에 대하여 다루어 본다.

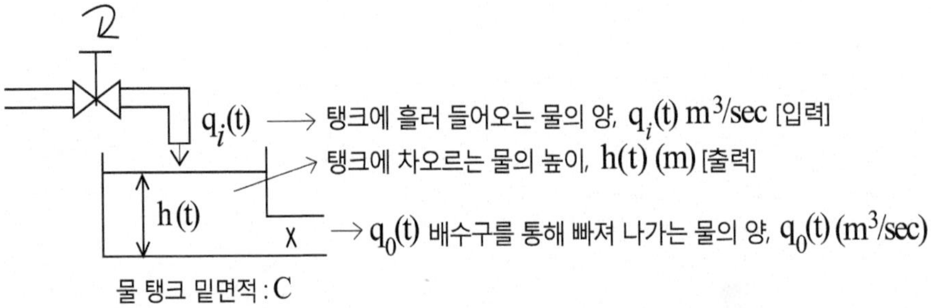

〈그림 2.11〉 물탱크 시스템

토리첼리의 원리 : $v = \sqrt{2gh}$, $q_0(t) \propto \sqrt{h(t)}$
$\hookrightarrow q_0$에 비례

해석을 간단하게 하기 위해 선형으로 근사화 한다.

$$q_0(t) \propto h(t) \quad \Rightarrow \quad q_0(t) = \frac{h(t)}{R},\ \text{여기서 } R\text{은 배수구 상수.}$$

탱크에 축척되는 변화된 물의 양(체적) = 물 높이의 변화율 × 물 탱크 밑면적

물 높이의 변화율 : $\frac{dh(t)}{dt}$

물높이의 변화율이 $(+)$ 이면 물의 양이 늘어난다.

물높이의 변화율이 $(-)$ 이면 물의 양이 줄어든다.

(t-공간)

$$C\frac{dh(t)}{dt} = q_i(t) - q_0(t)$$
$$= q_i(t) - \frac{h(t)}{R}$$

$$\frac{dh(t)}{dt} = \frac{1}{C}\cdot q_i(t) - \frac{1}{CR}\cdot h(t)$$

입력 : $q_i(t)$, 출력 : $h(t)$

(s-공간)

$$sH(s) = \frac{1}{C}\cdot Q_i(s) - \frac{1}{RC}H(s)$$
$$Q_i(s) = C\left[s + \frac{1}{RC}\right]H(s)$$
$$G(s) \triangleq \frac{H(s)}{Q_i(s)} = \frac{1}{C(s + \frac{1}{RC})} = \frac{1}{Cs + \frac{1}{R}} = \frac{1/C}{s + \frac{1}{RC}}$$

전달함수 $G(s) = H(s)/Q_i(s)$

▪ 물 탱크 시스템의 상사(analogy) 회로

비교 : 물 탱크 $G(s) = \dfrac{H(s)}{Q_i(s)} = \dfrac{1/C}{s + \dfrac{1}{RC}}$

물 탱크 시스템을 전기회로의 상사회로로 바꿔어 보자.

$q_i(t)$-전류, $h(t)$-전압에 비유

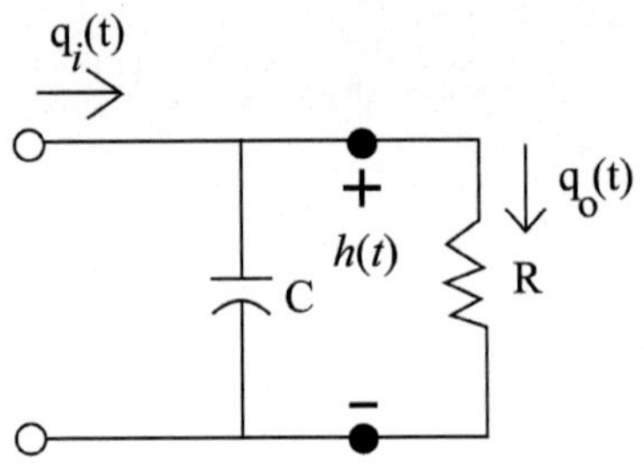

〈그림 2.12〉 단위 계단 응답

$$\left(\frac{1}{sC}//R\right) = \frac{\dfrac{R}{sC}}{\dfrac{1}{sC}+R} = \frac{R}{1+sCR} = \frac{\dfrac{1}{C}}{s+\dfrac{1}{RC}}$$

출력(output) = 입력(input) * 전달함수(TF)

$Q_i(s) = \dfrac{1}{s}$인 경우

높이 : $H(s) = Q_i(s) \bullet G(s) = \dfrac{1}{s} . \dfrac{\dfrac{1}{C}}{s+\dfrac{1}{RC}} = \dfrac{R}{s} - \dfrac{R}{s+\dfrac{1}{RC}} = R\left(\dfrac{1}{s} - \dfrac{1}{s+\dfrac{1}{RC}}\right)$

$$h(t) = \mathcal{L}^{-1}\{H(s)\} = R(1-e^{-\frac{t}{RC}})u_s(t)$$

$RC = \tau$: 시정수 $(time\ constant)$
⇒ 계단 응답을 주었을때 τ 시간 후에 최종치의 63%에 이름

τ가 작을수록 분모이기 때문에 계단응답이 계단 함수 입력을 빠르게 따라간다.

시정수 τ를 작게 하기 위해서는 탱크의 용량 C를 줄이거나, 배수구 상수 R을 작게 하여야 함.

다음은 계단입력 1을 따라가는 안정한 시스템의 응답 곡선이다.

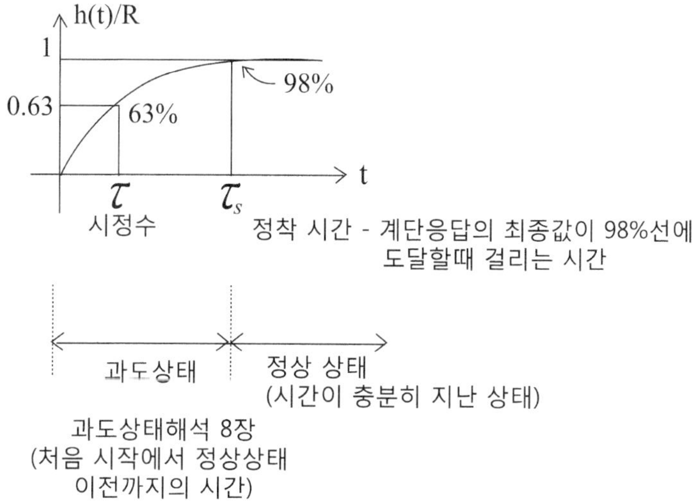

〈그림 2.13〉 시스템의 계단 응답

$t=\tau$일 때 0.63이 되는 이유. $t=\tau$일 때, $\tau=RC$

$$h(t)=R(1-e^{-\frac{\tau}{RC}})=R(1-e^{-1})=0.63R,\ e^{-1}=0.37$$

$$\frac{h(t)}{R}=0.63$$

2.5 MATLAB 활용

■ MATLAB을 이용한 다항식 표현

예) $2s^3+3s^2+4s+5$

$\gg G1=[2\ \ 3\ \ 4\ \ 5]$

예) s^3+2s-1

$\gg G2=[1\ \ 0\ \ 2\ \ -1]$

■ **다음은 전달 함수를 MATLAB으로 표현하는 방법에 대하여 다룬다.**

$$\text{전달함수} : \frac{4s+5}{s^2+2s+3}$$

① MATLAB의 symbolic math tool box를 사용하는 경우

$\gg syms\ s;$

$\gg G=(4*s+5)/(s\hat{\ }2+2*s+3)$

② MATLAB의 control toolbox를 사용하는 경우

$\gg G=tf([4\ \ 5],[1\ \ 2\ \ 3])$

위의 두 가지 방법 중 하나를 선택하여 전달함수를 MATLAB으로 표현 한다.

예제 M2.1 다음의 전달 함수에 대하여 극점과 영점을 구하고, 부분 분수로 전개하시오.

$$G(s)=\frac{4s^2+s+6}{s^3+7s^2+8s+9}$$

```
≫ Gnum = [4 1 6];
≫ Gden = [1 7 8 9];
≫ [K,P,k] = residue(Gnum,Gden)
K=
   4.6657
  -0.3328 - 0.0789i
  -0.3328 + 0.0789i
P =
  -5.9030
  -0.5485 + 1.1063i
  -0.5485 - 1.1063i
k=
   []
≫ r = roots(Gnum)
Gnum =
  -0.1250 + 1.2183i
  -0.1250 - 1.2183i          ⇒ 영점
≫ r = roots(Gden)
```

$Gden =$
-5.9030
$-0.5485+1.1063i$
$-0.5485-1.1063i$ $\Rightarrow$ 극점

예제 M2.2 $f(t)$함수를 설정하여 라플라스 변환을 구하시오.

a. $f(t)=e^{2t}$

```
>> syms t
>> laplace(exp(2*t))

ans = 1/(s-2)
```

b. $f(t)=\cos 2t$

```
>> syms t
>> laplace(cos(2*t))

ans = s/(s^2+4)
```

예제 M2.3 $F(s)$함수를 설정하여 역라플라스 변환을 구하시오.

$$F(s)=\frac{s}{s^2+3s+6}$$

```
>> syms s
>> ilaplace(s/(s^2+3*s+6))
ans =
    exp(-3/2*t)*cos(1/2*15^                    (1/2)*t)-1/5*15^
(1/2)*exp(-3/2*t)*sin(1/2*15^          (1/2)*t)
```

2.6 기사 문제

1 단위 임펄수 함수 $\delta(t)$의 라플라스 변환은?

㉮ 0 ㉯ 1 ㉰ $\frac{1}{s}$ ㉱ $\frac{1}{s+a}$

2 단위 계단 함수 $u(t)$에 상수 5를 곱해서 라플라스 변환식을 구하면?

㉮ $\frac{s}{5}$ ㉯ $\frac{5}{s^2}$ ㉰ $\frac{5}{s-1}$ ㉱ $\frac{5}{s}$

3 $u(t-T)$를 라플라스 변환하면?

㉮ $\frac{1}{s}e^{-Ts}$ ㉯ $\frac{1}{s^2}e^{-Ts}$ ㉰ $\frac{1}{s^2}e^{Ts}$ ㉱ $\frac{1}{s}e^{Ts}$

4 두 함수 $f_1(t)=1$, $f_2(t)=e^{-t}$일 때 합성 적분(convolution 적분) 값은?

㉮ $1-e^{-t}$ ㉯ $1+e^{-t}$ ㉰ $\frac{1}{1-e^{-t}}$ ㉱ $\frac{1}{1+e^{-t}}$

5 임의의 함수 $f(t)$에 대한 라플라스 변환 $\mathcal{L}[f(t)]=F(s)$라고 할 때 최종값 정리는?

㉮ $\lim_{s\to 0}F(s)$ ㉯ $\lim_{s\to\infty}sF(s)$ ㉰ $\lim_{s\to\infty}F_2(s)$ ㉱ $\lim_{s\to 0}sF(s)$

6 $-\frac{2}{3}e^{-3t}$의 라플라스 변환은?

㉮ $\frac{2}{3(s-3)}$ ㉯ $-\frac{2}{3(s-3)}$ ㉰ $\frac{2}{3(s+3)}$ ㉱ $-\frac{2}{3(s+3)}$

7 그림과 같은 직류 전압의 라플라스 변환을 구하면?

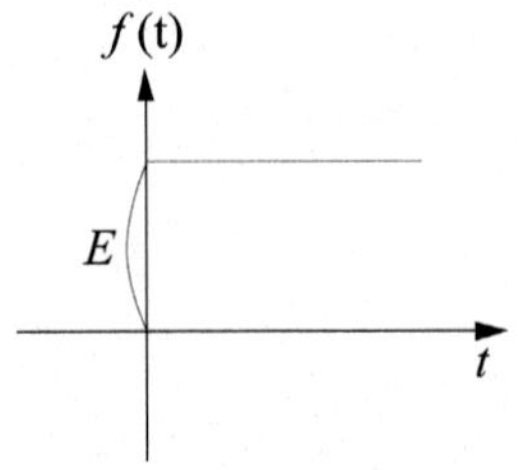

㉮ $\frac{E}{s-1}$ ㉯ $\frac{E}{s+1}$ ㉰ $\frac{E}{s}$ ㉱ $\frac{E}{s^2}$

8 그림과 같이 표시된 단위 계단 함수는?

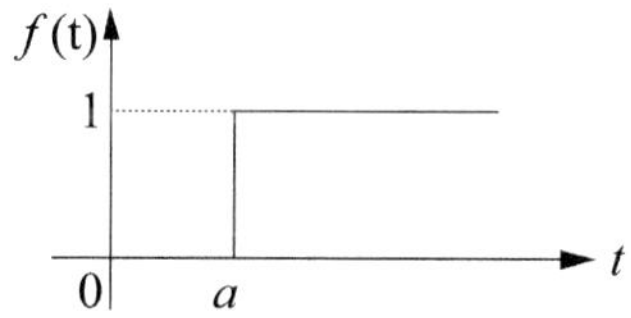

㉮ $u(t)$ ㉯ $u(t-a)$ ㉰ $u(t+a)$ ㉱ $-u(t-a)$

9 제어계의 입력 신호 $x(t)$와 출력 신호 $y(t)$와의 관계가 $y(t)=Kx(t-T)$로 표시되는 추이 요소에서 입력을 단위 계단 함수로 주어질 때 출력 파형으로 알맞은 것은?

㉮

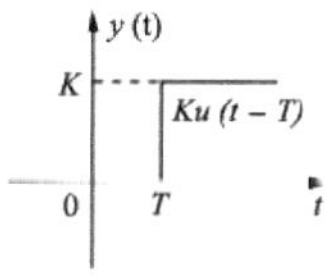

㉯

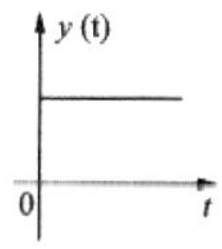

㉰

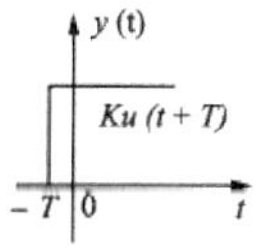

㉱

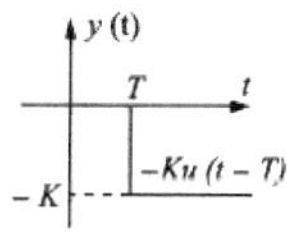

10 그림의 파형을 단위 함수(unit step funtion) $v(t)$로 표시하면?

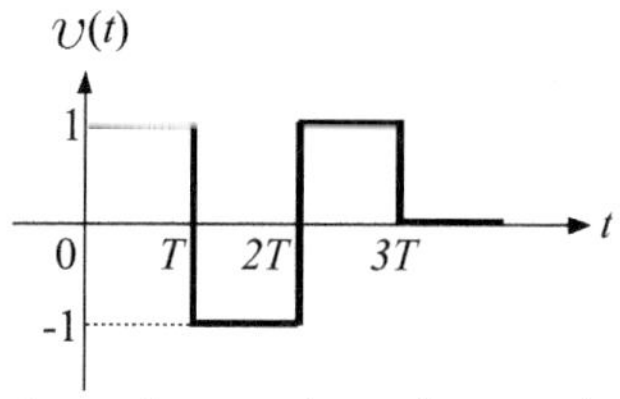

㉮ $v(t)=u(t)-u(t-T)+u(t-2T)-u(t-3T)$

㉯ $v(t)=u(t)-2u(t-T)+2u(t-2T)-u(t-3T)$

㉰ $v(t)=u(t-T)-u(t-2T)+u(t-3T)$

㉱ $v(t)=u(t-T)-2u(t-2T)+2u(t-3T)$

11 그림과 같은 게이트 함수의 라플라스 변환을 구하면?

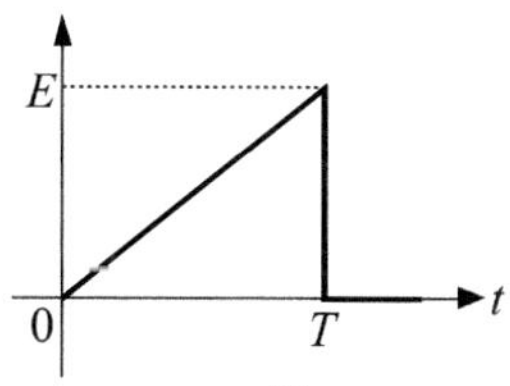

㉮ $\dfrac{E}{Ts^2}[1-(Ts+1)e^{-Ts}]$ ㉯ $\dfrac{E}{Ts^2}[1+(Ts+1)e^{-Ts}]$

㉰ $\dfrac{E}{Ts^2}(Ts+1)e^{-Ts}$ ㉱ $\dfrac{E}{Ts^2}(Ts-1)e^{-Ts}$

12 다음과 같은 펄스의 라플라스 변환은 어느 것인가?

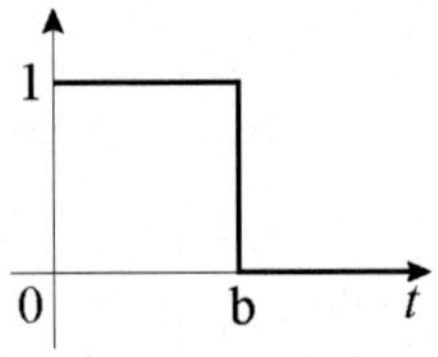

㉮ $\frac{1}{s} \cdot e^{bt}$　㉯ $\frac{1}{s} \cdot e^{-bt}$

㉰ $\frac{1}{s}(1-e^{-bs})$　㉱ $\frac{1}{s} \cdot (1+e^{bs})$

13 $f(t) = \mathcal{L}^{-1}\left[\frac{1}{s^2+6s+10}\right]$의 값은 얼마인가?

㉮ $e^{-3t}\sin t$　㉯ $e^{-3t}\cos t$　㉰ $e^{-t}\sin 5t$　㉱ $e^{-t}\sin 5wt$

14 $F(s) = \frac{2s+3}{s^2+3s+2}$의 시간 함수 $f(t)$는?

㉮ $f(t) = e^{-t} - e^{-2t}$　㉯ $f(t) = e^{-t} + e^{-2t}$

㉰ $f(t) = e^{-t} + 2e^{-2t}$　㉱ $f(t) = e^{-t} - 2e^{-2t}$

15 $F(s) = \frac{s+1}{s^2+2s}$로 주어졌을 때 $F(s)$의 역변환은?

㉮ $\frac{1}{2}(1+e^{t})$　㉯ $\frac{1}{2}(1-e^{-t})$　㉰ $\frac{1}{2}(1+e^{-2t})$　㉱ $\frac{1}{2}(1-e^{-2t})$

16 $f(t) = \frac{s+2}{(s+1)^2}$의 라플라스 역변환은?

㉮ $e^{-t} - te^{-t}$　㉯ $e^{-t} + te^{-t}$　㉰ $1 - te^{-t}$　㉱ $1 + te^{-t}$

17 $\mathcal{L}^{-1}\left[\frac{1}{s^2+a^2}\right]$은 어느 것인가?

㉮ $\sin at$　㉯ $\frac{1}{a}\sin at$　㉰ $\cos at$　㉱ $\frac{1}{a}\cos at$

18 라플라스 변환을 이용하여 다음의 미분 방정식을 풀면?

$$\frac{d^2y}{dt^2}+3y=0 \qquad \text{단, } y(0)=3,\ y'(0)=4$$

㉮ $3\cos\sqrt{3}t+\frac{4\sqrt{3}}{3}\sin\sqrt{3}t$

㉯ $3\cos\sqrt{3}t+\frac{4}{3}\sin\sqrt{3}t$

㉰ $3\cos\sqrt{3}t+4\sin\sqrt{3}t$

㉱ $3\cos3t+\frac{4}{\sqrt{3}}\sin3t$

19 $e^{-2t}\cdot\cos3t$ 의 라플라스 변환은?

㉮ $\frac{s-2}{(s-2)^2+3^2}$

㉯ $\frac{s}{(s+2)^2+3^2}$

㉰ $\frac{s+2}{(s+2)^2+3^2}$

㉱ $\frac{s}{(s-2)^2+3^2}$

해답

1.㉯ 2.㉱ 3.㉮ 4.㉮ 5.㉱ 6.㉱ 7.㉰ 8.㉯ 9.㉮ 10.㉯
11.㉮ 12.㉰ 13.㉮ 14.㉯ 15.㉰ 16.㉯ 17.㉯ 18.㉮ 19.㉰

3 블록선도와 상태선도

3장에서는 시스템 표현을 위해 블록 선도와 신호 흐름도에 대해 배운다. 그리고 나서 신호 흐름도에서 이득이 적분기로 구성된 상태 선도에 대해 다룬다. 마지막으로 전달함수 표현법을 상태 공간 방정식으로 변환하는 방법에 대해 다룬다.

3.1 블록 선도 (block diagram)

블록선도 - 블록과 화살표를 이용하여 전체 시스템을 입 • 출력 관계 로 간소하게 표현하는 것.

[기호]

신호는 화살표로 부시스템은 블록으로 표현하며 신호의 합은 동그라미 가산점으로 표현한다.

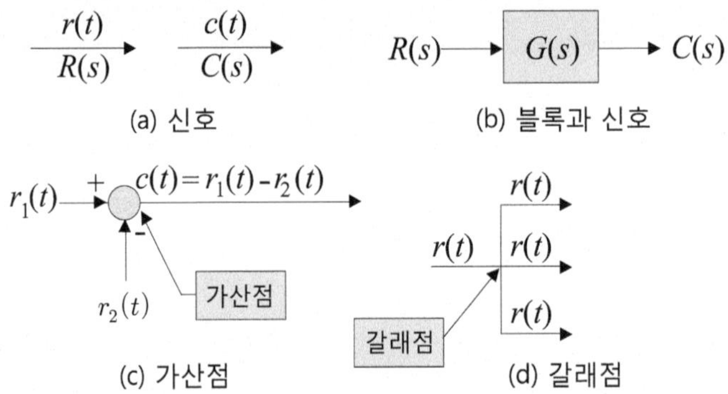

〈그림 3.1〉 기호적 표현

[블록의 직렬 결합]

블록들의 직렬 결합은 곱하여 하나로 단순화 시킨다.

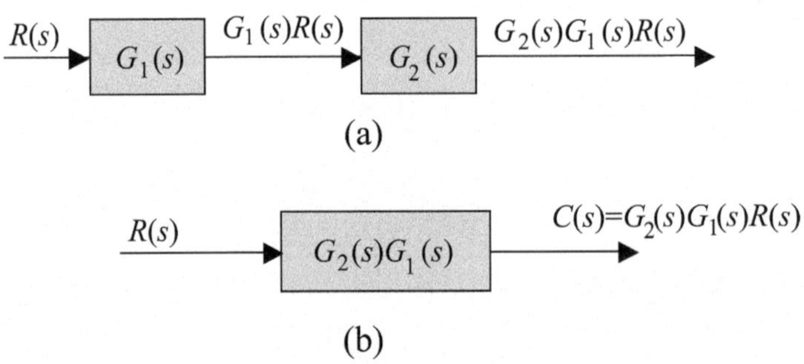

〈그림 3.2〉 블록의 직렬 결합

[블록의 병렬 결합]

블록들의 병렬 결합은 더하여 하나로 단순화 시킨다.

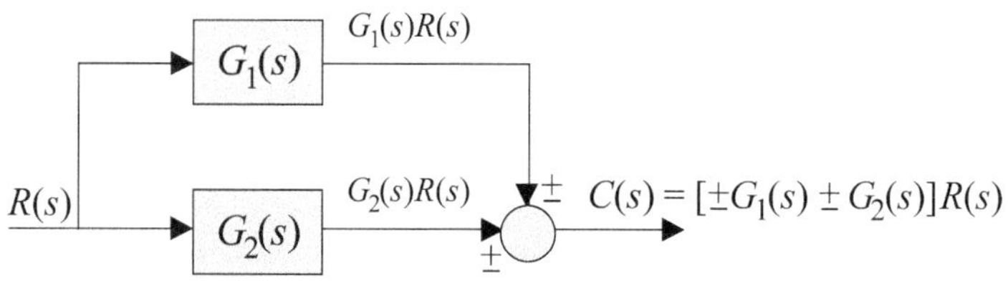

(a)

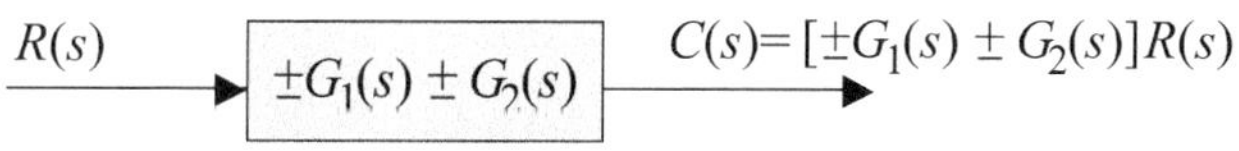

(b)

〈그림 3.3〉 블록의 병렬 결합

[블록의 피드백 결합]

$\frac{C(s)}{R(s)} = \frac{\text{전방향전달함수}}{1 - \text{루프전달함수}}$를 이용하여 단순화 시킨다.

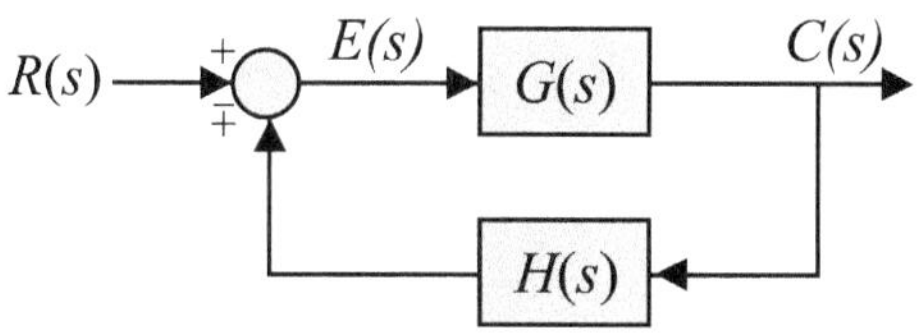

(a)

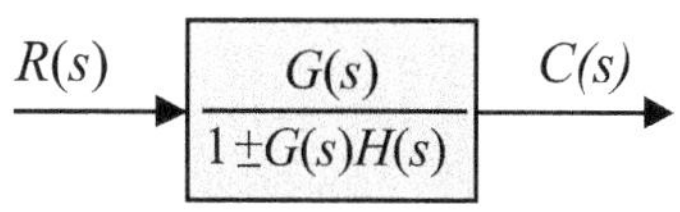

(b)

〈그림 3.4〉 블록의 피드백 결합

[가산점에서의 블록이동]

- 가산점 뒤의 블록

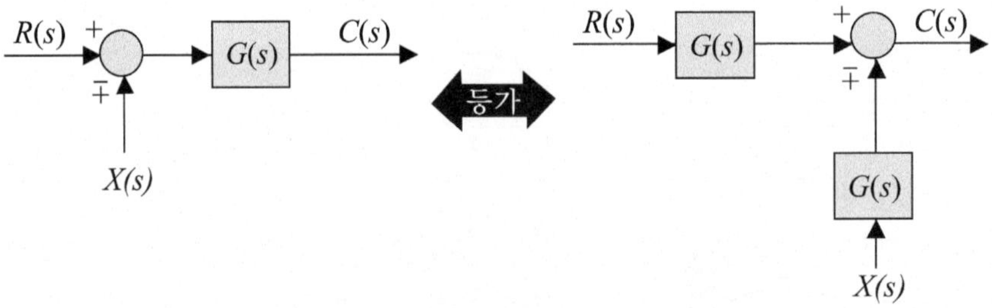

(a) 블록을 가산점의 왼쪽(입력)으로 옮길때

- 가산점 앞의 블록

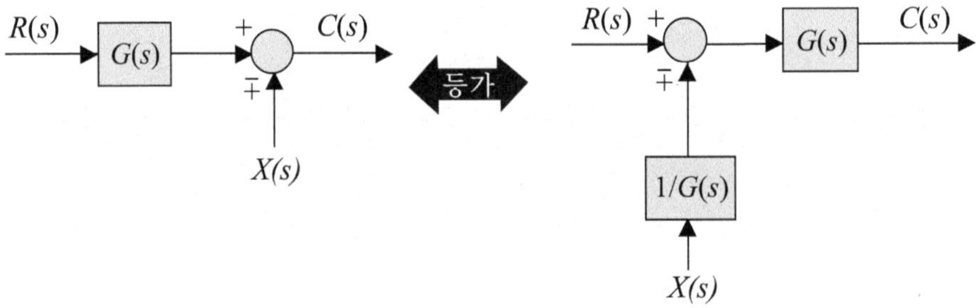

(b) 블록을 가산점의 오른쪽(출력)으로 옮길 때

〈그림 3.5〉 가산점에서의 블록 이동

[갈래점에서의 블록이동]

- 갈래점 뒤의 블록

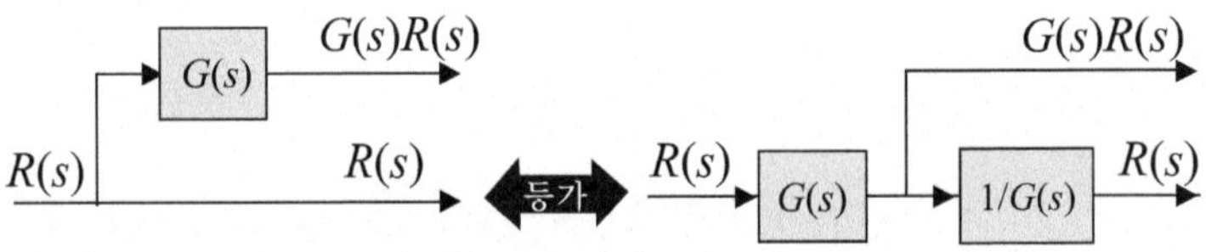

(a) 블록을 갈래점의 왼쪽으로 옮길때

- 갈래점 앞의 블록

(b) 블록을 갈래점의 오른쪽으로 옮길 때

〈그림 3.6〉 갈래점에서의 블록 이동

예제 3.1 다음의 블록 선도를 단순화 하시오.

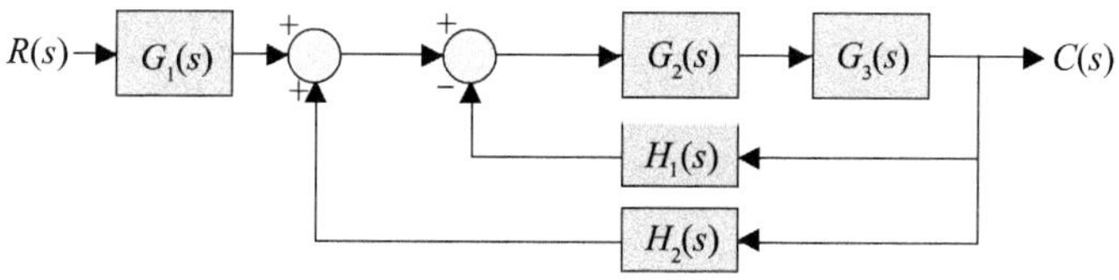

풀이

전방향 블록들은 곱해서 하나로 만들고 피드백 블록은 더해서 하나로 만든다.

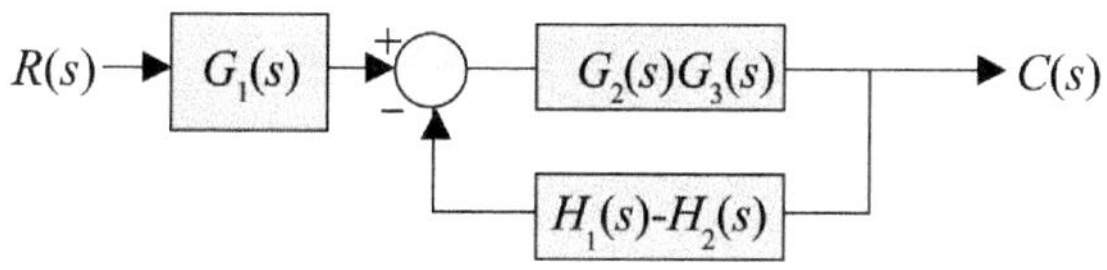

블록의 피드백 결합은 $\frac{C(s)}{R(s)} = \frac{\text{전방향전달함수}}{1-\text{루프전달함수}}$를 이용하여 단순화 시킨다.

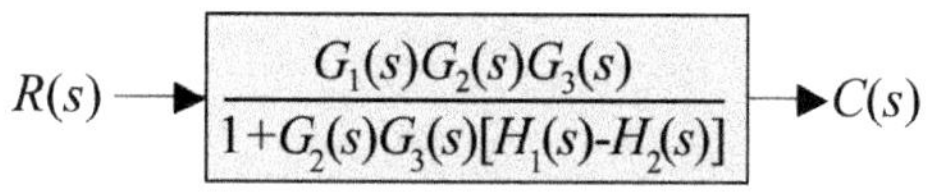

여기서, 전방향 전달 함수는 $G_1(s)G_2(s)G_3(s)$ 이고, 루프전달함수는

$-G_2(s)G_3(s)[H_1(s)-H_2(s)]$이다.

3.2 신호 흐름도

신호 흐름도(signal-flow) - 마디(node), 가지(branch), 이득(gain)을 이용하여 전체 시스템을 입 · 출력 관계로 간소하게 표현하는 것

❖ 왜 신호 흐름도를 사용하는가?

블록 다이어그램 - 단순히 입력과 출력의 관계만 명시하여 시스템 내부에서 전개되는 구체적인 신호의 흐름을 알 수 없다.

신호 흐름도 - 단순히 블록 다이어그램의 대용이 아니라 시스템 내부의 구체적인 신호의 흐름을 밝혀준다.

다음은 블록 다이어그램을 신호 흐름도로 바꾸어 표현한 것을 보여준다.

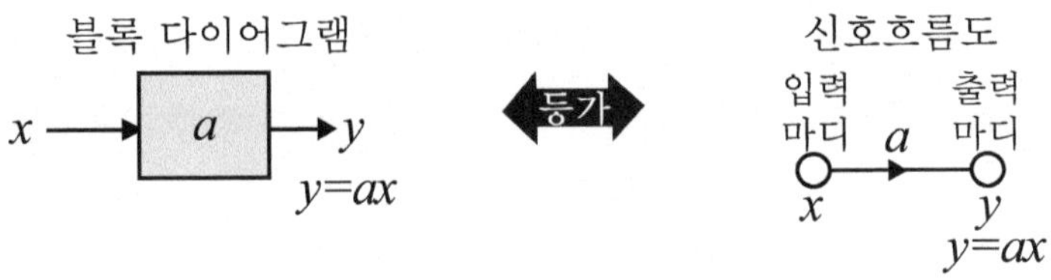

다음은 가산점과 갈래점의 표현이다.

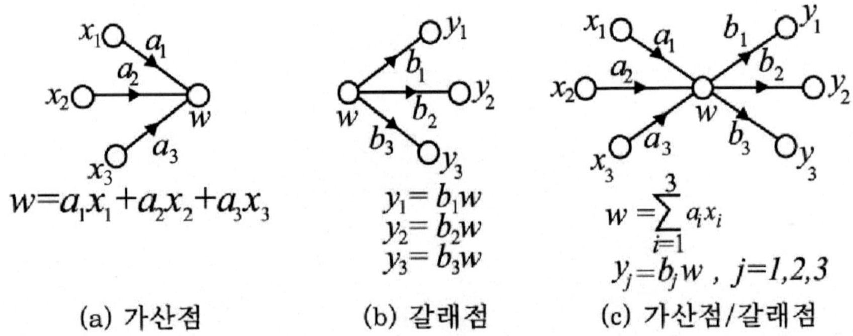

$$w = \sum_{i=1}^{3} a_i x_i$$

〈그림 3.7〉 신호 흐름도에서의 가산점, 갈래점

❖ 신호 흐름도에서 사용되는 용어 정의 (예)

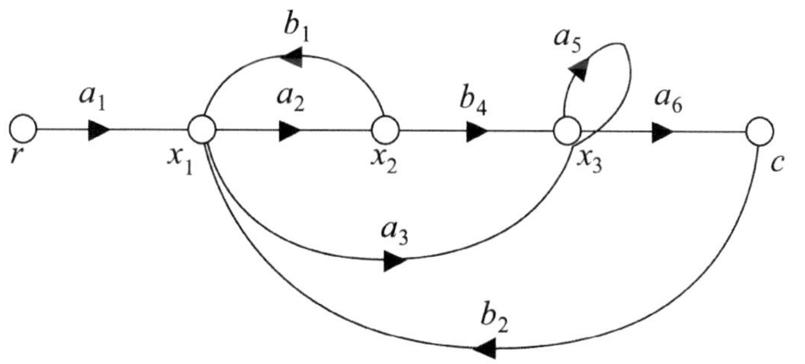

〈그림 3.8〉 신호흐름도

- 경로(path)

한 마디에서 다른 마디로 가는 경로의 집합, 두 번 이상 거쳐도 상관없음. 단, 같은 방향이어야 한다. 〈그림 3.8〉의 예를 보면 임의의 마디에서 다른 마디로 가는 경로는 무수히 많다.

- 전방향 경로(feed forward path)

경로 중 같은 마디를 두 번 이상 거치지 않는 경로. 〈그림 3.8〉의 예에서 전방향 경로는 다음과 같다.

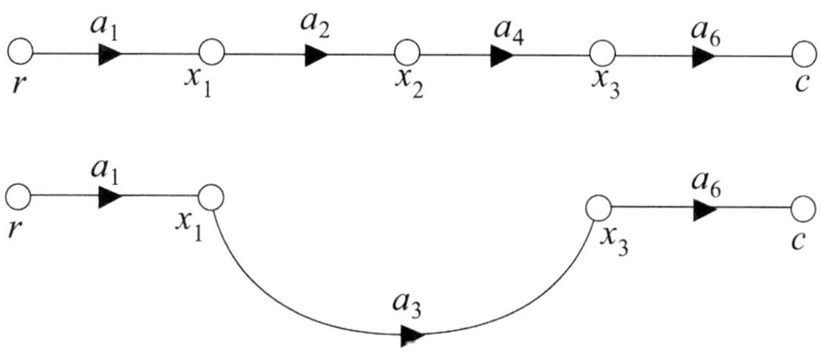

〈그림 3.9〉 전방향 경로

- **루프(loop)**

  한 마디에서 출발하여 동일한 마디로 되돌아오는 경로(각 마디는 한번씩만 거친다)

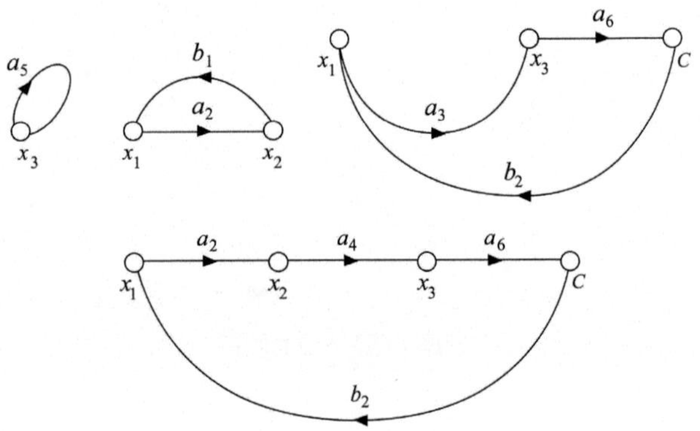

〈그림 3.10〉 루프

- **경로 이득**

  경로에 속하는 모든 가지들의 이득을 곱한 것

- **전방향 경로 이득**

  전방향 경로의 경로 이득

  〈그림 3.8〉의 예) 전방향 경로 : $a_1a_2a_4a_6$

  전방향 경로 : $a_1a_3a_6$ 〈그림 3.9〉 참조

- **루프 이득**

  루프의 경로 이득

  〈그림 3.8〉의 예) a_5, a_2b_1, $a_3a_6b_2$, $a_2a_4a_6b_2$ 〈그림 3.10〉 참조

- **비접촉 루프(non-touching loop)**

  루프가 서로 같은 마디를 공유 하지 않을 경우

  〈그림 3.8〉의 예) 〈그림 3.10〉에서 루프 a_2b_1와 루프 a_5는 서로 비접촉루프이다.

❖ 신호 흐름도를 간략화 하는 방법

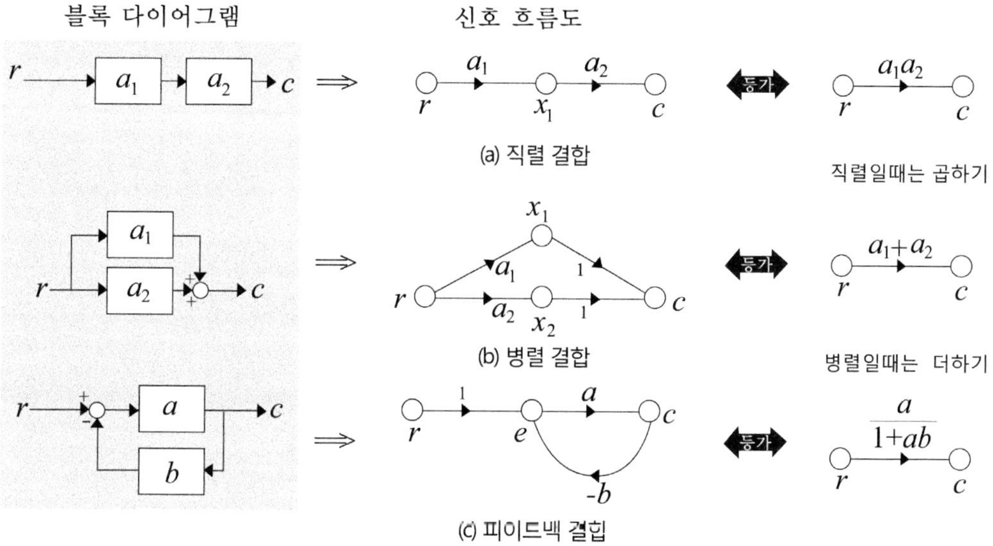

〈그림 3.11〉 신호흐름도의 간략화

다음은 블록선도 혹은 신호흐름도를 간략화 하기 위한 방법인 메이슨 정리에 대하여 다룬다.

3.3 메이슨 정리

메이슨(Mason) 정리 - 복잡한 블록 선도에서 입·출력 관계를 간략화(간소화)한 전달 함수를 구하기 위하여 사용한다.

- 간략 공식

$$G = \frac{\Sigma \rightarrow \cdot\ NT}{1 - \Sigma \hookleftarrow + NT}$$

여기서 $\Sigma\rightarrow$는 선방향 경로 이득이고, $\Sigma\hookleftarrow$는 루프 이득이며, NT는 비접촉 루프이다.

- 실제 공식

$$G = \frac{1}{\Delta}\sum_{k=1}^{N} P_k \Delta_k$$

$$\Delta = 1 - \sum(\text{각각의 루프 이득}) + \sum(\text{두 개의 비접촉 루프 이득의 곱})$$

P_k : 전방향경로 이득

Δ_k : Δ의 항들 중에서 k 번째 전방향 경로와 접촉하지 않는 부분

N : 전방향 경로의 수

예제 3.2 다음의 신호 선도에서 메이슨 정리를 이용하여 $\dfrac{C(s)}{R(s)}$의 전달함수를 구하여라.

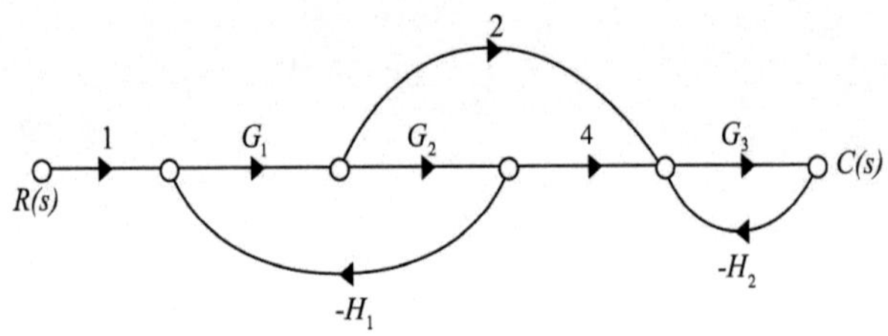

풀이.

$$\frac{C(s)}{R(s)} = \frac{4G_1G_2G_3 + 2G_1G_3}{1 + G_1G_2H_1 + G_3H_2 + G_1G_2H_1G_3H_2}$$

❖ 블록 선도를 신호 흐름도로 바꾸기(transfer from block diagram to flow signal graph)

스텝 1. 변수 표시 → 화살표를 마디로 바꾸어 그린다.

변수 : 가산점 앞, 갈래점에 붙음. 즉, 블록의 입 • 출력임

스텝 2. 이득 표시 → 이득이 없으면 1로 표시

스텝 3. 루프 표시

예제 3.3 다음의 블록 선도를 신호 흐름도로 바꾸시오.

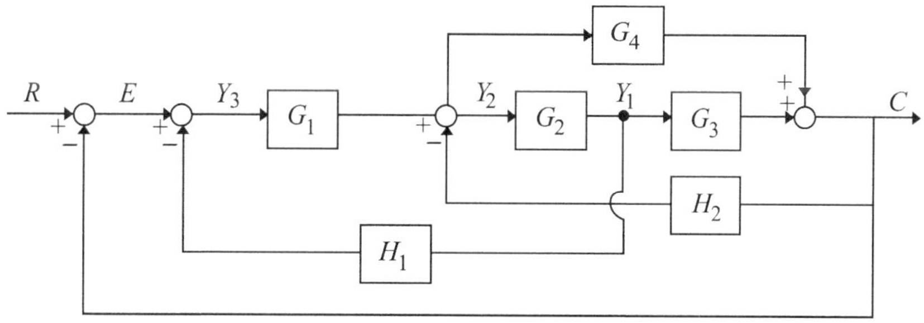

〈그림 3.12〉 블록 선도

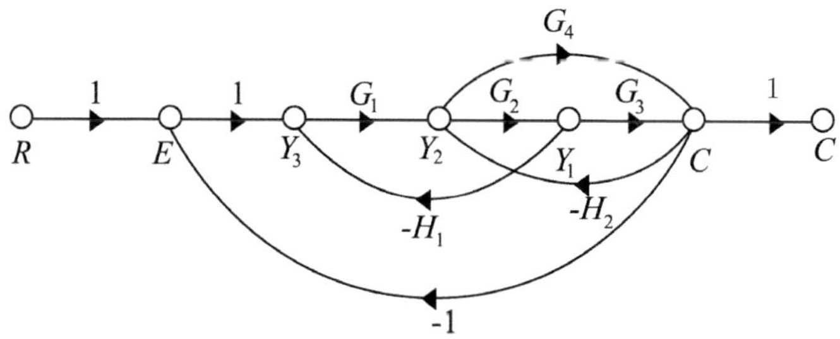

〈그림 3.13〉 신호 흐름도

예제 3.4 예제 3.3에서, 메이슨 공식을 이용하여 $\dfrac{C(s)}{R(s)}$ 의 전달함수를 구하시오.

풀이.

$$\frac{C(s)}{R(s)} = \frac{1}{\Delta}[G_1G_2G_3 + G_1G_4]$$

위의 메이슨공식 P_k에서 $k=1,2$, $\Delta_1 = \Delta_2 = 1$, k번째 전방향 경로와 접촉하지 않는 부분은 없다.

$$\Delta = 1 + G_1G_2H_1 + G_2G_3H_2 + G_1G_2G_3 + G_4H_2 + G_1G_4$$

예제 3.5 메이슨의 이득 공식을 이용하여 폐루프 전달 함수 $\dfrac{C(s)}{R(s)}$ 를 구하시오.

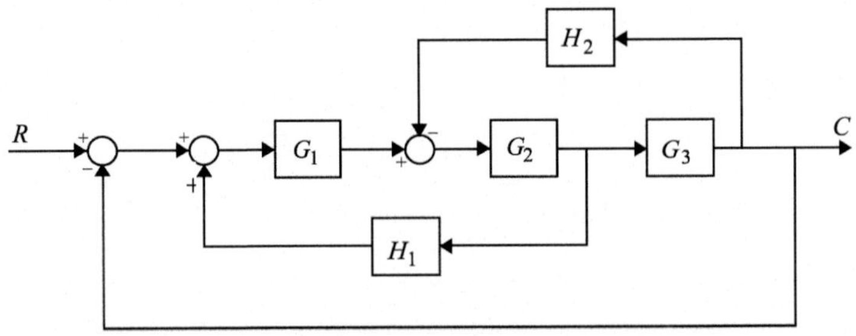

〈그림 3.14〉 다중루프 시스템

전방향 경로 이득은 $P_1 = G_1G_2G_3$ 이고, 루프 이득은 각각 다음과 같다.

$$\begin{aligned} L_1 &= \ \ G_1G_2H_1 \\ L_2 &= -G_2G_3H_2 \\ L_3 &= -G_1G_2G_3 \end{aligned}$$

이 세 루프는 하나의 공통 가지를 가지고 있기 때문에 비접촉루프가 없다. 따라서 행렬식 Δ는 다음과 같이 주어진다.

$$\begin{aligned} \Delta &= 1-(L_1+L_2+L_3) \\ &= 1-G_1G_2H_1+G_2G_3H_2+G_1G_2G_3 \end{aligned}$$

경로 P_1은 세 루프와 모두 접촉하고 있기 때문에

$$\Delta_1 = 1$$

이다. 그러므로 입력 $R(s)$와 출력 $C(s)$ 사이의 폐루프 전달함수는 다음과 같다.

$$\frac{C(s)}{R(s)} = \frac{P_1\Delta_1}{\Delta} = \frac{G_1G_2G_3}{1-G_1G_2H_1+G_2G_3H_2+G_1G_2G_3}$$

블록선도를 간략화하여도 같은 폐루프 전달함수를 얻을 수 있으나, Mason의 이득공식을 이용하면 블록선도를 간략화하지 않고도 총이득 $C(s)/R(s)$를 얻을 수 있다.

〈그림 3.14〉의 블록 선도를 신호 흐름도로 바꾸어 그리면 다음과 같다.

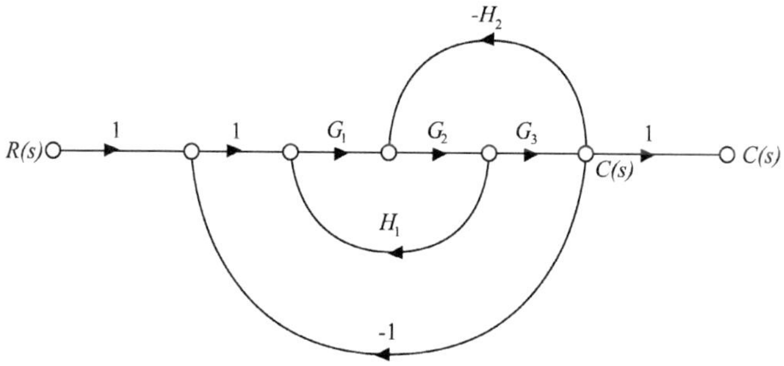

3.4 상태 선도

상태선도(state diagram)는 신호 흐름도(signal-flow graph)에 상태 변수(state variable)를 이용한 것 ⇒ 적분기와 비례기를 포함하는 신호 흐름도

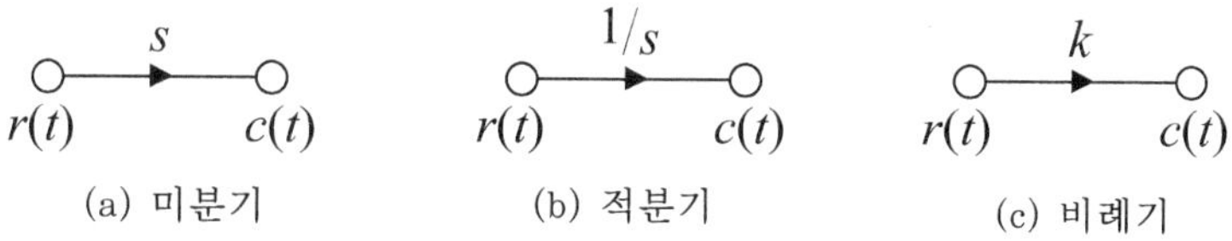

〈그림 3.15〉 미분기, 적분기, 비례기

· 1차 시스템

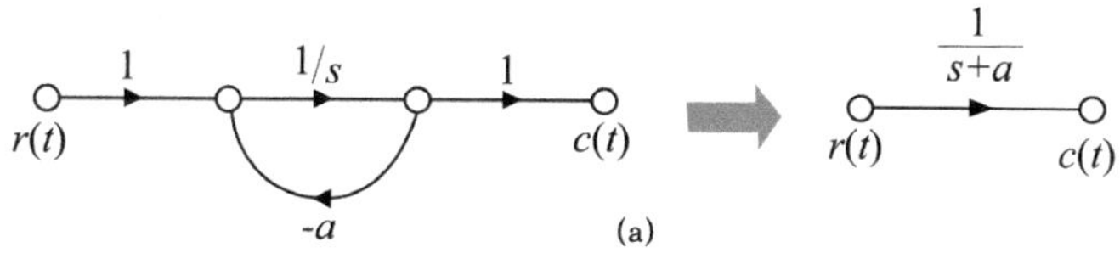

$$\frac{\frac{1}{s}}{1+\frac{a}{s}}=\frac{1}{s+a}$$

· 2차 시스템

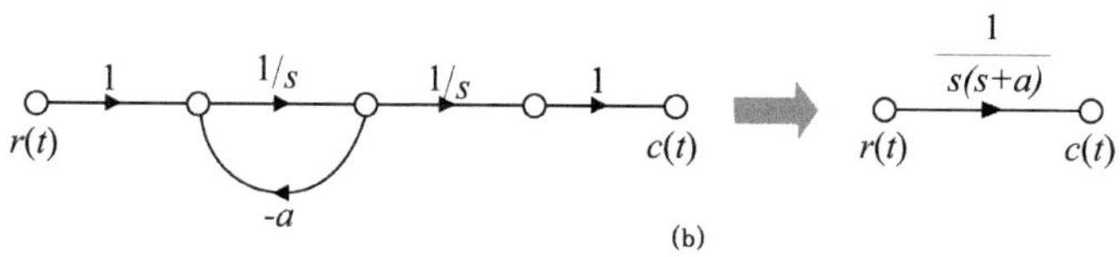

$$\frac{\frac{1}{s^2}}{1+\frac{a}{s}}=\frac{1}{s^2+as}$$

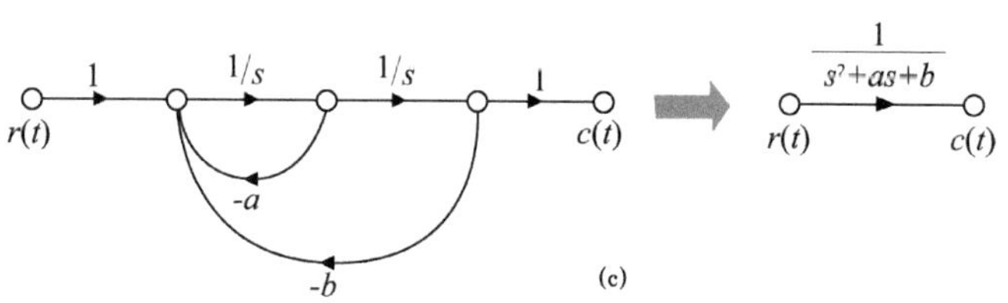

$$\frac{\frac{1}{s^2}}{1+\frac{a}{s}+\frac{b}{s^2}}=\frac{1}{s^2+as+b}$$

〈그림 3.16〉 1차, 2차 시스템의 상태 선도

- **상태 방정식(state equation)**

  전체 시스템을 상태 변수와 그 도함수로 표현한 것.

  1차, 2차, 3차 시스템에 대하여 신호 흐름도를 상태 방정식으로 변환하여 보자.

· **1차 시스템**

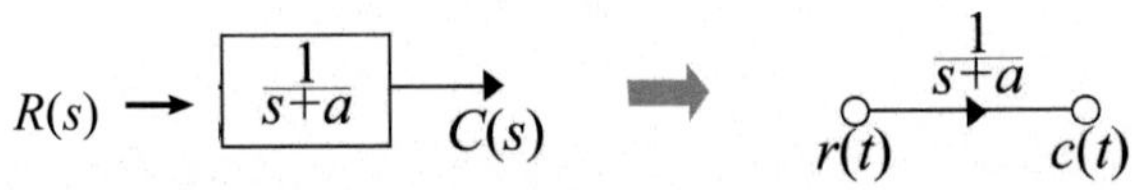

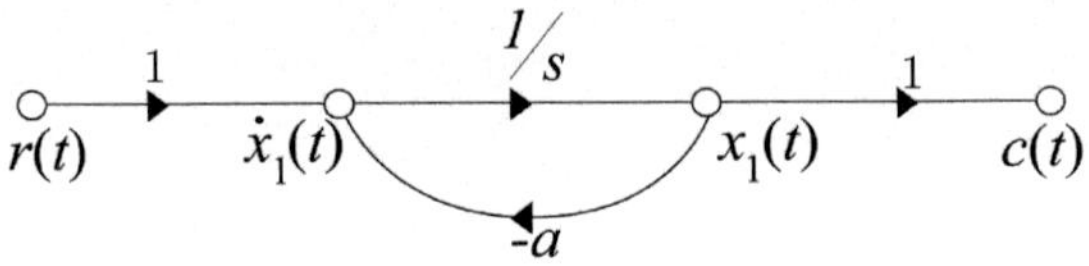

동적방정식 (dynamic equation)

상태방정식

$$\dot{x}_1(t) = -ax_1(t) + r(t)$$

출력방정식

$$c(t) = x_1(t)$$

상태방정식 → 전달함수

$$sX_1(s) + aX_1(s) = R(s)$$

$$(s+a)X_1(s) = R(s)$$

$C(s) = X_1(s)$: 출력방정식

$$(s+a)C(s) = R(s)$$

$$\frac{C(s)}{R(s)} = \frac{1}{s+a}$$

· **2차 시스템**

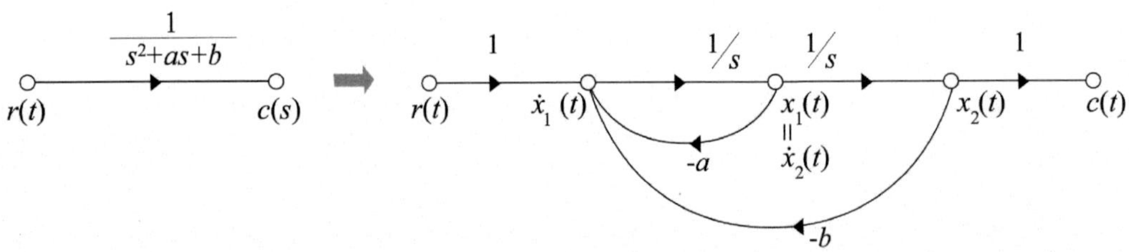

상태 방정식

$$\begin{cases} \dot{x}_1(t) = -ax_1(t) - bx_2(t) + r(t) \\ \dot{x}_2(t) = x_1(t) \end{cases}$$

출력 방정식

$$c(t) = x_2(t)$$

상태 방정식 → 전달함수

$$sX_1(s) + aX_1(s) + bX_2(s) = R(s)$$

$$X_1(s) = sX_2(s)$$

$$(s^2 + as + b)X_2(s) = R(s)$$

$$C(s) = X_2(s) : \text{출력 방정식}$$

$$(s^2 + as + b)C(s) = R(s)$$

$$\frac{C(s)}{R(s)} = \frac{1}{s^2 + as + b}$$

· 3차 시스템

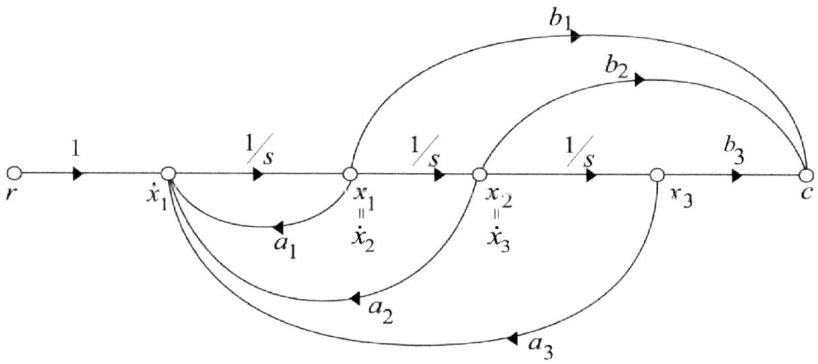

상태방정식

$$\dot{x}_1(t) = a_1x_1(t) + a_2x_2(t) + a_3x_3(t) + r(t)$$
$$\dot{x}_2(t) = x_1(t)$$
$$\dot{x}_3(t) = x_2(t)$$

출력방정식

$$c(t) = b_1x_1(t) + b_2x_2(t) + b_3x_3(t) \ \Rightarrow \text{벡터} - \text{행렬 표시}$$

$$\begin{bmatrix} \dot{x}_1(t) \\ \dot{x}_2(t) \\ \dot{x}_3(t) \end{bmatrix} = \begin{bmatrix} a_1 & a_2 & a_3 \\ 1 & 0 & 0 \\ 0 & 1 & 0 \end{bmatrix} \begin{bmatrix} x_1(t) \\ x_2(t) \\ x_3(t) \end{bmatrix} + \begin{bmatrix} 1 \\ 0 \\ 0 \end{bmatrix} r(t)$$

$$c(t) = [b_1 \quad b_2 \quad b_3] \begin{bmatrix} x_1(t) \\ x_2(t) \\ x_3(t) \end{bmatrix}$$

◆ 피드백 시스템에서의 상태 방정식

개루프 시스템의 상태 방정식이 다음과 같을때, 폐루프 시스템의 상태 방정식을 구하라.

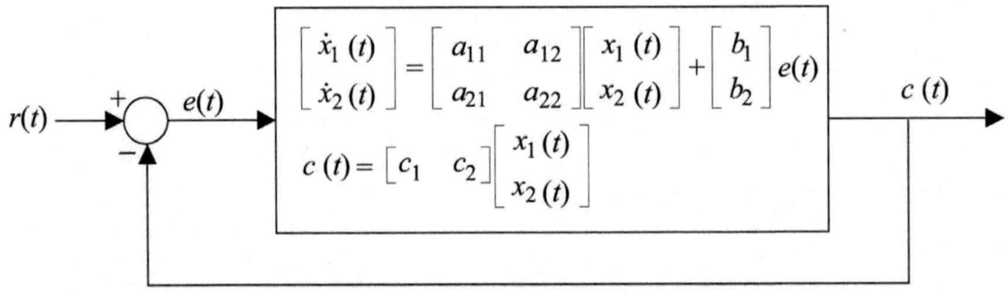

〈그림 3.17〉 피드백 시스템에서의 상태 방정식

$$c(t) = c_1 x_1(t) + c_2 x_2(t)$$

폐루프 시스템으로 바꾸면 $e(t) = r(t)$가 $e(t) = r(t) - c(t)$로 바뀜

$$e(t) = r(t) - c(t) = r(t) - c_1 x_1(t) - c_2 x_2(t)$$

$$\begin{bmatrix} b_1 \\ b_2 \end{bmatrix} e(t) = \begin{bmatrix} b_1 r(t) - b_1 c_1 x_1(t) - b_1 c_2 x_2(t) \\ b_2 r(t) - b_2 c_1 x_1(t) - b_2 c_2 x_2(t) \end{bmatrix}$$

위의 식을 다음의 식 $\begin{bmatrix} b_1 \\ b_2 \end{bmatrix} e(t)$에 대입한다.

$$\begin{bmatrix} \dot{x}_1(t) \\ \dot{x}_2(t) \end{bmatrix} = \begin{bmatrix} a_{11} & a_{12} \\ a_{21} & a_{22} \end{bmatrix} \begin{bmatrix} x_1(t) \\ x_2(t) \end{bmatrix} + \begin{bmatrix} b_1 \\ b_2 \end{bmatrix} e(t)$$

$\begin{bmatrix} x_1(t) \\ x_2(t) \end{bmatrix}$와 $r(t)$의 공통으로 묶어 정리하면 다음과 같다.

$$\begin{bmatrix} \dot{x}(t) \\ \dot{x}(t) \end{bmatrix} = \begin{bmatrix} a_{11} - b_1 c_1 & a_{12} - b_1 c_2 \\ a_{21} - b_2 c_1 & a_{22} - b_2 c_2 \end{bmatrix} \begin{bmatrix} x_1(t) \\ x_2(t) \end{bmatrix} + \begin{bmatrix} b_1 \\ b_2 \end{bmatrix} r(t)$$

- **상태 방정식으로부터 상태 선도 그리기**

  다음의 3차 시스템으로 구성된 상태 방정식을 상태 선도로 그려라.

$$\begin{cases} \begin{bmatrix} \dot{x}_1(t) \\ \dot{x}_2(t) \\ \dot{x}_3(t) \end{bmatrix} = \begin{bmatrix} a_{11} & a_{12} & a_{13} \\ a_{21} & a_{22} & a_{23} \\ a_{31} & a_{32} & a_{33} \end{bmatrix} \begin{bmatrix} x_1(t) \\ x_2(t) \\ x_3(t) \end{bmatrix} + \begin{bmatrix} b_1 \\ b_2 \\ b_3 \end{bmatrix} r(t) \\ c(t) \;\; = [c_1 \; c_2 \; c_3] \begin{bmatrix} x_1(t) \\ x_2(t) \\ x_3(t) \end{bmatrix} \end{cases}$$

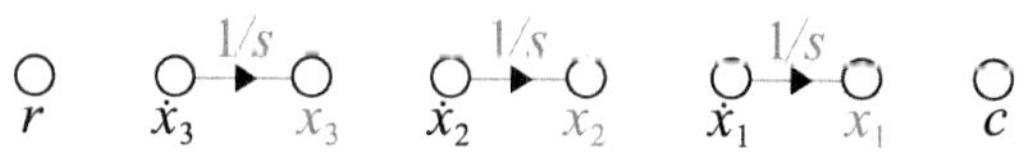

(a) 스텝 1. 적분기의 출력을 상태변수로 하고 입력은 해당 상태변수의 도힘수 형태로 표기

맨 왼쪽 - 입력마디

맨 오른쪽 - 출력마디로 정한다.

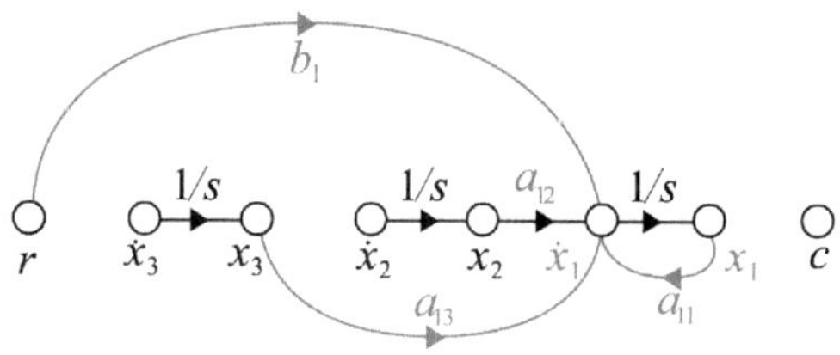

(b) 스텝 2. 가지 연결 $\dot{x}_1$

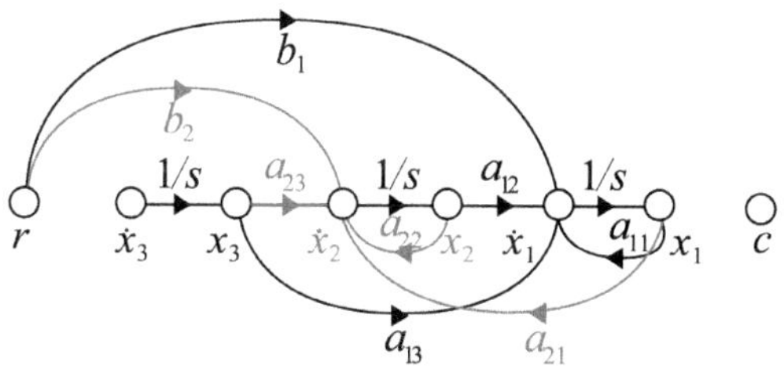

(c) 스텝 3. 가지 연결 $\dot{x}_2$

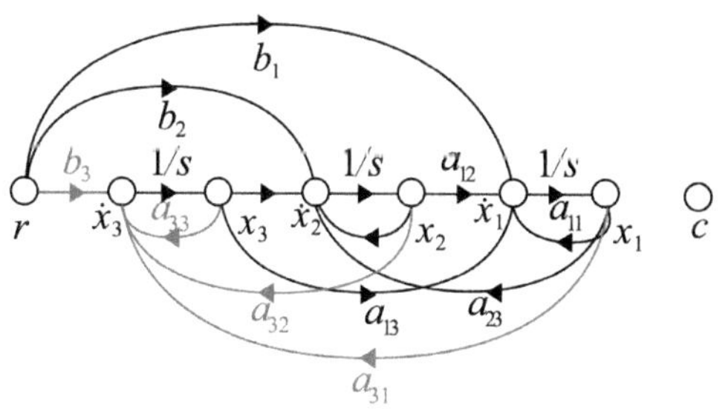

(d) 스텝 4. 가지 연결 $\dot{x}_3$

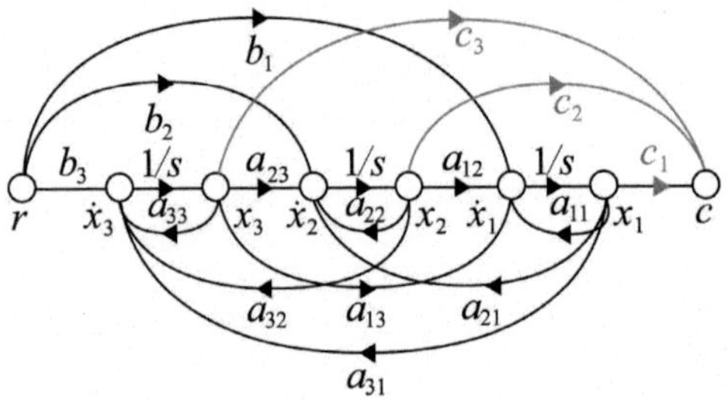

(e) 스텝 5. 가지 연결 출력 c

〈그림 3.18〉 상태 방정식으로부터 상태 선도 그리기

3.5 상태 공간 방정식

상태 공간(state space) 방정식 - 시스템을 동적 방정식으로 표현하는 것

동적 방정식(dynamic equation) = 상태 방정식(state-space equation)+출력 방정식(output equation).

전달함수 대신 상태공간 방정식으로 시스템을 표현하는 이유는?

① 전달 함수는 시간에 따라 변하는 시변(time-varying) 시스템에는 적용할 수 없지만 상태 공간에서는 가능하다.

- 캐패시터는 시불변 시스템인가요?

RLC회로의 출력은 시간에 따라 변화하지만, 언제 반복해도 똑같은 결과가 나옴. 그래서 RLC는 시불변시스템임. 만약 C가 열을 많이 받아 성질이 변화하는 것까지 고려한다면 시변, 하지만 아주 미소한 것임

- 선형회로이론에서 다루는 모든 소자로 구성된 시스템은 모두 시불변 시스템임.

② 입력과 출력이 여러 개인 MIMO 시스템인 경우 전달 함수보다는 상태 공간에서 표현하기가 편리하다.

③ 하나의 n차 미분 방정식으로 표현되는 전달 함수가 상태 공간에서는 n개의 일차 미분 방정식으로 표현되므로 컴퓨터를 이용한 해석에 매우 유리하다.

n개의 변수 → n차 미분 방정식

p개의 입력
q개의 출력 → 다입력 다변수(MIMO)

상태공간 $\left.\begin{array}{ll} \dot{x}(t) = Ax(t) + Br(t) & (\text{상태 방정식}) \\ c(t) = Cx(t) + Dr(t) & (\text{출력 방정식}) \end{array}\right] \rightarrow$ 동적방정식

$$\underset{\text{상태 벡터}}{x(t) = \begin{bmatrix} x_1(t) \\ x_2(t) \\ \vdots \\ x_n(t) \end{bmatrix}_{(n \times 1)}} \qquad \underset{\text{입력 벡터}}{r(t) = \begin{bmatrix} r_1(t) \\ r_2(t) \\ \vdots \\ r_p(t) \end{bmatrix}_{(p \times 1)}} \qquad \underset{\text{출력 벡터}}{c(t) = \begin{bmatrix} c_1(t) \\ c_2(t) \\ \vdots \\ c_q(t) \end{bmatrix}_{(q \times 1)}}$$

A, B, C, D의 차원(rank)은 다음과 같다.

$$A = n \times n, \quad B = n \times p, \quad C = q \times n, \quad D = q \times p$$

다입력 시스템의 예 : 엔진 제어 ⎯ 입력 (공기, 기름)

상태 공간 방정식은 5장에서도 시스템 해석을 위해 다시 다루어 진다.

3.6 전달 함수에서 상태 공간으로 변환

3.6절에서는 4차 시스템을 대상으로 전달함수의 분자가 상수인 경우(3.6.1 절)와 분자가 다항식인 경우(3.6.2 절)에 대하여 상태 공간 방정식으로 변환하는 것에 다룬다.

3.6.1 전달 함수의 분자가 상수인 경우(4차 시스템)

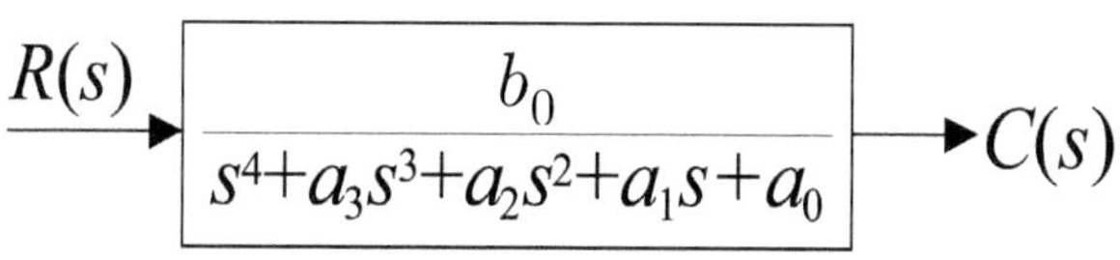

〈그림 3.19〉 분자가 상수인 4차 시스템의 전달함수

$$\frac{C(s)}{R(s)} = \frac{b_0}{s^4 + a_3 s^3 + a_2 s^2 + a_1 s + a_0}$$

$$C(s)[s^4 + a_3 s^3 + a_2 s^2 + a_1 s + a_0] = b_0 R(s)$$

$$\frac{d^4 c(t)}{dt^4} + a_3 \frac{d^3 c(t)}{dt^3} + a_2 \frac{d^2 c(t)}{dt^2} + a_1 \frac{dc(t)}{dt} + a_0 c(t) = b_0 r(t)$$

스텝 1. 상태 변수 정의

$$\begin{cases} x_1 = c(t) \\ x_2 = \dfrac{dc(t)}{dt} = \dot{x}_1 \\ x_3 = \dfrac{d^2c(t)}{dt^2} = \dot{x}_2 = \ddot{x}_1 \\ x_4 = \dfrac{d^3c(t)}{dt^3} = \dot{x}_3 = \ddot{x}_2 \end{cases}$$

$c(t)$를 x_1으로 설정하자.

$c(t)$를 한번 미분한 $\dfrac{dc(t)}{dt}$를 x_2라고 설정하자.

스텝 2. 상태 변수의 미분형 정의

$$\begin{cases} \dot{x}_1 = x_2 \\ \dot{x}_2 = x_3 \\ \dot{x}_3 = x_4 \end{cases}$$

$\dot{x}_4 \rightarrow ?$

$\dot{x}_4 + a_3 x_4 + a_2 x_3 + a_1 x_2 + a_0 x_1 = b_0 r$

$\dot{x}_4 = -a_0 x_1 - a_1 x_2 - a_2 x_3 - a_3 x_4 + b_0 r$

스텝 3. 벡터-매트릭스(vector-matrics) 형태

$$\begin{bmatrix} \dot{x}_1 \\ \dot{x}_2 \\ \dot{x}_3 \\ \dot{x}_4 \end{bmatrix} = \begin{bmatrix} 0 & 1 & 0 & 0 \\ 0 & 0 & 1 & 0 \\ 0 & 0 & 0 & 1 \\ -a_0 & -a_1 & -a_2 & -a_3 \end{bmatrix} \begin{bmatrix} x_1 \\ x_2 \\ x_3 \\ x_4 \end{bmatrix} + \begin{bmatrix} 0 \\ 0 \\ 0 \\ b_0 \end{bmatrix} r$$

$$c = [1 \ 0 \ 0 \ 0] \begin{bmatrix} x_1 \\ x_2 \\ x_3 \\ x_4 \end{bmatrix}$$

스텝 4. 상태 선도 그리기

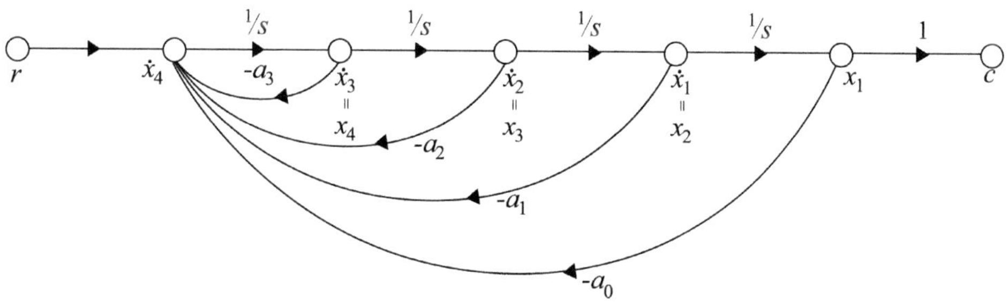

3.6.2 전달 함수의 분자가 다항식인 경우 (4차 시스템)

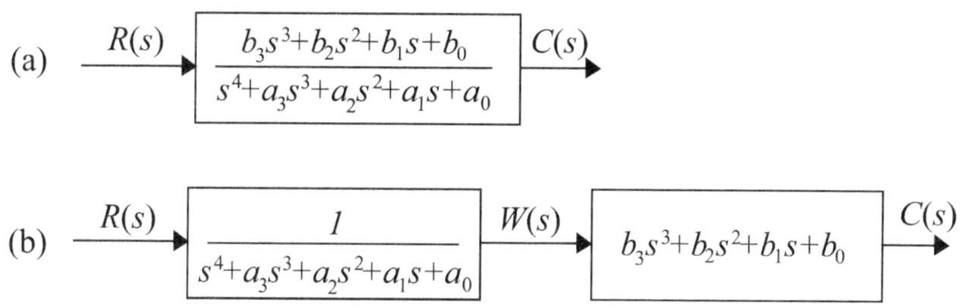

〈그림 3.20〉

4차 시스템의 일반형 〈그림 3.20 a〉를 분모형, 분자형을 나누어 〈그림 3.20 b〉로 고려하자.

스텝 1. 상태 변수 정의

$$\begin{cases} x_1 = w(t) & w(t)\text{를 } x_1\text{이라 설정하자.} \\ x_2 = \dfrac{dw(t)}{dt} = \dot{x}_1 \\ x_3 = \dfrac{d^2w(t)}{dt^2} = \dot{x}_2 \\ x_4 = \dfrac{d^3w(t)}{dt^3} = \dot{x}_3 \end{cases}$$

스텝 2. 상태 변수의 미분형 정의

$\dfrac{C(s)}{R(s)} = \dfrac{b_3 s^3 + b_2 s^2 + b_1 s + b_0}{s^4 + a_3 s^3 + a_2 s^2 + a_1 s + a_0}$를 $\dfrac{C(s)}{R(s)} = \dfrac{C(s)}{W(s)} \cdot \dfrac{W(s)}{R(s)}$로 나누어 쓰면 다음과 같다.

$$\frac{C(s)}{W(s)} = b_3 s^3 + b_2 s^2 + b_1 s + b_0, \quad \frac{W(s)}{R(s)} = \frac{1}{s^4 + a_3 s^3 + a_2 s^2 + a_1 s + a_0}$$

$$W(s)(s^4 + a_3 s^3 + a_2 s^2 + a_1 s + a_0) = R(s)$$

$$\dot{x}_4 + a_3 \dot{x}_3 + a_2 \dot{x}_2 + a_1 \dot{x}_1 + a_0 x_1 = r(t)$$

$$\dot{x}_4 + a_3 x_4 + a_2 x_3 + a_1 x_2 + a_0 x_1 = r(t)$$

$$\dot{x}_4 = -a_0 x_1 - a_1 x_2 - a_2 x_3 - a_3 x_4 + r$$

스텝 3. 벡터-매트릭스 형태로 변환

$$\begin{bmatrix} \dot{x}_1 \\ \dot{x}_2 \\ \dot{x}_3 \\ \dot{x}_4 \end{bmatrix} = \begin{bmatrix} 0 & 1 & 0 & 0 \\ 0 & 0 & 1 & 0 \\ 0 & 0 & 0 & 1 \\ -a_0 & -a_1 & -a_2 & -a_3 \end{bmatrix} \begin{bmatrix} x_1 \\ x_2 \\ x_3 \\ x_4 \end{bmatrix} + \begin{bmatrix} 0 \\ 0 \\ 0 \\ 1 \end{bmatrix} r$$

$x_1 = w(t) \neq c(t)$이므로 $c(t)$를 구하면 다음과 같다.

$$C(s) = (b_3 s^3 + b_2 s^2 + b_1 s + b_0) W(s)$$

$$\begin{aligned} c(t) &= b_3 \dddot{x}_1 + b_2 \ddot{x}_1 + b_1 \dot{x}_1 + b_0 x_1 \\ &= b_3 x_4 + b_2 x_3 + b_1 x_2 + b_0 x_1 \end{aligned}$$

$$c = [b_0 \;\; b_1 \;\; b_2 \;\; b_3] \begin{bmatrix} x_1 \\ x_2 \\ x_3 \\ x_4 \end{bmatrix}$$

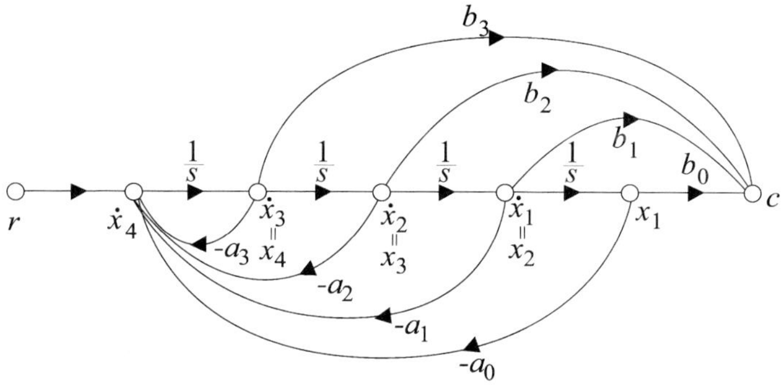

예제 3.6 다음의 전달 함수에 대하여 벡터-매트릭스 형태의 상태 방정식과 출력 방정식을 구하고, 상태 선도를 그리시오.

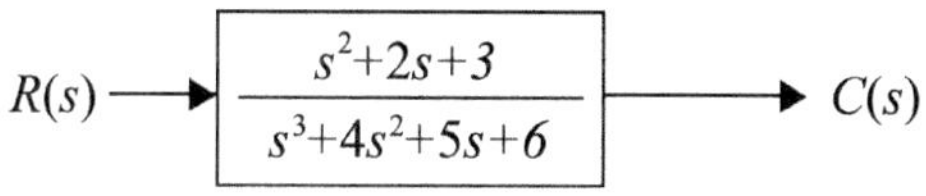

$$\frac{C(s)}{R(s)} = \frac{s^2+2s+3}{s^3+4s^2+5s+6}$$

풀이.

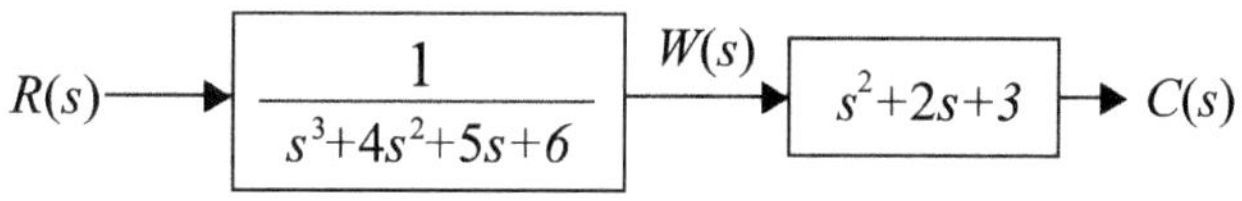

① $\dfrac{W(s)}{R(s)} = \dfrac{1}{s^3+4s^2+5s+6} \Rightarrow \dddot{w} + 4\ddot{w} + 5\dot{w} + 6w = r$

$$x_1 = w, \quad x_2 = \dot{w} = \dot{x}_1, \quad x_3 = \ddot{w} = \dot{x}_2$$

$$\begin{aligned} \dot{x}_3 = \dddot{w} &= -4\ddot{w} - 5\dot{w} - 6w + r \\ &= -4x_3 - 5x_2 - 6x_1 + r \end{aligned}$$

$$\begin{bmatrix} \dot{x}_1 \\ \dot{x}_2 \\ \dot{x}_3 \end{bmatrix} = \begin{bmatrix} 0 & 1 & 0 \\ 0 & 0 & 1 \\ -6 & -5 & -4 \end{bmatrix} \begin{bmatrix} x_1 \\ x_2 \\ x_3 \end{bmatrix} + \begin{bmatrix} 0 \\ 0 \\ 1 \end{bmatrix} r$$

② $\dfrac{C(s)}{W(s)} = s^2+2s+3 \Rightarrow c = \ddot{w} + 2\dot{w} + 3w = x_3 + 2x_2 + 3x_1$

$$c = [3 \quad 2 \quad 1] \begin{bmatrix} x_1 \\ x_2 \\ x_3 \end{bmatrix}$$

③ 상태 선도

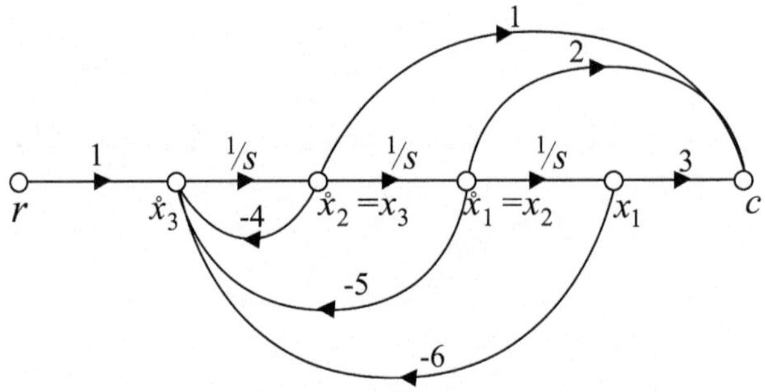

3.7 MATLAB 활용

예제 M3.1

a. 다음의 전달 함수가 직렬로 연결된 전체 전달 함수를 구하라.

$$G_1(s) = \frac{6s+6}{6s^2+6s+6}, \qquad G_2(s) = \frac{3}{3s-3}$$

b. 위의 전달 함수들이 병렬로 연결된 전체 전달 함수를 구하라.

c. 위의 전달 함수들이 피드백 구조로 연결된 전체 전달 함수를 구하라.

```
>>G1=tf([6 6],[6 6 6]);
>>G2=tf([3],[3 -3]);
>>Gs=series(G1, G2)   % 직렬결합

Transfer function:
 18 s + 18
----------
18 s^3 - 18
```

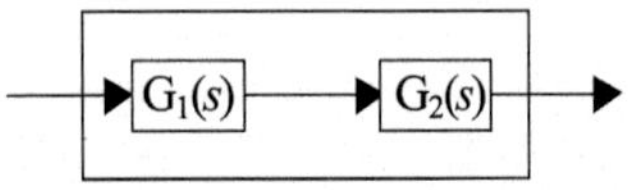


```
>>Gp=parallel(G1, G2) % 병렬결합

Transfer function:
 36 s^2 + 18 s
```

```
-------------
  18 s^3 - 18
```

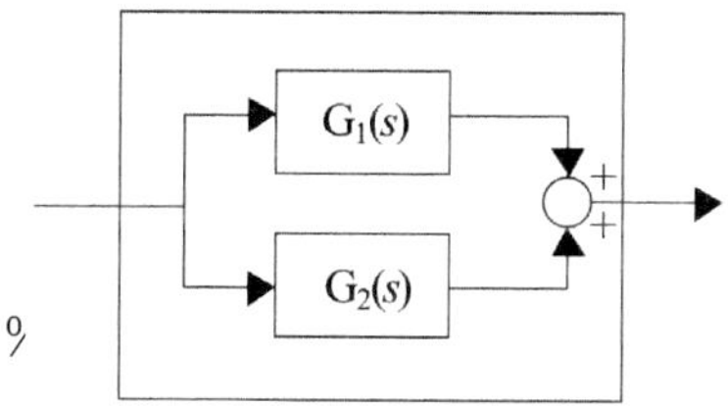


```
>>Gf=feedback(G1, G2) %

Transfer function:
 18 s^2 - 18
-------------
 18 s^3 + 18 s
```

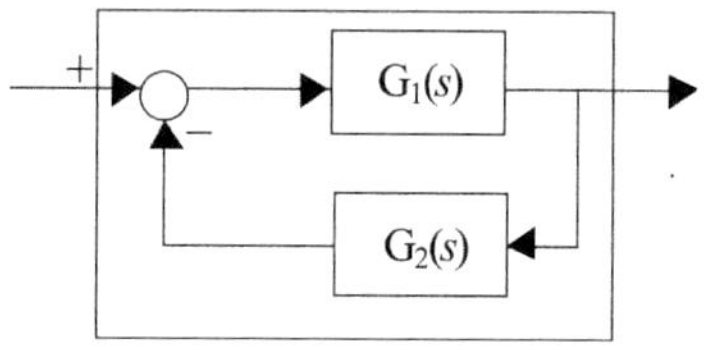

예제 M3.2 다음의 전달 함수를 사용하여 피드백 구조로 연결된 시스템의 전체 전달함수를 구하라.

$$G_1(s) = \frac{2}{s+1},\quad G_2(s) = \frac{s+4}{s^2+2s+3},\quad G_3(s) = 2,\quad G_4(s) = \frac{1}{s-1}$$

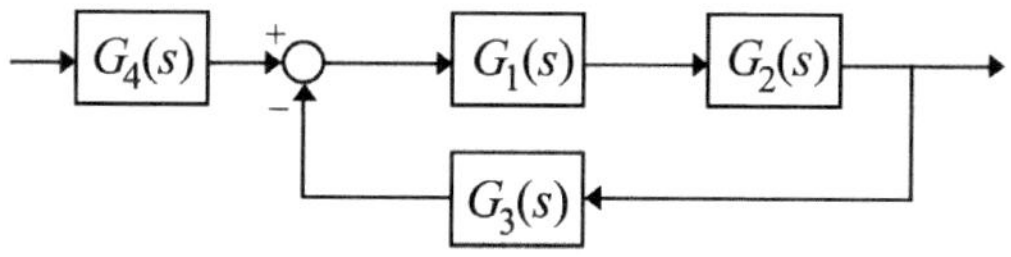


```
>>G1=tf([2],[1 1]);
>>G2=tf([1 4],[1 2 3]);
>>G3=tf([2]);
>>G4=tf([1],[1 -1]);
>>G=series(G4, feedback(series(G1,G2),G3))

Transfer function:
            2 s + 8
--------------------------------
s^4 + 2 s^3 + 6 s^2 + 10 s - 19
```

G_1, G_2가 직렬결합이므로 series를 사용하고, 이 전달함수에 G_3가 피드백 되므로 feedback(series($G1, G2$), $G3$)을 사용한다. 이 전달함수와 G_4가 직렬결합이므로 전체 전

달함수를 출력하기 위해서는 series($G4$, feedback(series($G1, G2$), $G3$))가 된다.

★ 전달 함수를 상태 공간 방정식으로 변환하기

$S1 = ss(G)$; % 전달 함수 G를 상태공간 방정식 $S1$으로 변환

$S1 = ss(A, B, C, D)$; % 행렬 A, B, C, D로 구성된 상태공간 방정식 $S1$으로 변환

$G1 = tf(S1)$; % 상태공간 방정식 $S1$을 전달 함수 $G1$으로 변환

예제 M3.3 다음의 전달 함수를 상태 공간 방정식으로 변환하시오.

$$G(s) = \frac{4s+5}{s^3+2s^2+3s+1}$$

```
>>G=tf([4 5],[1 2 3 1]);
>>S1=ss(G)

a =
        x1      x2      x3
  x1    -2    -1.5    -0.5
  x2     2       0       0
  x3     0       1       0

b =
        u1
  x1     2
  x2     0
  x3     0

c =
        x1      x2      x3
  y1     0       1    1.25

d =
        u1
  y1     0
```

예제 M3.4 위의 상태 공간 방정식 SI의 전달함수로 변환하시오.

```
>>G=tf(S1)
Transfer function :
```

$$\frac{4s+5}{s^\wedge 3+2s^\wedge 2+3s+1}$$

예제 M3.5 다음의 상태 공간 방정식을 전달 함수로 변환하시오.

$$\dot{X}=\begin{bmatrix} 0 & -2 & 0 \\ -2 & 0 & 1 \\ 1 & -1 & -1 \end{bmatrix}X+\begin{bmatrix} 1 \\ 1 \\ 0 \end{bmatrix}u$$

$$y=[1\ 1\ 1]X$$

```
>> A=[0 -2 0; -2 0 1; 1 -1 -1];
>> B=[1; 1; 0];
>> C=[1 1 1];
>> D=0
>> S1 = ss(A, B, C, D)
 a =                                b =
        x1     x2     x3                   u1
 x1     0      -2     0             x1     1
 x2     -2     0      1             x2     1
 x3     1      -1     -1            x3     0

 c =                                d =
        x1     x2     x3                   u1
 y1     1      1      1             y1     0

>>G1 = tf(S1)
Transfer function :
```

$$\frac{2s^\wedge 2-2s-2}{s^\wedge 3+s^\wedge 2-3s-2}$$

3.8 기사 문제

1 어떤 계를 표시하는 미분 방정식이 $\frac{d^2y(t)}{dt^2}+\frac{dy(t)}{dt}+y(t)=2\frac{dx(t)}{dt}+x(t)$ 이다. $x(t)$는 입력 $y(t)$는 출력이라고 한다면 이 계의 전달 함수는 어떻게 표시되는가?

㉮ $G(s)=\frac{s^2+3s+2}{s+1}$ ㉯ $G(s)=\frac{2s+1}{s^2+s+1}$

㉰ $G(s)=\frac{s+1}{s^2+3s+2}$ ㉱ $G(s)=\frac{s^2+s+1}{2s+1}$

2 미분 방정식 $2\frac{d^2y}{dt^2}+3\frac{dy}{dt}+2y=x+\frac{dx}{dt}$로 나타낼 수 있는 선형계(linear system)의 전달함수는? 단, $y=y(t)$는 계의 출력, $x=x(t)$는 계의 입력이다.

㉮ $\frac{s+2}{3s^2+s+1}$ ㉯ $\frac{s+1}{2s^2+s+3}$ ㉰ $\frac{s+1}{2s^2+3s+2}$ ㉱ $\frac{s+1}{s^2+s+3}$

3 다음 방정식에서 $X_1(s)/X_3(s)$를 구하면? 단, 초기값은 모두 0이다.

$$\begin{cases} x_2(t)=3\frac{d}{dt}x_1(t) \\ x_3(t)=x_2(t)+2\frac{d}{dt}x_2(t)+5\int x_3(t)dt-2x_1(t) \end{cases}$$

㉮ $\frac{s-5}{6s^2+3s-2}$ ㉯ $\frac{s+5}{6s^2-3s+2}$

㉰ $\frac{s-5}{6s^3+3s^2-2s}$ ㉱ $\frac{s+5}{6s^3+3s^2+2s}$

4 입력 신호 $x(t)$와 출력 신호 $y(t)$와의 관계가 다음과 같을 때 전달 함수는? (단, $\frac{d^2}{dt^2}y(t)+5\frac{d}{dt}y(t)+6y(t)=x(t)$)

㉮ $\frac{1}{(s+2)(s+3)}$ ㉯ $\frac{s+1}{(s+2)(s+3)}$

㉰ $\frac{s+4}{(s+2)(s+3)}$ ㉱ $\frac{s}{(s+2)(s+3)}$

5 그림과 같은 피드백 회로의 종합 전달 함수는?

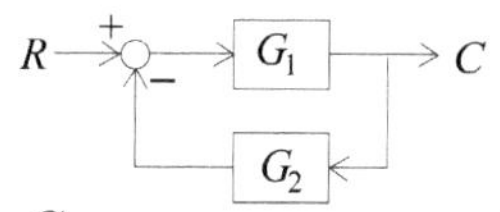

㉮ $\frac{1}{G_1}+\frac{1}{G_2}$ ㉯ $\frac{G_1}{1-G_1G_2}$ ㉰ $\frac{G_1}{1+G_1G_2}$ ㉱ $\frac{G_1G_2}{1+G_1G_2}$

6 그림의 블록선도에서 C/R를 구하면?

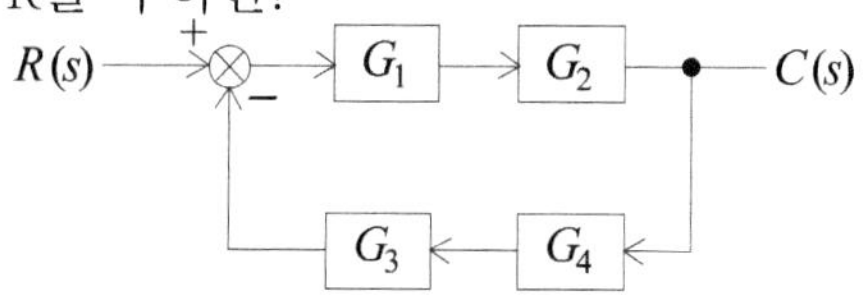

㉮ $\frac{G_1+G_2}{1+G_1G_2+G_3G_4}$ ㉯ $\frac{G_1G_2}{1+G_1G_2G_3G_4}$

㉰ $\frac{G_3G_4}{1+G_1G_2G_3G_4}$ ㉱ $\frac{G_1G_2}{1+G_1G_2+G_3G_4}$

7 $r(t)=2,\ G_1=100,\ H_1=0.01$ 일 때, $c(t)$ 를 구하면?

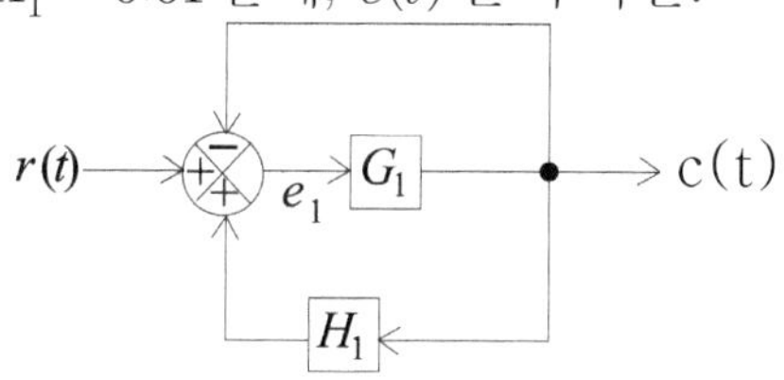

㉮ 2 ㉯ 5 ㉰ 9 ㉱ 10

8 그림의 전체 전달 함수는?

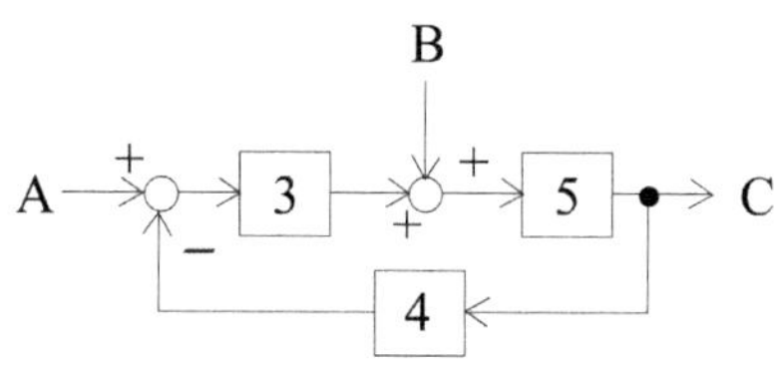

㉮ 0.22 ㉯ 0.33 ㉰ 1.22 ㉱ 3.1

9 그림의 블록선도에서 전달 함수로 표시한 것은?

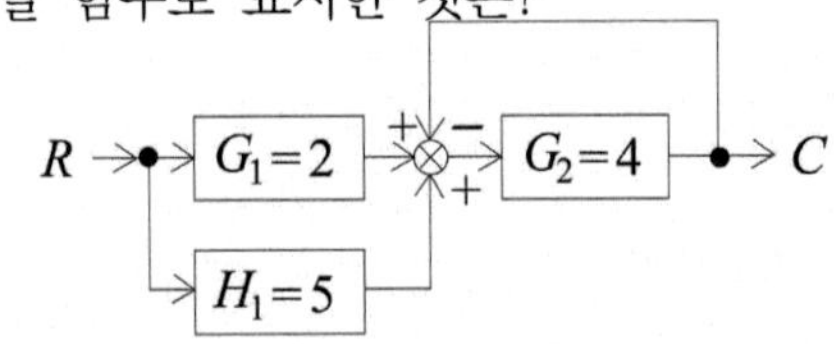

㉮ $\frac{12}{5}$ ㉯ $\frac{16}{5}$ ㉰ $\frac{20}{5}$ ㉱ $\frac{28}{5}$

10 다음 블록선도를 옳게 등가변환 한 것은?

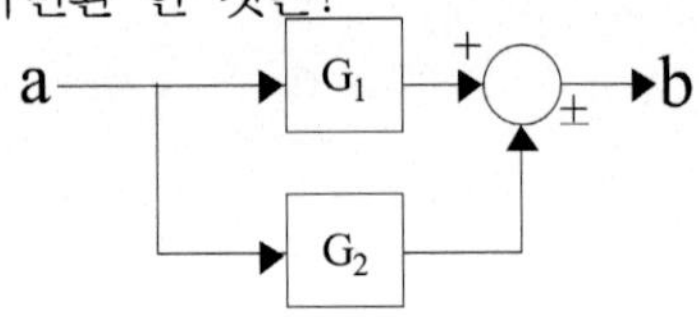

㉮

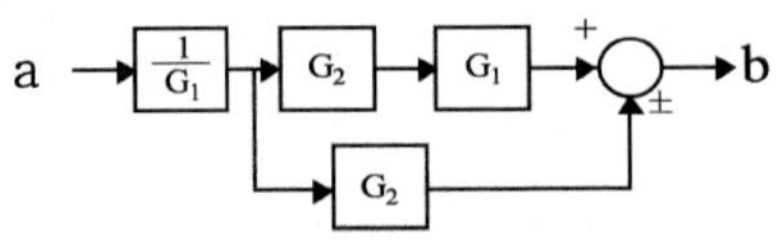

㉯

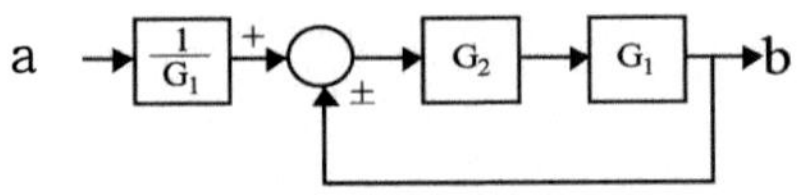

㉰

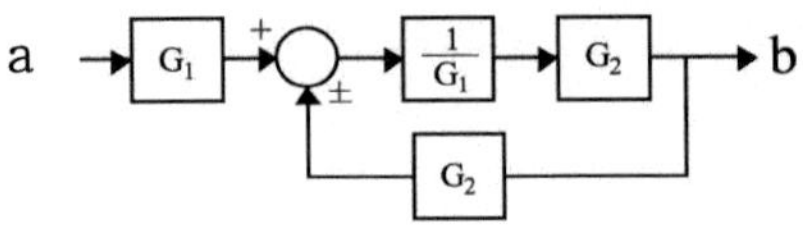

㉱

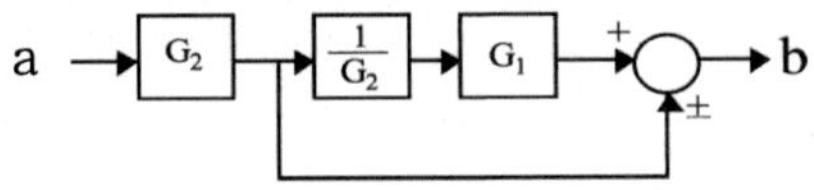

11 그림의 두 블록선도가 등가인 경우 A 요소의 전달 함수는?

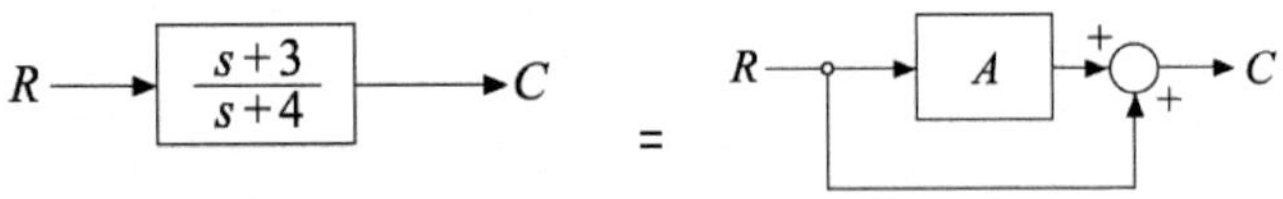

(a) (b)

㉮ $\frac{-1}{s+4}$ ㉯ $\frac{-2}{s+4}$ ㉰ $\frac{-3}{s+4}$ ㉱ $\frac{-4}{s+4}$

12 다음 블록선도의 변환에서 (A)에 맞는 것은?

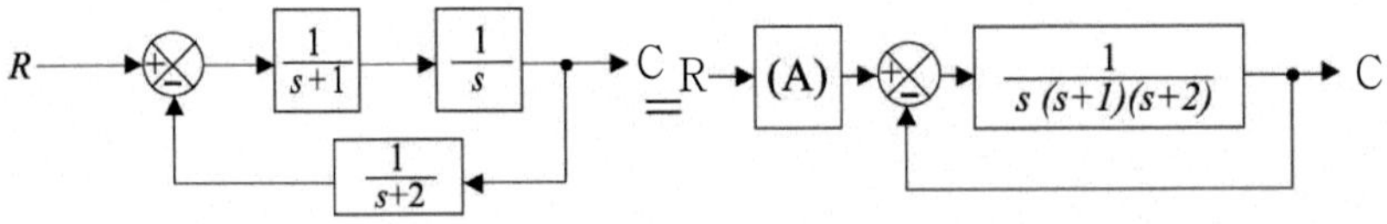

㉮ $s+2$ ㉯ $s+1$ ㉰ s ㉱ $s(s+1)(s+2)$

13 그림과 같은 신호 흐름 선도에서 $\frac{C}{R}$의 값은?

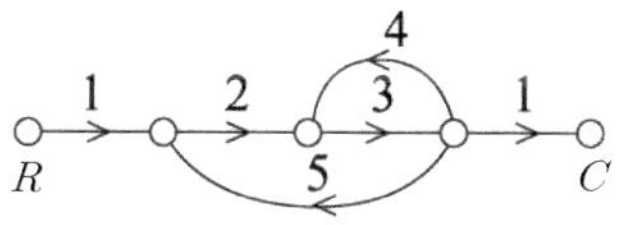

㉮ $-\frac{1}{41}$ ㉯ $-\frac{3}{41}$ ㉰ $-\frac{5}{41}$ ㉱ $-\frac{6}{41}$

14 다음 신호 흐름 선도에서 전달 함수 C/R를 구하면 얼마인가?

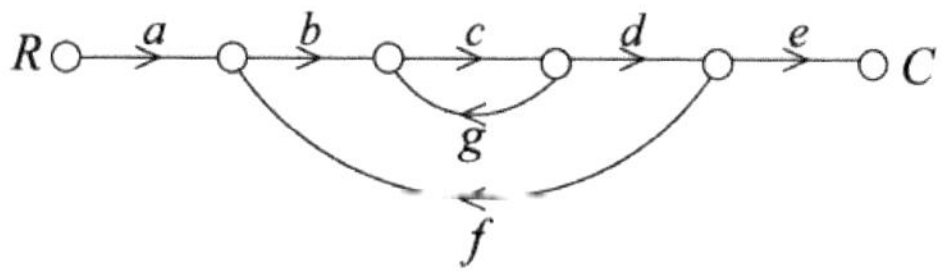

㉮ $\frac{abcdg}{1-abcdg}$ ㉯ $\frac{abcde}{1-cg-bcdf}$ ㉰ $\frac{abcde}{1-cg-cgf}$ ㉱ $\frac{abcde}{1+cg+cgf}$

15 그림과 같은 신호 흐름 선도에서 C/R를 구하면?

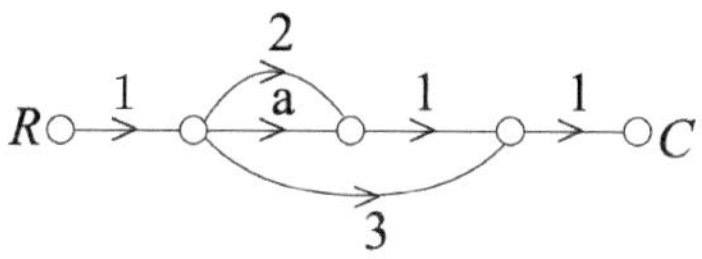

㉮ $a+2$ ㉯ $a+3$ ㉰ $a+5$ ㉱ $a+6$

16 다음 그림의 블록 선도에서 C/R는?

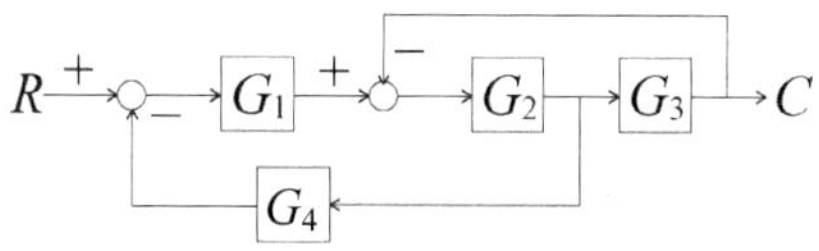

㉮ $\frac{G_1G_2G_3}{1+G_2G_3+G_1G_2G_4}$ ㉯ $\frac{G_1G_3}{1+G_1G_2+G_3G_4}$

㉰ $\frac{G_3G_4}{1+G_1G_2G_3}$ ㉱ $\frac{G_1G_2}{1+G_2G_3+G_1G_4}$

17 신호 흐름 선도의 전달 함수는?

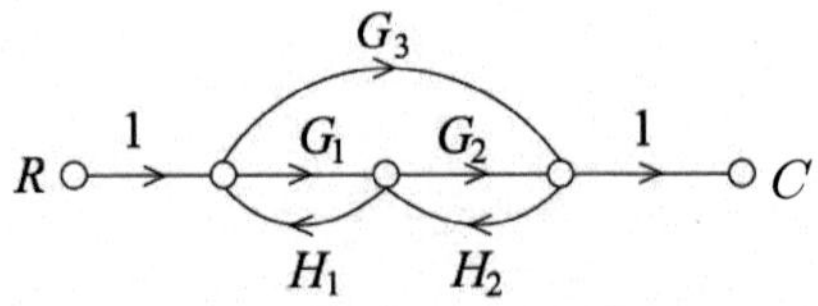

㉮ $\dfrac{G_1G_2+G_3}{1-(G_1H_1+G_2H_2)-G_3H_1H_2}$　　㉯ $\dfrac{G_1G_2+G_3}{1-(G_1H_1-G_2H_2)}$

㉰ $\dfrac{G_1G_2-G_3}{1-(G_1H_1-G_2H_2)}$　　㉱ $\dfrac{G_1G_2-G_3}{1-(G_1H_1+G_2H_2)}$

해답

1. ㉯ 2. ㉰ 3. ㉰ 4. ㉮ 5. ㉰ 6. ㉯ 7. ㉮ 8. ㉯ 9. ㉱ 10. ㉱
11. ㉮ 12. ㉮ 13. ㉱ 14. ㉯ 15. ㉰ 16. ㉮ 17. ㉮

4 s-공간에서의 시스템 모델링 및 해석

전기 시스템은 키로호프 전압·전류 법칙을 사용하여 모델링하고, 기계 시스템은 뉴튼의 운동법칙을 사용하여 모델링한다. 여기서, 모델링이란 움직이는(운동하는) 혹은 전류가 흐르는 시스템을 수학식으로 나타내는 것을 말한다. 4장은 기계, 전기, 전기·기계 시스템을 s-공간에서 모델링하는 방법에 대해 배운다.

4.1 전기 시스템

전기계 — 수동소자 : 전력을 공급하지 않음 - 인덕터, 커패시터, 저항
능동소자 : 전기 에너지를 공급 - 전압원, 전류원

트랜지스터나 연산 증폭기 등과 같은 증폭기능이 있는 능동소자들은 종속 전압원, 종속 전류원으로 표현한다.

❖ 수동소자

에너지 저장 소자 ┬ 인덕터 : $Z_L(s) = sL$ L
└ 커패시터 : $Z_C(s) = \frac{1}{sC}$ C
에너지 소비 소자 — 저항 : $Z_R(s) = R$ R

다음은 수동소자 중에 인덕터의 임피던스와 커패시터의 임피던스가 각각 $Z_L(s) = sL$, $Z_C(s) = \dfrac{1}{sC}$ 된 이유를 설명해 준다.

◆ 인덕터

시간 공간 :

$$e_L(t) = L\frac{di_L(t)}{dt} \quad \langle\text{그림 4.1 a}\rangle$$

$$i_L(t) = \frac{1}{L}\int_{-\infty}^{t} e_L(\tau)d\tau$$

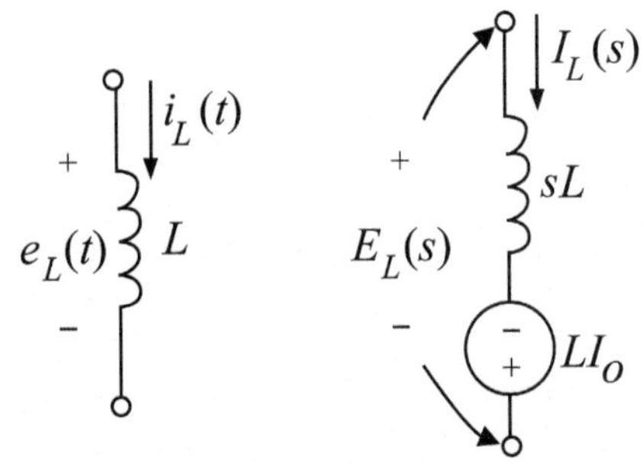

(a) 시간 공간 (b) s-공간

〈그림 4.1〉 인덕터

s-공간 :

$$E_L(s) = sLI_L(s) - LI_0 \quad \langle\text{그림 4.1 b}\rangle$$

임피던스($I_0 = 0$) : $E_L(s) = sLI_L(s)$

$$Z_L(s) = \frac{E_L(s)}{I_L(s)} = sL$$

〈그림 4.1 b〉의 전압 방정식 $E_L(s) + LI_0 = sLI_L(s)$, $E_L(s) = sLI_L(s) - LI_0$

- 커패시터

시간 공간 :

$$i_C(t) = C\frac{de_c(t)}{dt} \quad \langle그림\ 4.2\ a\rangle$$

$$e_C(t) = \frac{1}{C}\int_{-\infty}^{t} i_C(\tau)d\tau$$

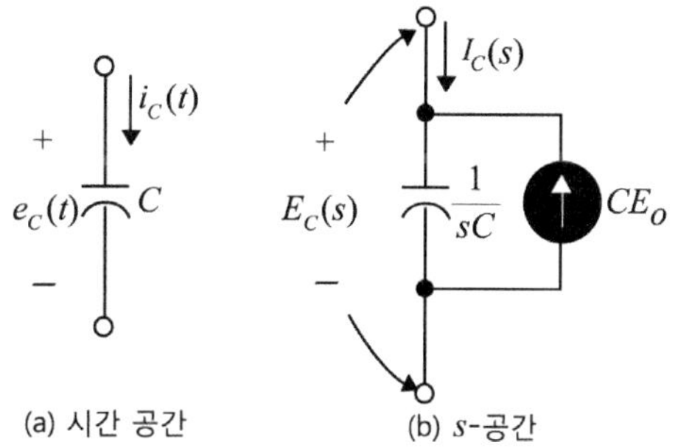

〈그림 4.2〉 커패시터

s-공간 :

$$I_C(s) = sCE_C(s) - CE_0 \quad \langle그림\ 4.2\ b\rangle$$

임피던스($E_0 = 0$) : $Z_c(s) \triangle \frac{E_C(s)}{I_C(s)} = \frac{1}{sC}$

〈그림 4.2 b〉의 전압 방정식 $E_C(s) = \frac{1}{sC}(I_C(s) + CE_0) = \frac{I_C(s)}{sC} + \frac{E_0}{s}$

$$I_c(s) = sCE_c(s) - CE_o$$

❖ 폐로 해석법

전기 시스템을 s-공간에서 전압=임피던스·전류 로 표현하는 법

스텝 1. 폐로 전류 : 각 폐로에 전류 부가

스텝 2. s-공간 회로 : 수동 소자를 임피던스로 표현 - R, sL, $\frac{1}{sC}$

스텝 3. 자기 임피던스와 상호 임피던스 구하기

자기 임피던스 : $Z_{ij}(s)$에서 $i = j$, 한 폐회로를 일주하면서 만나는 모든 임피던스의 합.

상호 임피던스 : $Z_{ij}(s)$에서 $i \neq j$, 공유하는 임피던스의 합, 부호 반대

임피던스 행렬 : $Z = \begin{bmatrix} \ddots & & \\ & Z_{ij}(s) & \\ & & \ddots \end{bmatrix}$

스텝 4. 폐로 방정식으로 표현

$$E_s = ZI$$

여기서, $I = \begin{bmatrix} I_1(s) \\ I_2(s) \\ \vdots \\ I_n(s) \end{bmatrix}$, $E_s = \begin{bmatrix} E_{s1}(s) \\ E_{s2}(s) \\ \vdots \\ E_{sn}(s) \end{bmatrix}$ 이다.

특성 방정식 : $|Z| = \Delta_Z = 0$

예제 4.1 폐로 해석법을 사용하여 다음 회로에서 아래의 임피던스를 구하여라.

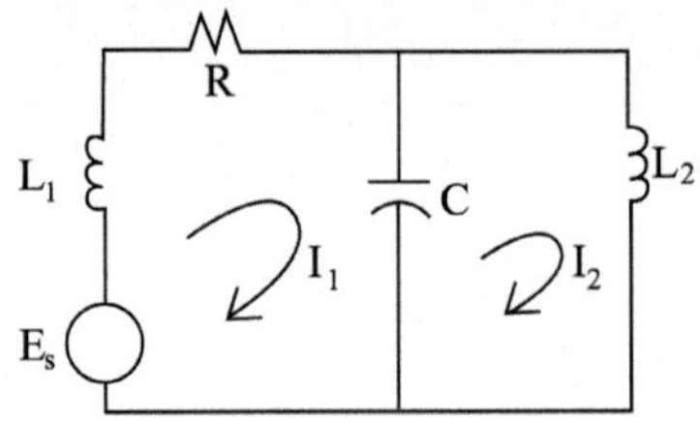

〈그림 4.3〉

풀이.

$$E_s(s) = (sL_1 + R)I_1(s) + \frac{1}{sC}(I_1(s) - I_2(s)) = (sL_1 + R + \frac{1}{sC})I_1(s) - \frac{1}{sC}I_2(s)$$

$$0 = \frac{1}{sC}(I_2(s) - I_1(s)) + I_2(s)sL_2 = -\frac{1}{sC}I_1(s) + (\frac{1}{sC} + sL_2)I_2(s)$$

$$\begin{bmatrix} E_s(s) \\ 0 \end{bmatrix} = \begin{bmatrix} sL_1 + R + \frac{1}{sC} & -\frac{1}{sC} \\ -\frac{1}{sC} & \frac{1}{sC} + sL_2 \end{bmatrix} \begin{bmatrix} I_1(s) \\ I_2(s) \end{bmatrix}$$

예제 4.2 다음의 회로를 폐로 방정식으로 표현하시오.

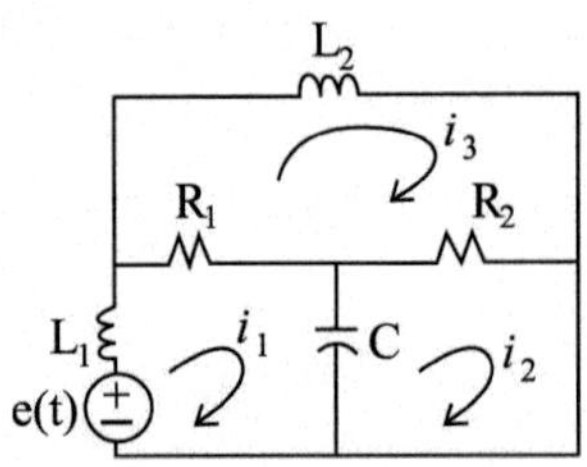

〈그림 4.4〉

풀이.

스텝 1. 폐회로 3개 ⇒ $I_1(s)$, $I_2(s)$, $I_3(s)$ 전류 3개

스텝 2. t-공간을 s-공간으로 표현한다.

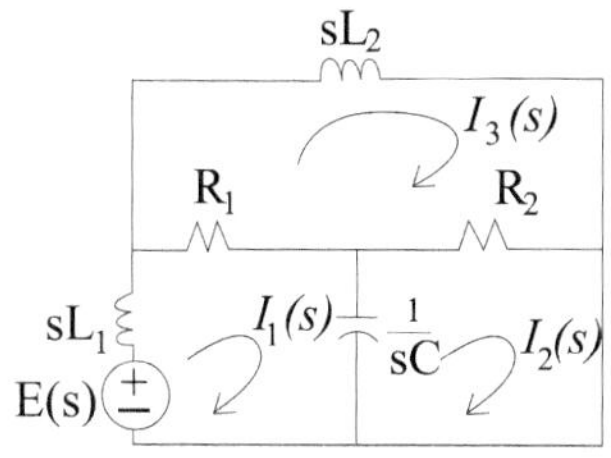

$L_1 \rightarrow sL_1$

$L_2 \rightarrow sL_2$

$C \rightarrow \frac{1}{sC}$

〈그림 4.5〉

스텝 3. 임피던스를 표현한다.

자기 임피던스 - 한 폐회로를 일주하면서 만나는 모든 임피던스의 합

상호 임피던스 - 공유하는 임피던스의 합, 부호 반대

$$Z = \begin{bmatrix} Z_{11}(s) & Z_{12}(s) & Z_{13}(s) \\ Z_{21}(s) & Z_{22}(s) & Z_{23}(s) \\ Z_{31}(s) & Z_{32}(s) & Z_{33}(s) \end{bmatrix}$$

$$E = Z \cdot I, \quad \text{여기서 } E = \begin{bmatrix} E(s) \\ 0 \\ 0 \end{bmatrix}, \ I = \begin{bmatrix} I_1(s) \\ I_2(s) \\ I_3(s) \end{bmatrix} \text{이므로, } \begin{bmatrix} E(s) \\ 0 \\ 0 \end{bmatrix} = Z \cdot \begin{bmatrix} I_1(s) \\ I_2(s) \\ I_3(s) \end{bmatrix}$$

자기 임피던스

$$Z_{11}(s) = sL_1 + R_1 + \frac{1}{sC}$$

$$Z_{22}(s) = \frac{1}{sC} + R_2$$

$$Z_{33}(s) = R_1 + sL_2 + R_2$$

상호 임피던스 (부호가 반대여서 (-)붙임)

$$Z_{12}(s) = Z_{21}(s) = -\frac{1}{sC}$$

$$Z_{13}(s) = Z_{31}(s) = -R_1$$

$$Z_{23}(s) = Z_{32}(s) = -R_2$$

스텝 4. 폐로 방정식으로 표현한다.

따라서, $E = ZI$ 는 다음과 같다.

$$\begin{bmatrix} E(s) \\ 0 \\ 0 \end{bmatrix} = \begin{bmatrix} sL_1 + R_1 + \frac{1}{sC} & -\frac{1}{sC} & -R_1 \\ -\frac{1}{sC} & \frac{1}{sC} + R_2 & -R_2 \\ -R_1 & -R_2 & R_1 + sL_2 + R_2 \end{bmatrix} \begin{bmatrix} I_1(s) \\ I_2(s) \\ I_3(s) \end{bmatrix}$$

위의 $E = ZI$에서 다음의 식을 이용하면 전류를 구할 수 있다.

$$I = Z^{-1}E$$

Z의 역행렬을 구하여 I 를 풀 수 있다. 더 쉬운 방법은 크래머 공식(Cramer's Rule)을 이용하여 푸는 것이다. 크래머 공식에 대해서는 공업수학 책을 참조한다.

❖ 변압기

◆ 변압기-에너지 전달 소자

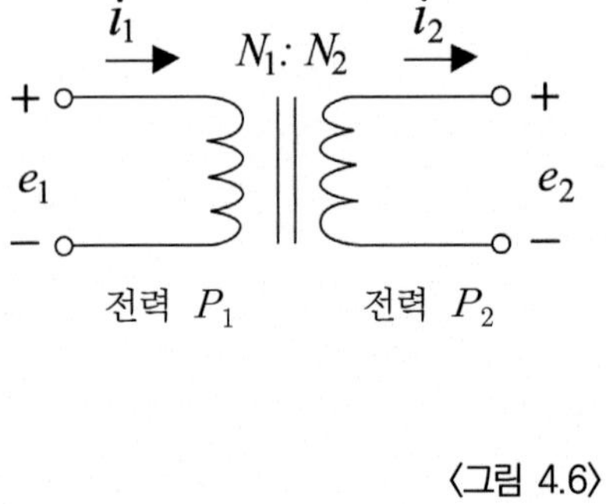

· 전압은 코일 권수에 비례 하지만 전류는 반비례

$$\frac{e_1}{e_2} = \frac{N_1}{N_2} = \frac{i_2}{i_1}$$

· 일차측에 공급된 전력 P_1과 이차측에 전달된 전력은 같음.

$$P_1 = e_1 i_1 = e_2 i_2 = P_2$$

〈그림 4.6〉 변압기

4.2 기계 시스템

❖ 뉴튼의 운동법칙

제 1법칙 : 관성의 법칙

- 운동하고 있는 물체가 계속 지니고 있는 힘(속도가 0인 운동도 포함)

제 2법칙 : 가속도의 법칙

- 질량M에 힘f를 가하면 질량M의 물체는 가속도 a로 움직인다. $f = Ma$

제 3법칙 : 작용·반작용의 법칙

- 두 물체가 서로 주고 받는 힘을 고려하며, 그 힘의 크기는 동일하다.
  예) 힘을 주어 주먹으로 벽을 치면 벽 또한 주먹을 치게 되는 것.

4.2.1 직선 운동 기계 시스템

a. 질량(mass)

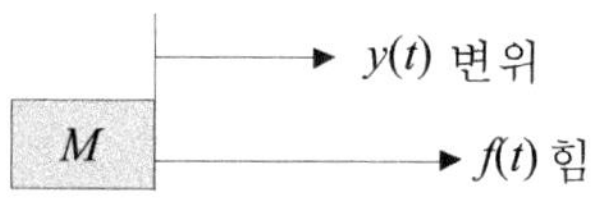

$$f(t) = Ma(t) = M\frac{d^2y(t)}{dt^2} = M\frac{dv(t)}{dt}$$

〈그림 4.7〉 질량

같은 힘 f에 대하여 질량 M이 클수록 가속도 $a(t)$는 적어진다.

b. 스프링(linear spring)

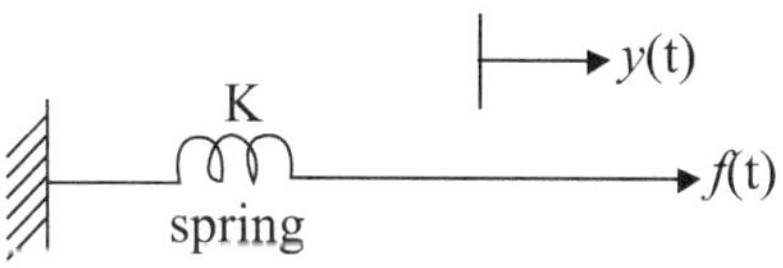

K : 스프링 상수
(spring constant or stiffness)

$$f(t) = Ky(t)$$

〈그림 4.8〉 스프링

여기서 K는 경도(stiffness)이다. 같은 힘 f에 대하여 경도 K가 클수록 $y(t)$는 적어진다. 즉, K가 작으면 잡아당겨도 잘 늘어난다.

c. 마찰(friction)

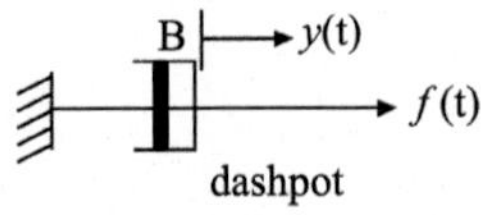

〈그림 4.9〉 마찰

ⓐ 점성 마찰(viscous friction) - 속도에 비례하여 제동을 거는힘

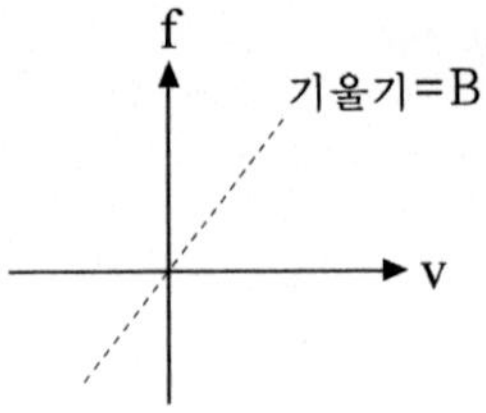

$$f(t) = B\frac{dy(t)}{dt} = Bv(t)$$

〈그림 4.10〉 점성 마찰

ⓑ 정지 마찰(static friction) - 물체가 정지 상태에서 운동을 시작할 때 생기는 제동력. 일단 운동이 시작되면 정지 마찰은 사라진다.

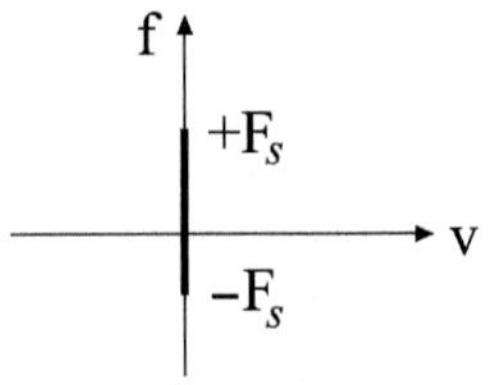

$$f(t) = \pm F_s|_{v=0}$$

〈그림 4.11〉 정지 마찰

ⓒ 쿨롱 마찰(coulomb friction) - 물체의 속도와 무관하게 일정한 제동력, 부호만 속도의 반대 방향.

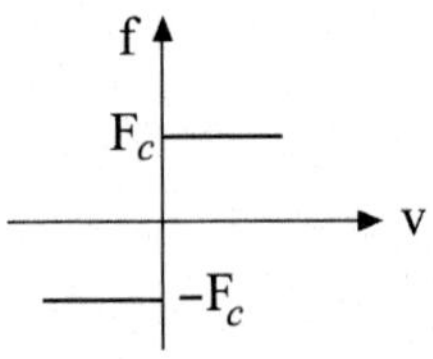

$$f(t) = F_c \cdot sgn(v(t)) = F_c \cdot \frac{v(t)}{|v(t)|}$$

〈그림 4.12〉 쿨롱 마찰

- 간단한 직선운동 기계시스템의 몇 가지 예들.

개념도 **도시적 표현**

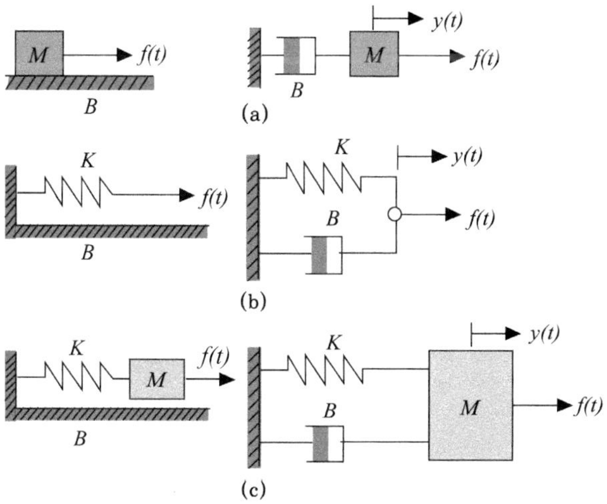

$$f(t) = M\frac{d^2y(t)}{dt^2} + B\frac{dy(t)}{dt}$$

$$f(t) = B\frac{dy(t)}{dt} + Ky(t)$$

$$f(t) = M\frac{d^2y(t)}{dt^2} + B\frac{dy(t)}{dt} + Ky(t)$$

〈그림 4.13〉 직선운동 기계시스템의 예들

4.2.2 회전 운동 기계 시스템

- 고정된 축을 중심으로 회전하는 물체의 운동

[표4.1] 직선 운동시스템과 회전 운동 시스템의 유사관계

직선 운동 시스템	회전 운동 시스템
$f(t)$ 힘(force)	$T(t)$ 토크(torque)
M 질량(mass)	J 관성(inertia)
$y(t)$ 변위(displacement)	$\theta(t)$ 각변위(angular displacement)
$v(t)$ 속도(velocity)	$\omega(t)$ 각속도(angular velocity)
$a(t)$ 가속도(acceleration)	$\alpha(t)$ 각가속도(angular acceleration)

a. **관성(incrtia)** **회전 운동에 의한 운동 에너지를 저장하는 요소.**

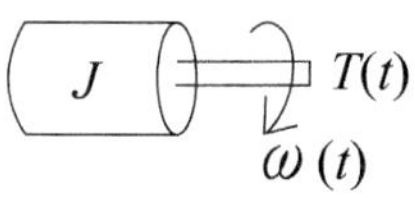

$$T(t) = J\frac{d\omega(t)}{dt} = J\alpha(t)$$

〈그림 4.14〉 관성

b. **비틀림 스프링**(torsional spring)

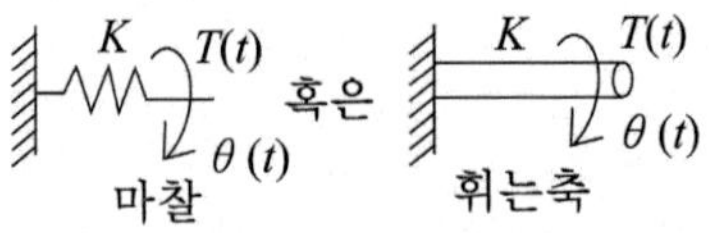

$$T(t) = K\theta(t)$$

〈그림 4.15〉 비틀림 스프링

c. **마찰**(friction)

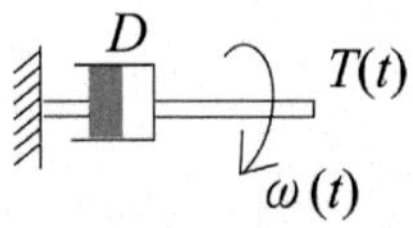

〈그림 4.16〉 마찰

ⓐ 점성마찰(viscous friction) - 속도에 비례하여 제동을 거는 힘

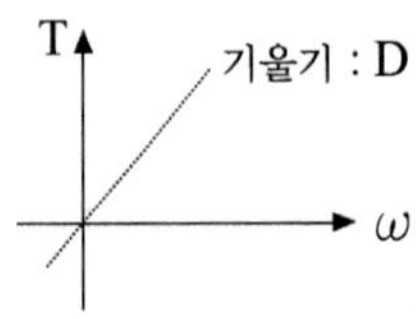

$$T(t) = D\frac{d\theta(t)}{dt} = D\omega(t)$$

※ 직선운동계에서는 D를 B로 표현

〈그림 4.17〉 점성 마찰

ⓑ 정지마찰(static friction) - 물체가 정지 상태에서 운동을 시작 할 때 생기는 제동력. 일단 운동이 시작되면 정지 마찰은 사라진다.

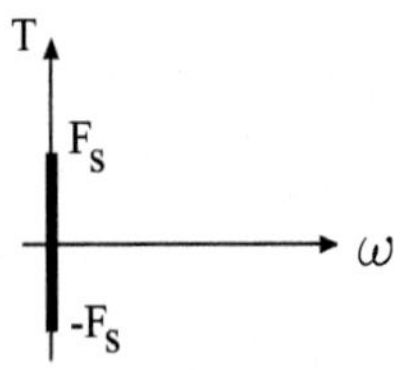

$$T(t) = \pm F_s|_{\omega=0}$$

〈그림 4.18〉 정지 마찰

ⓒ 쿨롱마찰(coulomb friction) - 물체의 속도와 무관하게 일정한 제동력. 부호만 속도의 반대 방향

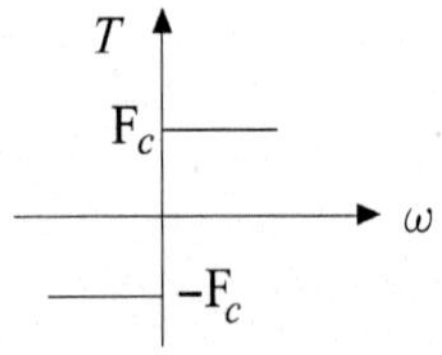

$$T(t) = F_c \cdot sgn(\omega(t)) = F_c\frac{\omega(t)}{|\omega(t)|}$$

〈그림 4.19〉 쿨롱 마찰

❖ 회전운동 기계 시스템의 예 (회전축)

관성이 J인 원판이 한쪽이 고정된 스프링 상수 K의 회전축에 연결되어 있으며 D는 점성 마찰 계수이다.

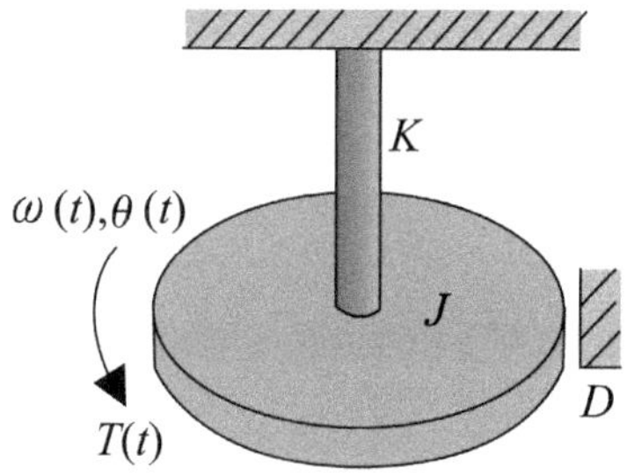

$$T(t) = J\frac{d^2\theta(t)}{dt^2} + D\frac{d\theta(t)}{dt} + K\theta(t)$$

〈그림 4.20〉 회전축

4.3 기어

기어 시스템의 기어(gear), 풀리(pulley)는 전기 시스템의 변압기 역할과 같다.

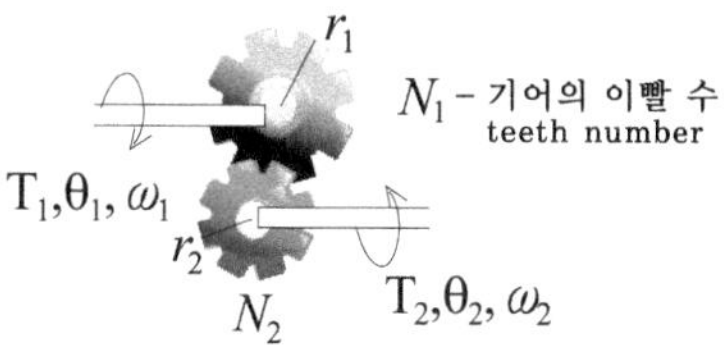

〈그림 4.21〉 기어

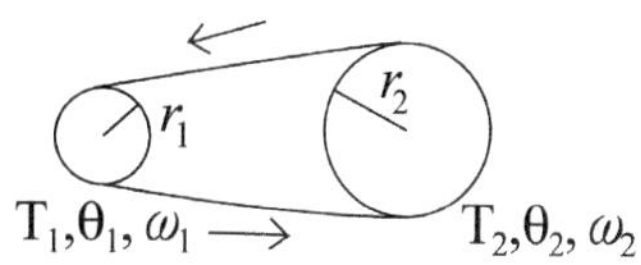

*풀리는 이빨 N만 없고 기어와 똑같은 성질을 갖는다.

〈그림 4.22〉 풀리

❖ 기어의 성질

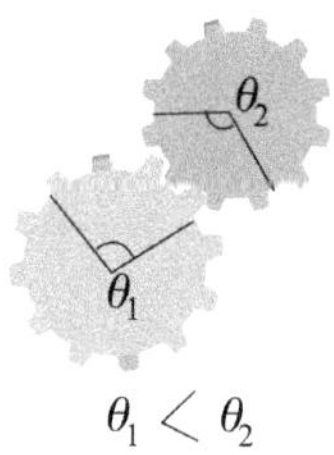

두 기어중 이빨 수가 많은 기어가 적은 각도로 돌아간다. 각위치는 이빨수가 많을 수록 적다. 즉, 이빨수가 많을 수록 회전수가 적다.

$$N_1 > N_2 \text{ 이면 } \theta_1 < \theta_2$$

〈그림 4.23〉 두 기어의 연결

- 각 기어의 이빨 수는 기어의 반지름과 비례한다. $\dfrac{N_1}{N_2}=\dfrac{r_1}{r_2}$
- 각 기어의 표면을 따라 이동한 거리는 같다. $\theta_1 N_1=\theta_2 N_2,\ \theta\propto\dfrac{1}{N}$
- 각속도는 각변위에 비례하다. $\dfrac{\omega_2}{\omega_1}=\dfrac{\theta_2}{\theta_1}$
- 하나의 기어가 한 일은 다른 기어와 같다. $T_1\theta_1=T_2\theta_2$

⇒ **종합** $\dfrac{N_1}{N_2}=\dfrac{r_1}{r_2}=\dfrac{\theta_2}{\theta_1}=\dfrac{\omega_2}{\omega_1}=\dfrac{T_1}{T_2}$

❖ 기어 존재시 토크 방정식

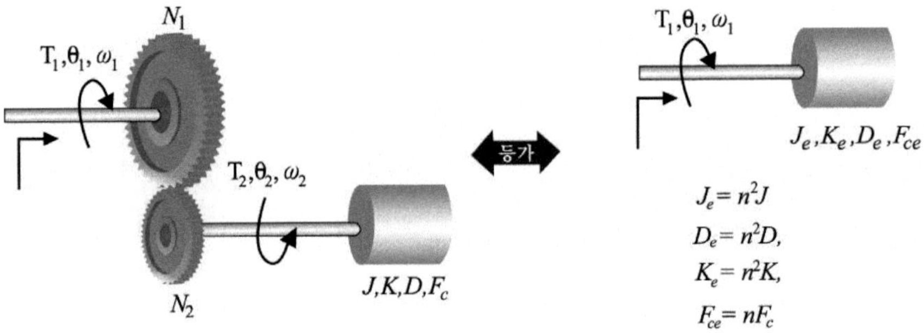

(a) 기어에 의한 1차, 2차 측 (b) 1차 측 기준으로 변환

〈그림 4.24〉 두 기어에 의한 회전운동

기어의 2차측을 1차측 기준으로 변환

$$T_2(t)=J\frac{d^2\theta_2(t)}{dt^2}+D\frac{d\theta_2(t)}{dt}+K\theta_2(t)+F_c\frac{\omega_2}{|\omega_2|}$$

$\theta_2=\dfrac{N_1}{N_2}\theta_1,\ \omega_2=\dfrac{N_1}{N_2}\omega_1$을 이용하여 $\theta_2\to\theta_1,\ \omega_2\to\omega_1$으로 변환

$$T_2(t)=\left(\frac{N_1}{N_2}\right)J\frac{d^2\theta_1(t)}{dt^2}+\left(\frac{N_1}{N_2}\right)D\frac{d\theta_1(t)}{dt}+\left(\frac{N_1}{N_2}\right)K\theta_1(t)+F_c\frac{\omega_1}{|\omega_1|}$$

$T_2(t)=\dfrac{N_2}{N_1}T_1(t),\ \dfrac{N_1}{N_2}=n$을 이용하여 변환

$$
\begin{aligned}
T_1(t) &= n^2 J \frac{d^2\theta_1(t)}{dt^2} + n^2 D \frac{d\theta_1(t)}{dt} + n^2 K\theta_1(t) + nF_c \frac{\omega_1}{|\omega_1|} \\
&= J_e \frac{d^2\theta_1(t)}{dt^2} + D_e \frac{d\theta_1(t)}{dt} + K_e\theta_1(t) + F_{ce} \frac{\omega_1}{|\omega_1|}
\end{aligned}
$$

여기서, $J_e = n^2 J,\ \ D_e = n^2 D,\ \ K_e = n^2 K,\ \ F_{ce} = nF_c$

❖ 기어의 역할

다음은 기어의 다섯 가지 역할에 대하여 예를 들어 설명한다.

◆ 기어

[표 4.2] 기어의 톱니수에 대한 반지름의 예

톱니수	반지름
8	0.5
24	1.5
40	2.5

1. 기어의 가감속

기어의 성질에 의해 기어의 이빨수와 반지름, 각속도의 관계는 다음과 같다.

$$\frac{N_1}{N_2} = \frac{r_1}{r_2} = \frac{\omega_2}{\omega_1}$$

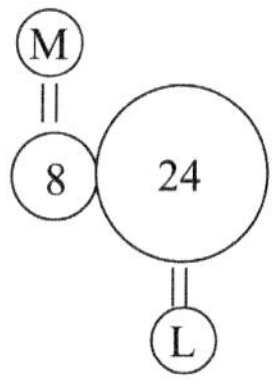

감속 $\frac{8}{24} = \frac{1}{3}$, 1:3 감속

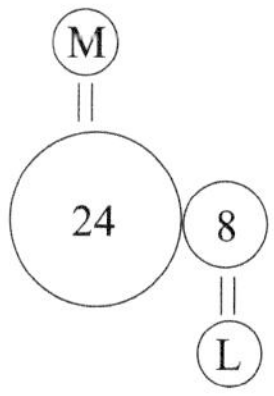

가속 $\frac{24}{8} = 3$, 3:1 가속

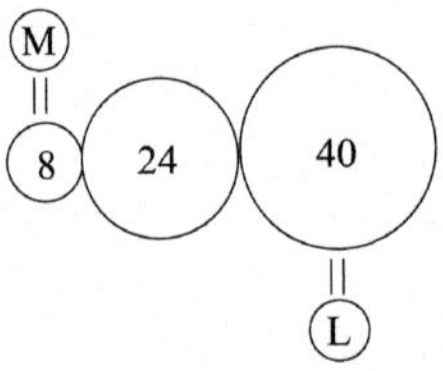

감속 $\frac{8}{24}\times\frac{24}{40}=\frac{8}{40}=\frac{1}{5}$, 1:5 감속

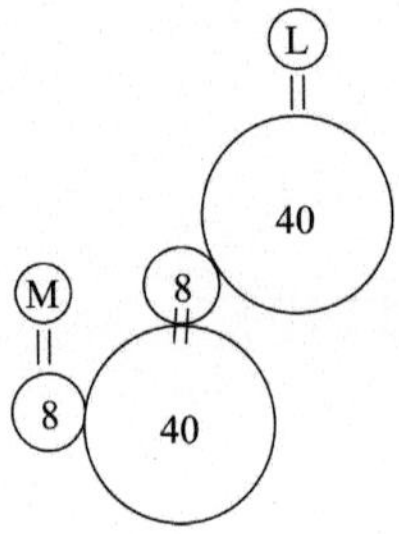

감속 $\frac{8}{40}\times\frac{8}{40}=\frac{1}{5}\times\frac{1}{5}=\frac{1}{25}$, 1:25 감속

2. 90° **방향의 동력 전달 - 웜(worm)기어**

3. **랙(rack) 기어 - 평판 기어**

일반기어와 랙기어를 이용하여 회전 운동을 직선 운동으로 바꾸어 주는 역할

⇒ 왕복 직선 운동을 가능하게 함

8 톱니

〈그림 4.25〉 일반기어

10 톱니

〈그림 4.26〉 랙 기어

4. **차동기어(differental gear)**

휠의 회전반경 : $r_1 < r_2$이다. 따라서, 자동차는 미끄러(drift)진다.

이를 방지하기 위해서 차동기어를 사용한다.

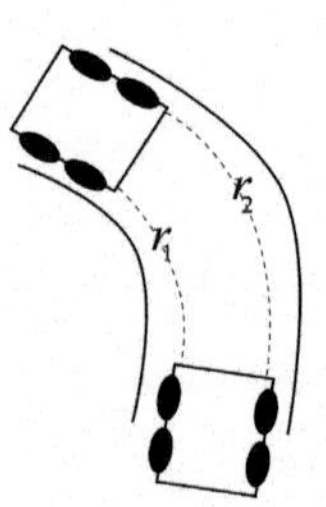

〈그림 4.27〉 차동기어 사용

5. 센서의 해상도(resolution)를 높인다.

다음은 기어가 존재하지 않을 때와 기어 사용시 센서의 해상도(resolution)가 높아진 것을 예를 들어 설명해 준다.

❖ 기어가 존재하지 않을 때의 해상도

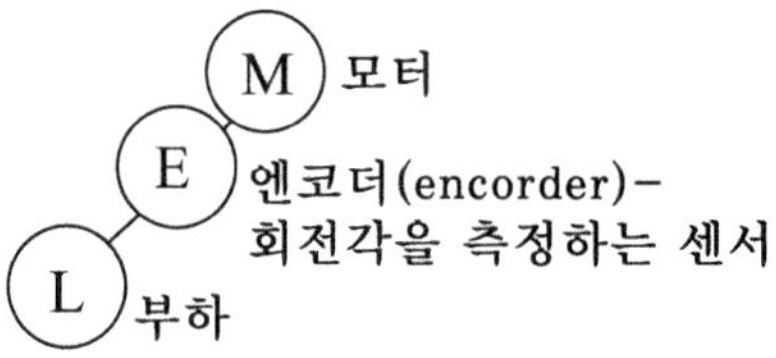

예) 22.5° 의 해상도, 즉 22.5° 의 간격으로 각도 측정⇒부정확.
예를 들면 23° 와 44° 를 같은 각도로 인식.
$(22.5^\circ < \theta < 45^\circ)$

❖ 기어가 존재 할 때의 해상도

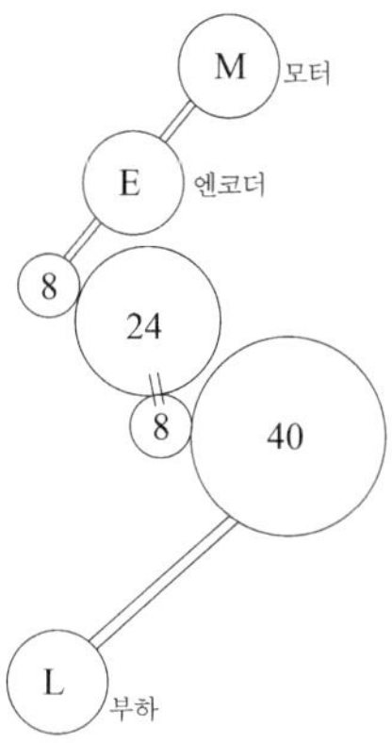

기어비 : $\frac{8}{24} \times \frac{8}{40} = \frac{1}{15}$

$22.5^\circ \times \frac{1}{15} = 1.5^\circ$

해상도가 기어를 사용하지 않으면 22.5° 였지만 기어 사용 후 1.5° 가 됨. 1.5° 의 간격으로 각도 측정 ⇒ 정확해짐

예제 4.3 아래 기어열에서 기어비를 구하라. 또, 부하(load)가 모터(motor)보다 가속인지 감속인지 쓰시오.

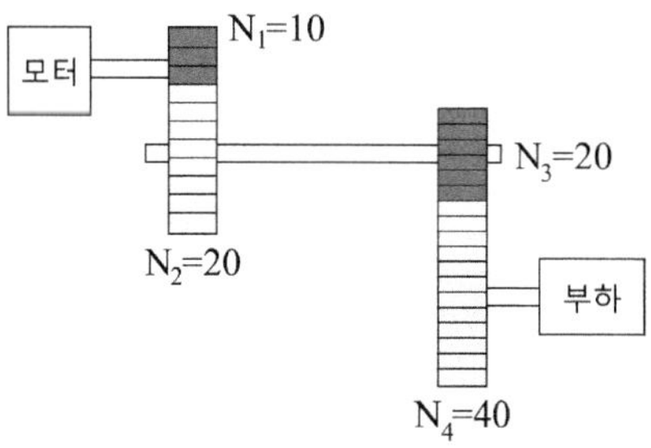

풀이.

$$\frac{10}{20} \times \frac{20}{40} = \frac{10}{40} \quad 1{:}4 \text{ 감속}$$

4.4 기계 시스템과 전기 시스템 간의 유사(Analogy)관계

기계 시스템과 전기 시스템과는 다음과 같은 유사 관계가 있다.

[표 4.3] 기계시스템과 전기 시스템의 유사 관계

<table>
<tr><td colspan="2">전기 시스템</td><td>$e(t)$
전압</td><td>$i(t)$
전류</td><td>L
인덕터</td><td>C
캐패시터</td><td>R
저항</td><td>E
D.C전압</td><td colspan="2">변압기</td><td rowspan="3">모터</td></tr>
<tr><td rowspan="2">기계
시스템</td><td>직선
운동</td><td>$f(t)$
힘</td><td>$v(t)$
속도</td><td>M
질량</td><td>$\frac{1}{K}$
스프링</td><td>B
점성마찰</td><td>F_c
쿨롱마찰</td><td>·</td><td rowspan="2">랙기어
+
기어</td></tr>
<tr><td>회전
운동</td><td>$T(t)$
토크</td><td>$\omega(t)$
각속도</td><td>J
관성</td><td>$\frac{1}{K}$
스프링</td><td>D
점성마찰</td><td>F_c
쿨롱마찰</td><td>기어</td></tr>
</table>

위의 관계는 다음의 식에서 유도된 것이다.

L 인덕터	$e(t) = L\,\dfrac{di(t)}{dt}$
M 질량	$f(t) = M\,\dfrac{dv(t)}{dt} = Ma(t)$
J 관성	$T(t) = J\,\dfrac{dw(t)}{dt} = J\alpha(t)$

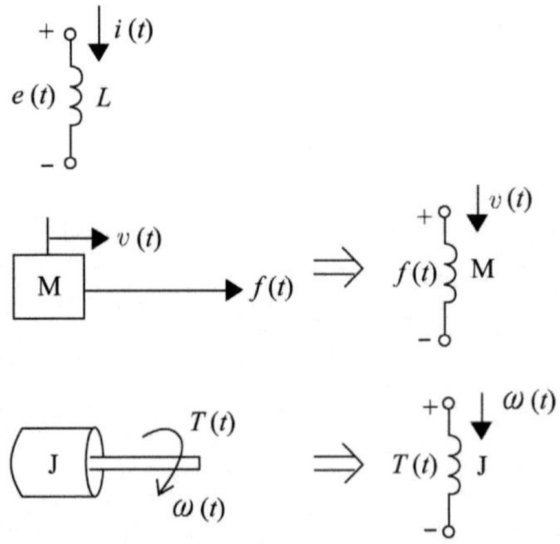

〈그림 4.28〉 인덕터, 질량, 관성

C 커패시터	$i(t) = C\ \dfrac{de(t)}{dt}$
$\dfrac{1}{K}$ 스프링	$v(t) = \dfrac{1}{K}\dfrac{df(t)}{dt}$
$\dfrac{1}{K}$ 스프링	$w(t) = \dfrac{1}{K}\dfrac{dT(t)}{dt}$

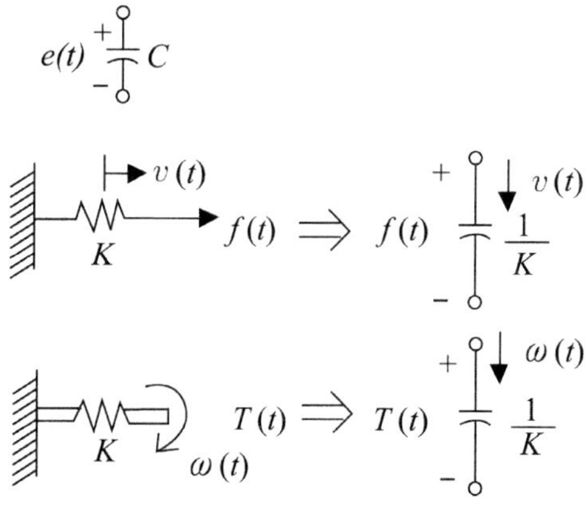

〈그림 4.29〉 커패시터, 스프링

R 저항	$e(t) = R\ i(t)$
B 점성마찰	$f(t) = B\ v(t) = B\dfrac{dy(t)}{dt}$
D 점성마찰	$T(t) = D\,\omega(t) = D\dfrac{d\theta(t)}{dt}$

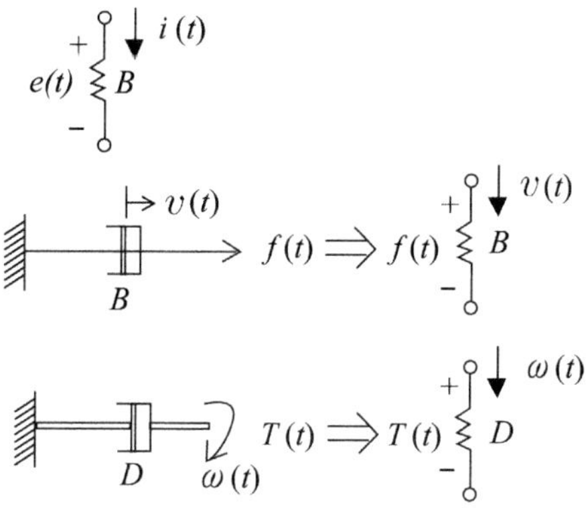

〈그림 4.30〉 저항, 점성마찰

E DC전압	
F_c 쿨롱마찰	$f(t) = F_c\ sgn(v(t))$
F_c 쿨롱마찰	$T(t) = F_c\ sgn(w(t))$

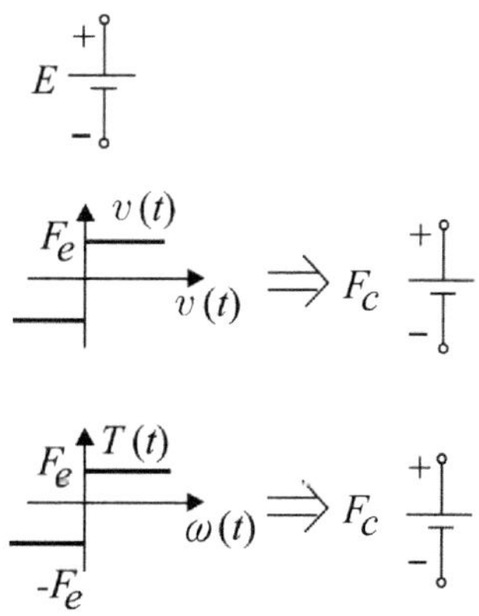

〈그림 4.31〉 DC 전압, 쿨롱마찰

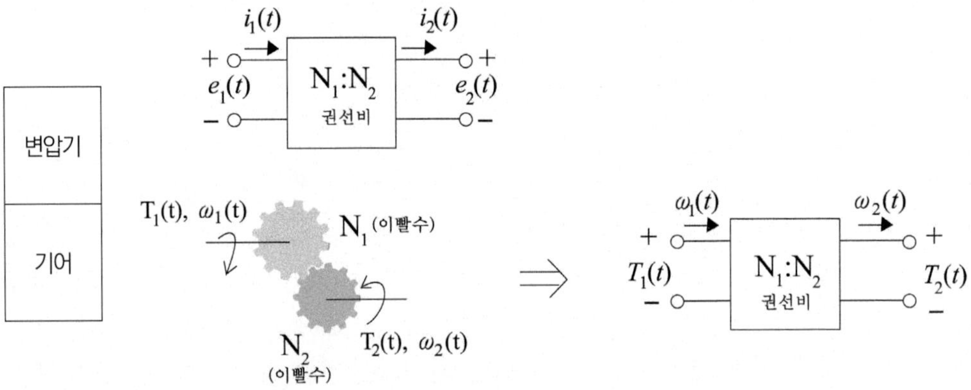

〈그림 4.32〉 변압기, 기어

❖ 기계 시스템을 전기 시스템으로 변환

스텝 1. 기계 시스템에서 속도의 개수를 찾아 그에 맞는 전기 시스템의 폐회로를 그리시오.

예) 속도 1개 일때, 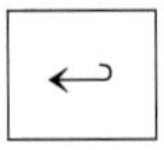 폐회로 1개

속도 2개 일때, 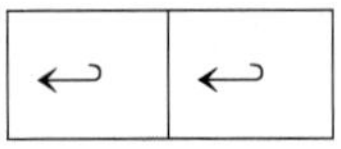 폐회로 2개

속도 3개 일때, 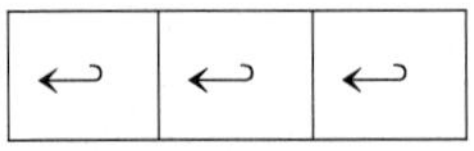 폐회로 3개

스텝 2. 속도(v)를 전류(i)로 바꾸어 표현하시오.

스텝 3. 속도(v)에 대하여 자기, 공유 소자를 구별해서 폐회로에 그리시오.

스텝 4. 전압원을 그리시오.(+가 속도 나가는 방향으로)

★ 유사 관계를 이용하여 기계 시스템을 전기 시스템으로 변환하기.

- **직선 운동 시스템**

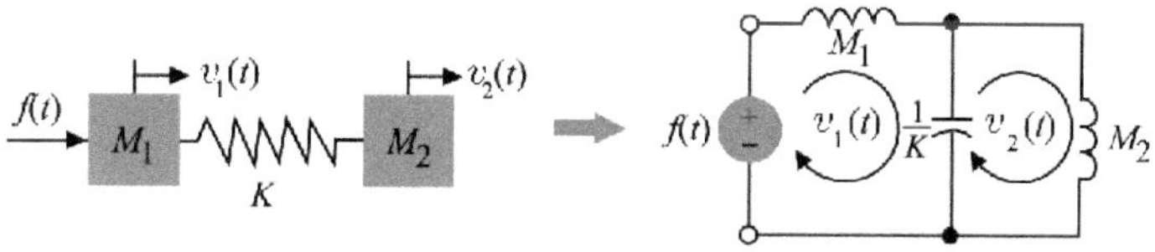

(a)

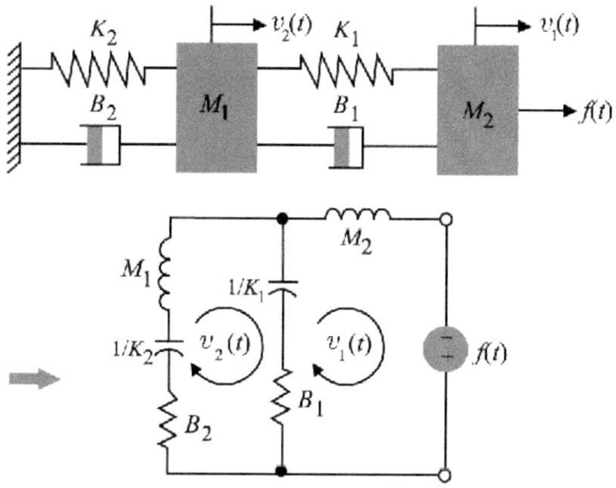

(b)

〈그림 4.33〉 직선 운동 시스템

- **회전 운동 시스템**

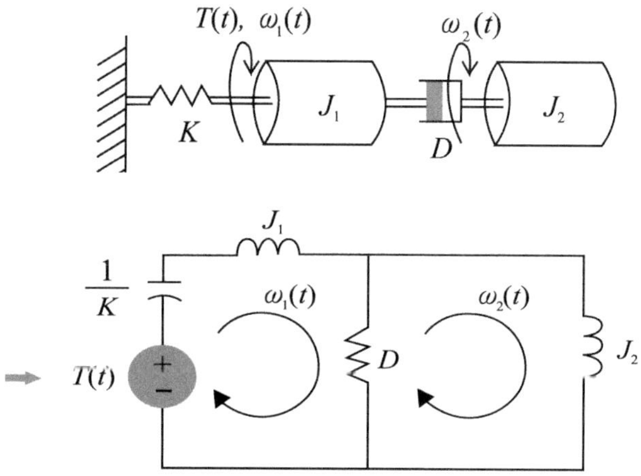

〈그림 4.34〉 회전 운동 시스템

- **기어가 있는 회전 운동 시스템**

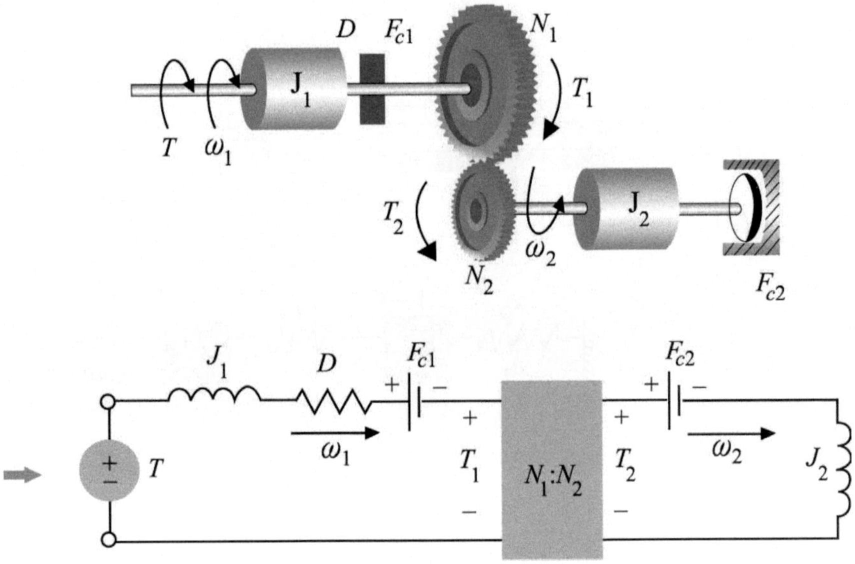

〈그림 4.35〉 기어가 있는 회전 운동 시스템

$\Omega_1(s), \Omega_2(s)$를 구하시오.

❖ 이차 측 소자를 일차 측 소자로 변환

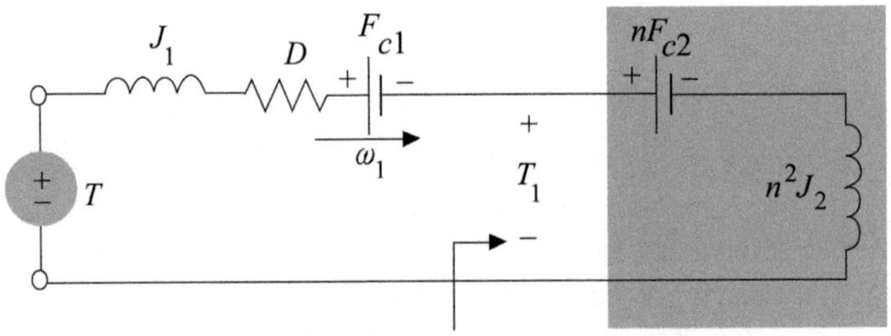

전압원 F_{c2}는 기어비 $n=\dfrac{N_1}{N_2}$에 비례하고 J_2는 n의 자승에 비례함.

$$T(s)=\frac{F_{c1}}{s}+n\frac{F_{c2}}{s}+\Omega_1(s)[sJ_1+D+n^2sJ_2],\ \ n=\frac{N_1}{N_2}$$

$J,K,D\rightarrow n^2$
$F\rightarrow n$

$$\Omega_1(s)=\frac{T(s)-\dfrac{F_{c1}+nF_{c2}}{s}}{(J_1+n^2J_2)s+D}$$

전류

❖ 일차측 소자를 이차측 소자로 변환

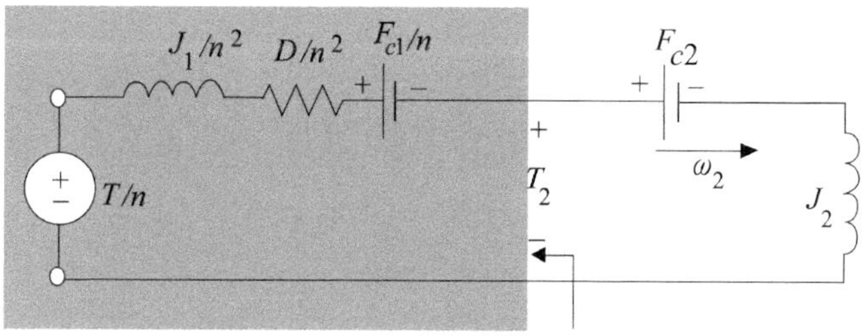

$$\frac{T(s)}{n}=\frac{1}{s}\left(\frac{F_{C1}}{n}+F_{C2}\right)+\Omega_2(s)\left[\frac{J_1}{n^2}s+J_2s+\frac{D}{n^2}\right]$$

$J,K,D\rightarrow\frac{1}{n^2}$

$F\rightarrow\frac{1}{n}$

전류 $\Omega_2(s)=\dfrac{\frac{T(s)}{n}-\frac{1}{s}\left(\frac{F_{c1}}{n}+F_{c2}\right)}{\left(\frac{J_1}{n^2}+J_2\right)s+\frac{D}{n^2}}$

[표 4.4] 기어와 변압기에서 1차, 2차 기준 변환

기어와 변압기에서 하나의 회로로 통일			
2차측을 1차측 기준으로 변환		1차측을 2차측 기준으로 변환	
기계 소자 $(J,D,K)\times n^2$ 토크$\times n$	임피던스 소자 $(L,R,C)\times n^2$ 전압 $\times n$	기계 소자 $(J,D,K)/n^2$ 토크$/n$	임피던스 소자 $(L,R,C)/n^2$ 전압 $/n$
여기서, $n=\frac{N_1}{N_2}$			

예제 4.4 다음의 회로에서 전달함수 $\frac{T_m(s)}{V_1(s)}$를 구하시오.

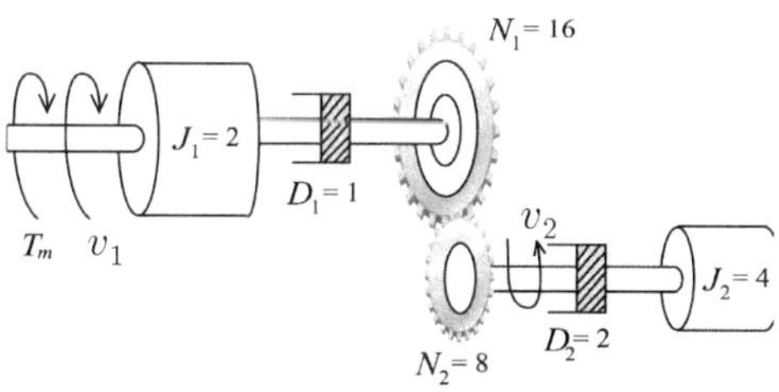

회전운동 기계 시스템

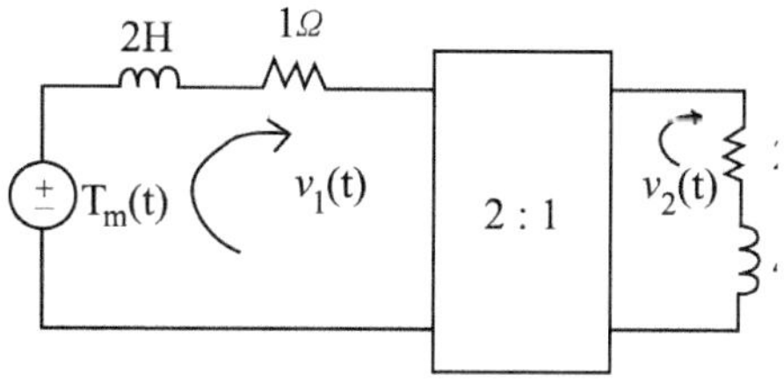

전기 시스템

풀이

$$n = \frac{2}{1} = 2\ ,\ n^2 = 4$$

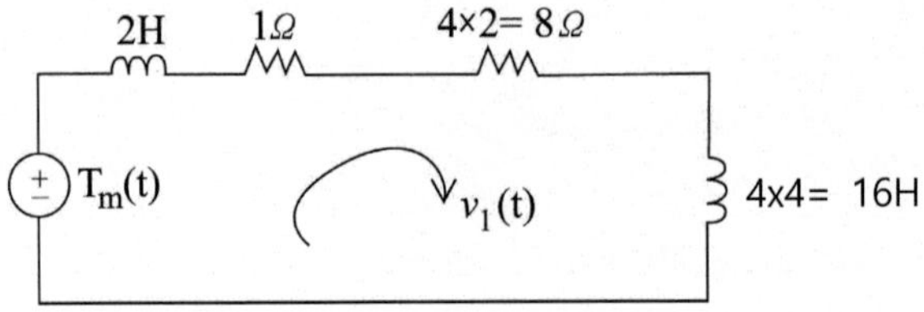

$$T_m(s) = [(2+16)s + (1+8)]\,V_i(s) = (18s+9)\,V_i(s)$$

$$\frac{T_m(s)}{V_i(s)} = 18s+9$$

예제 4.5 다음의 직선 기계 시스템을 전기 시스템으로 변환하고, $\frac{V_2(s)}{F(s)}$에 대한 전달함수를 구하라.

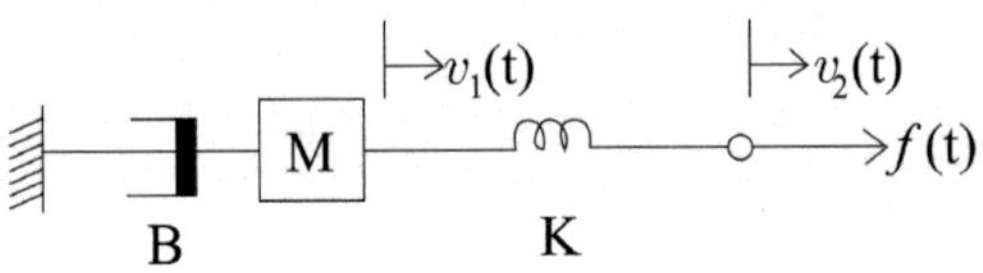

풀이

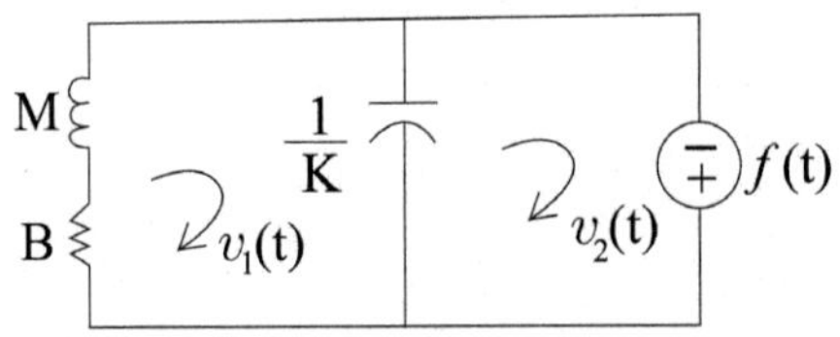

$$(sM+B)\,V_1(s) + \frac{K}{s}(V_1(s) - V_2(s)) = 0$$

$$(sM+B+\frac{K}{s})\,V_1(s) = \frac{K}{s}V_2(s),\ V_1(s) = \frac{\frac{K}{s}}{sM+B+\frac{K}{s}}V_2(s) = \frac{K}{s^2M+Bs+K}V_2(s)$$

$$F(s) = \frac{K}{s}[V_2(s) - V_1(s)] = \frac{K}{s}[1 - \frac{K}{s^2M+Bs+K}]\,V_2(s) = \frac{MKs+BK}{Ms^2+Bs+K}V_2(s)$$

$$\frac{V_2(s)}{F(s)} = \frac{Ms^2+Bs+K}{MKs+BK}$$

4.5 전기 기계 시스템 - 모터

4.5절은 DC모터를 통해 모터가 왜 전기 시스템과 기계 시스템이 혼합된 전기 기계 시스템인지 알아본다.

◆ 모터의 입·출력

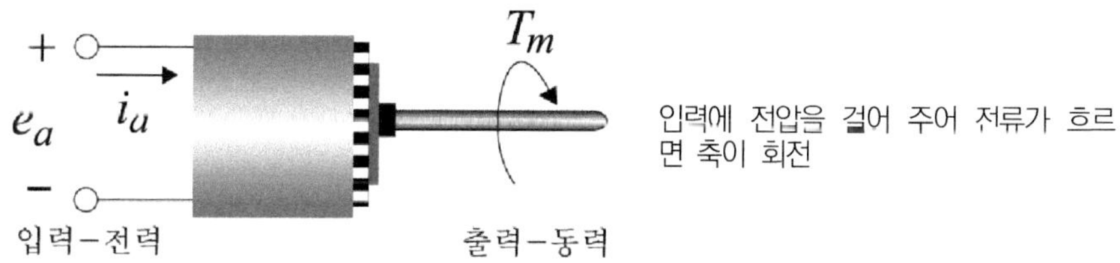

〈그림 4.36〉 모터의 입 · 출력

◆ 모터 구동 원리

스텝 1. 모터에 전압을 걸어주어 전류를 흘림.

스텝 2. 그것이 모터축에 토크(Torque)가 생겨 회전운동함 → 자계속에 도체가 운동하는 형태가 되어 기전력이 생김⇒역 기전력

모터 = 전기 시스템 +기계 시스템 = 전기 기계 시스템

- **모터에 생기는 토크 ⇒ 회전 운동 기계 시스템**

  $T_m(t) = K_0 \phi i_a(t) = K_m i_a(t)$

  여기서, $K_m \triangle K_0 \phi$은 토크 상수 이다.

  모터에 생기는 토크의 크기는 전기자 전류 $i_a(t)$와 계자 자속 ϕ에 비례 한다.

- **모터의 역기전력 ⇒ 전기 시스템**

  $e_b(t) = K_0 \phi \omega_m(t) = K_b \omega_m(t)$

  여기서, $K_b \triangle K_0 \phi$는 역 기전력 상수이다.

  모터의 역 기전력 크기는 모터의 회전 속도 $\omega_m(t)$와 계자 자속 ϕ에 비례 한다.

❖ 직류 모터의 전기회로

다음은 부하가 존재 하지 않을 때 모터의 모델링 식을 구해보자. 〈그림 4.37〉은 모터의 도식적인 표현이고, 〈그림 4.37〉에서 R_a, L_a는 전기자의 저항, 인덕터 성분이다. $i_a(t)$는 전기자 전류이고, $e_b(t)$는 역 기전력이다. $e_a(t)$가 모터에 인가하는 전압이다. $\omega_{m(t)}$는 회전축의 속도이며, $T_m(t)$는 회전축 토크이다. J_m, D_m은 모터가 가지고 있는 관성과 점성 마찰이다.

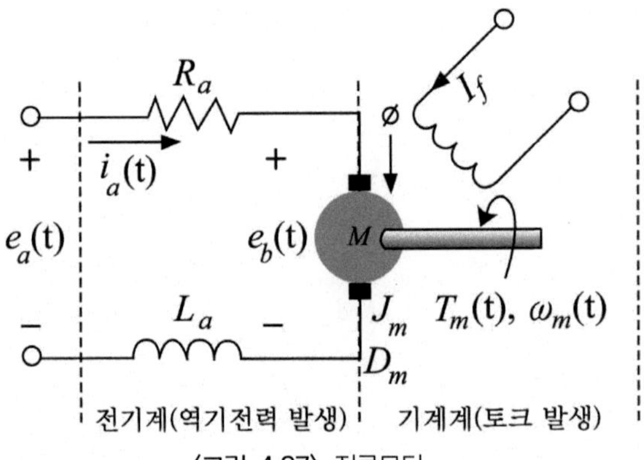

〈그림 4.37〉 직류모터

〈그림 4.37〉의 전기·기계 시스템을 전기 시스템으로 변환하면 다음과 같다.

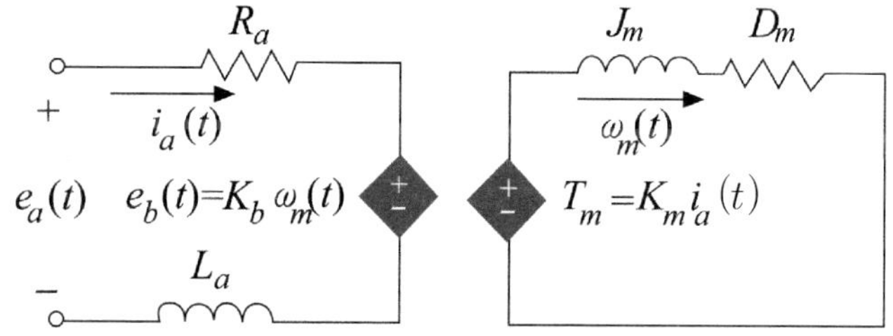

〈그림 4.38〉 직류 모터의 전기회로

다음은 모터의 모델링을 위해 전기 시스템 전달 함수 $G_e(s)$와 기계 시스템 전달 함수 $G_m(s)$를 각각 구해 보자.

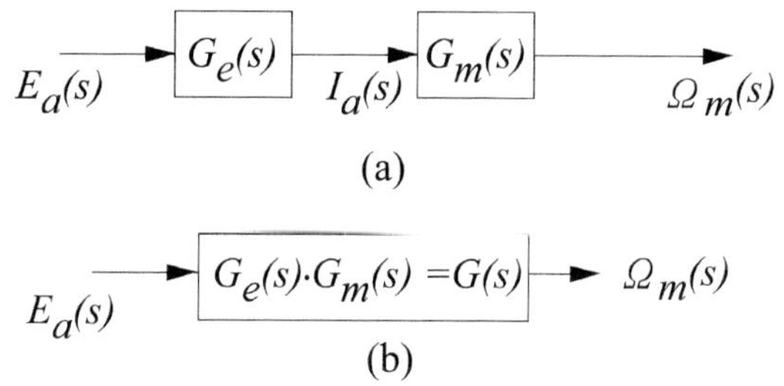

〈그림 4.39〉 모터의 전기 · 기계 시스템 전달 함수

전기 시스템 전달 함수 : $G_e(s)=\dfrac{I_a(s)}{E_a(s)}$

기계 시스템 전달 함수 : $G_m(s)=\dfrac{\Omega_m(s)}{I_a(s)}$

전체 전달 함수 : $G(s)=G_e(s)\bullet G_m(s)=\dfrac{\Omega_m(s)}{E_a(s)}$

위의 회로에서 폐로 방정식은 다음과 같다.

$$E_a(s)=(R_a+sL_a)I_a(s)+K_b\Omega_m(s)$$

$$K_mI_a(s)=(sJ_m+D_m)\Omega_m(s)$$

위의 폐로 방정식에서 $\Omega_m(s)$의 소거를 통해 $G_e(s) \triangleq \frac{I_a(s)}{E_a(s)}$를 구해보자.

$$\frac{I_a(s)}{E_a(s)} = \frac{\text{전기자전류}}{\text{모터에 인가하는 전압}} \triangleq G_e(s)$$

$$\begin{aligned} E_a(s) &= (R_a + sL_a)I_a(s) + K_b \cdot \frac{K_m I_a(s)}{sJ_m + D_m} \\ &= [(sL_a + R_a) + \frac{K_b K_m}{sJ_m + D_m}] \cdot I_a(s) \\ &= \frac{(sL_a + R_a)(sJ_m + D_m) + K_b K_m}{sJ_m + D_m} \cdot I_a(s) \end{aligned}$$

$$G_e(s) \triangleq \frac{I_a(s)}{E_a(s)} = \frac{sJ_m + D_m}{(sL_a + R_a)(sJ_m + D_m) + K_b K_m}$$

$G_m(s) \triangleq \frac{\Omega_m(s)}{I_a(s)}$는 위의 두 번째 폐로 방정식을 이용하여 구해보자.

$$K_m I_a(s) = (sJ_m + D_m)\Omega_m(s)$$

$$\frac{\Omega_m(s)}{I_a(s)} = \frac{K_m}{sJ_m + D_m} \triangleq G_m(s)$$

따라서, 모터의 전기·기계 시스템 전달 함수는 다음과 같다.

$$G_e(s) \triangleq \frac{I_a(s)}{E_a(s)} = \frac{sJ_m + D_m}{(sL_a + R_a)(sJ_m + D_m) + K_b K_m}$$

$$G_m(s) \triangleq \frac{\Omega_m(s)}{I_a(s)} = \frac{K_m}{sJ_m + D_m}$$

$$\begin{aligned} G(s) &= G_e(s) \cdot G_m(s) = \frac{\Omega_m(s)}{E_a(s)} \\ &= \frac{K_m(sJ_m + D_m)}{(sJ_m + D_m)[(sL_a + R_a)(sJ_m + D_m) + K_b K_m]} = \frac{K_m}{(sL_a + R_a)(sJ_m + D_m) + K_b K_m} \end{aligned}$$

◆ 기어를 통해 부하와 결합된 직류 모터와 상사 회로

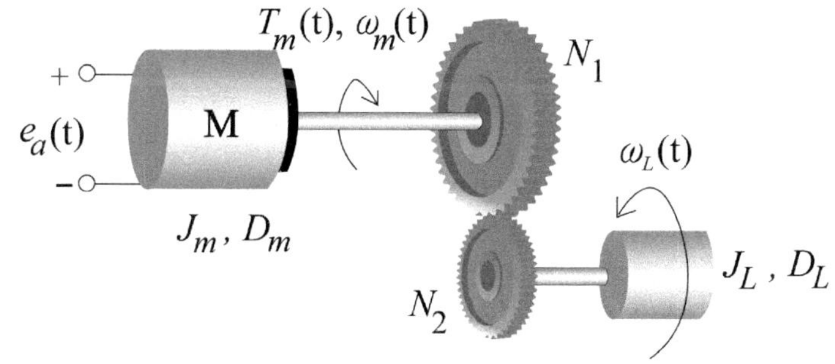

〈그림 4.40〉 기어와 결합된 직류모터의 도식적인 표현

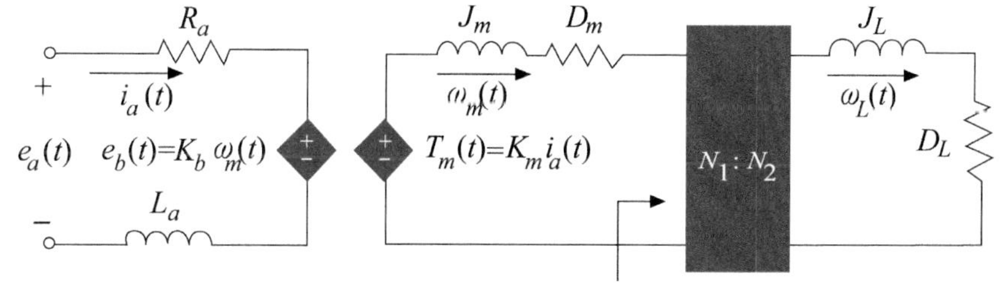

〈그림 4.41〉 기어와 결합된 직류모터의 상사 표현

2차 측을 1차 측으로 표현 할 때 임피던스 J_L, D_L은 각각 $(\frac{N_1}{N_2})^2$을 곱해준다.

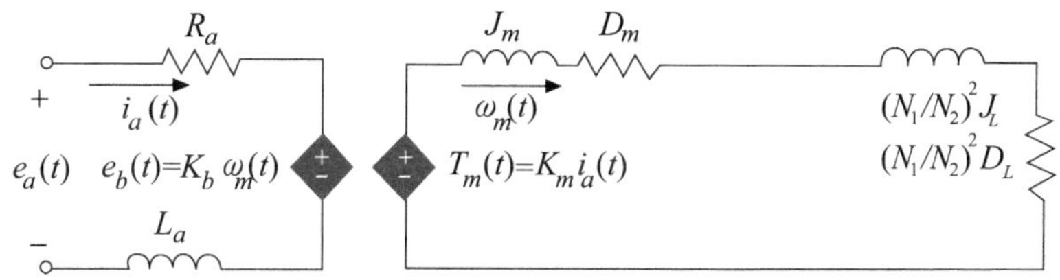

〈그림 4.42〉 변압기의 2차 측을 1차 측 기준으로 표현

인덕터와 저항은 직렬 연결 이므로 다음과 같이 각각 더해준다.

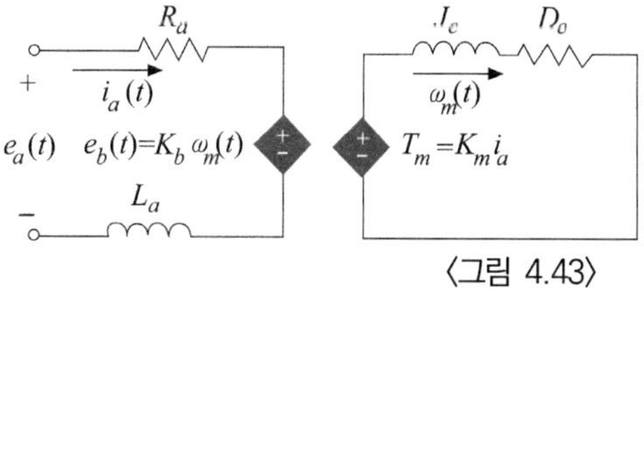

〈그림 4.43〉

$$J_e \triangle J_m + (\frac{N_1}{N_2})^2 J_L$$

$$D_e \triangle D_m + (\frac{N_1}{N_2})^2 D_L$$

위의 회로에서 폐로 방정식은 다음과 같다.

$$E_a(s) = (R_a + sL_a)I_a(s) + K_b\Omega_m(s)$$

$$K_m I_a(s) = (sJ_e + D_e)\Omega_m(s)$$

◆ **벡터-행렬 형태**

전압 = 임피던스 • 전류의 벡터·행렬 형태는 다음과 같다.

$$\begin{bmatrix} E_a(s) \\ 0 \end{bmatrix} = \begin{bmatrix} R_a + sL_a & K_b \\ -K_m & sJ_e + D_e \end{bmatrix} \begin{bmatrix} I_a(s) \\ \Omega_m(s) \end{bmatrix}$$

위의 폐로 방정식에서 $\dfrac{I_a(s)}{E_a(s)}$, $\dfrac{\Omega_m(s)}{E_a(s)}$의 전달 함수를 구하면 다음과 같다.

a. $\dfrac{I_a(s)}{E_a(s)} = \dfrac{\text{전기자 전류}}{\text{모터에 인가하는 전압}}$, $\Omega_m(s)$의 소거를 통해 구한다.

$$E_a(s) = (R_a + sL_a)I_a(s) + K_b \bullet \frac{K_m I_a(s)}{(sJ_e + D_e)}$$

$$E_a(s) = [(sL_a + R_a) + \frac{K_b \bullet K_m}{(sJ_e + D_e)}]I_a(s) = \frac{(sL_a + R_a)(sJ_e + D_e) + K_b K_m}{sJ_e + D_e} \bullet I_a(s)$$

$$\frac{I_a(s)}{E_a(s)} = \frac{sJ_e + D_e}{(sL_a + R_a)(sJ_e + D_e) + K_b K_m}$$

b. $\dfrac{\Omega_m(s)}{E_a(s)} = \dfrac{\text{모터의 회전속도}}{\text{모터에 인가하는 전압}}$, $I_a(s)$의 소거를 통해 구한다.

$$E_a(s) = (R_a + sL_a) \bullet \frac{(sJ_e + D_e)\Omega_m(s)}{K_m} + K_b\Omega_m(s)$$

$$E_a(s) = [\frac{(R_a + sL_a)(sJ_e + D_e)}{K_m} + K_b]\Omega_m(s)$$

$$E_a(s) = \frac{(R_a + sL_a)(sJ_e + D_e) + K_m K_b}{K_m} \bullet \Omega_m(s)$$

$$\frac{\Omega_m(s)}{E_a(s)} = \frac{K_m}{(sL_a + R_a)(sJ_e + D_e) + K_b K_m}$$

$\dfrac{\Omega_{m(s)}}{E_a(s)}$와 $\dfrac{I_a(s)}{E_a(s)}$를 비교해 보면 전달함수에서 분자만 다른 것을 알 수 있다.

따라서, 안정도(stability)는 특성 방정식(characteristic equation)이 같아 똑같다. 이와 관련하여 자세한 내용은 6장 안정도 해석에서 다루기로 한다.

❖ 회전-직선 운동 기계 시스템

다음은 회전 운동과 직선 운동을 함께 가지고 있는 기계 시스템이다.

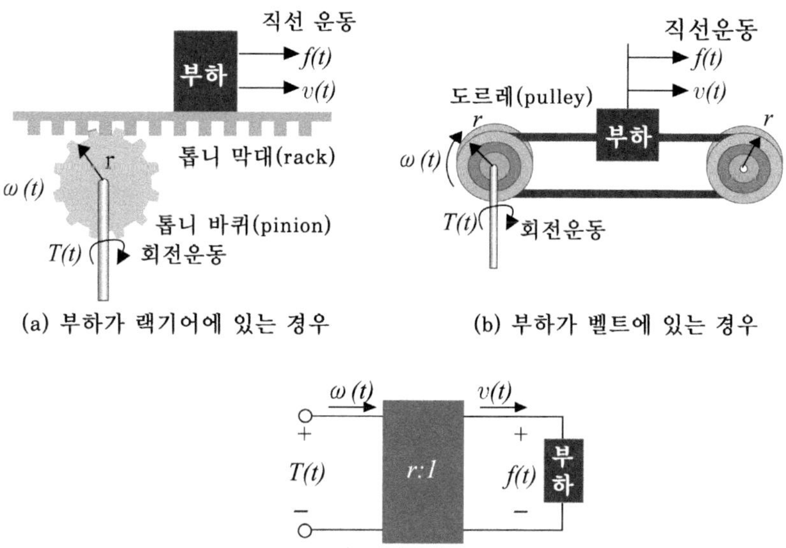

(a) 부하가 랙기어에 있는 경우 (b) 부하가 벨트에 있는 경우

(c) 변압기

〈그림 4.44〉 회전-직선 운동 기계 시스템

〈그림 4.44〉에서 (a)부하가 랙기어에 있는 경우, (b)부하가 벨트에 있는 경우 모두 직선 운동의 속도 $v(t)$가 회전 운동의 속도 $\omega(t)$에 다음과 같은 영향을 받는다.

$$\begin{aligned} v(t) &= \text{속도(직선운동)} \\ &= \text{반지름} \cdot \text{각속도(회전운동)} = r\omega(t) \end{aligned}$$

이것은 권선비가 r인 변압기 〈그림 4.44 c〉로 표현 할 수 있다.

위와 같은 회전-직선 운동 기계 시스템의 응용은 아파트, 혹은 건물의 자동문에서 사용된다.

예제 4.6 다음의 회전-직선 운동 기계 시스템을 전기 시스템으로 바꾸시오. 그리고, 입력이 모터의 토크이고, 출력이 속도인 전달함수 $\dfrac{V(s)}{T_m(s)}$ 를 구하시오.

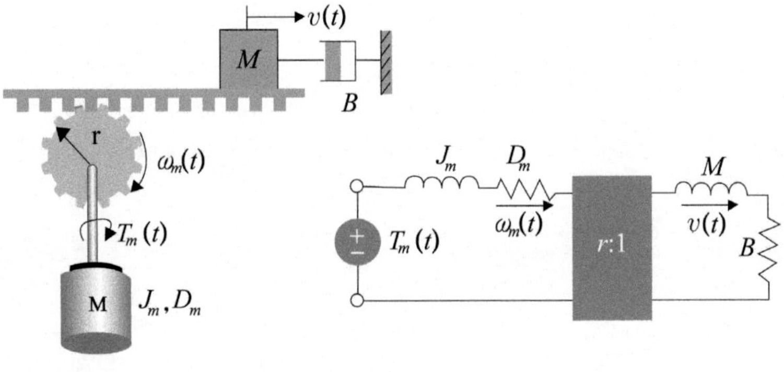

(a) 회전-직선 운동 기계 시스템　　(b) 변압기

〈그림 4.58〉 랙기어가 있는 회전-직선 운동 기계 시스템

풀이

$V(s)$가 이차측에서 출력 이므로 일차측을 이차측 기준으로 변환.

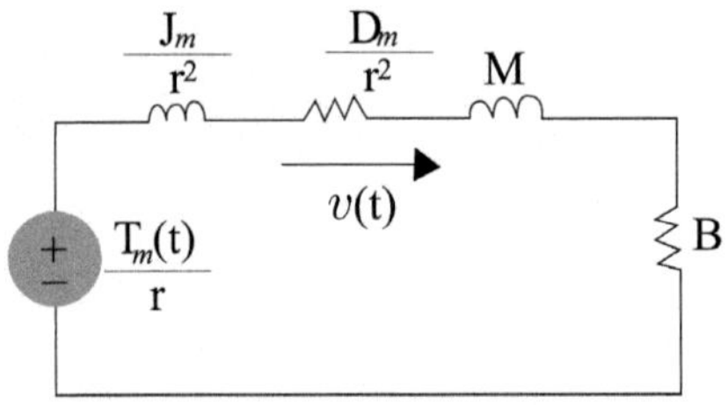

$$\frac{T_m(s)}{r} = [s(\frac{J_m}{r^2} + M) + (\frac{D_m}{r^2} + B)]\,V(s)$$

$$\frac{V(s)}{T_m(s)} = \frac{1}{r\left[s(\frac{J_m}{r^2} + M) + (\frac{D_m}{r^2} + B)\right]}$$

분모에 r을 곱하면 다음과 같다.

$$\frac{V(s)}{T_m(s)} = \frac{1}{(\frac{J_m}{r} + rM)s + (\frac{D_m}{r} + rB)}$$

4.6 산업용 시스템 모델링

다음은 실제 현장에서 사용되고 있는 다음의 시스템에 대한 시스템 모델링(s-공간)을 알아보자.

· 카메라 서보 시스템
· 카메라 CCD 자동 초점 조절 시스템
· 자기 부상 운송 시스템
· 무인차 방향 제어 시스템
· 아크 용접 로봇 시스템

a. 카메라 서보 시스템

〈그림 4.46〉과 같은 비디오 카메라 시스템은 자동으로 피사체를 따라 움직일 수 있다. 추적 시스템은 송신기와 이중 센서로 구성되며, 여기에서 송신기는 피사체에 장착되어 있고, 센서는 카메라에 장착되어 있다. 송신기로부터 받은 각도와 카메라 위치의 각도 오차를 0으로 만들기 위해 카메라를 회전시켜 결과적으로 피사체를 추적하게 된다.

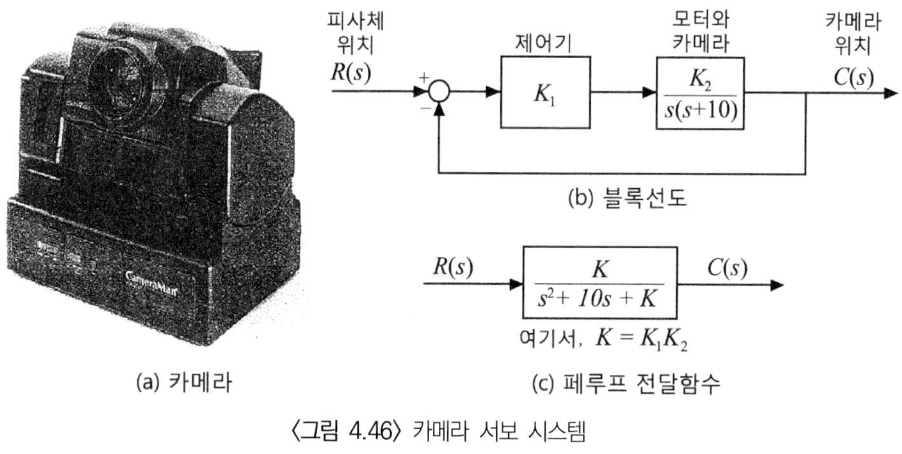

〈그림 4.46〉 카메라 서보 시스템

b. 카메라 CCD 자동 초점 조절 시스템

비디오 카메라에 사용되는 CCD(charge-coupled device)는 영상을 전기 신호로 변환시키는데, 35mm 카메라의 자동 초점 조절 시스템에도 사용된다. 자동 초점 조정은 상이 두 개의 렌즈를 통과하여 CCD 배열에 상의 중심이 오도록 함으로써 이루어진다.

CCD에서 상이 두 개로 분리되는 것은 초점 거리에 좌우되며 카메라와 컴퓨터는 분리 정도를 감지하고 렌즈를 움직여 상의 초점이 일치되도록 한다. 자동 초점 조절 시스템에서 위치 제어를 위한 입력은 카메라를 사물에 맞추도록 선정되는 렌즈의 원하는 위치이고 출력은 렌즈의 실제 위치이다.

〈그림 4.47 a〉는 CCD 자동 초점 조절 시스템이 장착된 니콘(Nikon) 카메라이고, 자동 초점 조절 시스템에 대한 블록선도는 〈그림 4.47 b〉와 같은 위치 제어 시스템이다. 이것을 간략화한 블록선도를 〈그림 4.47 c〉에 나타내었다.

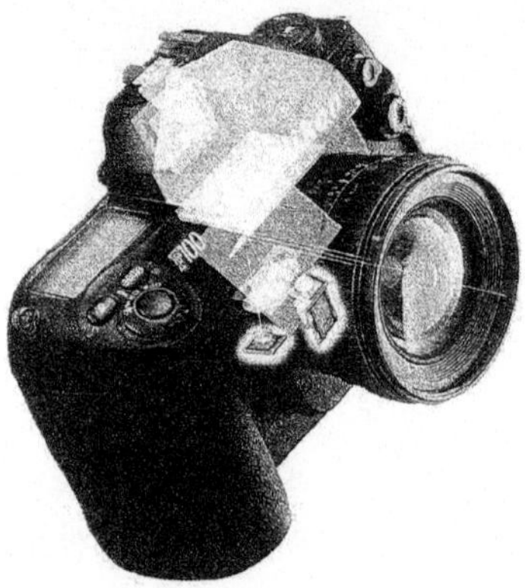

(a) CCD 자동초점 조절 시스템이 장착된 35mm 니콘카메라

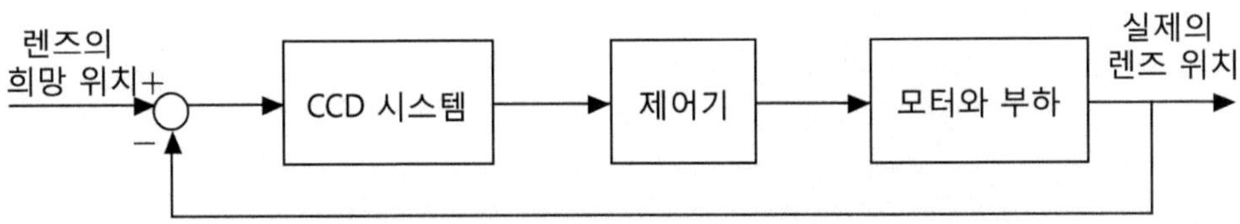

(b) 블록 선도

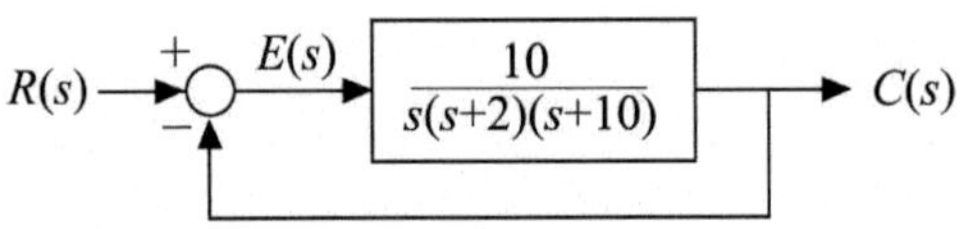

(c) 간략화된 블록 선도

〈그림 4.47〉 CCD 자동 초점 조절 시스템

c. 자기 부상 열차 시스템

자기 부상을 이용하는 열차 시스템은 레일에서의 접촉 마찰이 없기 때문에 고속에 도달할 수 있다〈그림 4.48 a〉. 차량을 들어 올리는 힘은 전자석에 의해 만들어진다. 〈그림 4.48 b〉는 자기 간격을 조정하기 위해 사용될 수 있는 제어 시스템의 시뮬레이션 모델이다. 그림에서 $Z_{vin}(s)$는 부상의 실제 양에 비례하는 전압이나 간격을 나타낸다. $Z_{vout}(s)$는 실제 부상되는 양에 비례하는 전압을 나타낸다. 플랜트는 제어기 신호에 대한 차량의 동적 응답을 나타낸다(Bitter, 1998).

(a) 자기 부상 열차

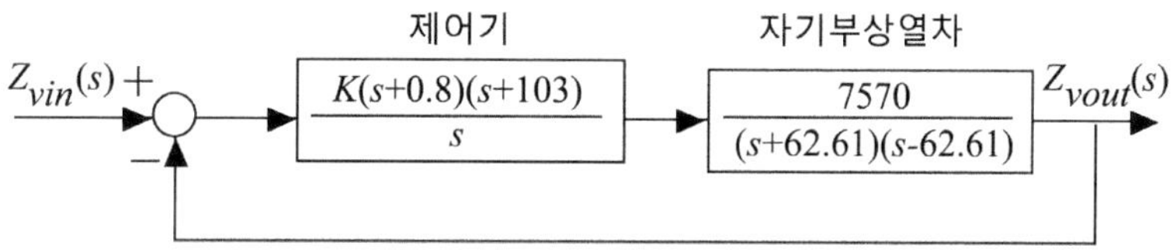

(b) 블록 선도

〈그림 4.48〉 자기 부상 열차 시스템

d. 무인차 방향 제어 시스템

〈그림 4.49 a〉와 같은 무인차는 공장 내의 한 지점에서 다른 지점으로 제품을 옮기는 데 사용되고 있다. 시스템을 구성하는 방법 중 한 가지는 바닥에 유도길을 설치하는 것이며, 다른 방법은 무인차에 컴퓨터와 레이저 주사 장치를 장착하고 정해진 위치나 반사 장치로부터 신호를 받아 무인차의 위치를 결정할 수 있도록 한다. 후자는 건물 내에서 뿐만 아니라 건물과 건물 사이에서도 자유롭게 이동할 수 있다(Stefanides, 1987). 〈그림 4.49 b〉는 무인차의 방향 제어 시스템을 간략화한 블록도이다.

(a) 무인차

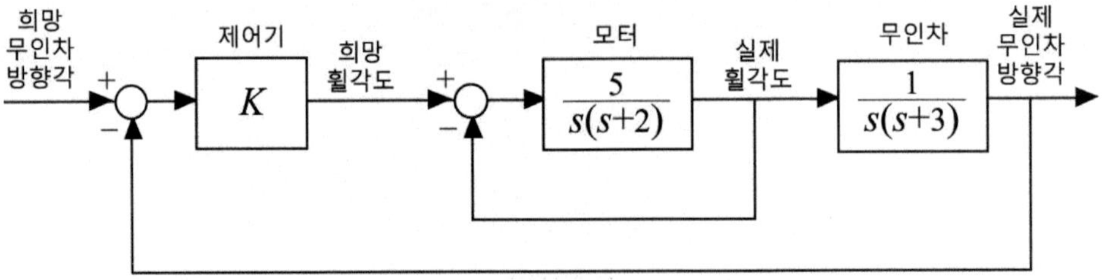

(b) 블록 선도

〈그림 4.49〉 무인차 방향 제어 시스템

e. 아크 용접 로봇 시스템

〈그림 4.50 a〉는 아크 용접을 하는 로봇을 보여주고 있다. 이와 비슷한 장치는 원하는 프로그램에 따라 물체를 운반할 수 있는 6자유도의 산업용 로봇으로 구성할 수 있다. 아크 용접 로봇 시스템의 블록선도는 〈그림 4.50 b〉와 같다.

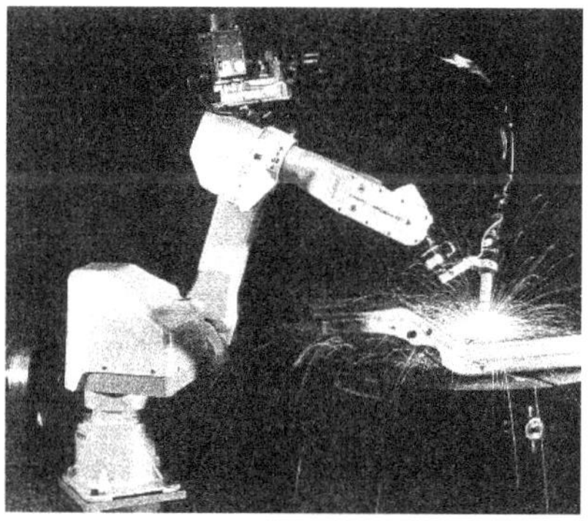

(a) 아크 용접 로봇

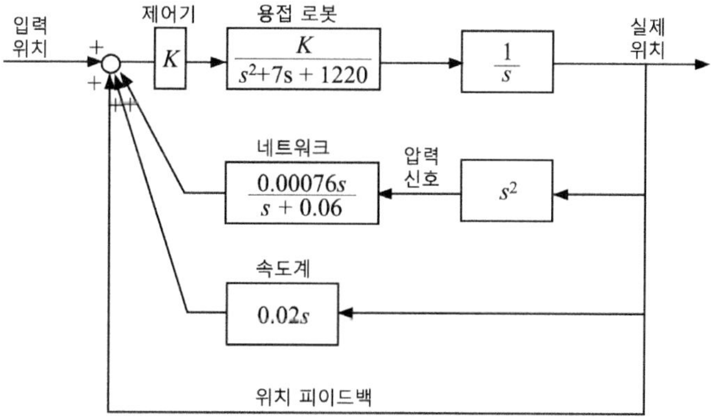

(b) 블록 선도

〈그림 4.50〉 아크 용접 로봇 시스템

4.7 기사 문제

1 그림과 같은 질량-스프링-마찰계의 전달 함수 $G(s) = X(s)/F(s)$는 어느 것인가?

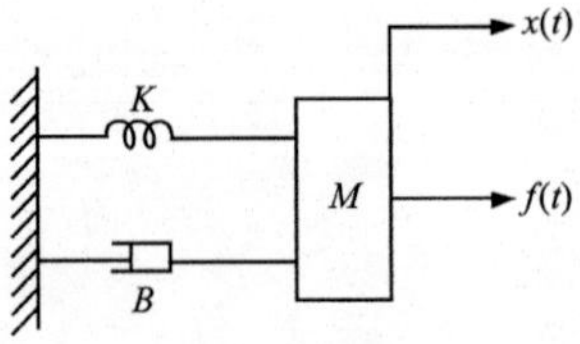

㉮ $\dfrac{1}{Ms^2 + Bs + K}$ ㉯ $\dfrac{1}{Ms^2 - Bs - K}$ ㉰ $\dfrac{1}{Ms^2 - Bs + K}$ ㉱ $\dfrac{1}{Ms^2 + Bs - K}$

2 회전 운동 물리계의 관성 모멘트, 비틀림 경도(강도), 점성 마찰을 전기계로 유추하는 경우 옳은 것은?

㉮ 전기 저항, 정전 용량, 인덕턴스

㉯ 인덕턴스, 정전 용량, 전기 저항

㉰ 정전 용량, 인덕턴스, 전기 저항

㉱ 정전 용량, 전기 저항, 인덕턴스

3 그림과 같은 기계적인 회전 운동계에서 토크 $T(t)$를 입력으로, 변위 $\theta(t)$를 출력으로 하였을 때의 전달 함수는?

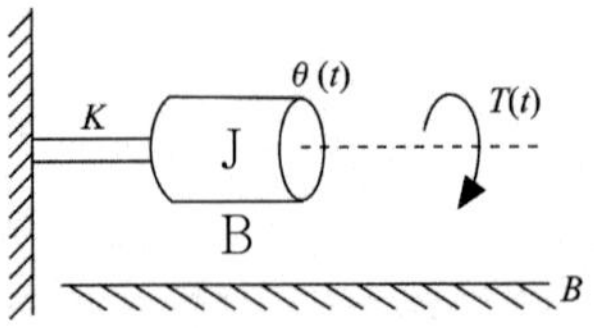

㉮ $\dfrac{1}{Js^2 + Bs + K}$ ㉯ $Js^2 + Bs + K$ ㉰ $\dfrac{s}{Js^2 + Bs + K}$ ㉱ $\dfrac{Js^2 + Bs + K}{s}$

4 일정한 질량 M을 가진 이동하는 물체의 위치 y는 이 물체에 가해지는 외력이 f일 때 운동 마찰 등의 반저항력을 무시하면 $M\dfrac{d^2y}{dt^2} = f$의 미분 방정식으로 표시된다. 위치에 관계되는 전달 함수를 구하면?

㉮ $\dfrac{Y(s)}{F(s)} = \dfrac{1}{Ms^2}$ ㉯ $\dfrac{F(s)}{Y(s)} = \dfrac{s^2}{M}$ ㉰ $\dfrac{F(s)}{Y(s)} = \dfrac{s}{M^2}$ ㉱ $\dfrac{Y(s)}{F(s)} = -\dfrac{1}{Ms^2}$

5 그림과 같은 기계계의 회로를 전기 회로로 옳게 표시한 것은? (단, K:스프링 상수, B: 마찰 제동 계수, M:질량이다.)

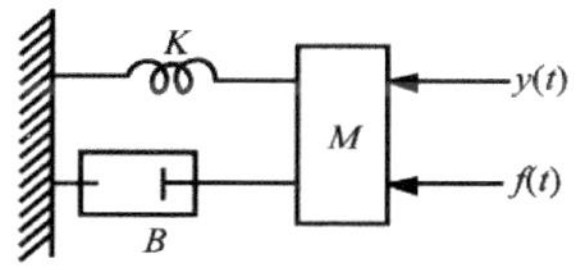

㉮
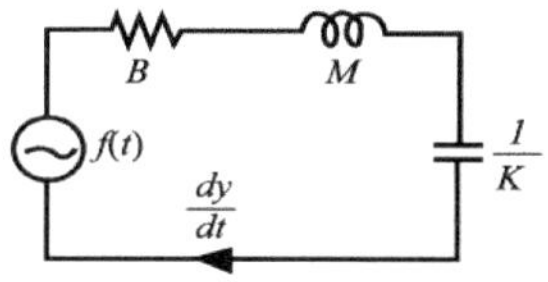

㉯
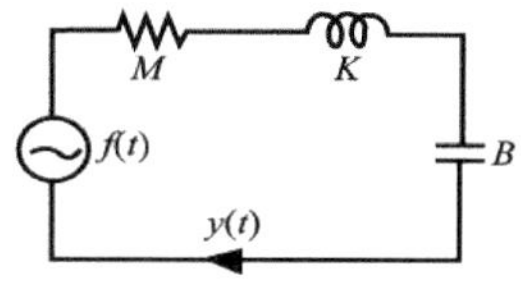

㉰
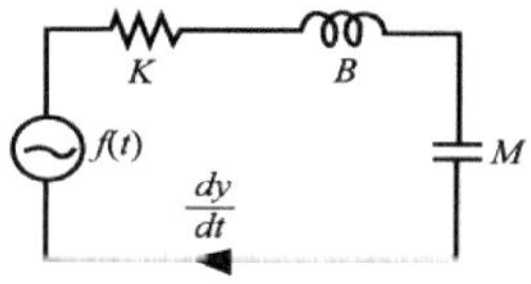

㉱
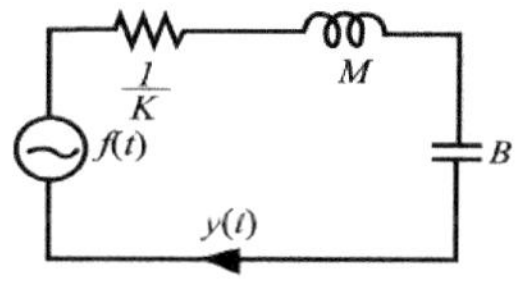

6 회전 운동계의 각속도를 전기적 요소로 변환하면?

㉮ 전압　　㉯ 전류　　㉰ 정전 용량　　㉱ 인덕턴스

7 회전 운동계의 관성 모멘트와 직선 운동계의 질량을 전기적 요소로 변환한 것은?

㉮ 인덕턴스　　㉯ 전류　　㉰ 전압　　㉱ 커패시턴스

8 직류 전동기의 각변위를 $\theta(t)$라 할 때, 전동기의 회전 관성 J_m과 전동기의 토크 T_m 사이에는 어떠한 관계가 있는가?

㉮ $T_m(t) = J_m \int_0^t \theta(\tau)d\tau$　　㉯ $T_m(t) = J_m \theta(t)$

㉰ $T_m(t) = J_m \frac{d}{dt}\theta(t)$　　㉱ $T_m(t) = J_m \frac{d^2}{dt^2}\theta(t)$

9 R-L-C 회로와 역학계의 등가 회로에서 그림과 같이 스프링 달린 질량 M의 물체가 바닥에 닿아 있을 때 힘 F를 가하는 경우로 L은 M에, $\frac{1}{C}$은 K에, R은 f에 해당한다. 이 역학계에 대한 운동 방정식은?

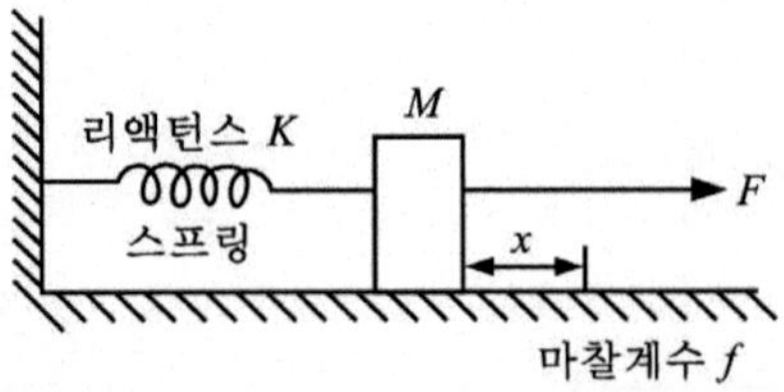

㉮ $F = Mx + f\frac{dx}{dt} + K\frac{d^2x}{dt^2}$ ㉯ $F = M\frac{dx}{dt} + fx + K$

㉰ $F = M\frac{d^2x}{dt^2} + f\frac{dx}{dt} + Kx$ ㉱ $F = M\frac{dx}{dt} + f\frac{d^2x}{dt^2} + K$

10 그림과 같은 회로망의 전달 함수 $G(s)$는? (단, $s = j\omega$이다.)

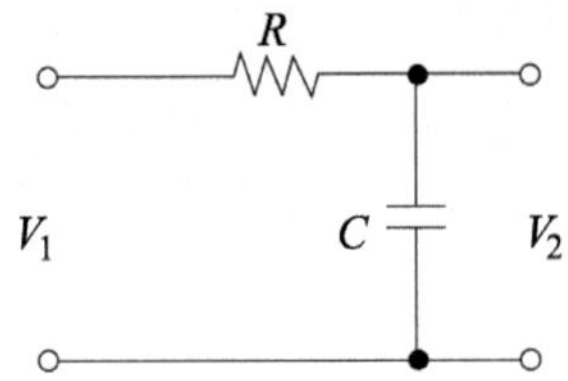

㉮ $\frac{1}{1+s}$ ㉯ $\frac{CR}{s+CR}$ ㉰ $\frac{CR}{RCs+1}$ ㉱ $\frac{1}{RCs+1}$

11 그림과 같은 회로의 전달 함수 $\frac{e_2(s)}{e_1(s)}$는?

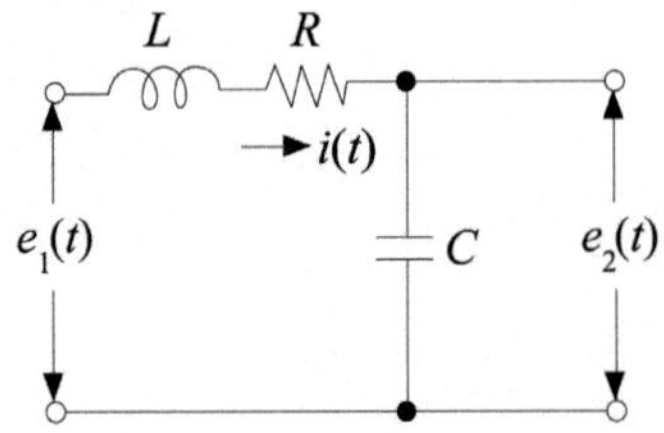

㉮ $\frac{1}{LCs^2+RCs+1}$ ㉯ $\frac{C1}{LCs^2+RCs+1}$

㉰ $\frac{L1}{LCs^2+RCs+1}$ ㉱ $\frac{LCs^2}{LCs^2+RCs+1}$

12 그림과 같은 회로의 전달 함수는 얼마인가? (단, $T_1 = R_1 C$, $T_2 = \dfrac{R_2}{R_1 + R_2}$ 이다.)

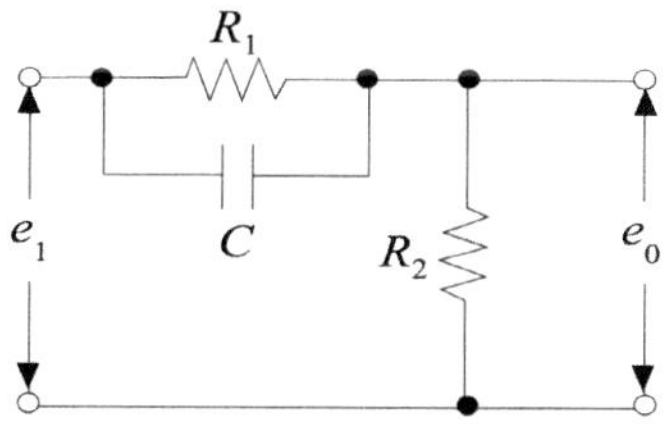

㉮ $\dfrac{1}{1 + T_1 s}$　㉯ $\dfrac{T_2(1 + T_1 s)}{1 + T_1 T_2 s}$　㉰ $\dfrac{1 + T_1 s}{1 + T_2 s}$　㉱ $\dfrac{T_2(1 + T_1 s)}{T_1(1 + T_2 s)}$

13 그림과 같은 $R-L-C$ 회로망에서 입력 전압을 $e_i(t)$, 출력량을 $i(t)$로 할 때, 이 요소의 전달 함수는 어떤 것인가?

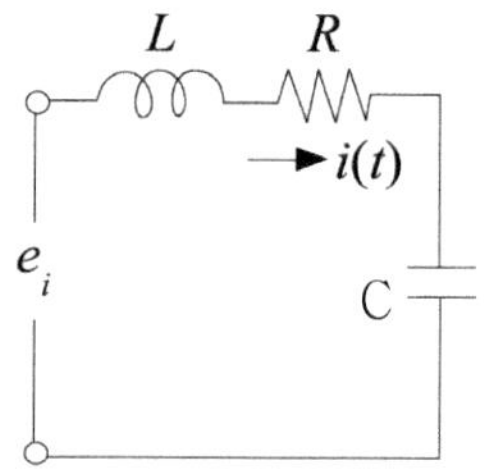

㉮ $\dfrac{Rs}{LCs^2 + RCs + 1}$　㉯ $\dfrac{RLs}{LCs^2 + RCs + 1}$

㉰ $\dfrac{Ls}{LCs^2 + RCs + 1}$　㉱ $\dfrac{Cs}{LCs^2 + RCs + 1}$

해답

1.㉮　2.㉯　3.㉮　4.㉮　5.㉮　6.㉯　7.㉮　8.㉱　9.㉰　10.㉱
11.㉮　12.㉯　13.㉱

5 상태공간에서의 시스템 모델링 및 해석

4장에서는 s-공간에서 기계, 전기, 전기-기계 시스템을 모델링하는 방법에 대해 다루었고, 5장에서는 t-공간에서 같은 시스템에 대하여 상태 공간 방정식을 이용하여 모델링 하는 방법에 대해 배운다. 또한, 상태 공간 해석을 위하여 대수학(linear algebra)을 배우고, 상태 공간 방정식의 해(solution)를 구하는 방법을 다룬다.

5.1 상태 공간 방정식

시스템의 해석은 다음의 두 가지 표현법을 사용하여 한다.

- **전달함수(s-공간)**
  - 입력과 출력의 관계 명시, n차의 전달함수(분모차수)
  - 시스템을 간단하게 표시할 수 있는 장점이 있으나 MIMO(multi- input multi-output) 시스템 해석은 복잡하고, 비선형 시스템과 시변 시스템에 대하여 표현 불가능

- **상태공간(t-공간)**
  - 동적 방정식은 상태 방정식과 출력 방정식으로 구성된다.

동적 방정식 = 상태 방정식 + 출력 방정식

상태 방정식 : $\dot{x}(t) = Ax(t) + Bu(t)$

출력 방정식 : $y(t) = Cx(t) + Du(t)$ L에 걸리는 전류⇒전압 방정식 이용

- MIMO시스템도 쉽게 해석 가능하고, 비선형 시스템과 시변 시스템에 대하여 표현 가능

상태벡터 $x(t) = \begin{bmatrix} x_1(t) \\ x_2(t) \\ \vdots \\ x_n(t) \end{bmatrix}$ $(n\times 1)$, 입력벡터 $u(t) = \begin{bmatrix} u_1(t) \\ u_2(t) \\ \vdots \\ u_p(t) \end{bmatrix}$ $(p\times 1)$

출력벡터 $y(t) = \begin{bmatrix} y_1(t) \\ y_2(t) \\ \vdots \\ y_q(t) \end{bmatrix}$ $(q\times 1)$

계수행렬 $A = n\times n$, $B = n\times p$, $C = q\times n$, $D = q\times p$

- 상태 방정식에서 $x(t)$는 미분이 되는 변수가 상태 변수로 정해진다.
  전기시스템에서는 전류, 전압이 된다.

  예) $e_L(t) = L\dfrac{di_L(t)}{dt}$, $i_C(t) = C\dfrac{de_C(t)}{dt}$

기계 시스템에서는 위치(=변위)의 미분인 속도, 힘, 토크가 된다.

예) $f(t) = M\frac{dv(t)}{dt}$, $T(t) = J\frac{d\omega(t)}{dt}$

$$v(t) = \frac{1}{K}\frac{df(t)}{dt}, \quad \omega(t) = \frac{1}{K}\frac{dT(t)}{dt}$$

다음 표에서 유사(analogy) 관계를 상기하시오.

[표 5.1] 전기시스템과 기계시스템의 유사 관계

전기 시스템		전류 $i(t)$	전압 $E(t)$
기계 시스템	직선운동	속도 $v(t)$	힘 $F(t)$
	회전운동	각속도 $\omega(t)$	토크 $T(t)$

5.2 전기 시스템의 상태 공간 모델링

4.1에서는 전기 시스템을 s-공간에서 모델링 하였다. 5.2에서는 시간 공간인 t-공간에서 전기 시스템을 모델링 한다. 상태 공간의 차수는 에너지 저장 소자인 인덕터, 커패시터의 개수와 같다.

즉, 상태 변수를 인덕터의 전류, 커패시터의 전압으로 정한다.

다음의 예를 보자.

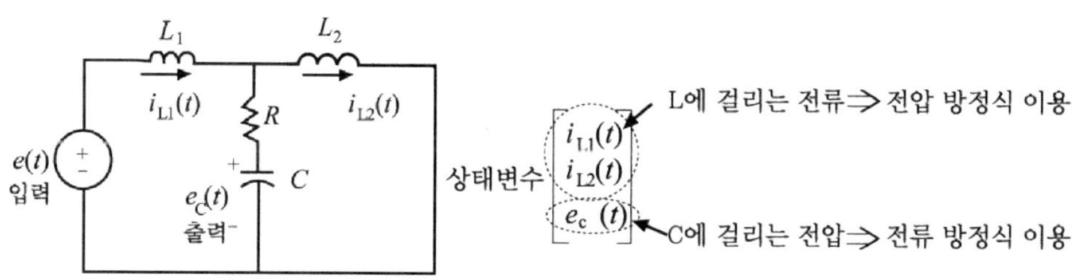

〈그림 5.1〉 전기 시스템

- $e_L = L\dfrac{di(t)}{dt}$

L_1의 전압 : $\overset{=e_{L1}}{L_1\dfrac{di_{L1}}{dt}} + R(i_{L1} - i_{L2}) + e_c = e$

$$\frac{di_{L1}}{dt} = -\frac{R}{L_1}i_{L1} + \frac{R}{L_1}i_{L2} - \frac{1}{L_1}e_c + \frac{1}{L_1}e$$

L_2의 전압 : $\overset{=e_{L2}}{L_2\dfrac{di_{L2}}{dt}} = R(i_{L1} - i_{L2}) + e_c$

$$\frac{di_{L2}}{dt} = \frac{R}{L_2}i_{L1} - \frac{R}{L_2}i_{L2} + \frac{1}{L_2}e_c$$

- $i_c = C\dfrac{de_c(t)}{dt}$

C의 전류 : $\overset{=i_c}{C\dfrac{de_c}{dt}} = i_{L1} - i_{L2}$

$$\frac{de_c}{dt} = \frac{1}{c}i_{L1} - \frac{1}{c}i_{L2}$$

$$\begin{bmatrix} \dot{i}_{L1}(t) \\ \dot{i}_{L2}(t) \\ \dot{e}_c(t) \end{bmatrix} = \begin{bmatrix} -\dfrac{R}{L_1} & \dfrac{R}{L_1} & -\dfrac{1}{L_1} \\ \dfrac{R}{L_2} & -\dfrac{R}{L_2} & \dfrac{1}{L_2} \\ \dfrac{1}{C} & -\dfrac{1}{C} & 0 \end{bmatrix} \begin{bmatrix} i_{L1}(t) \\ i_{L2}(t) \\ e_c(t) \end{bmatrix} + \begin{bmatrix} \dfrac{1}{L_1} \\ 0 \\ 0 \end{bmatrix} e(t)$$

출력을 e_c로 할 경우 출력 방정식은

$$c(t) = [0 \ 0 \ 1] \begin{bmatrix} i_{L1}(t) \\ i_{L2}(t) \\ e_c(t) \end{bmatrix}$$

위의 전기 시스템에서 전류는 $i_{L1}(t)$, $i_{L2}(t)$ 2개였지만, 전달함수를 사용한 모델링과는 달리 상태 공간 방정식은 인덕터가 2개, 커패시터가 1개여서 3차 상태 공간 방정식으로 구성 되었다.

5.3 기계 시스템의 상태 공간 모델링

❖ 직선 운동 기계 시스템

다음의 직선 운동 기계 시스템을 이용하여 상태 공간 모델링 하는 방법에 대하여 다루어 본다.

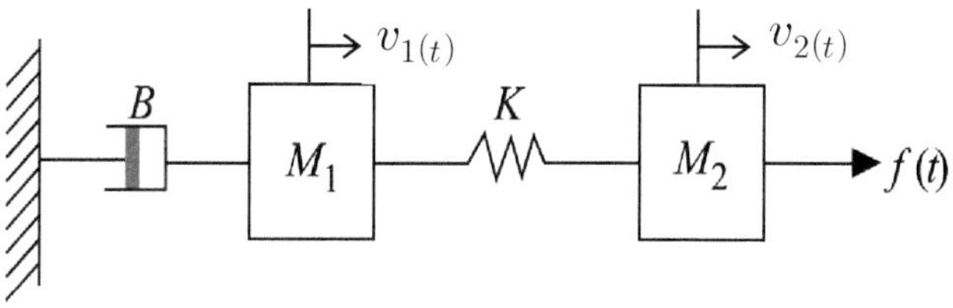

〈그림 5.2〉 직선 운동 기계 시스템

위의 직선 운동 기계 시스템은 다음과 같은 전기 시스템으로 변환 할 수 있다.

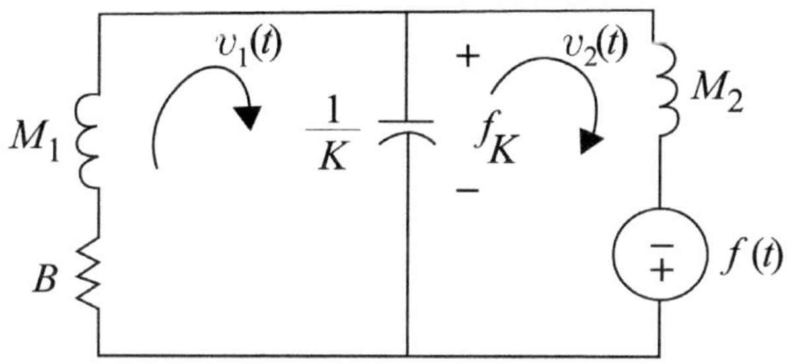

〈그림 5.3〉 전기 시스템

위의 전기 시스템에서 상태 변수는 다음과 같이 정할 수 있다.

상태 변수 $\begin{bmatrix} v_1(t) \\ v_2(t) \\ f_K(t) \end{bmatrix}$ 전류⇒(인덕터에 흐르는)전압 방정식 이용
전압⇒(커패시터에 걸린)전류 방정식 이용

a. 전압 방정식

- 첫 번째 폐회로

$$M_1\dot{v}_1 + f_K + Bv_1 = 0$$
$$\dot{v}_1 = \frac{1}{M_1}(-f_K - Bv_1)$$

- 두 번째 폐회로

$$f_K = M_2\dot{v}_2 - f$$
$$\dot{v}_2 = \frac{1}{M_2}(f_K + f)$$

b. 전류 방정식

$$\frac{1}{K}\dot{f}_K = v_1 - v_2$$
$$\dot{f}_K = K(v_1 - v_2)$$

- 벡터-행렬 형태

$$\begin{bmatrix} \dot{v}_1 \\ \dot{v}_2 \\ \dot{f}_K \end{bmatrix} = \begin{bmatrix} -\frac{B}{M_1} & 0 & -\frac{1}{M_1} \\ 0 & 0 & \frac{1}{M_2} \\ K & -K & 0 \end{bmatrix} \begin{bmatrix} v_1 \\ v_2 \\ f_K \end{bmatrix} + \begin{bmatrix} 0 \\ \frac{1}{M_2} \\ 0 \end{bmatrix} f$$

❖ 회전 운동 기계 시스템

다음의 회전 운동 기계 시스템을 이용하여 상태 공간 모델링 하는 방법에 대하여 다루어본다.

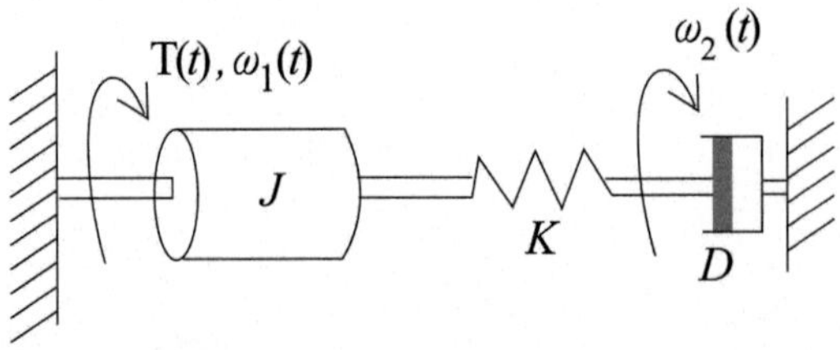

〈그림 5.4〉 회전 운동 기계 시스템

위의 회전 운동 기계 시스템은 다음과 같은 전기 시스템으로 변환할 수 있다.

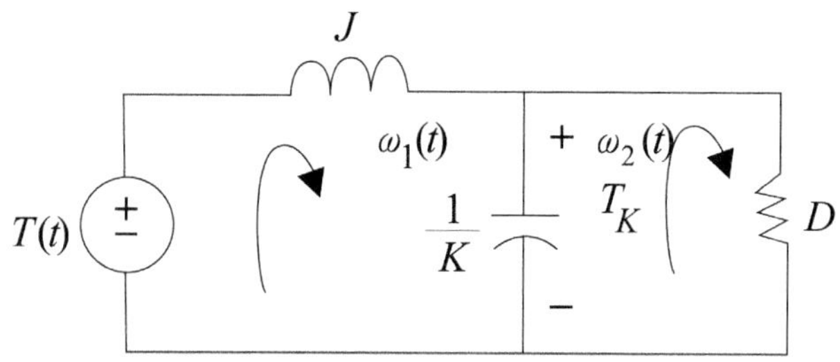

〈그림 5.5〉 전기 시스템

위의 전기 시스템에서 상태 변수는 다음과 같이 정할 수 있다.

상태변수 $\begin{bmatrix} \omega_1(t) \\ T_K(t) \end{bmatrix}$ $\begin{matrix} \rightarrow \text{ 전류} \Rightarrow \text{(인덕터에 흐르는)전압 방정식 이용} \\ \rightarrow \text{ 전압} \Rightarrow \text{(커패시터에 걸린)전류 방정식 이용} \end{matrix}$

a. 전압 방정식

$$J\dot{\omega}_1 + T_K = T$$

$$\dot{\omega}_1 = -\frac{1}{J}T_K + \frac{1}{J}T$$

b. 전류 방정식

$$\frac{1}{K}\dot{T}_K = \omega_1 - \omega_2, \qquad T_K = D\omega_2, \quad \omega_2 = \frac{T_K}{D}$$

$$= \omega_1 - \frac{T_K}{D}$$

$$\dot{T}_K = K\omega_1 - \frac{K}{D}T_K$$

- **벡터-행렬 형태**

$$\begin{bmatrix} \dot{\omega}_1 \\ \dot{T}_K \end{bmatrix} = \begin{bmatrix} 0 & -\frac{1}{J} \\ K & -\frac{K}{D} \end{bmatrix} \begin{bmatrix} \omega_1 \\ T_K \end{bmatrix} + \begin{bmatrix} \frac{1}{J} \\ 0 \end{bmatrix} T$$

❖ 회전-직선 운동 기계 시스템

회전-직선 운동 기계 시스템을 이용하여 상태 공간 모델링하는 방법에 대하여 다루어 본다.

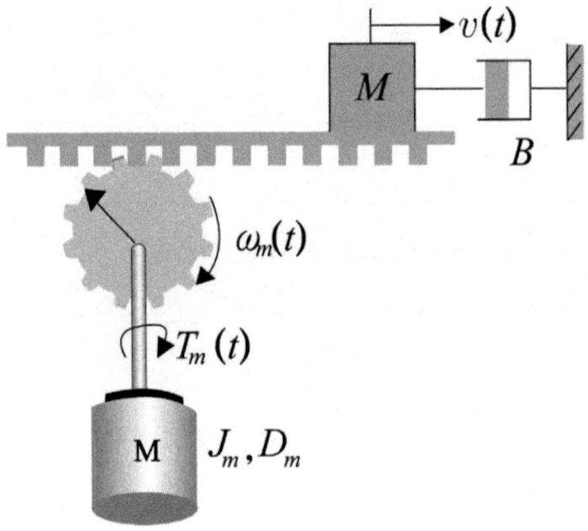

〈그림 5.6〉 회전-직선 운동 기계 시스템

모터의 전기 시스템 변환 회로는 다음과 같다.

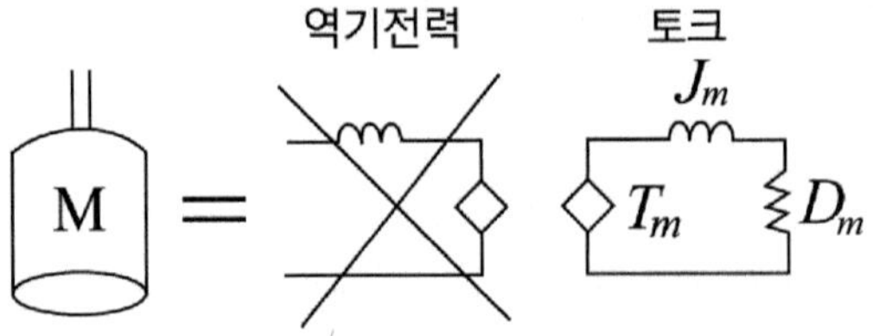

〈그림 5.7〉 모터의 전기 시스템 변환 회로

위의 시스템에서는 〈그림 5.7〉과 같이 모터의 2차측 기계 방정식만 고려하여 다음과 같이 변환한다.

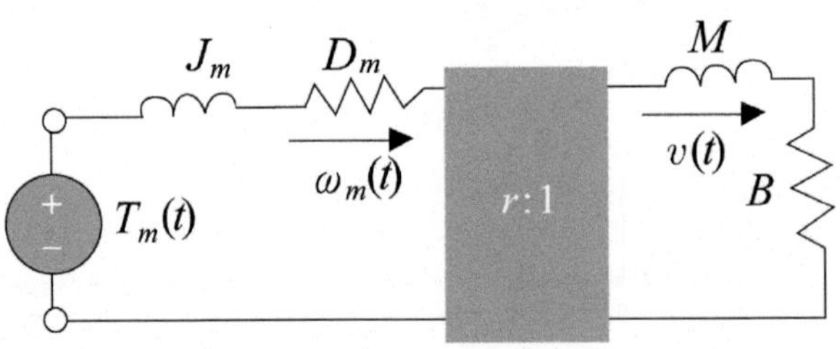

〈그림 5.8〉 전기 시스템

〈그림 5.8〉 전기 시스템에서 변압기를 1차측 기준으로 2차측을 변환하면 다음과 같다.

$n=\frac{r}{1}=r$, 1차측 기준으로 2차측을 변환하면 2차측의 임피던스에 n^2을 다음과 같이 곱하면 된다.

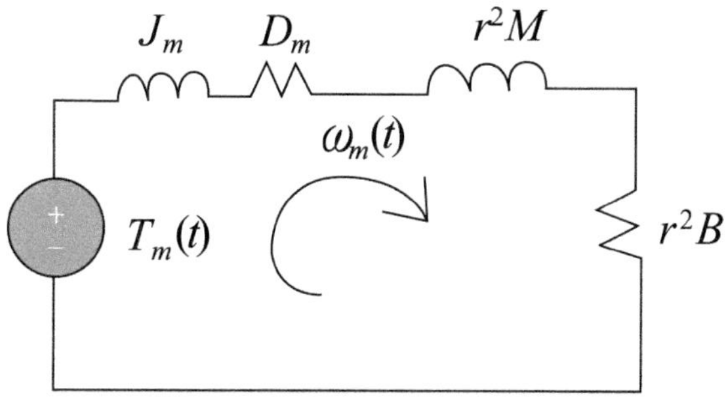

〈그림 5.9〉 1차측 기준으로 2차측을 변환한 시스템

인덕터와 저항은 직렬 연결이므로 각각 더하면 다음과 같다.

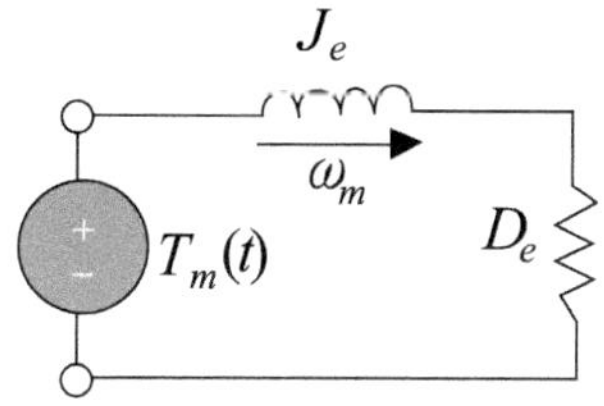

$J_e \equiv J_m + r^2 M, \quad D_e \equiv D_m + r^2 B$

〈그림 5.10〉 전기 시스템

이 회로에서 상태 변수는 인덕터가 한 개 이므로 ω_m밖에 없다.

$$\dot{\omega}_m J_e + \omega_m D_e = T_m$$
$$\dot{\omega}_m = -\frac{D_e}{J_e}\omega_m + \frac{1}{J_e}T_m$$

5.4 전기 기계 시스템의 상태 공간 모델링

다음의 전기 기계 시스템을 이용하여 상태 공간 모델링하는 방법에 대하여 다루어 본다.

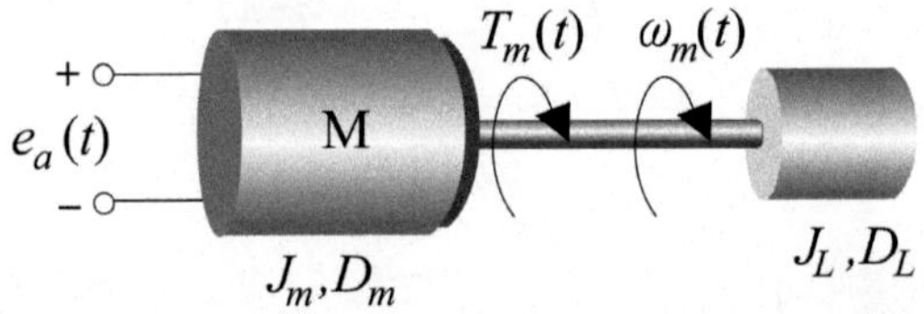

〈그림 5.11〉

위의 시스템에서는 모터에 전압을 인가하여 모터의 전기 방정식도 고려하여 모델링 한다. 모터의 2차측 기계 방정식과 부하의 임피던스가 직렬 연결되어 앞 장에서 처럼 다음과 같이 변환된다.

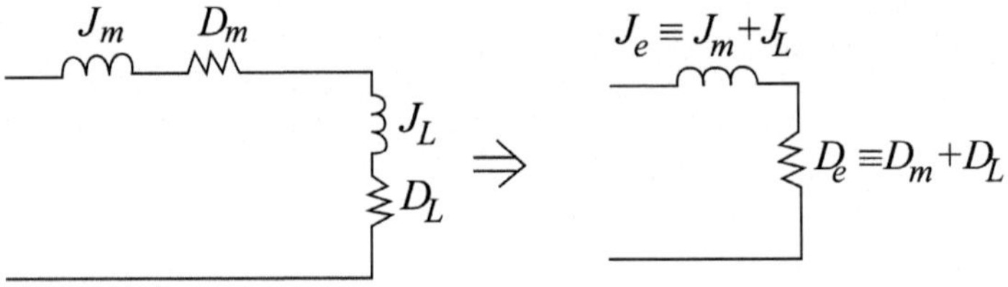

〈그림 5.12〉

모터의 1차측, 2차측을 모두 표현하면 다음과 같다.

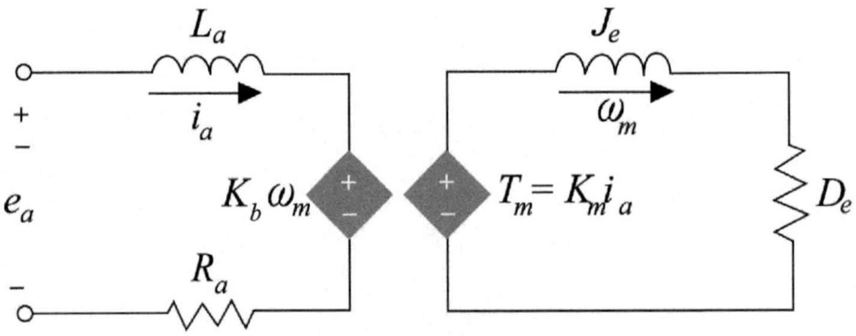

〈그림 5.13〉

이 회로에서 상태 변수는 두 개의 인덕터에 흐르는 전류 i_a, ω_m이다.

- $L_a\dot{i}_a + K_b\omega_m + i_aR_a = e_a$

$$\dot{i}_a = -\frac{R_a}{L_a}i_a - \frac{K_b}{L_a}\omega_m + \frac{1}{L_a}e_a$$

- $J_e\dot{w}_m + \omega_m D_e = K_m i_a$

$$\dot{\omega}_m = \frac{K_m}{J_e}i_a - \frac{D_e}{J_e}\omega_m$$

벡터-행렬 형태

$$\begin{bmatrix} \dot{i}_a \\ \dot{\omega}_m \end{bmatrix} = \begin{bmatrix} -\frac{R_a}{L_a} & -\frac{K_b}{L_a} \\ \frac{K_m}{J_e} & -\frac{D_e}{J_e} \end{bmatrix} \begin{bmatrix} i_a \\ \omega_m \end{bmatrix} + \begin{bmatrix} \frac{1}{L_a} \\ 0 \end{bmatrix} e_a$$

실제로 모터에서의 L_a는 상당히 작은 값이다. 따라서, 무시하고($L_a = 0$) 전기회로를 고려하면 다음과 같다.

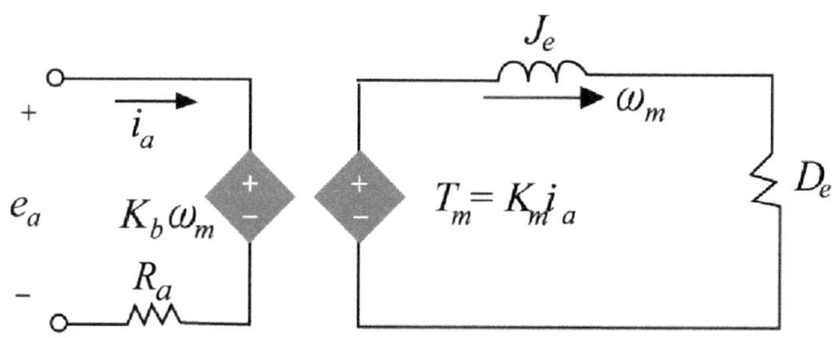

〈그림 5.14〉

이 회로에서 상태 변수는 인덕턴스가 한 개 밖에 없으므로 상태 변수는 전류 ω_m이다.

$J_e\dot{\omega}_m + \omega_m D_e = K_m i_a$

$$\dot{\omega}_m = \frac{K_m}{J_e}i_a - \frac{D_e}{J_e}\omega_m$$

여기서, i_a를 구해 위 식에 넣는 것이 필요하다.

$$K_b\omega_m + i_a R_a = e_a$$

$$i_a = \frac{e_a - K_b\omega_m}{R_a}$$

$$\dot{\omega}_m = \frac{K_m}{J_e} \cdot \frac{(e_a - K_b\omega_m)}{R_a} - \frac{D_e}{J_e}\omega_m = \frac{K_m e_a}{J_e R_a} - \frac{K_m K_b}{J_e R_a}\omega_m - \frac{D_e}{J_e}\omega_m$$

$$= -\left(\frac{K_m K_b}{J_e R_a} + \frac{D_e}{J_e}\right)\omega_m + \frac{K_m e_a}{J_e R_a}$$

$L_a = 0$이면, 상태 공간 모델링은 ω_m의 일차 미분 방정식으로 표현 되었다.

5.5 상태 공간 해석을 위한 선형 대수학

5.5.1 고유값과 고유벡터

- 고유벡터를 구하는 이유 - 물리계에서 시스템 해석 시 크기와 방향이 모두 변하는 basis에서 문제를 푸는 것보다 방향은 고정되고, 크기만 변화하는 basis에서 문제를 푸는 것이 쉽기 때문에 고유벡터를 사용하여 방향을 통일시킨다.

  〈그림 5.15〉은 나중에 행렬의 대각선화에서 사용된다.

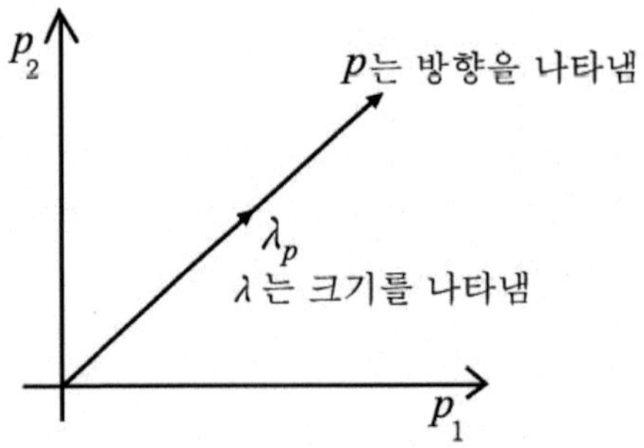

〈그림 5.15〉

◆ **고유값(eigen value)과 고유벡터(eigen vector)의 정의**

$$Ap_i = \lambda_i p_i$$

주어진 행렬 A에 대해 윗 식을 만족하는 모든 벡터 $p_i \neq 0$인 벡터 p_i를 행렬 A의 고유벡터라 한다. λ_i는 상수, 스칼라로서 p_i에 대한 고유값이라 한다.

예를 들어 A가 2x2 행렬이면 스칼라 λ_1, λ_2와 2x1 벡터의 p_1, p_2가 존재한다.

$Ap_i = \lambda_i p_i$의 의미 : 행렬 A를 방향은 p_i로 크기는 λ_i로 변환 시킬 수 있다. λ_i와 p_i의 i의 개수는 행렬 A의 차수와 같다.

위의 식을 한 변으로 옮겨 정리하면 다음과 같다.

$$\lambda_i p_i - Ap_i = (\lambda_i I - A)p_i = 0$$

양변에 $(\lambda_i I - A)^{-1}$를 곱하면

$$(\lambda_i I - A)^{-1}(\lambda_i I - A)p_i = (\lambda_i I - A)^{-1} \cdot 0$$

$$p_i - \frac{adj(\lambda_i I - A)}{|\lambda_i I - A|} \cdot 0$$

$p_i \neq 0$이므로 다음 조건을 만족할 때만 0이 아닌 해를 얻을 수 있다.

$$|\lambda_i I - A| = 0$$

위의 식은 시스템의 안정도를 평가해 주는 특성 방정식과 일치하여 λ_i는 특성근(즉, 극점)에 해당한다.

◆ **고유값과 고유벡터 구하기**

스텝 1. $|\lambda I - A| - 0$을 이용해서 고유값 λ_i를 먼저 구한나.

스텝 2. $(\lambda_i I - A)p_i = 0$ 위에서 구한 λ_i를 대입하여 고유벡터 p_i를 구한다.

※ **주의** : 고유벡터를 구하기 위해서는 위 스텝 1처럼 반드시 고유값 λ_i를 먼저 구해야 한다.

예제 5.1 다음의 상태 공간 방정식에서 고유값과 고유벡터를 구하라.

$$\dot{x} = \begin{bmatrix} 0 & 2 \\ 2 & 0 \end{bmatrix} x + \begin{bmatrix} 0 \\ 1 \end{bmatrix} u$$

$$y = [1 \quad 1] x$$

풀이.

위의 상태 공간 방정식은 $\dot{x} = Ax + Bu$의 구조이다.

따라서, 시스템 행렬은 $A = \begin{bmatrix} 0 & 2 \\ 2 & 0 \end{bmatrix}$이다.

고유값을 구하기 위하여 스텝 1의 $|\lambda_i I - A| = 0$을 사용하면 다음과 같다.

$$\lambda I - A = \lambda \begin{bmatrix} 1 & 0 \\ 0 & 1 \end{bmatrix} - \begin{bmatrix} 0 & 2 \\ 2 & 0 \end{bmatrix} = \begin{bmatrix} \lambda & -2 \\ -2 & \lambda \end{bmatrix}$$

$$|\lambda I - A| = \lambda^2 - 4 = (\lambda + 2)(\lambda - 2) = 0$$

따라서, 고유값은 $\lambda_1 = 2, \quad \lambda_2 = -2$ 이다.

◆ 고유벡터를 구하기 위하여 스텝 2의 $(\lambda_i I - A)p_i = 0$ 을 사용하면 다음과 같다.

$\lambda_1 = 2$ 일 때

$$(\lambda_1 I - A) = 2\begin{bmatrix} 1 & 0 \\ 0 & 1 \end{bmatrix} - \begin{bmatrix} 0 & 2 \\ 2 & 0 \end{bmatrix} = \begin{bmatrix} 2 & -2 \\ -2 & 2 \end{bmatrix}$$

$$(\lambda_1 I - A)p_1 = \begin{bmatrix} 2 & -2 \\ -2 & 2 \end{bmatrix}\begin{bmatrix} p_{11} \\ p_{12} \end{bmatrix} = \begin{bmatrix} 0 \\ 0 \end{bmatrix}$$

$$\begin{cases} 2p_{11} - 2p_{12} = 0 \\ -2p_{11} + 2p_{12} = 0 \end{cases}$$

위의 식에서 $p_{11} = 1$로 설정하면 $p_1 = \begin{bmatrix} p_{11} \\ p_{12} \end{bmatrix} = \begin{bmatrix} 1 \\ 1 \end{bmatrix}$이다. 고유벡터는 방향만을 나타내므로 $p_{11} = 1$로 설정한다.

※ **주의** : 크기는 고유값이 결정한다.

$\lambda_2 = -2$일 때

$$(\lambda_2 I - A) = -2\begin{bmatrix} 1 & 0 \\ 0 & 1 \end{bmatrix} - \begin{bmatrix} 0 & 2 \\ 2 & 0 \end{bmatrix} = \begin{bmatrix} -2 & -2 \\ -2 & -2 \end{bmatrix}$$

$$(\lambda_2 I - A)p_2 = \begin{bmatrix} -2 & -2 \\ -2 & -2 \end{bmatrix}\begin{bmatrix} p_{21} \\ p_{22} \end{bmatrix} = \begin{bmatrix} 0 \\ 0 \end{bmatrix}$$

$$\begin{cases} -2p_{21} - 2p_{22} = 0 \\ -2p_{21} - 2p_{22} = 0 \end{cases}$$

위의 식에서 $p_{21} = 1$로 설정하면 $p_2 = \begin{bmatrix} p_{21} \\ p_{22} \end{bmatrix} = \begin{bmatrix} 1 \\ -1 \end{bmatrix}$.

따라서, 고유벡터는 $p_1 = \begin{bmatrix} 1 \\ 1 \end{bmatrix}$, $p_2 = \begin{bmatrix} 1 \\ -1 \end{bmatrix}$이다.

5.5.2 대각선 행렬

시스템 행렬 A와 같은 성질을 갖는 대각선 행렬 Λ를 알아보자. 먼저, 위에서 사용한 고유값과 고유벡터의 정의식을 이용한다.

$$Ap_i = \lambda_i p_i$$

고유값으로 구성된 대각선 행렬은 다음과 같이 구성된다.

$$\Lambda = \begin{bmatrix} \lambda_1 & 0 & \cdots & 0 \\ 0 & \lambda_2 & & \vdots \\ \vdots & & \ddots & \vdots \\ 0 & 0 & \cdots & \lambda_n \end{bmatrix}$$

고유벡터로 구성된 행렬은 다음과 같이 구성된다.

$$P = [p_1, p_2, \cdots, p_n]$$

$Ap_i = \lambda_i p_i$를 행렬로 대치해 쓰면 다음과 같다.

$$AP = P\Lambda = [p_1, p_2, \cdots, p_n]\Lambda$$

$$= \begin{bmatrix} p_{11} & p_{21} & \cdots & p_{n1} \\ p_{12} & p_{22} & \cdots & p_{n2} \\ \vdots & \vdots & \ddots & \vdots \\ p_{1n} & p_{2n} & \cdots & p_{nn} \end{bmatrix} \begin{bmatrix} \lambda_1 & 0 & \cdots & 0 \\ 0 & \lambda_2 & & \vdots \\ \vdots & & \ddots & \vdots \\ 0 & 0 & \cdots & \lambda_n \end{bmatrix}$$

$$= \begin{bmatrix} p_{11}\lambda_1 & p_{21}\lambda_2 & \cdots & p_{n1}\lambda_n \\ p_{12}\lambda_1 & p_{22}\lambda_2 & \cdots & p_{n2}\lambda_n \\ \vdots & \vdots & \ddots & \vdots \\ p_{1n}\lambda_1 & p_{2n}\lambda_2 & \cdots & p_{nn}\lambda_n \end{bmatrix}$$

$AP = P\Lambda$를 위의 예제 5.1에서 확인하면 다음과 같다.

$$A = \begin{bmatrix} 0 & 2 \\ 2 & 0 \end{bmatrix},\ P = [p_1,\ p_2] = \begin{bmatrix} 1 & 1 \\ 1 & -1 \end{bmatrix},\ \Lambda = \begin{bmatrix} 2 & 0 \\ 0 & -2 \end{bmatrix}$$

$$AP = \begin{bmatrix} 0 & 2 \\ 2 & 0 \end{bmatrix}\begin{bmatrix} 1 & 1 \\ 1 & -1 \end{bmatrix} = \begin{bmatrix} 2 & -2 \\ 2 & 2 \end{bmatrix},\quad P\Lambda = \begin{bmatrix} 1 & 1 \\ 1 & -1 \end{bmatrix}\begin{bmatrix} 2 & 0 \\ 0 & -2 \end{bmatrix} = \begin{bmatrix} 2 & -2 \\ 2 & 2 \end{bmatrix}$$

따라서, $AP = P\Lambda$

$AP = P\Lambda$식에서 P^{-1}를 양변 우측에 곱하면 다음과 같다.

$$APP^{-1} = P\Lambda P^{-1}$$
$$A = P\Lambda P^{-1}$$

$AP = P\Lambda$식에서 P^{-1}를 양변 좌측에 곱하면 다음과 같다.

$$P^{-1}AP = P^{-1}P\Lambda = \Lambda$$

$\Lambda = P^{-1}AP \Rightarrow$ 고유벡터 행렬 P를 알면 행렬 A의 대각선 행렬 Λ를 구할 수 있다.

5.5.3 지수 함수 행렬

다음은 행렬 A의 k승을 구해보자. 위에서 $A = P\Lambda P^{-1}$이므로, A^k는 $P\Lambda P^{-1}$의 k개이다.

$$A^k = (P\Lambda P^{-1})(P\Lambda P^{-1})\cdots(P\Lambda P^{-1})$$
$$= P\Lambda(P^{-1}P)\Lambda(P^{-1}P)\cdots(P^{-1}P)\Lambda P^{-1}$$
$$= P\Lambda^k P^{-1}$$

지수가 스칼라인 지수 함수는 테일러 급수(Taylor series)에 의해 다음과 같이 표현된다.

$$e^{\lambda t} = 1 + \lambda t + \frac{1}{2!}\lambda^2 t^2 + \cdots + \frac{1}{k!}\lambda^k t^k + \cdots$$

$$= \sum_{k=0}^{\infty} \frac{t^k}{k!}\lambda^k$$

참조 테일러 급수

$$f(x) = f(x_0) + \frac{1}{1!} f^{(1)}(x_0)(x - x_0) + \frac{1}{2!} f^{(2)}(x_0)(x - x_0)^2 + \cdots$$

위의 스칼라 지수 함수를 지수 함수 행렬로 표현하면 다음과 같다.

$$e^{\Lambda t} \equiv \begin{bmatrix} e^{\lambda_1 t} & 0 & \cdots & 0 \\ 0 & c^{\lambda_2 t} & \cdots & 0 \\ \vdots & \vdots & \ddots & \vdots \\ 0 & 0 & \cdots & e^{\lambda_n t} \end{bmatrix}$$

지수 함수 행렬의 각 요소(element)에 스칼라 지수 함수 $e^{\lambda t} = \sum_{k=0}^{\infty} \frac{t^k}{k!}\lambda^k$를 대입하면 다음과 같다.

- 대각선 함수들을 멱급수로 전개

$$e^{\Lambda t} \equiv \begin{bmatrix} \sum_{k=0}^{\infty} \frac{t^k}{k!}\lambda_1^k & 0 & \cdots & 0 \\ 0 & \sum_{k=0}^{\infty} \frac{t^k}{k!}\lambda_2^k \cdots & & 0 \\ \vdots & \vdots & \ddots & \vdots \\ 0 & 0 & \cdots & \sum_{k=0}^{\infty} \frac{t^k}{k!}\lambda_n^k \end{bmatrix} = \sum_{k-0}^{\infty} \frac{t^k}{k!}\Lambda^k \quad , \quad \Lambda = \begin{bmatrix} \lambda_1 & 0 & \cdots & 0 \\ 0 & \lambda_2 & & \vdots \\ \vdots & & \ddots & \vdots \\ 0 & 0 & \cdots & \lambda_n \end{bmatrix}$$

행렬 $e^{\Lambda t}$의 앞뒤로 행렬 P, P^{-1}을 곱하면

$$Pe^{\Lambda t}P^{-1} = P\left(\sum_{k=0}^{\infty}\frac{t^k}{k!}\Lambda^k\right)P^{-1} = \sum_{k=0}^{\infty}\frac{t^k}{k!}P\Lambda^k P^{-1}$$

위에서 정리한 $P\Lambda^k P^{-1} = A^k$에 의해

$$Pe^{\Lambda t}P^{-1} = \sum_{k=0}^{\infty}\frac{t^k}{k!}A^k$$

$$e^{At} \equiv Pe^{\Lambda t}P^{-1} = \sum_{k=0}^{\infty}\frac{t^k}{k!}A^k$$

윗 식은 상태천이 행렬의 해석에서 사용된다.

·주의 : e^{At}에서 A는 행렬임.

·비교 : λ가 스칼라 일때는, $e^{\lambda t} = \sum_{k=0}^{\infty}\frac{t^k}{k!}\lambda^k$ 였다. 스칼라 λ대신 행렬 A로 바뀌었다.

[표 5.2] 스칼라 지수함수와 행렬 지수함수와의 유사성

스칼라	행렬
$e^{at} = \sum_{k=0}^{\infty}\frac{t^k}{k!}a^k$	$e^{At} = \sum_{k=0}^{\infty}\frac{t^k}{k!}A^k$
$e^{a(t_1+t_2)} = e^{at_1+at_2} = e^{at_1} \bullet e^{at_2}$	$e^{A(t_1+t_2)} = e^{At_1+At_2} = e^{At_1} \bullet e^{At_2}$
$e^{-at}e^{at} = 1$	$e^{-At}e^{At} = I$
$(e^{at})^{-1} = e^{-at}$	$(e^{At})^{-1} = e^{-At}$
$\frac{de^{at}}{dt} = ae^{at}$	$\frac{de^{At}}{dt} = e^{At}A = Ae^{At}$

5.6 상태 공간 방정식을 전달함수로 변환

시스템은 다음과 같이 두 가지 방법을 통해 모델링 된다.

전달함수 : $s-$공간(주파수 공간) $\Rightarrow$ 고전 제어

상태 공간 방정식 : $t-$공간(시간 공간) $\Rightarrow$ 현대 제어

서로의 모델링 방법을 다음과 같이 교환 할 수 있다.

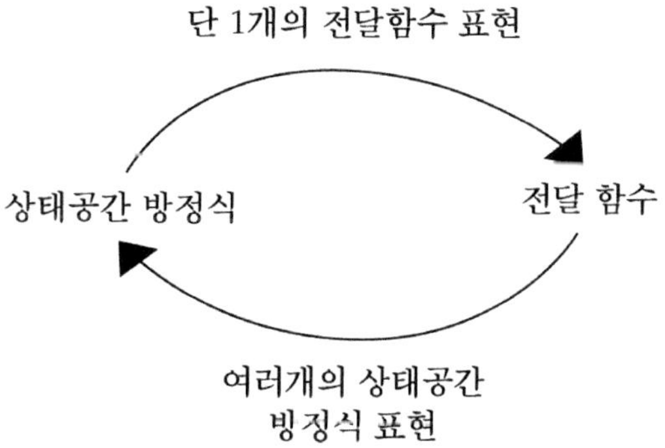

이번 장에서는 상태 공간 방정식을 전달함수로 변환하는 것에 대하여 다룬다.

- 동적 방정식

$$\begin{cases} \dot{x}(t) = Ax(t) + Bu(t) : \text{상태 방정식} \\ y(t) = Cx(t) + Du(t) : \text{출력 방정식} \end{cases}$$

- 라플라스 변환

상태 방정식 :

$$sX(s) - x(0) = AX(s) + BU(s)$$
$$(sI - A)X(s) = BU(s) + x(0)$$

$$X(s) = (sI - A)^{-1}BU(s) + (sI - A)^{-1}x(0)$$

참조

$$\dot{x}(t) \xrightarrow{\mathcal{L}} sX(s) - x(0)$$

출력 방정식 :

$$Y(s) = CX(s) + DU(s)$$

$$Y(s) = C(sI-A)^{-1}BU(s) + C(sI-A)^{-1}x(0) + DU(s)$$

$$= [C(sI-A)^{-1}B + D]U(s) + C(sI-A)^{-1}x(0)$$

위의 식에서 다음과 같이 $(sI-A)^{-1} \equiv \Phi(s)$로 설정

$adj = adjugate$
▶$adjugate\ \ matrix$
혹은 *cofactor matrix*

$$\Phi(s) = (sI-A)^{-1} = \frac{adj(sI-A)}{|sI-A|}$$

$= \det \Phi(s)$: 특성 방정식

예) 2차의 경우

$$X = \begin{bmatrix} a_{11} & a_{12} \\ a_{21} & a_{22} \end{bmatrix}$$

$$X^{-1} = \frac{1}{\det X}\begin{bmatrix} a_{22} & -a_{12} \\ -a_{21} & a_{11} \end{bmatrix} = \frac{adj\,X}{\det X} = \frac{X_{adj}}{\det X}$$

나중에 나오는 상태 천이 행렬이란 $\Phi(s)$를 $\phi(t)$로 변환하는 것을 말한다.

$$\Phi(s) \xrightarrow{\mathcal{L}^{-1}} \phi(t)$$: 상태천이 행렬

$$Y(s) = [C\Phi(s)B + D]U(s) + C(sI-A)^{-1}x(0)$$

다음은 위의 식에서 전달함수를 구한다.

※ **주의** : 전달함수는 신호의 입·출력 흐름을 다루는 것이어서 초기 값은 무시한다.
즉 $x(0) = 0$

$$Y(s) = [C\Phi(s)B + D]U(s)$$

$$G(s) \triangle \frac{Y(s)}{U(s)} = C\Phi(s)B + D = C\frac{adj(sI-A)}{|sI-A|}B + D$$

$$= \frac{Cadj(sI-A)B + |sI-A|D}{|sI-A|}$$

만약 D=0 이면, $G(s) = C\Phi(s)B = C\frac{adj(sI-A)}{|sI-A|}B$

전달함수 $G(s)$의 근, 즉 극점은 다음의 특성 방정식에 의해 결정된다.

$$|sI-A| = 0 \ : \text{특성 방정식}$$

행렬 A는 시스템의 안정도 특성에 영향을 미치므로, A를 시스템 행렬이라 부른다.

예제 5.2 다음의 시스템에서 전달함수 $\frac{Y(s)}{U(s)}$를 구하시오.

$$\dot{x} = \begin{bmatrix} 0 & 2 \\ 1 & 1 \end{bmatrix} x + \begin{bmatrix} 0 \\ 1 \end{bmatrix} u, \qquad y = [1 \quad 0]x$$

풀이.

$$\Phi(s) = (sI-A)^{-1} = \left(\begin{bmatrix} s & 0 \\ 0 & s \end{bmatrix} - \begin{bmatrix} 0 & 2 \\ 1 & 1 \end{bmatrix} \right)^{-1}$$

$$= \begin{bmatrix} s & -2 \\ -1 & s-1 \end{bmatrix}^{-1} = \frac{1}{s(s-1)-2} \begin{bmatrix} s-1 & 2 \\ 1 & s \end{bmatrix}$$

$$= \frac{1}{s^2 - s - 2} \begin{bmatrix} s-1 & 2 \\ 1 & s \end{bmatrix}$$

$$\frac{Y(s)}{U(s)} = C\Phi(s)B = \frac{1}{s^2-s-2} [1 \quad 0] \begin{bmatrix} s-1 & 2 \\ 1 & s \end{bmatrix} \begin{bmatrix} 0 \\ 1 \end{bmatrix}$$

$$= \frac{1}{s^2-s-2} [s-1 \qquad 2] \begin{bmatrix} 0 \\ 1 \end{bmatrix}$$

$$= \frac{2}{s^2-s-2}$$

5.7 상태 공간 방정식의 해

이번 절에서는 상태 천이 행렬을 구하여 상태 공간 방정의 해(solution)인 $x(t)$를 구하는 방법에 대하여 다룬다.

5.7.1 상태 천이 행렬

- **상태 천이 행렬(state transition matrix)을 구하는 이유.**

s-공간의 $\Phi(s)$를 t-공간의 $\phi(t)$로 라플라스 역 변환을 통해 구해놓으면 상태 공간 방정식의 해인 $x(t)$를 쉽게 구할 수 있다.

위에서, $\Phi(s)=(sI-A)^{-1}$로 설정하였다.

$$\phi(t)=\mathcal{L}^{-1}[\Phi(s)]=\mathcal{L}^{-1}[(sI-A)^{-1}]$$

$$sI-A=P(sI)P^{-1}-A$$

여기서, $\phi(t)$를 상태 천이 행렬이라고 부른다.

예제 5.1에서 $P=[p_1, p_2]$를 $sI=PsIP^{-1}$에 적용한 예

$$\begin{bmatrix} s & 0 \\ 0 & s \end{bmatrix}=\begin{bmatrix} 1 & 1 \\ 1 & -1 \end{bmatrix}\begin{bmatrix} s & 0 \\ 0 & s \end{bmatrix}\times-\frac{1}{2}\begin{bmatrix} -1 & -1 \\ -1 & 1 \end{bmatrix}=\begin{bmatrix} 1 & 1 \\ 1 & -1 \end{bmatrix}\times\frac{1}{2}\begin{bmatrix} s & s \\ s & -s \end{bmatrix}=\begin{bmatrix} s & 0 \\ 0 & s \end{bmatrix}$$

참조

① $PXP^{-1}=X$, X가 대각선 행렬 일 때 성립

② $PAP^{-1}=A$, P가 A의 고유벡터 행렬 일때 성립

①, ② 이외에는 등식이 성립하지 않는다. $PYP^{-1}\neq Y$

앞서 구한 $A=P\Lambda P^{-1}$에 의해

$$sI-A=P(sI)P^{-1}-P\Lambda P^{-1}=P(sI-\Lambda)P^{-1}$$

$$(sI-A)^{-1}=[P(sI-\Lambda)P^{-1}]^{-1}=P^{-1}(sI-\Lambda)^{-1}P=P(sI-\Lambda)^{-1}P^{-1}$$

$$\phi(t)=\mathcal{L}^{-1}[P(sI-\Lambda)^{-1}P^{-1}]=P\mathcal{L}^{-1}[(sI-\Lambda)^{-1}]P^{-1}$$

$$\mathcal{L}^{-1}[(sI-\Lambda)^{-1}] = \mathcal{L}^{-1}\begin{bmatrix} \frac{1}{s-\lambda_1} & 0 & \cdots & 0 \\ 0 & \frac{1}{s-\lambda_2} & \cdots & 0 \\ \vdots & \vdots & \ddots & \vdots \\ 0 & 0 & \cdots & \frac{1}{s-\lambda_n} \end{bmatrix} = e^{\Lambda t},$$

$$\Lambda : \text{대각행렬} = \begin{bmatrix} \lambda_1 & 0 & \cdots & 0 \\ 0 & \lambda_2 & & \vdots \\ \vdots & & \ddots & \vdots \\ 0 & 0 & \cdots & \lambda_n \end{bmatrix}$$

예) $\Lambda = \begin{bmatrix} a_1 & 0 \\ 0 & a_2 \end{bmatrix}$

$$(sI-\Lambda)^{-1} = \begin{bmatrix} s-a_1 & 0 \\ 0 & s-a_2 \end{bmatrix}^{-1} = \frac{1}{(s-a_1)(s-a_2)}\begin{bmatrix} s-a_2 & 0 \\ 0 & s-a_1 \end{bmatrix} = \begin{bmatrix} \frac{1}{s-a_1} & 0 \\ 0 & \frac{1}{s-a_2} \end{bmatrix}$$

예) $\mathcal{L}^{-1}\left(\frac{1}{s-2}\right) = e^{2t}$

> $\phi(t) = Pe^{\Lambda t}P^{-1}$
>
> 앞의 지수 함수 행렬에 구한 $e^{At} \equiv Pe^{\Lambda t}P^{-1}$에 의해
>
> $\phi(t) = e^{At}$: 상태 천이 행렬

◆ 상태 천이 행렬을 이용한 상태 공간 방정식의 해구하기

$$\begin{cases} \dot{x} = Ax + Bu \\ y = Cx \end{cases}$$

$$sX(s) - x(0) = AX(s) + BU(s)$$

$$(sI-A)X(s) = BU(s) + x(0)$$

$$X(s) = (sI-A)^{-1}BU(s) + (sI-A)^{-1}x(0)$$

$$= \Phi(s)BU(s) + \Phi(s)x(0)$$

$$\Phi(s) = (sI-A)^{-1}$$

- s-공간

$$\begin{cases} X(s) = \Phi(s)BU(s) + \Phi(s)x(0) \\ Y(s) = CX(s) \end{cases}$$

다음은 t-공간으로 변환하기 위해 라플라스 역변환을 이용한다.

$$\mathcal{L}^{-1}[X(s)] = \mathcal{L}^{-1}[\Phi(s)BU(s)] + \mathcal{L}^{-1}[\Phi(s)x(0)]$$

s함수가 한 개 일때는 $\mathcal{L}^{-1}[\Phi(s)\cdot x(0)] = \phi(t)x(0)$이다. 하지만, 두 개의 s함수곱으로 되어 있으면 다음과 같은 컨벌루션(convolution)정리를 사용한다.

$$\begin{cases} \text{컨벌루션}(convolution) \\ \quad E(s) = R(s)U(s) \\ \quad e(t) = \int_0^t r(t-\tau)u(\tau)d\tau \end{cases}$$

따라서, $\mathcal{L}^{-1}[\Phi(s)BU(s)] = \int_0^t \phi(t-\tau)Bu(\tau)d\tau$ 가 된다.

- t-공간

$$\begin{cases} x(t) = \int_0^t \phi(t-\tau)Bu(\tau)d\tau + \phi(t)x(0) \\ y(t) = C\int_0^t \phi(t-\tau)Bu(\tau)d\tau + C\phi(t)x(0) \end{cases}$$

왜 $\phi(t) = e^{At}$를 상태 천이 행렬이라 불리우나?

이유는 초기값 $x(0)$이 시간에 따라 값이 어떻게 변하고 있는지를 보여준다. 상태 천이 방정식에서 $u(t) = 0$이면 $x(t) = \phi(t)x(0)$이다. $\phi(t) = e^{At}$는 상태 $x(0)$을 $x(t)$로 천이(이동) 시키는 역할을 하고 있으므로 연속 시간계의 상태 천이 행렬이라고 한다.

- 상태 천이 행렬 $\phi(t)=e^{At}$의 성질

(1) $\phi(0)=I$

$e^{A\cdot 0}=I$

(2) $\phi^{-1}(t)=\phi(-t)$

$(e^{At})^{-1}=e^{-At}$

(3) $\phi(t_2-t_1)\phi(t_1-t_0)=\phi(t_2-t_0)$

$e^{A(t_2-t_1)}e^{A(t_1-t_0)}=e^{A(t_2-t_1+t_1-t_0)}=e^{A(t_2-t_0)}$

(4) $\phi^k(t)=\phi(kt)$

$(e^{At})^k-e^{A(kt)}$

예제 5.3 다음 시스템에서 상태 천이 행렬을 구하고 $u(t)$가 계단 입력 일 때, $x(t)$를 구하라.

$$\dot{x}=\begin{bmatrix}0 & 2\\2 & 0\end{bmatrix}x+\begin{bmatrix}0\\1\end{bmatrix}u$$

$$y=[1\ \ 1]x\,,\qquad x(0)=\begin{bmatrix}0\\2\end{bmatrix}$$

풀이.

$$\phi(t)=\mathcal{L}^{-1}[\Phi(s)]=\mathcal{L}^{-1}[(sI-A)^{-1}]$$

$$\Phi(s)=(sI-A)^{-1}=\begin{bmatrix}s & -2\\-2 & s\end{bmatrix}^{-1}$$

$$=\frac{1}{s^2-4}\begin{bmatrix}s & 2\\2 & s\end{bmatrix}=\begin{bmatrix}\dfrac{s}{s^2-4} & \dfrac{2}{s^2-4}\\[2mm]\dfrac{2}{s^2-4} & \dfrac{s}{s^2-4}\end{bmatrix}$$

$$=\begin{bmatrix}\dfrac{0.5}{s+2}+\dfrac{0.5}{s-2} & \dfrac{-0.5}{s+2}+\dfrac{0.5}{s-2}\\[2mm]\dfrac{-0.5}{s+2}+\dfrac{0.5}{s-2} & \dfrac{0.5}{s+2}+\dfrac{0.5}{s-2}\end{bmatrix}$$

$$\phi(t)=0.5\begin{bmatrix}e^{-2t}+e^{2t} & e^{2t}-e^{-2t}\\e^{2t}-e^{-2t} & e^{-2t}+e^{2t}\end{bmatrix}\ :\ \text{상태 천이 행렬}$$

다음은 상태 공간 방정식의 해(solution) $x(t)$를 구해보자.

$$x(t)=\int_0^t \phi(t-\tau)Bu(\tau)d\tau+\phi(t)x(0)$$

$$\phi(t-\tau)=0.5\begin{bmatrix} e^{-2(t-\tau)}+e^{2(t-\tau)} & e^{2(t-\tau)}-e^{-2(t-\tau)} \\ e^{2(t-\tau)}-e^{-2(t-\tau)} & e^{-2(t-\tau)}+e^{2(t-\tau)} \end{bmatrix}$$

$$\phi(t-\tau)Bu(\tau)=0.5\begin{bmatrix} e^{-2(t-\tau)}+e^{2(t-\tau)} & e^{2(t-\tau)}-e^{-2(t-\tau)} \\ e^{2(t-\tau)}-e^{-2(t-\tau)} & e^{-2(t-\tau)}+e^{2(t-\tau)} \end{bmatrix}\begin{bmatrix} 0 \\ 1 \end{bmatrix}$$

$$=0.5\begin{bmatrix} e^{2(t-\tau)}-e^{-2(t-\tau)} \\ e^{-2(t-\tau)}+e^{2(t-\tau)} \end{bmatrix}$$

$$\phi(t)x(0)=0.5\begin{bmatrix} e^{-2t}+e^{2t} & e^{2t}-e^{-2t} \\ e^{2t}-e^{-2t} & e^{-2t}+e^{2t} \end{bmatrix}\begin{bmatrix} 0 \\ 2 \end{bmatrix}=0.5\times 2\begin{bmatrix} e^{2t}-e^{-2t} \\ e^{-2t}+e^{2t} \end{bmatrix}=\begin{bmatrix} e^{2t}-e^{-2t} \\ e^{-2t}+e^{2t} \end{bmatrix}$$

$$x(t)=\int_0^t\left(0.5\begin{bmatrix} e^{2(t-\tau)}-e^{-2(t-\tau)} \\ e^{-2(t-\tau)}+e^{2(t-\tau)} \end{bmatrix}\right)d\tau+\begin{bmatrix} e^{2t}-e^{-2t} \\ e^{-2t}+e^{2t} \end{bmatrix}$$

적분 공식 $\int_0^t e^{a\tau}d\tau=\left[\frac{1}{a}e^{a\tau}\right]_0^t=\frac{1}{a}(e^{at}-1)$를 이용하면,

$$x(t)=0.5\begin{bmatrix} -\frac{1}{2}e^{2(t-\tau)}-\frac{1}{2}e^{-2(t-\tau)} \\ \frac{1}{2}e^{-2(t-\tau)}-\frac{1}{2}e^{2(t-\tau)} \end{bmatrix}_0^t+\begin{bmatrix} e^{2t}-e^{-2t} \\ e^{-2t}+e^{2t} \end{bmatrix}$$

※ **주의** : 적분 풀 때 τ에 t와 0을 대입 할 것.

$$x(t)=0.5\begin{bmatrix} -\frac{1}{2}-\frac{1}{2}-\left(-\frac{1}{2}e^{2t}-\frac{1}{2}e^{-2t}\right) \\ \frac{1}{2}-\frac{1}{2}-\left(\frac{1}{2}e^{-2t}-\frac{1}{2}e^{2t}\right) \end{bmatrix}+\begin{bmatrix} e^{2t}-e^{-2t} \\ e^{-2t}+e^{2t} \end{bmatrix}$$

$$=\begin{bmatrix} -0.5+0.25e^{2t}+0.25e^{-2t} \\ -0.25e^{-2t}+0.25e^{2t} \end{bmatrix}+\begin{bmatrix} e^{2t}-e^{-2t} \\ e^{-2t}+e^{2t} \end{bmatrix}$$

$$=\begin{bmatrix} -0.5+1.25e^{2t}-0.75e^{-2t} \\ 1.25e^{2t}+0.75e^{-2t} \end{bmatrix}$$

5.7.2 상사변환

상사 변환(similarity transformation)은 시스템 행렬 A가 대각선 행렬로 바뀌어진 상태공간 방정식을 만드는 것이다. 주어진 상태 벡터로부터 새로운 상태 벡터 $\bar{x}$ 를 만들어 새로운 시스템 행렬이 대각선 행렬이 되도록 하는 변환

$$\begin{aligned} \dot{x} &= Ax + Bu \\ y &= Cx + Du \end{aligned} \quad \Rightarrow \quad \begin{aligned} \dot{\bar{x}} &= \bar{A}\bar{x} + \bar{B}u \\ y &= \bar{C}\bar{x} + Du \end{aligned}$$

$x(t) \equiv P\bar{x}(t)$로 설정

$x(t)$ 대신 $P\bar{x}(t)$를 넣으면

$$\begin{cases} P\dot{\bar{x}}(t) = AP\bar{x}(t) + Bu(t) \\ y(t) = CP\bar{x}(t) + Du(t) \end{cases}$$

양 변에 P^{-1}를 곱하면

$$\begin{cases} \dot{\bar{x}}(t) = P^{-1}AP\bar{x}(t) + P^{-1}Bu(t) \\ y(t) = CP\bar{x}(t) + Du(t) \end{cases}$$

$P^{-1}AP \triangleq \bar{A}$, $\quad P^{-1}B \triangleq \bar{B}$, $\quad CP \triangleq \bar{C}$, $\quad D \triangleq \bar{D}$ 로 설정하면

$$\begin{cases} \dot{\bar{x}}(t) = \bar{A}\bar{x}(t) + \bar{B}u(t) \\ y(t) = \bar{C}\bar{x}(t) + \bar{D}u(t) \end{cases}$$

이전의 대각 행렬에 정의 $P^{-1}AP = \Lambda$에 의해

$$\bar{A} \triangleq P^{-1}AP = \Lambda$$

따라서, 시스템 행렬 A가 대각선 행렬로 변환된 새로운 시스템 행렬 $\bar{A}$를 얻을 수 있다.

- **상사변환후의 특성**

시스템 행렬 A를 $\bar{A}$로 바꾼 상태 공간 방정식의 특성이 이전 상태와 똑같은지 확인해보자. 먼저, 시스템의 특성은 특성방정식이 같으면 **고유값**이 같으므로 특성방정식이 같은지 확인 해보자.

$$
\begin{aligned}
|sI-\overline{A}| &= |sI-P^{-1}AP| \\
&= |sP^{-1}P-P^{-1}AP| \\
&= |P^{-1}||sI-A||P| = |sI-A|
\end{aligned}
$$

$|sI-\overline{A}| = |sI-A|$ 이므로 특성방정식이 서로 같음을 확인하였다.

다음은 **전달함수**가 서로 같은지 확인해 보자.

앞서 구한 전달함수식 $G(s) = C(sI-A)^{-1}B+D$에 의해 새로운 시스템의 전달함수는 다음과 같다.

$$\overline{G}(s) = \overline{C}(sI-\overline{A})^{-1}\overline{B}+\overline{D}$$

$\overline{C} \triangleq CP,\quad \overline{A} \triangleq P^{-1}AP,\quad \overline{B} \triangleq P^{-1}B,\quad \overline{D} = D$ 이므로

$$\overline{G}(s) = CP(sI-P^{-1}AP)^{-1}P^{-1}B+D$$

P가 A의 고유 벡터이므로 $P^{-1}AP = A$ 이다. 따라서,

$$
\begin{aligned}
\overline{G}(s) &= CP(sI-A)^{-1}P^{-1}B+D \\
&= C(sI-A)^{-1}B+D = G(s)
\end{aligned}
$$

⇒ 상태 변환 후에도 시스템의 특성이 고유값, 전달함수 그대로 변함이 없다.

따라서, 시스템 행렬 A를 가진 시스템과 대각 행렬 $\overline{A}$를 가진 시스템의 특성은 서로 같다.

예제 5.4 시스템이 다음의 동적 방정식으로 모델링 되었다고 생각하자.

$$\dot{x} = \begin{bmatrix} 0 & 1 \\ -3 & -4 \end{bmatrix} x + \begin{bmatrix} 1 \\ 1 \end{bmatrix} u$$

$$y = \begin{bmatrix} 1 & 0 \end{bmatrix} x$$

a. 시스템에서 고유값은 $\lambda_1 = -1$, $\lambda_2 = -3$이고, 고유 벡터는 각각 $p_1 = \begin{bmatrix} 1 \\ -1 \end{bmatrix}$, $p_2 = \begin{bmatrix} 1 \\ -3 \end{bmatrix}$ 이다. 시스템 행렬(system matrix)에 대하여 대각선 행렬을 구하라.

풀이.

$$\overline{A} = P^{-1}AP$$

$$P = [p_1 \quad p_2] = \begin{bmatrix} 1 & 1 \\ -1 & -3 \end{bmatrix}$$

$$P^{-1} = \frac{1}{-3+1}\begin{bmatrix} -3 & -1 \\ 1 & 1 \end{bmatrix} = \frac{1}{2}\begin{bmatrix} 3 & 1 \\ -1 & -1 \end{bmatrix}$$

$$P^{-1}AP = \frac{1}{2}\begin{bmatrix} 3 & 1 \\ -1 & -1 \end{bmatrix}\begin{bmatrix} 0 & 1 \\ -3 & -4 \end{bmatrix}\begin{bmatrix} 1 & 1 \\ -1 & -3 \end{bmatrix} = \frac{1}{2}\begin{bmatrix} -3 & -1 \\ 3 & 3 \end{bmatrix}\begin{bmatrix} 1 & 1 \\ -1 & -3 \end{bmatrix}$$
$$= \frac{1}{2}\begin{bmatrix} -2 & 0 \\ 0 & -6 \end{bmatrix} = \begin{bmatrix} -1 & 0 \\ 0 & -3 \end{bmatrix}$$

b. 시스템에서 상태 친이 행렬(State transition matrix) $\phi(t)$를 구하라.

풀이. $\phi(t) = \mathcal{L}^{-1}[\Phi(s)] = \mathcal{L}^{-1}[(sI - A)^{-1}]$

$$\Phi(s) = (sI - A)^{-1} = \left(\begin{bmatrix} s & 0 \\ 0 & s \end{bmatrix} - \begin{bmatrix} 0 & 1 \\ -3 & -4 \end{bmatrix}\right)^{-1} = \begin{bmatrix} s & -1 \\ 3 & s+4 \end{bmatrix}^{-1}$$

$$= \frac{1}{s^2+4s+3}\begin{bmatrix} s+4 & 1 \\ -3 & s \end{bmatrix} = \begin{bmatrix} \dfrac{s+4}{(s+1)(s+3)} & \dfrac{1}{(s+1)(s+3)} \\ \dfrac{-3}{(s+1)(s+3)} & \dfrac{s}{(s+1)(s+3)} \end{bmatrix}$$

$$= \begin{bmatrix} \dfrac{\frac{3}{2}}{s+1} + \dfrac{-\frac{1}{2}}{s+3} & \dfrac{\frac{1}{2}}{s+1} + \dfrac{-\frac{1}{2}}{s+3} \\ \dfrac{-\frac{3}{2}}{s+1} + \dfrac{\frac{3}{2}}{s+3} & \dfrac{-\frac{1}{2}}{s+1} + \dfrac{\frac{3}{2}}{s+3} \end{bmatrix}$$

$$\phi(t) = \mathcal{L}^{-1}[\Phi(s)] = 0.5\begin{bmatrix} 3e^{-t} - e^{-3t} & e^{-t} - e^{-3t} \\ -3e^{-t} + 3e^{-3t} & e^{-t} + 3e^{-3t} \end{bmatrix}$$

5.8 MATLAB 활용

예제 M5.1 다음의 전달함수를 상태공간 방정식으로 변환하고, 그리고 나서 전달함수로 변환하시오.

$$G(s) = \frac{3s^2+5s+7}{2s^3+4s^2+6s+8}$$

$\rangle\rangle G = tf([3\ 5\ 7],[2\ 4\ 6\ 8]);$

① $\gg S1 = as(G)$ → 전잘함수 $G(s)$를 상태공간 $S1$으로

```
a=
            x1      x2      x3
     x1     -2     -1.5     -2
     x2      2       0       0
     x3      0       1       0

b=
            u1
     x1     2
     x2     0
     x3     0

c=
            x1      x2      x3
     y1    0.75   0.625   0.875

d=
            u1
     y1     0
```

② $\gg G = tf(S1)$ → 상태공간 $S1$을 전달함수 $G(s)$로(다항식 형태)

```
Transfer Function :

1.5 s^2 + 2.5S + 3.5

---------------------

s^3 + 2s^2 + 3s + 4
```

③ ≫ $G = zpk(S1)$ → 상태공간 $S1$을 전달함수 $G(s)$로(인수형태)

```
  Zero /pole/ sain :
      1.5 (s^2 + 1.667s + 2.333
-----------------------------------
(s + 1.651) (s^2 + 0.3494s + 2.423)
```

예제 M5.2 다음의 행렬에 대하여 고유값과 고유백터를 구하시오.

$$A = \begin{bmatrix} 0 & 1 \\ -3 & -4 \end{bmatrix}$$

```
>>  A = [ 0   1 ;  -3   -4 ]

>>  eig (A)     → 행렬 A의 고유값

   ans = -1

         -3

>>  [ P , L ] = eig(A) → 행렬 A의 고유백터, 고유값으로 구성된 대각행렬

   P = 0.7071      -0.3162

      -0.7071       0.9487

   L = -1   0

        0   -3
```

5.9 기사 문제

1 $A=\begin{bmatrix}0 & 1\\-2 & -3\end{bmatrix}$, $B=\begin{bmatrix}0\\1\end{bmatrix}$인 상태 방정식 $\frac{dx}{dt}=Ax+Br$에서 상태 천이 행렬 $\Phi(t)$는?

㉮ $\begin{bmatrix}2e^{-t}-e^{-2t} & e^{-t}-e^{-2t}\\-2e^{-t}+2e^{-2t} & -e^{-t}+2e^{-2t}\end{bmatrix}$

㉯ $\begin{bmatrix}2e^{-t}-e^{2t} & -e^{-t}+e^{-2t}\\2e^{t}-2e^{2t} & e^{-t}+2e^{-2t}\end{bmatrix}$

㉰ $\begin{bmatrix}2e^{-t}-e^{2t} & -e^{-t}-e^{-2t}\\-2e^{-t}+2e^{2t} & -e^{t}+2e^{2t}\end{bmatrix}$

㉱ $\begin{bmatrix}2e^{-t}-e^{2t} & -e^{-t}-e^{-2t}\\-2e^{-t}+2e^{-2t} & -e^{-t}+2e^{-2t}\end{bmatrix}$

2 다음 상태 방정식으로 표시되는 제어계의 천이 행렬 $\Phi(t)$는?

$$\dot{X}=\begin{bmatrix}0 & 1\\0 & 0\end{bmatrix}X+\begin{bmatrix}0\\1\end{bmatrix}u$$

㉮ $\begin{bmatrix}0 & t\\1 & 1\end{bmatrix}$ ㉯ $\begin{bmatrix}0 & 1\\0 & t\end{bmatrix}$ ㉰ $\begin{bmatrix}1 & t\\0 & 1\end{bmatrix}$ ㉱ $\begin{bmatrix}0 & t\\1 & 0\end{bmatrix}$

3 상태 변위 행렬식(state transition matrix)$\Phi(t)=e^{At}$에서 $t=0$일 때의 값은?

$$\dot{X}=\begin{bmatrix}0 & 1\\0 & 0\end{bmatrix}X+\begin{bmatrix}0\\1\end{bmatrix}u$$

㉮ e ㉯ I ㉰ e^{-1} ㉱ 0

4 상태 방정식 $x(t)=Ax(t)+Br(t)$인 제어계의 특성 방정식은?

㉮ $|sI-B|=I$ ㉯ $|sI-A|=I$

㉰ $|sI-B|=0$ ㉱ $|sI-A|=0$

5 상태 방정식 $\dot{x}(t)=Ax(t)$로 표시되는 제어계가 있다. 이 방정식에서 $x(t)$를 구하여라?
(단, $x(0)$는 초기상태 벡터이다.)

㉮ $e^{-At}x(0)$ ㉯ $e^{At}x(0)$ ㉰ $Ae^{-At}x(0)$ ㉱ $Ae^{At}x(0)$

6 상태 방정식 $\dot{x}=Ax(t)+Bu(t)$에서 $A=\begin{bmatrix} 0 & 1 \\ -2 & -3 \end{bmatrix}$일 때 특성 방정식의 근은?

㉮ −2, −3 ㉯ −1, −2 ㉰ −1, −3 ㉱ 1, −3

7 다음 계통의 상태 방정식을 유도하면?

$$\dddot{x}+5\ddot{x}+10\dot{x}+5x=2u$$
(단, 상태 변수를 $x_1=x$, $x_2=\dot{x}$, $x_3=\ddot{x}$로 놓았다.)

㉮ $\begin{bmatrix} \dot{x}_1 \\ \dot{x}_2 \\ \dot{x}_3 \end{bmatrix}=\begin{bmatrix} 0 & 1 & 0 \\ 0 & 0 & 1 \\ -5 & -10 & -5 \end{bmatrix}\begin{bmatrix} x_1 \\ x_2 \\ x_3 \end{bmatrix}+\begin{bmatrix} 0 \\ 0 \\ 2 \end{bmatrix}u$ ㉯ $\begin{bmatrix} \dot{x}_1 \\ \dot{x}_2 \\ \dot{x}_3 \end{bmatrix}=\begin{bmatrix} 0 & 1 & 0 \\ 0 & 0 & 1 \\ -5 & -10 & -5 \end{bmatrix}\begin{bmatrix} x_1 \\ x_2 \\ x_3 \end{bmatrix}+\begin{bmatrix} 2 \\ 0 \\ 0 \end{bmatrix}u$

㉰ $\begin{bmatrix} \dot{x}_1 \\ \dot{x}_2 \\ \dot{x}_3 \end{bmatrix}=\begin{bmatrix} -5 & 0 & 0 \\ -10 & 1 & 0 \\ -5 & 0 & 1 \end{bmatrix}\begin{bmatrix} x_1 \\ x_2 \\ x_3 \end{bmatrix}+\begin{bmatrix} 2 \\ 0 \\ 0 \end{bmatrix}u$ ㉱ $\begin{bmatrix} \dot{x}_1 \\ \dot{x}_2 \\ \dot{x}_3 \end{bmatrix}=\begin{bmatrix} -5 & 0 & 1 \\ -10 & 1 & 0 \\ -5 & 0 & 0 \end{bmatrix}\begin{bmatrix} x_1 \\ x_2 \\ x_3 \end{bmatrix}+\begin{bmatrix} 0 \\ 2 \\ 0 \end{bmatrix}u$

8 상태 방정식이 다음과 같은 계의 천이 행렬 $\phi(t)$는 어떻게 표시되는가?

$$\dot{x}(t)=Ax(t)+Bu$$

㉮ $\mathcal{L}^{-1}\{(sI-A)\}$ ㉯ $\mathcal{L}^{-1}\{(sI-A)^{-1}\}$

㉰ $\mathcal{L}^{-1}\{(sI-B)\}$ ㉱ $\mathcal{L}^{-1}\{(sI-B)^{-1}\}$

9 다음과 같은 상태 방성식의 고유값 λ_1과 λ_2는?

$$\begin{bmatrix} \dot{X}_1 \\ \dot{X}_2 \end{bmatrix}=\begin{bmatrix} 1 & -2 \\ -3 & 2 \end{bmatrix}\begin{bmatrix} X_1 \\ X_2 \end{bmatrix}+\begin{bmatrix} 2 & -3 \\ -4 & 3 \end{bmatrix}\begin{bmatrix} t_1 \\ t_2 \end{bmatrix}$$

㉮ 4, −1 ㉯ −4, 1 ㉰ 8, −1 ㉱ −8, 1

10 $A=\begin{bmatrix} 0 & 1 \\ -3 & -2 \end{bmatrix}$, $B=\begin{bmatrix} 4 \\ 5 \end{bmatrix}$인 상태 방정식 $\dfrac{dx}{dt}=Ax+Br$에서 제어계의 특성 방정식은?

㉮ $s^2+4s+3=0$ ㉯ $s^2+3s+2=0$

㉰ $s^2+3s+4=0$ ㉱ $s^2+2s+3=0$

11 다음 운동 방정식으로 표시되는 계의 계수 행렬 A는 어떻게 표시되는가?

$$\frac{d^2c(t)}{dt^2}+3\frac{dc(t)}{dt}+2c(t)=r(t)$$

㉮ $\begin{bmatrix} -2 & -3 \\ 0 & 1 \end{bmatrix}$ ㉯ $\begin{bmatrix} 1 & 0 \\ -3 & -2 \end{bmatrix}$ ㉰ $\begin{bmatrix} 0 & 1 \\ -2 & -3 \end{bmatrix}$ ㉱ $\begin{bmatrix} -3 & -2 \\ 1 & 0 \end{bmatrix}$

12 $\dfrac{d^2x}{dt^2}-\dfrac{dx}{dt}-3x=2u$의 상태 변수를 $x_1=x$, $x_2=\dfrac{dx}{dt}$라 할 때 시스템 매트릭스 (system matrix)는?

㉮ $\begin{bmatrix} 0 & 1 \\ 1 & 1 \end{bmatrix}$ ㉯ $\begin{bmatrix} 0 & 1 \\ 3 & 1 \end{bmatrix}$ ㉰ $\begin{bmatrix} 0 & 1 \\ -2 & -1 \end{bmatrix}$ ㉱ $\begin{bmatrix} 0 \\ 2 \end{bmatrix}$

13 다음 계통의 고유값을 구하면?

$$\begin{bmatrix} X_1 \\ X_2 \\ X_3 \end{bmatrix}=\begin{bmatrix} 0 & 1 & 0 \\ 3 & 0 & 2 \\ -12 & -7 & -6 \end{bmatrix}\begin{bmatrix} X_1 \\ X_2 \\ X_3 \end{bmatrix}$$

㉮ $\lambda_1=-1$, $\lambda_2=-2$, $\lambda_3=-3$ ㉯ $\lambda_1=-1$, $\lambda_2=-3$, $\lambda_3=-5$

㉰ $\lambda_1=0$, $\lambda_2=-2$, $\lambda_3=-3$ ㉱ $\lambda_1=0$, $\lambda_2=-3$, $\lambda_3=-5$

14 $\dfrac{d^2x}{dt^2}+\dfrac{dx}{dt}+2x=2u$의 상태 변수를 $x_1=x$, $x_2=\dfrac{dx}{dt}$라 할 때, 시스템 매트릭스는?

㉮ $\begin{bmatrix} 0 & 2 \\ 1 & 1 \end{bmatrix}$ ㉯ $\begin{bmatrix} 0 & 1 \\ -2 & -2 \end{bmatrix}$ ㉰ $\begin{bmatrix} 0 & 1 \\ -2 & -1 \end{bmatrix}$ ㉱ $\begin{bmatrix} 0 \\ 2 \end{bmatrix}$

15 천이 행렬(transition matrix)에 관한 서술 중 옳지 않은 것은?
(단, $\dot{x} = Ax + Bu$이다.)

㉮ $\Phi(t) = e^{At}$

㉯ $\Phi(t) = \mathcal{L}^{-1}[sI - A]$

㉰ 천이 행렬은 기본 행렬(fundamental matrix)이 라고도 한다.

㉱ $\Phi(s) = [sI - A]^{-1}$

해답

1.㉮ 2.㉰ 3.㉯ 4.㉱ 5.㉯ 6.㉯ 7.㉮ 8.㉯ 9.㉮ 10.㉱
11.㉰ 12.㉯ 13.㉮ 14.㉰ 15.㉯

6 피드백제어와 안정도 해석

이 장은 피드백을 가진 폐루프 시스템에 대하여 피드백 효과를 알아보고, Routh -Hurwiz 안정도 판별법을 통하여 시스템의 안정도를 해석한다.

6.1 피드백의 정의

- **출력의 일부를 입력으로 되돌림으로써 출력과 기준 입력과의 오차를 줄여나가도록 제어하는 방법**

부피드백(negative feedback) - 피드백시킨 성분을 빼는 방식

정피드백(positive feedback) - 피드백시킨 성분을 더하는 방식

다음은 부피드백을 고려하여 입·출력 전달함수를 다루어 본다.

- 다음의 피드백 시스템에서 $\dfrac{E(s)}{R(s)}$, $\dfrac{C(s)}{R(s)}$를 구하라.

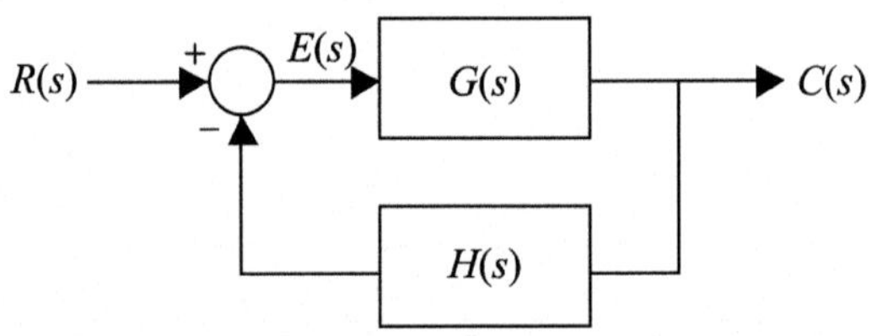

〈그림 6.1〉 부피드백 시스템 구조

$C(s) = G(s)E(s)$

$E(s) = R(s) - H(s)C(s)$

① $C(s)$를 소거 하면 $E(s) = R(s) - H(s)G(s)E(s)$

$$E(s)[1 + G(s)H(s)] = R(s)$$

$$\frac{E(s)}{R(s)} = \frac{\text{오차}}{\text{입력}} = \frac{1}{1 + G(s)H(s)}$$

② $E(s)$를 소거 하면 $C(s) = G(s)E(s)$

$$= G(s)[R(s) - H(s)C(s)]$$

$$C(s) + G(s)H(s)C(s) = G(s)R(s)$$

$$\frac{C(s)}{R(s)} = \frac{\text{출력}}{\text{입력}} = \frac{G(s)}{1+G(s)H(s)} \equiv G_{CL}(s) \ : \ \text{폐루프 전달함수} \ (closed-loop\ transfer\ funtion)$$

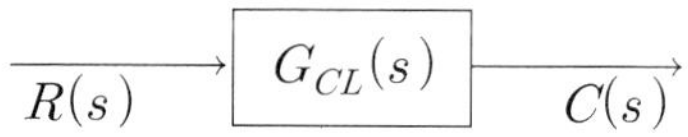

$H(s)=1$ 일때, 단위 이득 궤환 $(unit\ gain\ feedback)$

- 다음의 전달함수에서 $R(s) = \frac{1}{s}$ 의 계단응답에 대하여 정상상태 오차 $e(\infty)$를 구해보자

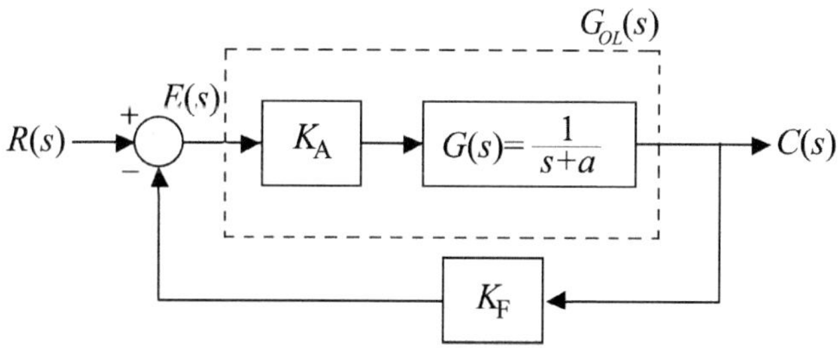

〈그림 6.2〉 피드백 시스템

$$E(s) = R(s) - K_F C(s)$$

$$C(s) = G_{OL}(s)E(s)$$

$$E(s) = R(s) - K_F G_{OL}(s)E(s)$$

$$E(s) = \frac{R(s)}{1+K_F G_{OL}(s)} = \frac{\frac{1}{s}}{1+K_F\frac{K_A}{s+a}} = \frac{s+a}{s[s+a+K_F K_A]}$$

최종값 정리

$$e(\infty) = \lim_{s\to 0} sE(s) = \lim_{s\to 0} s\left[\frac{s+a}{s(s+a+K_F K_A)}\right] = \frac{a}{a+K_F K_A}$$

⇒ 오차$e(\infty)$는 $K_A K_F$가 클수록 작아진다. 따라서, K_A혹은 K_F를 크게 설정하여 오차를 줄일수 있다.

〈그림 6.3〉 은 $K_A K_F$에 따른 오차를 보여준다.

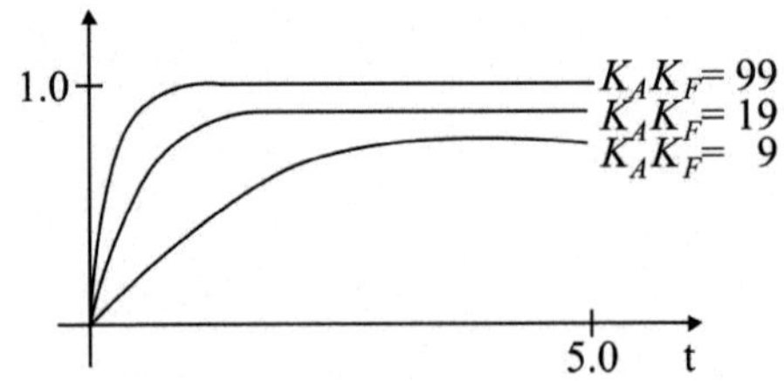

〈그림 6.3〉 K_AK_F에 따른 오차

⇒ 시스템이 일차일 경우는 증폭기의 이득이 클수록 과도 상태와 정상상태 모두에 유리하다.

- 단점으로는 K_A, K_F가 클수록 전력소모가 크다.
- 피드백 시스템에서의 폐루프 전달함수는 다음 장에서 메이슨 공식을 이용하여 쉽게 구할 수 있다.

6.2 피드백의 효과

피드백의 개념 : 왜 피드백이 필요할까?

제어기의 역할은 대상시스템의 출력이 원하는 특성을 갖도록, 즉 제어목표를 달성하도록 조절 하는 것이다. 그런데 이 역할을 수행하기 위해서 왜 꼭 피드백이 필요한 것일까? 개루프제어 방식으로 제어할 때에 무슨 문제점이 있는 것일까?

6.2.1 피드백이 없을 때의 제어

이 절에서는 이러한 물음에 대해 〈그림 6.4〉와 같은 아주 간단한 시스템을 대상으로 답을 찾아보기로 한다. 이 그림에서 사각형 블록은 제어대상 플랜트를 나타내며, 블록 안의 G는 플랜트의 이득(gain)으로서 양의 상수로 가정한다. 그러면 이 시스템의 입력 u와 출력 y사이의 관계는 다음과 같은 식으로 표시된다.

$$y = Gu$$

이 공정에 대해 출력신호 y가 기준입력 r을 따라가는 명령추종을 제어목표로 하는 제어기를 설계해보기로 한다.

$$y \rightarrow r \text{ : 명령추종(command following)}$$

$$e = y - r = 0$$

먼저, 개루프제어 방식으로 제어할 때 어떠한 문제들이 생기는지 살펴보고, 피드백 제어 방식으로 이 문제들을 어떻게 해결할 수 있는지를 다루기로 한다.

〈그림 6.4〉 상수 플랜트

$$y = Gu$$

$e = y - r = 0$, 즉 $y \rightarrow r$ 이 되려면 어떻게 u 를 구성할 수 있을까?

다음은 〈그림 6.4〉에서 이득 G의 값을 정확히 알고 있을 때와 모를때의 두 가지 경우에 대하여 분석해 보도록 한다.

❖ 이득 G의 값을 정확히 알고 있을때

먼저, 대상시스템에서 상수이득 G의 값을 정확히 알고 있으며, 외란이나 잡음이 전혀 존재하지 않는다고 가정하기로 한다. 만일에 이러한 가정이 성립한다면, 이 시스템에 대한 명령추종 제어목표는 〈그림 6.5〉와 같이 상수이득 G의 역수값 G^{-1}를 이득으로 갖는 아주 간단한 개루프제어기로 달성 할 수 있다. 이 개루프제어 시스템의 입출력 관계를 수식으로 나타내면 다음과 같다.

$$u = G^{-1}r \tag{6.1}$$

제어입력 $u = G^{-1}r$에 대하여 출력은 다음과 같다.

$$y = Gu = G(G^{-1})r = r$$

즉, 상수이득 G^{-1}를 갖는 개루프제어기에 의해 출력 y는 기준입력 r과 항상 같아지게 되므로 제어목표가 달성된 것이다. 그러나 이 결과는 대상시스템의 특성을 정확히 알고 있으며 외란과 잡음이 전혀 없다는 비현실적이 가정을 전제로 이루어진 것이다. 만일에 이런 가정이 실제로 성립한다면 모든 제어문제는 개루프제어로 다 해결할 수 있기 때문에 제어공학이란 학문도 필요 없을 것이다. 그러나 실제로는 이러한 가정이 성립하는 시스템이 거의 없다는 것이 문제이다. 그렇다면 이 가정이 성립하지 않는 시스템에 개루프제어를 적용하면 어떠한 결과가 생기는가를 알아보자.

❖ 이득 G의 값을 정확히 모르고 외란이 존재할 때

이제 대상시스템에 대해서 상수이득 G의 값을 정확히 모르고 있고, 또한 시스템에 외란이 존재 한다고 가정한다. 이러한 가정은 실제적으로 나타나는 상황으로서, 이 가정을 반영하는 대상시스템을 블록선도로 나타내면 〈그림 6.5〉와 같다. 이 그림에서 대상시스템의 실제이득은 $G+\triangle G$인데 이 가운데 G만 값을 알 수 있고 플랜트오차 $\triangle G$는 모른다고 가정한다. 그리고 d는 외란(disturbance)신호를 나타낸다. 이 시스템의 입출력 관계를 수식으로 나타내면 다음과 같다.

$$y = (G + \triangle G)u + d \quad (u = G^{-1}r) \tag{6.2}$$

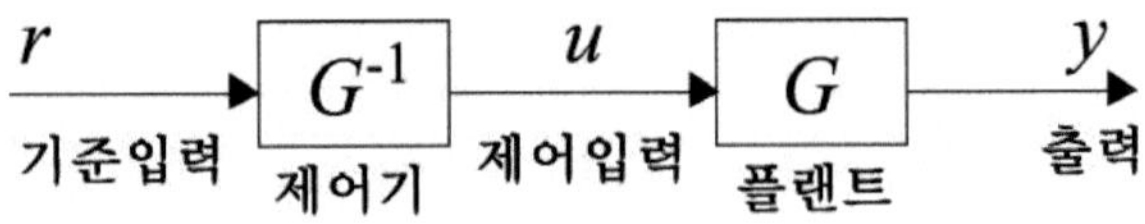

〈그림 6.5〉 개루프 제어 시스템

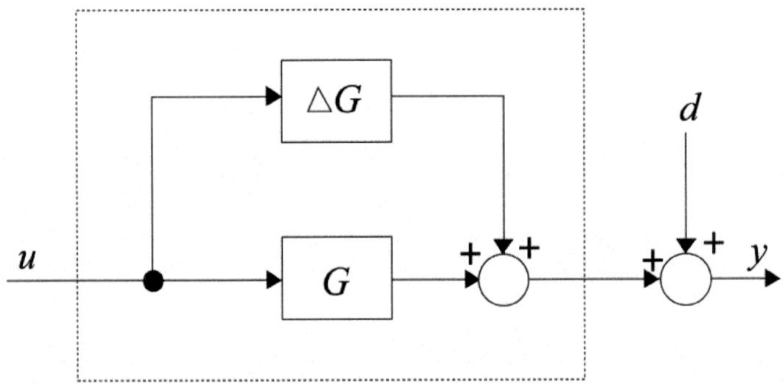

〈그림 6.6〉 불확실한 상수 이득 시스템

그러면 이와 같은 시스템에 대해 위에서 사용한 식(6.1)의 상수이득 G^{-1}를 갖는 개루프제어기를 그대로 적용하면 어떻게 되는지 살펴보기로 한다. 시스템 입출력관계식 (6.2)에 제어기 관계식 (6.1)을 대입하면 출력은 다음과 같이 나타난다.

$$y = (G + \Delta G)G^{-1}r + d = r + \Delta G G^{-1} r + d \tag{6.3}$$

이 식의 우변에서 알 수 있듯이, 출력 y는 기준입력 r을 따라가지 못하고 다음과 같은 오차성분이 나타난다.

$$y - r = (\Delta G G^{-1})r + d$$

이 오차는 이득오차 ΔG와 외란 d에 의한 것이고, 개루프 제어기를 쓰는 경우 이 오차를 없애거나 줄일 수 없으며, 따라서 제어목표인 명령추종을 이룰 수 없게 된다. 이러한 문제가 생기는 근본적인 이유는 이득오차나 외란의 값을 미리 알 수 없어서 개루프 제어기의 이득을 결정할 때 반영 할 수 없다(피어드백 제어를 사용하는 이유). 따라서 개루프 제어기의 구조로는 이득오차나 외란의 영향에 의한 출력오차를 없애거나 줄일 수 없다. 이러한 문제를 해결하기 위하여 피드백을 사용한다.

6.2.2 피드백이 있을 때의 제어

피드백(feedback)이란 출력신호를 입력단으로 되돌려 제어입력을 결정할 때에 사용하는 기법을 말한다. 피드백을 사용하는 제어시스템의 구조는 앞에서 이미 언급하였듯이 〈그림 6.1〉과 같다. 여기에서 편의상 센서의 이득은 1로 보고 〈그림 6.6〉의 불확실한 상수이득 시스템을 대상으로 하여 피드백 제어시스템을 블록선도로 나타내면 〈그림 6.7〉과 같다. 여기에서 C는 제어기의 이득이며, e는 오차신호로서 다음과 같이 c정의된다.

$$e = r - y$$

$$u = Ce = C(r - y)$$

제어기의 이득 C는 상수로 가정하며, 그 값은 아직 미정이지만 이득오차와 외란의 영향을 고려하여 시스템을 해석한 뒤에 결정하기로 한다. 위의 관계식을 식(6.2)에 대입하면 피드백 제어시스템의 출력 y는 다음과 같이 표현된다.

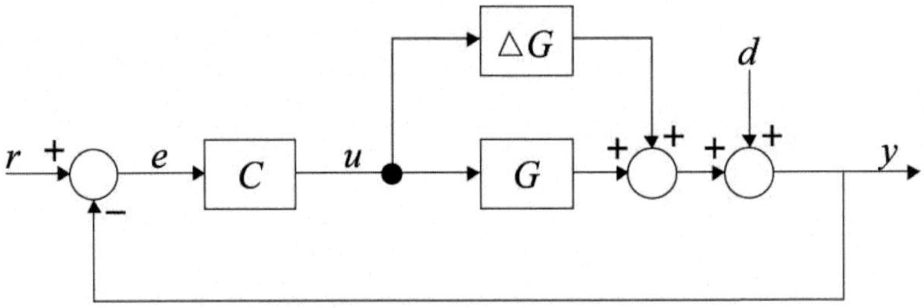

〈그림 6.7〉 불확실한 상수 이득 시스템에 대한 피드백 제어

$$y = (G + \Delta G)u + d = (G + \Delta G)C(r - y) + d \tag{6.4}$$

위의 식을 전개하면 다음과 같다.

$$y[1 + (G + \Delta G)C] = (G + \Delta G)Cr + d$$

$$y = \frac{(G + \Delta G)C}{1 + (G + \Delta G)C} r + \frac{1}{1 + (G + \Delta G)C} d$$

$(G + \Delta G)C \gg 0$ 이 되도록 설계하면,

즉, $\dfrac{(G + \Delta G)C}{1 + (G + \Delta G)C} \simeq 1, \quad \dfrac{1}{1 + (G + \Delta G)C} \simeq 0$ 이면

$$y \simeq r$$

이러한 성질은 이득오차 ΔG와 외란 d의 크기를 모르더라도 성립하며, 제어이득 C가 클수록 외란의 영향은 줄어들고 명령추종은 더욱 잘 이루어지게 된다. 이 성질을 고 이득 정리(high gain theorem)라고 하는데, 이 성질은 피드백을 사용하는 구조적 특성 때문에 가능한 것이다. 이것이 피드백의 주요 효과라고 할 수 있다.

단점과 제한조건. 고이득(high gain) C는 많은 전력을 소모한다. 또한 실제 사용에 제한이 있다. 예를 들어 제어기가 0~15[v]만을 사용하는 시스템이라면 최고 전압으로 15[v]밖에 사용 할 수 없다. 고이득 정리에 의하면 제어기를 설계할 때에 피드백 구조를 택하고 제어이득을 크게 잡을수록 명령추종과 외란제거 성능이 좋아진다는 것을 알았다. 그렇다면 제어이득이 아주 큰 피드백 제어기를 사용하면 어떤 플랜트라도 제어할 수 있다는 것일까? 이 질문에 대한 답은 그렇지 않다. 주의할 것은 고 이득 정리에도 전제조건이 있으며 이 조건이 만족될 때에만 정리가 성립한다. 고 이득 정리는 제어목표가 명령추종일 때에 유용한 것이며 대상시스템에 측정잡음이 없는 경우에 효과가 있다. 여기서 피드백 제어 시스템의 구성을 〈그림 6.7〉과 같이 설정하였는데, 여기에서서는 출력신호 y가 그대로 입력으로 피드백 되는 것으로 가정하고 있다. 이것은 출력신호의 측정오차가 없는 완전한 측정이 이루어질 때 가능한 가정이다. 하지만 실제로 대부분의 시스템에서 측정오차가 없는 가정은 성립하지 않는다. 측정잡음이 있는 경우의 제어 문제는 복잡한 문제이므로 여기서 다루지는 않기로 한다.

다음은 외란이 존재할 때 피드백의 효과에 대해 알아보자.

6.3 피드백 시스템에서 외란에 의한 영향

외란 $D(s)$에 의한 정상상태 오차를 구하고, 정상상태 오차를 줄이는 방법에 대하여 알아보자.

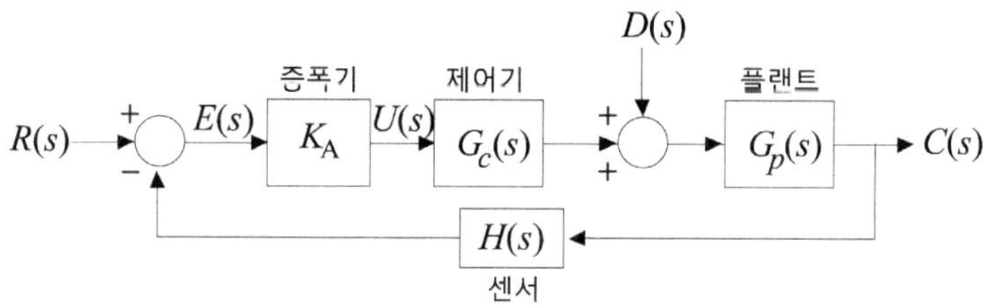

〈그림 6.8〉 외란을 고려한 피드백 제어

〈그림 6.8〉에서 외란을 $D(s)$를 제외한 전방향 전달함수는

$G(s) \equiv K_A G_C(s) G_P(s)$이다. $R(s)$와 $D(s)$를 모두 고려하여 출력을 구하면 다음과 같다.

$$
\begin{aligned}
C(s) &= E(s) K_A G_c(s) G_p(s) + D(s) G_p(s) \\
&= E(s) G(s) + D(s) G_P(s) \qquad \leftarrow E(s) = R(s) - H(s) C(s) \\
&= G(s)[R(s) - H(s) C(s)] + G_p(s) D(s) \\
&= G(s) R(s) - G(s) H(s) C(s) + G_p(s) D(s)
\end{aligned}
$$

$$[1+G(s)H(s)]C(s)=G(s)R(s)+G_p(s)D(s)$$

$$C(s)=(\frac{G(s)}{1+G(s)H(s)})R(s)+(\frac{G_{p(s)}}{1+G(s)H(s)})D(s)$$

$$E(s)=R(s)-H(s)C(s)=R(s)-(\frac{G(s)H(s)}{1+G(s)H(s)})R(s)-\frac{G_p(s)H(s)}{1+G(s)H(s)}D(s)$$

$$=\frac{1}{1+G(s)H(s)}R(s)-\frac{G_p(s)H(s)}{1+G(s)H(s)}D(s)$$

위 식에서 외란에 의한 정상 상태 오차 $E_d(s)$는 다음과 같다.

$$E_d(s)=-\frac{G_p(s)H(s)}{1+G(s)H(s)}D(s)$$

다음은 외란에 의한 정상상태 오차 $e_d(\infty)$를 구해 보자.

라플라스 최종값 정리에 의해

$$e_d(\infty)=\lim_{s\to 0}sE_d(s)=-\lim_{s\to 0}\frac{sG_p(s)H(s)}{1+G(s)H(s)}D(s)$$

$d(t)=u_s(t)$, 즉 $D(s)=\frac{1}{s}$ 이면

$$e_d(\infty)=-\lim_{s\to 0}\frac{G_p(s)H(s)}{1+G(s)H(s)}=-\frac{G_p(0)H(0)}{1+G(0)H(0)}$$

$e_d(\infty)$ 를 작게 하기 위해서는 $G_p(0)$가 작거나 $G(0)$이 커야 한다.

$G_p(0)$은 플랜트 함수이기 때문에 제어 할 수 없고, $G(0)$을 크게 하는 수 밖에 없다. 여기서, $G(s)=K_AG_c(s)G_p(s)$ 이므로 K_A혹은 $G_c(s)$를 크게 설정 할 수 있다. 그러면 $e_d(\infty)$는 적어져서 외란에 의한 정상상태 오차 $e_d(\infty)$를 피드백 제어에 의해 줄일 수 있다.

6.4 센서(감지기)

이 절에서는 피드백을 제공 해주는 H/W 센서에 대해 다룬다. 센서는 출력값을 측정하여 제어기에 알려주는 피드백 효과를 해준다.

◆ **포텐쇼미터 : 회전 각도를 측정**

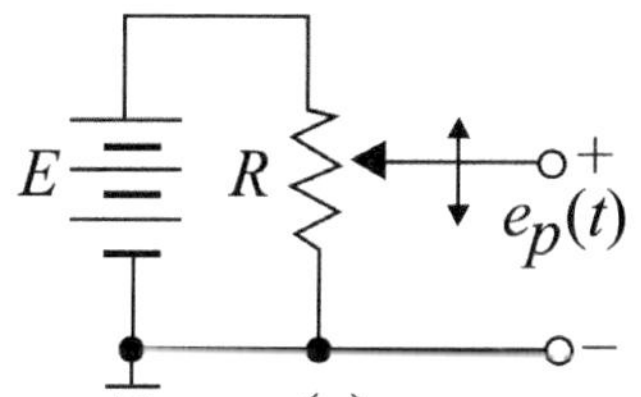

(a)

가변 저항에 의한 전압분배 법칙으로 회전각도를 측정함.

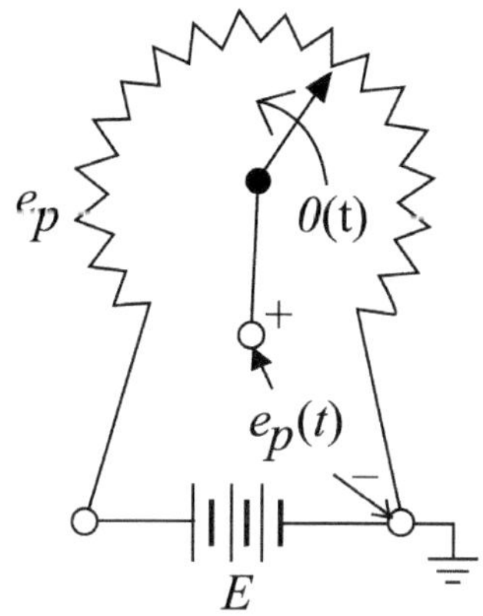

(b)

회전축이 $\theta(t)$만큼 돌아가 있을 때, 그것이 가변 저항과 연결 되어 가변 저항에 의해 분배된 전압 $e_p(t)$에 의해 측정됨. 그 전압에 의해 $\theta(t)$를 측정함.

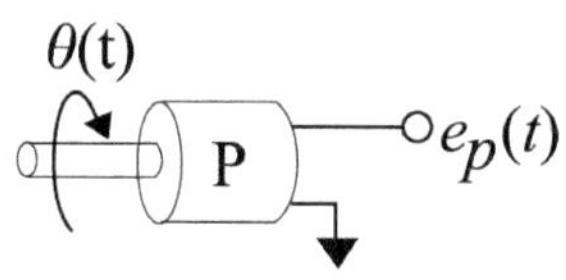

(c)

$\theta(t)$가 클 수록 전압 $e_p(t)$가 커진다.

〈그림 6.9〉 포텐쇼미터

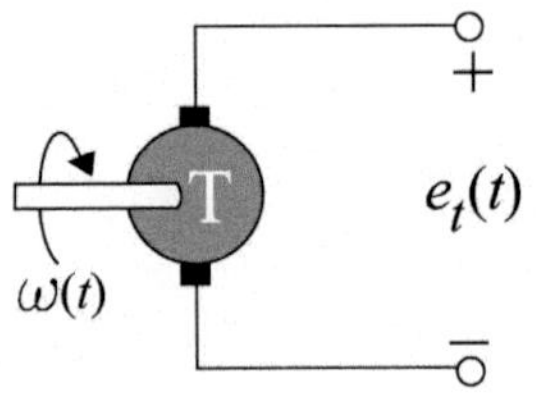

(a)

발전기 원리로 회전 속도를 측정함.

회전축의 속도 $\omega(t)$에 따라서 발전기 전압 $e_t(t)$도 달라진다.

- **타코미터 : 회전 속도를 측정**

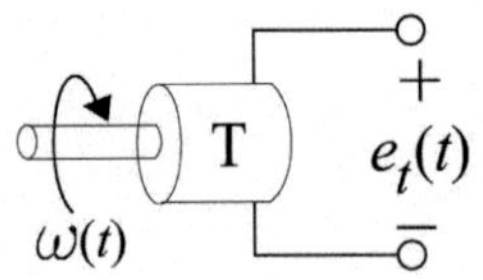

(b)

$\omega(t)$가 클 수록 전압 $e_t(t)$가 커진다.

〈그림 6.10〉 타코미터

- **엔코더 : 회전 각도와 회전 속도를 측정**

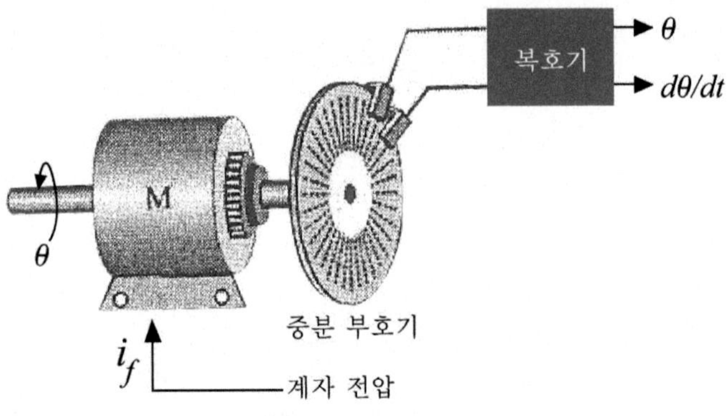

(a)

전동기 축에 연결하여 회전축의 회전 각도와 회전 속도를 디지털 부호나 펄스 신호로 알려줌.

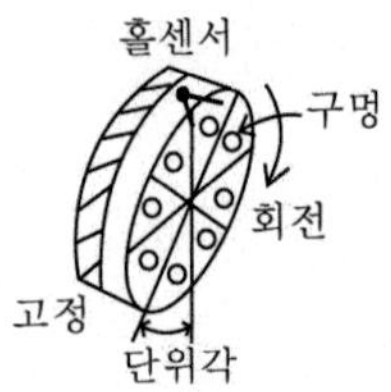

(b)

원리는 고정판에 홀 센서를 설치하고 구멍이 난 회전판이 돌때, 홀 센서의 입력 즉 구멍 개수를 세어(카운트 하여) 구멍 하나당 단위각을 곱하여 각도를 계산해 냄.

〈그림 6.11〉 엔코더

◆ 센서를 포함한 시스템

다음은 포텐쇼미터와 타코미터가 모터 시스템에서 사용된 예제이다. 하나의 포텐쇼미터는 모터의 회전각도 θ_0를 피드백하기 위해 사용하였고, 다른 포텐셔 미터는 기준이 되는 회전 각도 $\theta_r(t)$를 설정하기 위해 사용되었다.

타코미터는 모터의 회전 속도 ω_m을 피드백하기 위해 사용되었다. 〈그림 6.12〉에서 K_A는 증폭기 즉, 제어기이다.

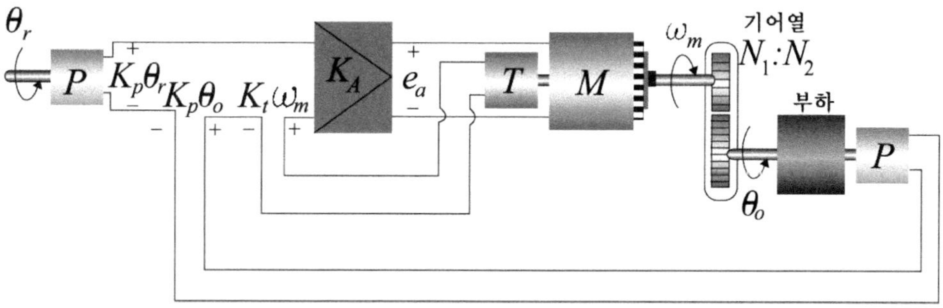

〈그림 6.12〉 센서를 포함한 시스템

〈그림 6.12〉를 블록다이어그램으로 표현하면 〈그림 6.13〉과 같다. 〈그림 6.13〉에서 모터의 모델링 식은 $G(s)$로 표현하였다. $\dfrac{N_1}{N_2}$은 기어비를 나타내며, $\dfrac{1}{s}$블록은 속도를 위치로 변환하는 식이다. K_t는 타코미터 상수이며, K_p는 포텐셔미터 상수이다.

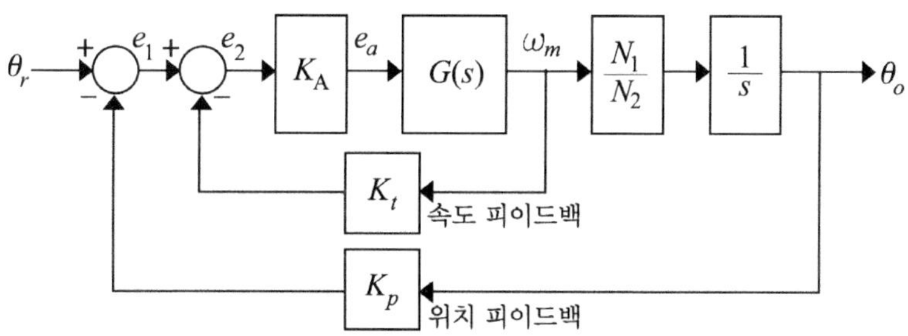

〈그림 6.13〉 블록다이어그램

〈그림 6.13〉에서 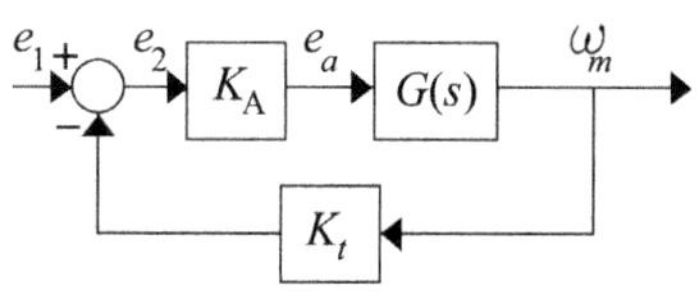

를 간략화 하면 다음과 같다.

$$\frac{\omega_m}{e_1} = \frac{K_A G(s)}{1 + K_A K_t G(s)}$$

따라서, 다음의 블록다이어그램으로 간략화 할 수 있다.

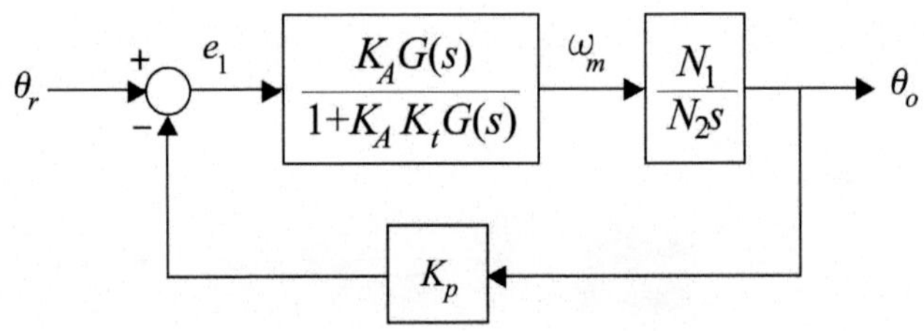

〈그림 6.14〉 간략화된 블록다이어그램

〈그림 6.14〉에서 $\frac{\theta_0}{\theta_r}$의 전달 함수를 구하면 다음과 같다.

$$\frac{\theta_0}{\theta_r} = \frac{\dfrac{K_A G(s)}{1 + K_A K_t G(s)} \cdot \dfrac{N_1}{N_2 s}}{1 + \dfrac{K_A G(s)}{1 + K_A K_t G(s)} \cdot \dfrac{N_1 K_p}{N_2 s}}$$

$$= \frac{K_A G(s) N_1}{(1 + K_A K_t G(s)) N_2 s + K_A G(s) N_1 K_p}$$

4장에서 구한 모터 모델링식 $G(s)$는 다음과 같다.

$$G(s) = \frac{K_m}{(sL_a + R_a)(sJ_m + D_m) + K_b K_m}$$

$G(s)$수식을 $\frac{\theta_0}{\theta_r}$의 $G(s)$에 넣으면, $G(s)$가 2차이기 때문에 $\frac{\theta_0}{\theta_r}$의 분모 최고차항은 3차 시스템이 될 것 이다. 이것은 〈그림 6.13〉에서 $\frac{1}{s}$블록이 추가 되어서 그렇다. 여기서, $\frac{\theta_0}{\theta_r}$의 전달 함수는 수식이 너무 길어 생략한다.

6.5 BIBO 안정도

시스템 모델링 후 안정도 해석을 통하여 실제 시스템이 안정한지 불안정한지를 미리 알 수 있다. 따라서 실제 시스템이 불안정한 경우 실험에서 문제가 될 수 있는 상황을 미리 파악하여 피할 수 있다.

◆ BIBO 안정도

배경 : 다음의 일반적인 시스템을 고려해 보자.

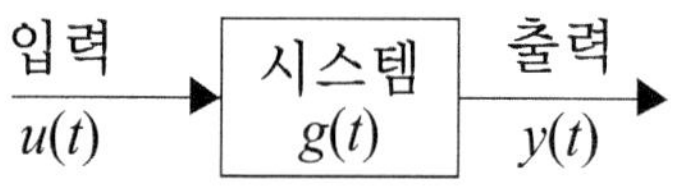

〈그림 6.15〉 일반시스템 (t – 공간)

위의 시스템에서 유한한 입력(Bounded Input)을 주었을 때, 유한한 출력(Bounded output)이 나오면 이 시스템은 안정한(stable)시스템이다. 이러한 시스템을 BIBO 안정도를 만족 시키는 시스템이라 한다.

반대로 유한한 입력 BI를 주었을 때 출력이 시간에 따라 무한대로 커지면 이 시스템은 불안정한(unstable)시스템이 된다. 그러면 어떤 조건을 만족 시킬 때 BIBO 안정도를 만족 시킨다고 말할 수 있을까? BIBO 안정도를 만족 시키는 조건을 찾아보자.

다음 블록 다이어그램은 s-공간에서 일반적인 시스템의 입 · 출력 관계를 보여준다.

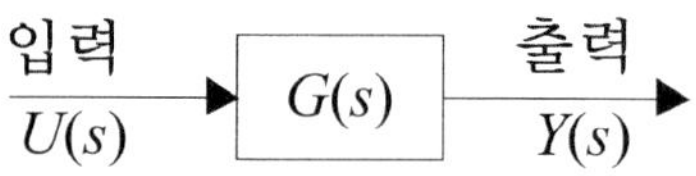

〈그림 6.16〉 일반시스템 (s – 공간)

출력 $Y(s)$는 다음과 같다.

$$Y(s) = G(s) \cdot U(s)$$

t-공간에서 $Y(s)$를 $y(t)$로 변환하면 두 s의 함수 $G(s)$, $U(s)$가 곱하기 관계이기 때문에 다음과 같은 합성(convolution)정리를 사용하여야 한다.

$$y(t) = \int_0^\infty g(\tau)u(t-\tau)d\tau \equiv g(t)*u(t)$$

슈바르쯔 부등식으로 크기를 표현하면 다음과 같다.

$$|y(t)| = |\int_0^\infty g(\tau)u(t-\tau)d\tau| \le \int_0^\infty |g(\tau)||u(t-\tau)|d\tau$$

유한한 입력(Bounded Input) $|u(t)| \le M_1$을 주었다고 하면 유한한 출력(Bounded Output)은 다음과 같다.

$$|y(t)| \le M_1 \int_0^\infty |g(\tau)|d\tau \le M_2 < \infty$$

따라서, 시스템은 다음의 관계를 만족하면 BIBO 안정도를 만족시키는 시스템이 된다.

$$\int_0^\infty |g(\tau)|dt \le \frac{M_2}{M_1} < \infty$$

위의 조건을 만족 시키기 위해서는 $G(s) = \frac{Y(s)}{U(s)} = \frac{N(s)}{D(s)}$에서, 분모 다항식 $D(s)$의 근이 s-공간의 좌반면(LHP)에 존재하여야 한다.

- 다음의 시스템에서 BIBO 안정도를 확인하여라.

$$U(s) \rightarrow \boxed{\frac{3}{s+2}} \rightarrow Y(s)$$

$$G(s) = \frac{3}{s+2}$$

$$g(t) = \mathcal{L}^{-1}[G(s)] = \mathcal{L}^{-1}[\frac{3}{s+2}] = 3e^{-2t}$$

$$3\int_0^\infty e^{-2\tau}d\tau = -\frac{3}{2}[e^{-2\tau}]_0^\infty = -\frac{3}{2}(0-1) = \frac{3}{2} < \infty$$

$G(s) = \frac{3}{s+2}$은 BIBO 안정도를 만족 시키는 시스템이다.

하지만, 만약 $G(s)=\dfrac{3}{s-2}$이라면 $3\displaystyle\int_0^{\infty} e^{2\tau}d\tau = \dfrac{3}{2}[e^{2\tau}]_0^{\infty} = \dfrac{3}{2}(\infty - 1) = \infty$

이어서 $\displaystyle\int_0^{\infty}|g(\tau)|d\tau$ 조건이 ∞가 되어 $G(s)$는 BIBO 안정도를 만족 시키지 못하는 불안정한 시스템이 된다.

◆ 점근 안정도

영-상태 응답 : 순수히 입력에 의해서만 나타나는 응답

$y_{zs}(t)$, $Y_{zs}(s)$여기서, zs(zero state)는 영상태를 의미함

영-입력 응답 : 초기 조건에 의해서만 나타나는 응답

$y_{zi}(t)$, $Y_{zi}(s)$ 여기서 zi(zero input)는 영입력을 의미함

출력 $y(t)$는 $y(t) - y_{zs}(t)+y_{zi}(t)$로 구분 가능하다.

의미 : 점근 안정도는 영-입력 응답 $y_{zi}(t)$가 시간에 따라 0으로 수렴 하는 것을 평가하는 것이다.

조건 : 영-입력 응답 $y_{zi}(t)$가 0으로 수렴하기 위해서는 $G(s)=\dfrac{N(s)}{D(s)}$의 분모 다항식 $D(s)$의 근이 s-공간의 좌반면(LHP)에 존재 하여야 한다.

- **결론** : 어떤 시스템이 BIBO 안정도를 만족 시키면 점근 안정도도 만족한다.
- **방법** : 다음에 나오는 Routh-Hurwitz 판별법을 통해 분모 다항식의 근이 s-공간의 좌반면(LHP)에 존재 하는지 여부를 알수 있다.

6.6 Routh-Hurwitz의 안정도 판별법

Routh-Hurwitz 안정도 판별법은 폐루프 전달함수를 풀지 않고도 극점의 위치를 판단하는 방법이다. 다음의 피드백 시스템을 고려하라.

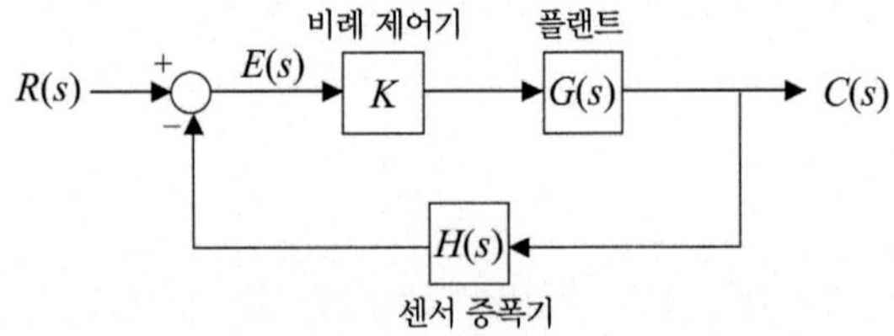

〈그림 6.17〉 피드백 시스템

$G_{CL}(s)=\dfrac{KG(s)}{1+KG(s)H(s)}$ 에서, 루프이득 $G(s)H(s)\equiv\dfrac{Z(s)}{P(s)}$ 로 설정하자.

$$G_{CL}(s)=\frac{KG(s)}{1+K\dfrac{Z(s)}{P(s)}}=\frac{KP(s)G(s)}{P(s)+KZ(s)}$$

여기서 특성 방정식은 다음과 같다.

특성 방정식 $P(s)+KZ(s)\equiv\Delta(s)=0$

- **목적** : 특성 방정식의 극점이 s-공간의 좌반면(LHP)에 놓이도록 비례 제어기 값 K를 설계해서 시스템을 안정하게 만드는 것.

Routh와 Hurwitz가 특성 방정식 $\Delta(s)$의 근인 극점이 s−공간의 좌반면(LHP)에 있는지 여부를 쉽게 알 수 있도록 표를 제안하였다. 여기서는 이 표를 Routh표로 간략하게 부르도록 한다.

◆ Routh표 작성

Routh 판별법은 계수(parameter)가 실수인 일반 방정식(특성방정식)을 풀지 않고도, 극점의 위치를 판단하는 방법이다. 단지, LHP 혹은 RHP에 있는 극점의 개수를 판단해준다. 하지만 이것으로 시스템의 안정도를 판별할 수 있다. Routh표의 첫 번째 열의 부호 변화 개수가 극점이 우반면(RHP)에 있는 개수와 동일 하다. 즉,

첫 번째 열의 부호 변화 개수 = 우반면 극점 개수

$$\Delta(s) = a_n s^n + a_{n-1} s^{n-1} + \cdots + a_1 s + a_0 = 0$$

첫 번째 행 : a_n, a_{n-2}, a_{n-4}, a_{n-6} $\cdots$

두 번째 행 : a_{n-1}, a_{n-3}, a_{n-5}, a_{n-7} $\cdots$

예) $\Delta(s) = a_4 s^4 + a_3 s^3 + a_2 s^2 + a_1 s + a_0 = 0$

s^4 s^3	a_4 a_3	a_2 a_1	a_0 0
s^2	$\dfrac{-\begin{vmatrix} a_4 & a_2 \\ a_3 & a_1 \end{vmatrix}}{a_3} = b_1$	$\dfrac{-\begin{vmatrix} a_4 & a_0 \\ a_3 & 0 \end{vmatrix}}{a_3} = b_2$	$\dfrac{-\begin{vmatrix} a_4 & 0 \\ a_3 & 0 \end{vmatrix}}{a_3} = 0$
s^1	$\dfrac{-\begin{vmatrix} a_3 & a_1 \\ b_1 & b_2 \end{vmatrix}}{b_1} = c_1$	$\dfrac{-\begin{vmatrix} a_3 & 0 \\ b_1 & 0 \end{vmatrix}}{b_1} = 0$	$\dfrac{-\begin{vmatrix} a_3 & 0 \\ b_1 & 0 \end{vmatrix}}{b_1} = 0$
s^0	$\dfrac{-\begin{vmatrix} b_1 & b_2 \\ c_1 & 0 \end{vmatrix}}{c_1} = d_1$	$\dfrac{-\begin{vmatrix} b_1 & 0 \\ c_1 & 0 \end{vmatrix}}{c_1} = 0$	$\dfrac{-\begin{vmatrix} b_1 & 0 \\ c_1 & 0 \end{vmatrix}}{c_1} = 0$

1) 첫 번째 열의 요소들이 부호가 모두 같으면 방정식의 근은 모두 LHP에 존재한다.
2) 첫 번째 열의 요소들이 부호가 다를 경우 부호가 바뀌는 횟수가 RHP에 있는 근의 개수를 나타낸다.

예제 6.1 다음의 특성 방정식에서 극점의 위치를 해석하시오.

$$\Delta(s) = s^4 + 2s^3 + 3s^2 + 4s + 5 = 0$$

Routh 표

s^4	1	3	5
s^3	2	4	0
s^2	b_1	b_2	0
s^1	c_1	c_2	
s^0	d_1		

$$b_1 = \frac{-\begin{vmatrix} 1 & 3 \\ 2 & 4 \end{vmatrix}}{2} = \frac{-(4-6)}{2} = 1$$

$$b_2 = \frac{-\begin{vmatrix} 1 & 5 \\ 2 & 0 \end{vmatrix}}{2} = \frac{10}{2} = 5$$

$$c_1 = \frac{-\begin{vmatrix} 2 & 4 \\ b_1 & b_2 \end{vmatrix}}{b_1} = \frac{-(2b_2 - 4b_1)}{b_1} = \frac{-(10-4)}{1} = -6$$

$$c_2 = \frac{-\begin{vmatrix} 2 & 0 \\ b_1 & 0 \end{vmatrix}}{b_1} = 0$$

$$d_1 = \frac{-\begin{vmatrix} b_1 & b_2 \\ c_1 & c_2 \end{vmatrix}}{c_1} = \frac{-\begin{vmatrix} 1 & 5 \\ -6 & 0 \end{vmatrix}}{-6} = \frac{30}{6} = 5$$

$b_1 = 1,\ c_1 = -6,\ d_1 = 5$

첫 번째 열의 요소들 $(1 \rightarrow -6 \rightarrow 5)$의 부호가 (+)에서 (-)로 다시 (+)로 2번 바뀌었다.

즉, s-공간의 좌반면(LHP)에 2개의 근과 우반면(RHP)에 2개의 근이 위치해 있다. 따라서, 이 시스템은 불안정한(untable) 시스템이다.

예제 6.2 다음의 시스템에서 폐루프 시스템이 안정되기 위한 증폭기 이득 K의 범위를 구하여라.

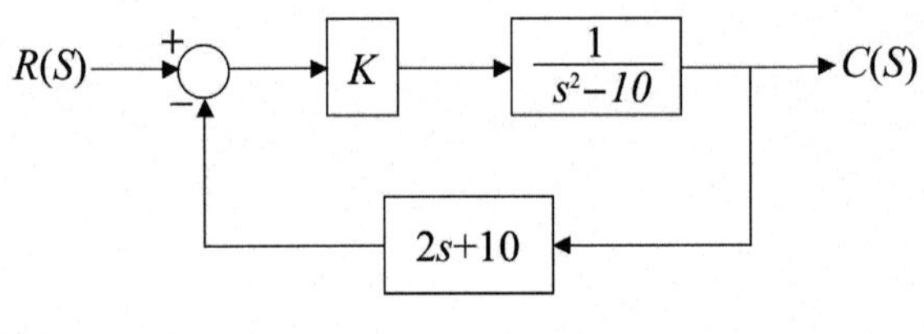

① $$\frac{\frac{K}{s^2-10}}{1+\frac{K(2s+10)}{s^2-10}} = \frac{K}{s^2-10+K(2s+10)}$$

② 특성 방정식 ⇒ $s^2 + 2Ks + 10(K-1) = 0$

s^2	1	$10(K-1)$
s^1	$2K$	0
s^0	$10(K-1)$	

③ 첫 번째 열의 요소들 부호가 모두 같아야 한다. 여기서는 (+) 이어야 극점 2개가 모두 -공간의 좌반면(LHP)에 위치하게 되어 안정한 시스템이 된다.

따라서, $2K>0$, $10(K-1)>0$ 이어야 한다. $K>0$ 그리고 $K>1$

따라서, $K>1$이어야 한다.

❖ Routh 표에서 첫 번째 열에만 0이 있는 경우

- **현상** - Routh표의 1열에 0이 있음으로써 다음 행의 요소들이 무한대가 되어 표를 계속 만들어 갈 수 없게 되는 경우가 있다.
- **방법** - 1열의 0을 임의의 매우 작은 양수 ϵ(예:ϵ=0.01)으로 대체한 다음 표 작성을 계속한다.

다음의 예를 생각해 보자.

$$\Delta(s) = s^4 + 2s^3 + s^2 + 2s + 3 = 0$$

Routh 표

s^4	1	1	3
s^3	2	2	0
s^2	b_1	b_2	0
s^1			
s^0			

$$b_1 = \frac{-\begin{vmatrix} 1 & 1 \\ 2 & 2 \end{vmatrix}}{2} = 0,\quad b_2 = \frac{-\begin{vmatrix} 1 & 3 \\ 2 & 0 \end{vmatrix}}{2} = 3$$

따라서, $b_1 \equiv \epsilon$으로 설정한다. 여기서 ϵ은 아주 작은 양수로 고려한다. 예를 들면 $\epsilon = 0.01$로 생각하라.

Routh표 재 작성

s^4	1	1	3
s^3	2	2	0
s^2	ϵ	3	0
s^1	c_1	c_2	0
s^0	d_1	0	0

$$c_1 = \frac{-\begin{vmatrix} 2 & 2 \\ \epsilon & 3 \end{vmatrix}}{\epsilon} = \frac{-(2 \bullet 3 - 2 \bullet \epsilon)}{\epsilon} = -\frac{6}{\epsilon} + 2$$

$$c_2 = \frac{-\begin{vmatrix} 2 & 0 \\ \epsilon & 0 \end{vmatrix}}{\epsilon} = 0$$

$$d_1 = \frac{-\begin{vmatrix} \epsilon & 3 \\ 2 - \frac{6}{\epsilon} & 0 \end{vmatrix}}{2 - \frac{6}{\epsilon}} = \frac{-(-3(2 - \frac{6}{\epsilon}))}{2 - \frac{6}{\epsilon}} = 3$$

$$b_1 = \epsilon, \quad c_1 = -\frac{6}{\epsilon} + 2, \quad d_1 = 3$$

$\epsilon = 0.01$ 로 고려하면, $c_1 = -598$.

b_1에서 c_1으로 바뀔때 (+)에서 (-)로 부호가 바뀐다.

c_1에서 d_1으로 바뀔때 (-)에서 (+)로 부호가 바뀐다.

따라서, 두 번의 부호 변경이 있다.

즉, 4차 시스템에서 2개의 극점이 s-공간의 좌반면(LHP)에 존재하고 2개의 극점이 s-공간의 우반면(RHP)에 존재한다.

실제로, $s^4 + 2s^3 + s^2 + 2s + 3 = 0$의 극점을 MATLAB에서 roots명령을 사용하여 구해보면 다음과 같다.

$\gg A = [1\ 2\ 1\ 2\ 3];$
$\gg roots(A)$

$$ans = \begin{array}{l} -1.444+0.33j \\ -1.444-0.33j \\ \ \ 0.444+1.08j \\ \ \ 0.444-1.08j \end{array}$$

$s = -1.444 \pm j0.33,\ 0.444 \pm j1.08$

따라서, 두 개의 (-)극점 $-1.444 \pm j0.33$와 두 개의 (+) 극점 $0.444 \pm j1.08$이 존재한다는 것을 알수 있다.

- Routh-Hurwiz의 안정도 판별법을 이용하면 극점의 위치를 파악하여 시스템의 해(solution)를 구하지 않고도 시스템 안정도를 분석할 수 있다.

❖ Routh 표에서 한 행이 모두 0인 경우

다음은 Routh 표에서 한 행이 모두 0이 되는 경우이다. 이러한 경우는 다음의 상황에서 일어난다.

(a) 부호가 반대인 실근이 한 쌍 이상 있는 경우 ⇒ 불안정

(b) 허근이 한 쌍 이상 y축에 있는 경우 ⇒ 임계안정

(c) 원점을 중심으로 대칭인 공액 복소근이 한 쌍 이상 있는 경우 ⇒ 불안정

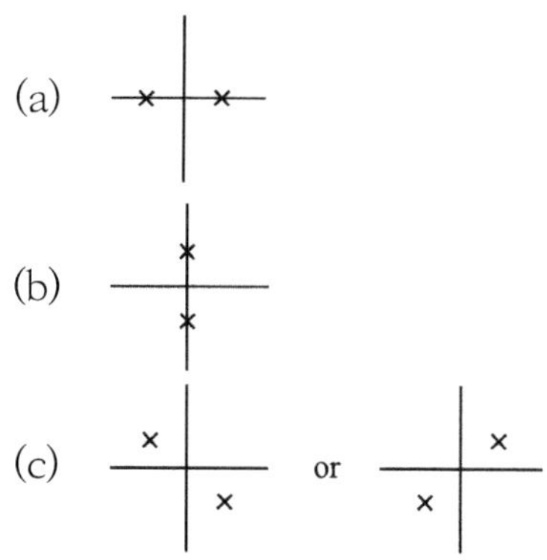

〈그림 6.18〉 s -공간에서의 극점 위치

방법.

스텝 1. Routh 표에서 모두 0인 행 바로 위 행의 계수들로 보조 방정식 $A(s)=0$을 구성한다.

스텝 2. 보조 방정식을 s로 미분하여 $dA(s)/ds=0$의 방정식을 만든다.

스텝 3. Routh 표에서 모두 0인 행을 $dA(s)/ds$의 계수로 대체한다.

다음의 특성방정식에서 Routh표를 작성하고 안정도를 판별해보자.

$$\triangle(s)=s^5+7s^4+6s^3+42s^2+8s+56$$

Routh 표

s^5	1	6	8
s^4	7	42	56
s^3	b_1	b_2	0
s^2			
s^1			
s^0			

$$b_1=\frac{-\begin{vmatrix}1 & 6\\ 7 & 42\end{vmatrix}}{7}=\frac{-(42-42)}{7}=0$$

$$b_2=\frac{-\begin{vmatrix}1 & 8\\ 7 & 56\end{vmatrix}}{7}=\frac{-(56-56)}{7}=0$$

스텝 1. 한 행이 모두 0이므로 모두 0인 행 바로 위 행의 계수들로 보조 방정식 $A(s)=0$을 구성한다.

$$\begin{aligned}A(s)&=7s^4+42s^2+56=0\\&=s^4+6s^2+8=0\end{aligned}$$

스텝 2. 보조 방정식을 s로 미분하여 $\frac{dA(s)}{ds}=0$의 방정식을 만든다.

$$\frac{dA(s)}{ds}=4s^3+12s+0=0$$

스텝 3. Routh 표에서 모두 0인 행을 $\frac{dA(s)}{ds}$의 계수로 대체한다.

Routh 표 재작성

s^5	1	6	8
s^4	7	42	56
s^3	4	12	0
s^2	c_1	c_2	0
s^1	d_1	0	
s^0	e_1		

$$c_1 = \frac{-\begin{vmatrix} 7 & 42 \\ 4 & 12 \end{vmatrix}}{4} = \frac{-(7 \cdot 12 - 4 \cdot 42)}{4} = \frac{84}{4} = 21$$

$$c_2 = \frac{-\begin{vmatrix} 7 & 56 \\ 4 & 0 \end{vmatrix}}{4} = \frac{-(-4 \cdot 56)}{4} = 56$$

$$d_1 = \frac{-\begin{vmatrix} 4 & 12 \\ 21 & 56 \end{vmatrix}}{21} = \frac{-(4 \cdot 56 - 21 \cdot 12)}{21} = \frac{28}{21} = 1.334$$

$$e_1 = \frac{-\begin{vmatrix} 21 & 56 \\ 1.334 & 0 \end{vmatrix}}{1.334} = \frac{56 \cdot 1.334}{1.334} = 56$$

Routh 표에서 첫 번째 열의 요소들이 모두 양(+)이다.

따라서, 우반면에 극점은 존재하지 않다.

그러므로 이러한 경우는 허근이 $s-$공간의 y축에 존재하는 경우이다. 실제로, $s^5+7s^4+6s^3+42s^2+8s+56=0$의 극점을 MATLAB에서 roots 명령을 사용하여 구해보면 다음과 같다.

$$s = -7,\ \pm 2j,\ \pm 1.4142j$$

s평면에 $\pm 2j$의 허근, $\pm 1.4142j$의 허근 4개가 $s-$공간의 y축에 존재한다.

따라서, 이 시스템은 임계 안정한 시스템이다.

6.7 감도 (sensitivity)

모든 시스템의 변수들은 여러 환경적인 원인으로 항시 변함

⇒ 이러한 변화가 출력의 변화로 이어져 오차가 생김.

⇒ 하지만 피드백 시스템을 이용하면 이러한 감도를 줄일 수 있음.

- **임의의 변수 x와 그에 대한 함수 $F(x)$를 고려하자.**

즉, x가 임의의 값 x로부터 Δx만큼 변할 때, 함수는 F로부터 ΔF만큼 변한다고 하면, x에 대한 F의 감도는

$$S_x^F = \frac{\Delta F/F}{\Delta x/x}, \qquad \Delta : \text{변동폭}$$

변동폭이 작다고 가정하면 $S_x^F = \dfrac{\partial F/F}{\partial x/x} = \dfrac{\partial F}{\partial x} \cdot \dfrac{x}{F}$, $\quad \partial$: 편미분

- **위의 감도에 대한 정의를 아사다 마오와 김연아의 당일 컨디션에 따른 피겨 스케이팅 경기 결과의 예를 들어 정의를 다루어 보자.**

A. 아사다 마오의 컨디션에 따른 경기성적 결과 모델링

$F_1(x) = x^2 + 1$

컨디션 상태 : 1.나쁨, 2.중간, 3.좋음

예)

x	1	3
$F_1(x)$	2	10

$\Delta x = 3 - 1 = 2$ (컨디션 변화폭)
$\Delta F_1(x) = 10 - 2 = 8$ (성적 변화폭)

$$S_x^{F_1} = \frac{\dfrac{\Delta F_1}{F_1}}{\dfrac{\Delta x}{x}} = \frac{\dfrac{8}{2}}{\dfrac{2}{1}} = 2$$

아사다 마오의 컨디션에 따른 경기성적 민감도는 2이다.

$B.$ 김연아의 컨디션에 따른 경기성적 결과 모델링

$F_2(x) = 2x + 1$

컨디션 상태 : 1.나쁨, 2.중간, 3.좋음

예)

x	1	3
$F_2(x)$	3	7

$\Delta x = 3 - 1 = 2$
$\Delta F_2(x) = 7 - 3 = 4$

$$S_x^{F_2} = \frac{\frac{4}{3}}{\frac{2}{1}} = \frac{4}{6} = \frac{2}{3} = 0.666$$

김연아의 커디션에 대한 경기성적 민감도는 0.666이다.

따라서, 김연아가 당일 컨디션에 따른 경기성적 결과 민감도가 작아 더 훌륭한 피겨 스케이팅선수라는 것을 알 수 있다.

6.8 피드백 시스템에서의 감도

◆ **개루프 시스템**

(a) 블록 다이아그램 (b) 신호 흐름도

〈그림 6.19〉 개루프 시스템

전체 전달 함수 : $G_{CL}(s) \triangleq \frac{C(s)}{R(s)}$, 피드백이 없음.

- **폐루프 시스템**

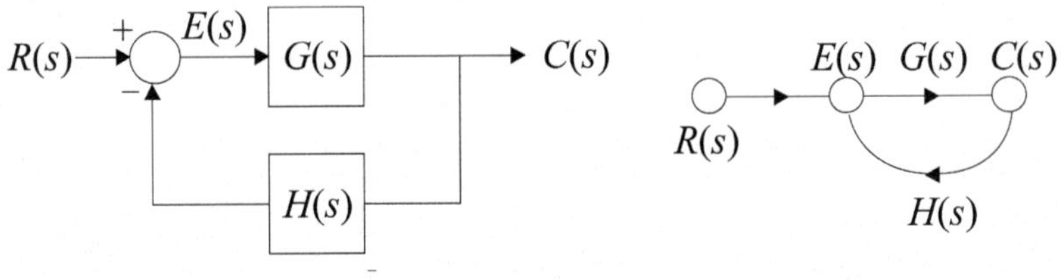

(a) 블록 다이아그램 (b) 신호 흐름도

〈그림 6.20〉 폐루프 시스템

전체 전달 함수 : $G_{CL}(s) \triangle \dfrac{C(s)}{R(s)} = \dfrac{G(s)}{1+G(s)H(s)}$

$$\frac{E(s)}{R(s)} = \frac{1}{1+G(s)H(s)}$$

$G(s)$의 변화에 대한 감도

G가 임의의 값 G로부터 ∂G만큼 변할 때, 전체 전달 함수는 G_{CL}로부터 ∂G_{CL}만큼 변한다고 하면, G에 대한 G_{CL}의 감도는

$$S_G^{G_{CL}} = \frac{\dfrac{\partial G_{CL}(s)}{G_{CL}(s)}}{\dfrac{\partial G(s)}{G(s)}} = \frac{\partial G_{CL}(s)}{\partial G(s)} \cdot \frac{G(s)}{G_{CL}(s)}$$

$$\frac{\partial G_{CL}(s)}{\partial G(s)} = \frac{1+G(s)H(s)-G(s)H(s)}{(1+G(s)H(s))^2} = \frac{1}{(1+G(s)H(s))^2}$$

$$S_G^{G_{CL}} = \frac{1}{(1+G(s)H(s))^2} \cdot \frac{G(s)}{G_{CL}(s)} = \frac{1}{(1+G(s)H(s))^2} \cdot \frac{G(s)}{\dfrac{G(s)}{1+G(s)H(s)}}$$

$$= \frac{1}{1+G(s)H(s)}$$

참조

$$\frac{1}{ds}\left(\frac{v(s)}{u(s)}\right) = \frac{v'(s)u(s)-v(s)u'(s)}{(u(s))^2}$$

- $G(s)$에 대한 감도와 $\dfrac{E(s)}{R(s)}$ 모두 $\dfrac{1}{1+G(s)H(s)}$로 같다.

즉, $G(s)$, $H(s)$가 모두 크다면 감도는 더욱 0에 가까워지고 $\dfrac{E(s)}{R(s)}$도 마찬가지다. 따라서, 피드백 $H(s)$의 존재로 감도, 오차 모두 줄어든다.

$H(s)=0$인 개루프 제어의 경우, 감도는 $S_G^{G_{ol}}=1 \Rightarrow$ 나쁜 영향을 끼침.

- **결론** : 제어 시스템에서도 감도가 적을수록 더 좋은 시스템이다.

6.9 기사 문제

1 개루프 전달 함수 $G(s)=\dfrac{(s+2)}{(s+1)(s+3)}$ 인 부궤환 제어계의 특성 방정식은?

㉮ $s^2+5s+5=0$ ㉯ $s^2+5s+6=0$

㉰ $s^2+6s+5=0$ ㉱ $s^2+4s+3=0$

2 특성 방정식의 근이 모두 복수 $s-$평면의 좌반부에 있으면 이 계의 안정 여부는?

㉮ 조건부 안정 ㉯ 불안정 ㉰ 임계 안정 ㉱ 안정

3 $G(s)=\dfrac{5(s+2)}{(s+1)(s+3)}$ 의 극점과 영점을 옳게 나타낸 것은?

㉮

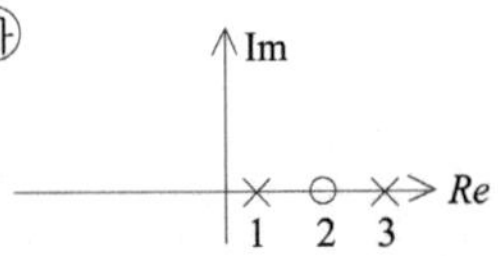

㉯

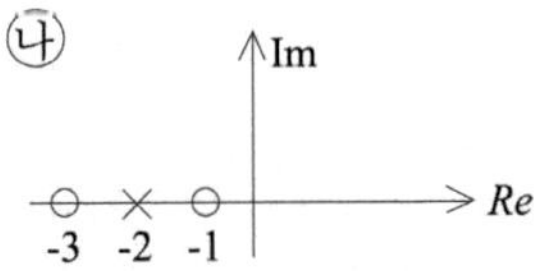

㉰

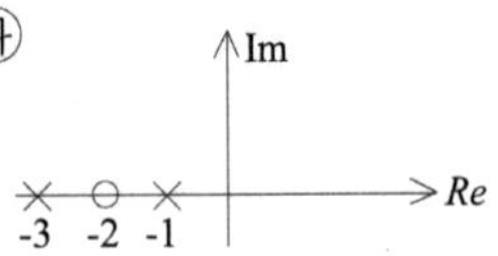

㉱

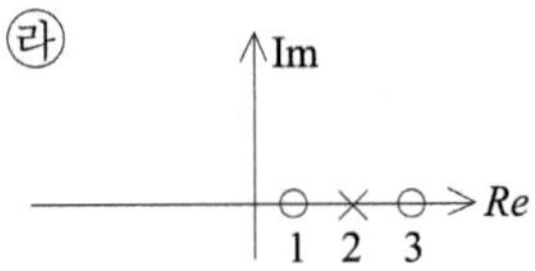

4 $G(s)=\dfrac{s+1}{s^2+2s-3}$ 의 특성 방정식의 근은 얼마인가?

㉮ -2,3 ㉯ 1,-3 ㉰ 1,2 ㉱ 1

5 라우스 표를 작성할 때, 제1열 요소의 부호 변환은 무엇을 의미하는가?

㉮ s-평면의 좌반면에 존재하는 근의 수

㉯ s-평면의 우반면에 존재하는 근의 수

㉰ s-평면의 허수축에 존재하는 근의 수

㉱ s-평면의 원점에 존재하는 근의 수

6 특성 방정식 $s^3 - 4s^2 - 5s + 6 = 0$으로 주어지는 계는 안정한가 또는 불안정한가, 또 우반 평면에 근을 몇 개 가지는가?

㉮ 안정하다, 0개　　㉯ 불안정하다, 1개
㉰ 불안정하다, 2개　　㉱ 임계 상태이다, 0개

7 특성 방정식이 $2s^4 + s^3 + 3s^2 + 5s + 10 = 0$ 일때, $s-$평면의 우반 평면에 몇 개의 근을 갖게 되는가?

㉮ 1　　㉯ 2　　㉰ 3　　㉱ 0

8 특성 방정식이 $s^3 + s^2 + s = 0$일 때, 이 계통은 어떻게 되는가?

㉮ 안정하다.　　㉯ 불안정하다.
㉰ 조건부 안정이다.　　㉱ 임계 상태이다.

9 특성 방정식 $s^5 + s^4 + 4s^3 + 24s^2 + 3s + 63 = 0$을 갖는 제어계는 양의 실수부를 갖는 특성근이 몇 개 있는가?

㉮ 1　　㉯ 2　　㉰ 3　　㉱ 4

10 특성 방정식이 $s^3 + 2s^2 + Ks + 5 = 0$으로 주어지는 제어계가 안정하기 위한 K의 값은?

㉮ $K > 0$　　㉯ $K > \frac{5}{2}$　　㉰ $K < 0$　　㉱ $K < \frac{5}{2}$

11 주어진 계통의 특성 방정식이 $s^4 + 6s^3 + 11s^2 + 6s + K = 0$이다. 안정하기 위한 K의 범위는?

㉮ $K < 0,\ K > 20$　　㉯ $0 < K < 20$　　㉰ $0 < K < 10$　　㉱ $K < 20$

12 다음 그림과 같은 제어계가 안정하기 위한 K의 범위는?

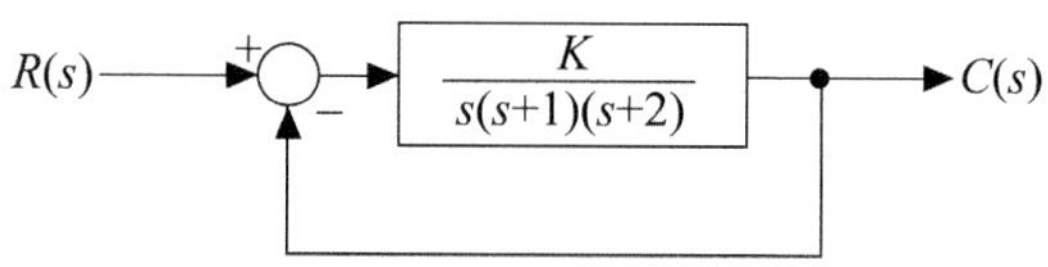

㉮ $K > 0$　　㉯ $K > 6$　　㉰ $0 < K < 6$　　㉱ $1 < K < 8$

13 특성 방정식 $s^2+Ks+2K-1=0$ 계가 안정될 K의 범위는?

㉮ $K>0$　㉯ $K>\frac{1}{2}$　㉰ $K<\frac{1}{2}$　㉱ $0<K<\frac{1}{2}$

14 특성 방정식 $P(s)=s^3+2s^2+Ks+10$인 계가 안정될 수 있는 K의 범위는?

㉮ $K>5$　㉯ $1<K<1$　㉰ $K>3$　㉱ $1<K<3$

15 다음과 같은 단위 궤환 제어계가 안정하기 위한 K의 범위를 구하면?

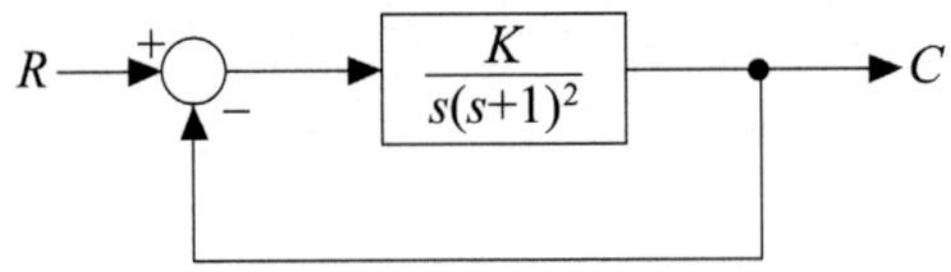

㉮ $K>0$　㉯ $K>1$　㉰ $0<K<1$　㉱ $0<K<2$

16 그림과 같은 제어계가 안정하기 위한 K의 범위는?

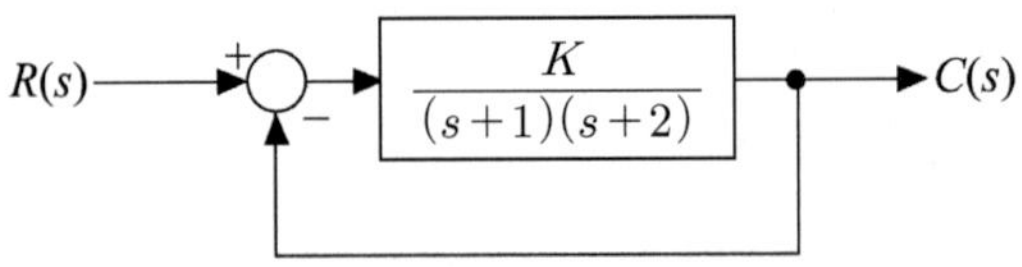

㉮ $K>0$　㉯ $K<-2$　㉰ $K>-2$　㉱ $K>1$

17 그림과 같은 블록 선도의 제어계에서 K에 대한 폐루프 전달 함수 $T=\frac{C}{R}$의 감도는?

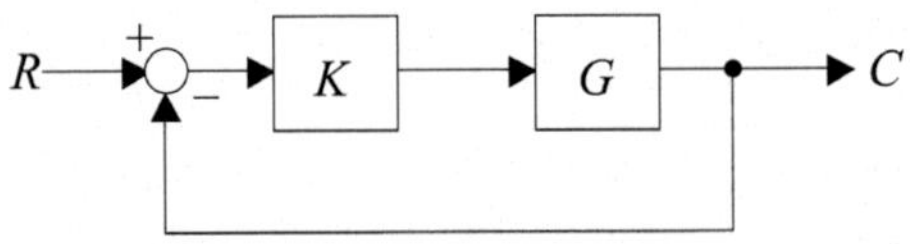

㉮ $S_K^T=1$　㉯ $S_K^T=\frac{1}{1+KG}$

㉰ $S_K^T=\frac{G}{1+KG}$　㉱ $S_K^T=\frac{KG}{1+KG}$

18 그림의 블록 선도에서 폐루프 전달 함수 $T=C/R$에서 H에 대한 감도 S_H^T는?

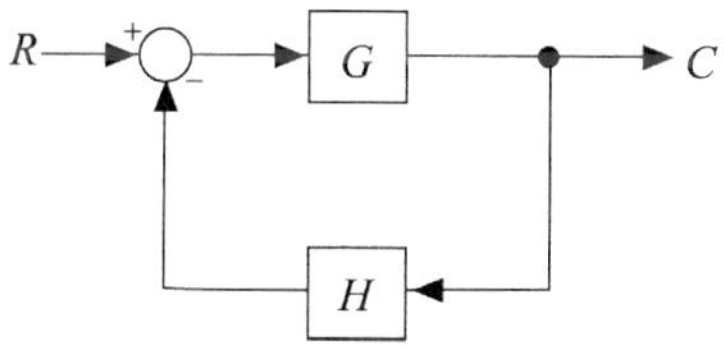

㉮ $\dfrac{-GH}{1+GH}$　　㉯ $\dfrac{-H}{(1+GH)^2}$

㉰ $\dfrac{H}{1+GH}$　　㉱ $\dfrac{-H}{1+GH}$

19 그림과 같은 블록 선도의 제어계에서 K_1에 대한 $T=\dfrac{C}{R}$의 감도 $S_{K_1}^T$는?

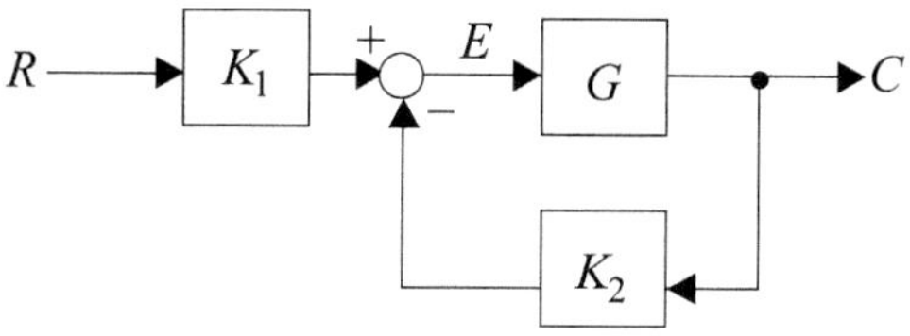

㉮ 0.2　　㉯ 0.4　　㉰ 0.8　　㉱ 1

해답

1.㉮ 2.㉱ 3.㉰ 4.㉯ 5.㉯ 6.㉰ 7.㉯ 8.㉮ 9.㉯ 10.㉯
11.㉰ 12.㉰ 13.㉯ 14.㉮ 15.㉱ 16.㉰ 17.㉯ 18.㉮ 19.㉱

7 정상상태에서 시간응답 해석

시스템 해석의 목적은 시스템이 어떻게 동작하고 성능이 어떠한가를 조사해보는 것이다. 시스템 해석을 함으로써 우리는 그 시스템이 우리가 요구하는 바를 만족시키는지 알 수 있고 제어성능을 향상시키기 위해서 제어기를 어떻게 구성해야만 하는지를 알 수 있다. 이 장은 시간영역 관점에서 시스템의 성능을 평가하는 도구를 제시한다. 시스템의 성능평가를 위해 계단, 램프, 가속도 입력등과 같은 전형적인 입력들 하에서 시스템의 응답들을 살펴 볼 것이다. 단위 계단입력에 대한 정상상태응답과 8장에서 다룰 과도상태응답 해석은 시스템의 성능에 대한 많은 정보를 제공해 준다..

7.1 시간 응답해석에 대한 기초 이론

시스템의 시간 응답(time response)을 분석해 보면, 응답의 값이 시간이 지나면 없어지는 성분이냐 그대로 남아있는 성분이냐에 따라 다음과 같이 나누어 진다.

고유 응답(natural response): $c_n(t)$	강제 응답(forced response): $c_f(t)$
• 시간이 지남에 따라 (지수적으로) 감소하는 성분 • 과도 상태의 응답을 지배함	• 시간이 지나도 남아있는 성분 • 정상 상태의 응답을 지배함

위 두 개의 응답이 합쳐져 다음과 같이 하나의 전체 응답을 만든다.

$$c(t) = c_n(t) + c_f(t)$$

시스템 응답은 위 식과 같이 고유 응답(natural response)과 강제 응답(forced response)의 합으로 된다. 응답 $c(t)$를 구하기 위해 미분 방정식을 풀거나 Laplace 역변환을 이용할 수 있지만, 구하는 과정이 복잡하고 시간이 많이 든다. 최단시간에 결과를 얻고, 원하는 결과를 직관적으로 예측할 수 있는 정성적인 해석 방법(qualitative analysis)을 이용하여 보자. 극점(pole)과 영점(zero) 및 이들 관계를 이용하여 시스템의 시간 응답을 구하는 것은 이와 같은 정성적인 해석 방법 중의 하나이다. 극점과 영점은 제어 시스템을 해석하고 설계하는데 기본이 되며, 극점과 영점을 알면 시스템 응답을 쉽게 구할 수 있다.

고유응답과 강제응답의 예제를 다루기 전에 극점과 영점의 정의에 대하여 알아보자. 다음은 일반적인 전달함수 형태의 표현이다.

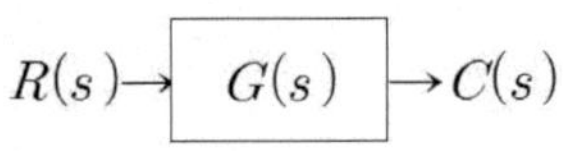

$$G(s) = \frac{C(s)}{R(s)} = \frac{(s+z_1)(s+z_2)\cdots(s+z_m)}{(s+p_1)(s+p_2)\cdots(s+p_n)}$$

극점(pole) - 전달 함수의 분모 다항식을 0으로 만드는 근

위에서 $-p_{1,}-p_{2,}\cdots,-p_{n}$

시스템의 안정도를 결정함

시스템의 과도상태, 정상상태 응답에 영향을 줌

극점은 s-공간(s-plane)에서 x로 표시

영점(zero) - 전달 함수의 분자 다항식을 0으로 만드는 근

위에서 $-z_{1,}-z_{2,}\cdots,-z_{m}$ 시스템의 과도상태에만 영향을 주고,

정상상태 응답에는 영향을 주지 않음.

영점은 s-공간(s-plane)에서 o로 표시

다음은 고유응답과 강제응답의 예를 다루어 보자.

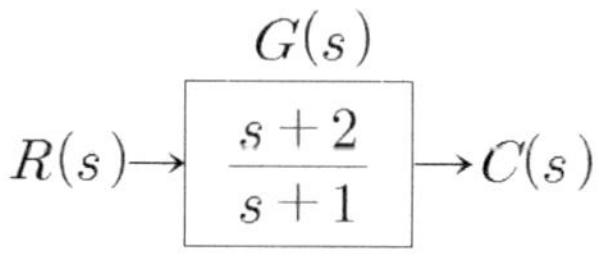

$$C(s)=G(s)\cdot R(s)=\frac{s+2}{s+1}\cdot\frac{1}{s}$$

$$C(s)=\frac{s+2}{s(s+1)}=\frac{a_1}{s}+\frac{a_2}{s+1}$$

$$a_1=\left.\frac{s+2}{s+1}\right|_{s=0}=2$$

$$a_2=\left|\frac{s+2}{s}\right|_{s=-1}=-1$$

$$C(s)=\frac{2}{\varepsilon}-\frac{1}{\varepsilon+1}$$

$$c(t)=\mathcal{L}^{-1}[C(s)]=2-e^{-t}$$

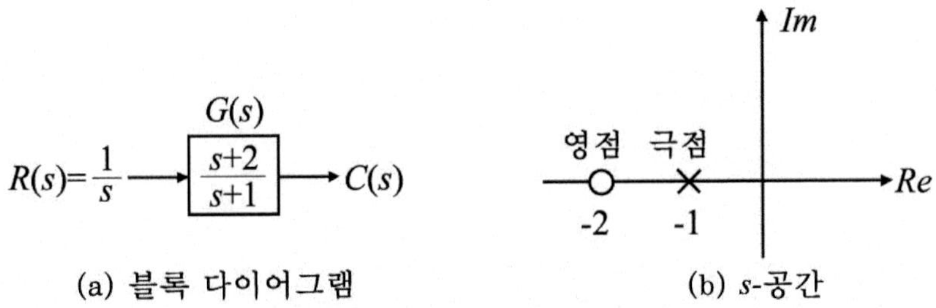

〈그림 7.1〉 블록다이어그램과 $s-$공간

◆ 분석 결과

- 입력 함수 $\frac{1}{s}$의 극점은 강제응답의 형태를 보여준다.

$c(t)$의 2를 위로 추적해 보면 $C(s)$의 $\frac{2}{s}$를 만든 것이고, 그것은 위의 $a_1 = 2$ 즉, $\frac{a_1}{s}$에서 생긴 것이다.

$\frac{a_1}{s}$에서 $\frac{1}{s}$이 바로 입력 함수 $R(s) = \frac{1}{s}$이다.

$c(t)$의 2는 시간이 지나도 계속 남아있는 성분, 즉 강제응답의 형태이다.

- 전달 함수 $\frac{s+2}{s+1}$에서 극점 $\frac{1}{s+1}$은 고유응답의 형태를 보여준다.

$c(t)$의 e^{-t}를 위로 추적해 보면 $G(s)$의 $\frac{1}{s+1}$에서 만들어진 것이다.

이것은 시간이 지나면 점점 감소하여 없어지는 성분, 즉 고유응답의 형태이다.

- 전달 함수 $\frac{s+2}{s+1}$에서 영점 $s+2$는 강제응답과 고유응답이 존재할 때, 크기를 결정해 주었다.

위의 결과를 그래프로 분석해 보면 다음과 같다.

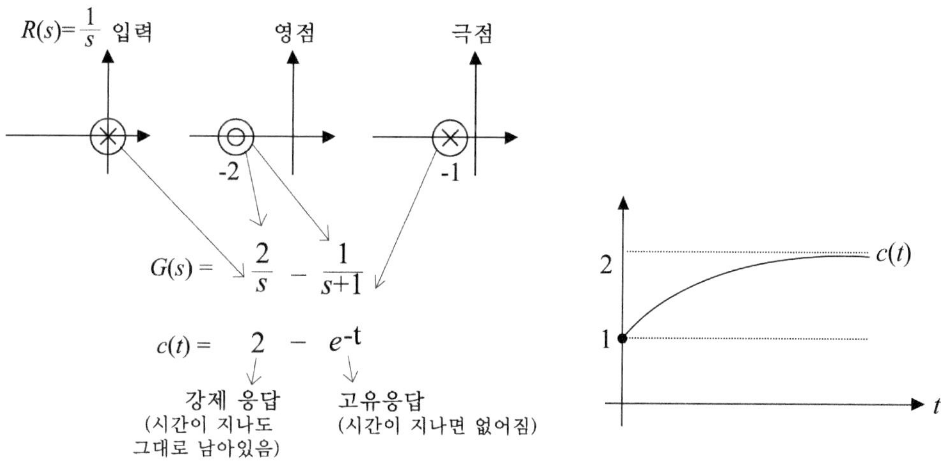

(a) 강제응답과 고유응답 (b) 시간응답

〈그림 7.2〉 강제응답과 고유응답

따라서, 실수축에 있는 전달함수의 극점은 지수함수형의 고유응답을 결정하며, 입력의 극점은 강제응답을 결정한다. 극점이 어디 위치에 있냐에 따라 시스템의 응답은 크게 달라진다.

예를 들어 극점이 실수축 우반면 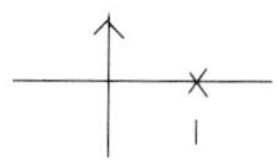 에 있으면, $G(s)$에서 $\frac{1}{s-1}$을 만들어 $c(t)=e^{t}$가 되어 시스템은 불안정하게 된다.

예제 7.1 다음의 시스템에서 출력의 일반적인 형태를 구하고, 강제응답과 고유응답의 성분을 구하라.

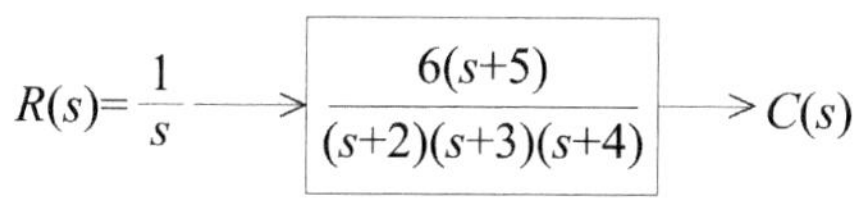

풀이.

$$C(s) = \frac{a_1}{s} + \frac{a_2}{s+2} + \frac{a_3}{s+3} + \frac{a_4}{s+4}$$

여기서 a_1, a_2, a_3, a_4는 상수이다.

$$c(t) = \mathcal{L}^{-1}[C(s)] = \underbrace{a_1}_{\text{강제응답}} + \underbrace{a_2e^{-2t} + a_3e^{-3t} + a_4e^{-4t}}_{\text{고유응답}}$$

$$a_1 = \frac{5}{4},\ a_2 = -\frac{9}{2},\ a_3 = 4,\ a_4 = -\frac{3}{4}$$

7.2 정상상태 오차

계단 입력에 대한 시스템의 응답을 하나의 예제를 통해 과도상태와 정상상태의 정의에 대해 알아보자.

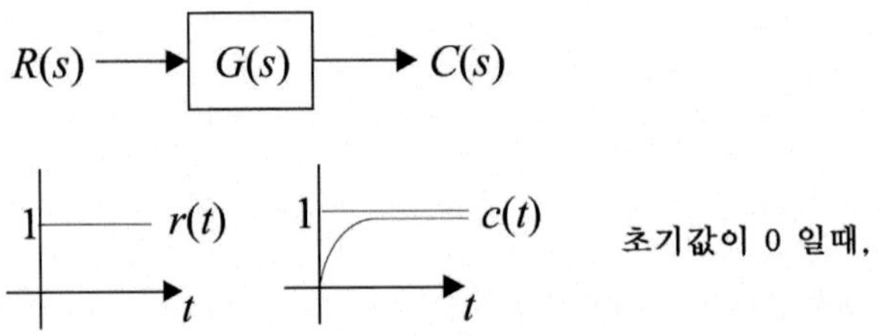

〈그림 7.3〉 정상상태 응답

$c(t)$를 자세히 분석해 보면 다음과 같다.

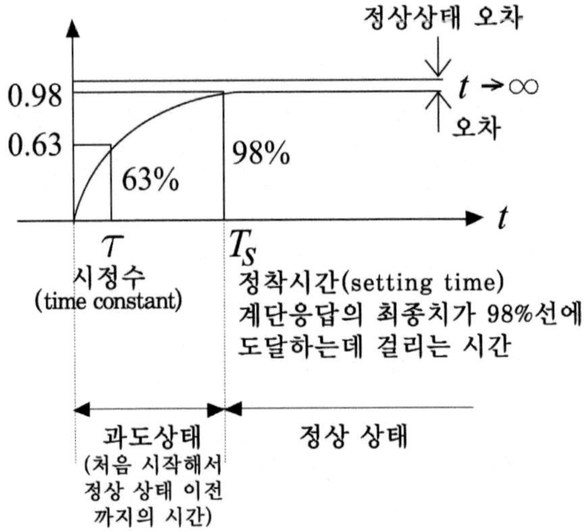

〈그림 7.4〉 과도상태와 정상상태의 기준

정상상태는 정착시간 T_s 이후의 시간이다. 즉 계단응답의 최종값이 98%에 도달한 후의 상태이다. 정상상태에서 시스템 응답해석은 7장에서 다루고, 과도상태에서 시스템 응답해석은 8장에서 다룬다.

시스템의 정상상태 오차를 분석하는 것은 아주 중요하다. 대부분의 시스템은 스위치를 키고 아주 짧은 시간의 과도상태를 지나 스위치를 끄기 전까지 계속 정상상태에 머물러

있기 때문이다. 정상상태의 값이 사용자가 희망하는 값이 되도록 제어기를 설계하는 것이 추종(tracking) 제어의 목적이기 때문이다.

◆ 시스템 인가 입력

정상상태 오차를 알아보기 위해 먼저 시스템에 인가하는 입력에 대하여 알아보자.

a. 계단입력

기준 입력이 일정한 값으로 시스템이 어떻게 변하는지 알아보는데 유용하다.

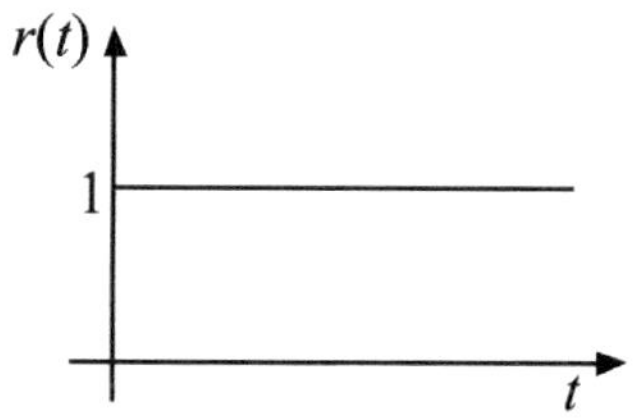

$$r(t) = 1 \quad \text{혹은} \quad r(t) = u_s(t)$$

$$R(s) = \mathcal{L}[r(t)] = \frac{1}{s}$$

〈그림 7.5〉 계단 입력

b. 램프입력

기준 입력이 시간에 따라 일정한 비율로 변하는 입력이다.

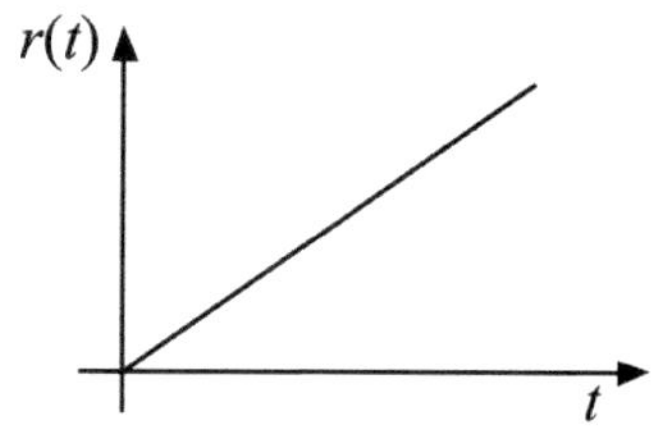

$$r(t) = t$$

$$R(s) = \mathcal{L}[r(t)] = \frac{1}{s^2}$$

〈그림 7.6〉 램프 입력

c. 가속도입력

기준 입력이 시간의 제곱에 비례하는 입력이다.

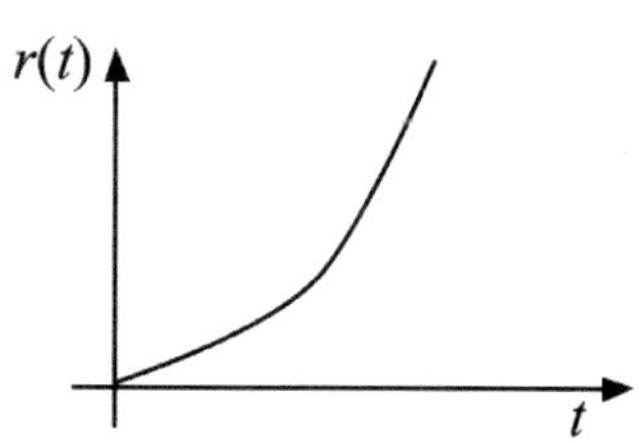

$$r(t) = \frac{1}{2}t^2$$

$$R(s) = \mathcal{L}[r(t)] = \frac{1}{s^3}$$

〈그림 7.7〉 가속도 입력

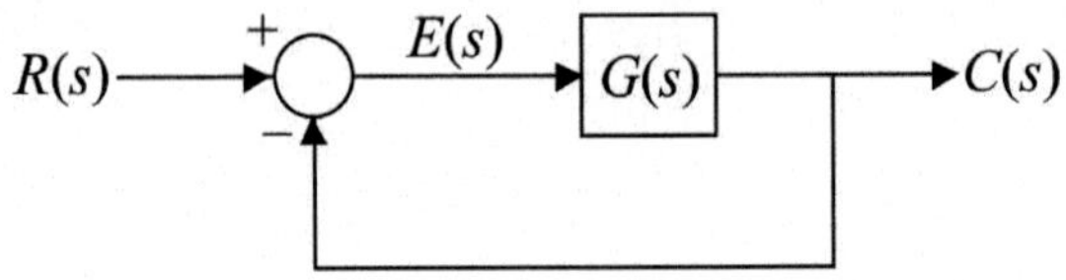

〈그림 7.8〉 단위 피드백 제어 시스템

위의 단위 피드백 제어 시스템에서 $\dfrac{C(s)}{R(s)}$는 다음과 같다.

$$\frac{C(s)}{R(s)}=\frac{G(s)}{1+G(s)}$$

$$C(s)=\frac{G(s)}{1+G(s)}\cdot R(s)$$

정상상태 오차 $e(t)$를 구하기 위해 $E(s)$로 식을 전개해 보자.

$$E(s)=R(s)-C(s)=R(s)-\frac{G(s)\cdot R(s)}{1+G(s)}$$

$$=\frac{R(s)}{1+G(s)}$$

정상상태 오차 $e(t)$는 다음과 같다.

$$e(t)=\mathcal{L}^{-1}\left[\frac{R(s)}{1+G(s)}\right]$$

$R(s)$가 변화하면, $e(t)$도 시간에 따라 변화하지만 충분한 시간이 지나면 $e(t)$는 어느 일정한 값으로 된다. 이와 같이 $e(t)$가 일정하게 된 값을 정상상태 오차(steady state error)라고 한다.

$t=0$에서의 오차를 초기 오차라고 한다. 초기 오차는 $e(0)$로 표시하며, 라플라스 초기값 정리를 적용하면 다음과 같다.

$$e(0)=\lim_{s\to\infty}s\left[\frac{R(s)}{1+G(s)}\right]$$

t와 s는 서로 역수 관계이므로 $t=0$을 $s\to\infty$으로 대치하였다.

찬가지로 최종값 오차 $e(\infty)$ 즉, 정상상태 오차는 최종값 정리를 적용하여 다음과 같이 표시된다.

$$e(\infty) = \lim_{s\to 0} s\left[\frac{R(s)}{1+G(s)}\right]$$

$t=\infty$는 $s\to 0$으로 대치하였다.

정상상태 오차(∞)는 시스템 인가 입력인 계단, 램프, 가속도 입력에 따라 세 가지 경우에 대하여 분석하고 있다.

◆ 기준 입력에 따른 정상상태 오차

나음의 정상상내 오자는 〈그림 7.8〉의 딘위 피드백 제이 시스템을 기준으로 한다.

$$e(\infty) = \lim_{s\to 0} s\left(\frac{R(s)}{1+G(s)}\right)$$

a. 정상상태 위치 오차, $e_p(\infty)$

정상상태 위치 오차는 $R(s)$가 계단 입력일 때, 즉, $R(s)=\dfrac{1}{s}$일 때의 $e(\infty)$이다.

$$e_p(\infty) = \lim_{s\to 0} s\left(\frac{1/s}{1+G(s)}\right) = \lim_{s\to 0}\left(\frac{1}{1+G(s)}\right)$$

$$= \frac{1}{1+\lim\limits_{s\to 0} G(s)} = \frac{1}{1+K_p}$$

여기서, $K_p \triangle \lim\limits_{s\to 0} G(s)$이고, 정상상태 위치 오차상수라고 부른다.

b. 정상상태 속도 오차, $e_v(\infty)$

정상상태 속도 오차는 $R(s)$가 램프 입력일 때, 즉, $R(s)=\dfrac{1}{s^2}$일 때의 $e(\infty)$이다.

$$e_v(\infty) = \lim_{s\to 0} s\left(\frac{1/s^2}{1+G(s)}\right) = \lim_{s\to 0}\frac{1}{s(1+G(s))}$$

$$= \lim_{s\to 0}\left(\frac{1}{s+sG(s)}\right) = \frac{1}{\lim_{s\to 0} s + \lim_{s\to 0} sG(s)}$$

$$= \frac{1}{\lim_{s\to 0} sG(s)} = \frac{1}{K_v}$$

여기서, $K_v \triangle \lim_{s\to 0} sG(s)$이고, 정상상태 속도 오차상수라고 부른다.

c. 정상상태 가속도 오차, $e_a(\infty)$

정상상태 가속도 오차는 $R(s)$가 가속도 입력일때,

즉, $R(s) = \frac{1}{s^3}$일 때의 $e(\infty)$이다.

$$e_a(\infty) = \lim_{s\to 0} s\left(\frac{1/s^3}{1+G(s)}\right) = \lim_{s\to 0}\frac{1}{s^2(1+G(s))}$$

$$= \lim_{s\to 0}\left(\frac{1}{s^2+s^2G(s)}\right) = \frac{1}{\lim_{s\to 0} s^2 + \lim_{s\to 0} s^2G(s)}$$

$$= \frac{1}{\lim_{s\to 0} s^2G(s)} = \frac{1}{K_a}$$

여기서, $K_a \triangle \lim_{s\to 0} s^2G(s)$이고, 정상상태 가속도 오차상수라고 부른다.

7.3 시스템 유형에 따른 정상상태 오차

다음 절이 나오게 된 배경은 다음과 같다.

입력에 대하여 출력이 어떻게 될지를 미리 판단할 수 있을까?

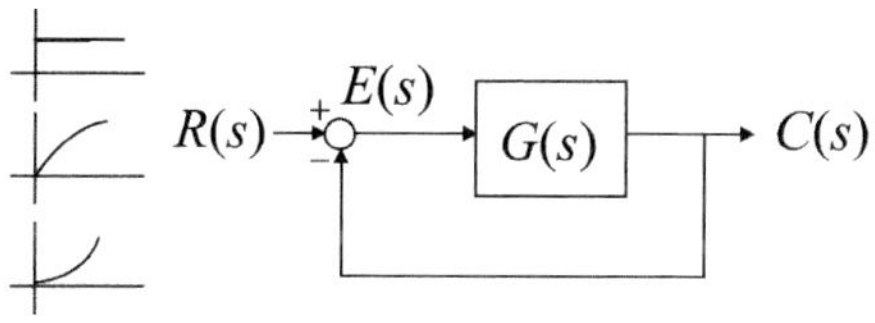

- **라플라스 최종값 정리**

  $e(\infty)=\lim\limits_{t\to\infty}e(t)=\lim\limits_{s\to 0}sE(s)$를 풀어 알수는 있지만 $e(\infty)$를 풀지 않고 간단한 방법으로 결과를 미리 예측할수 있을까?

  아래의 두 예에 대해서 쉽게 결과를 예측할 수 있다.

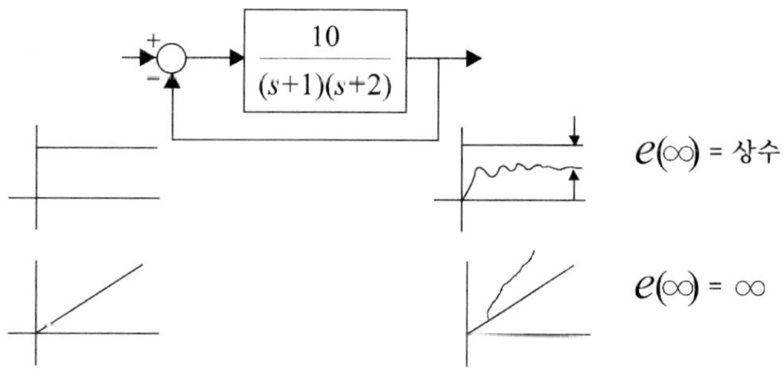

(a) 유형 0 시스템

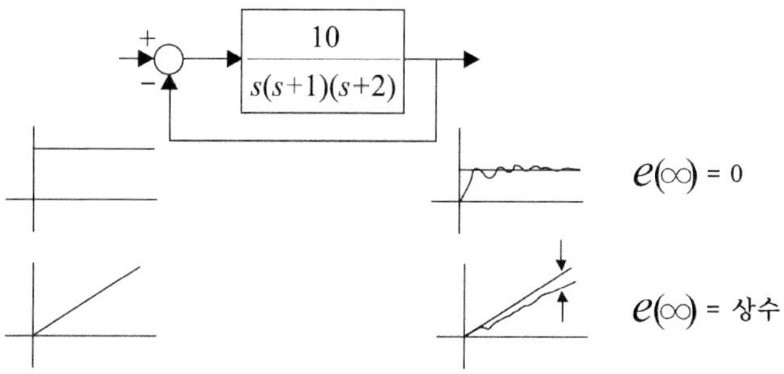

(b) 유형 1 시스템

〈그림 7.9〉 정상상태 오차

무슨 근거로 결과를 예측 하였을까?

다음은 전달함수 $G(s)$의 일반형이다.

$$G(s)=\frac{(s+z_1)(s+z_2)\cdots(s+z_m)}{s^k(s+p_1)(s+p_2)\cdots(s+p_n)}$$

해답은 s^k의 k에 있다. k가 0이냐 1이냐 2이냐에 따라 출력결과는 달라진다. 〈그림 7.9 a〉의 시스템 유형은 $0(k=0)$이고, 〈그림 7.9 b〉의 유형은 $1(k=1)$인 시스템이다.

여기서, k는 시스템 유형(type)으로 정의한다.

$k=0$이면 유형 0 시스템

$k=1$이면 유형 1 시스템

$k=2$이면 유형 2 시스템

$\vdots$

다음은 시스템 유형에 따른 정상상태 오차를 구해보자.

a. 유형 0 시스템 $(k=0)$

$$G(s)=\frac{(s+z_1)(s+z_2)\cdots}{\cancel{s^0}(s+p_1)(s+p_2)\cdots}=\frac{(s+z_1)(s+z_2)\cdots}{(s+p_1)(s+p_2)\cdots}$$

정상상태 오차 상수

$$K_p=\lim_{s\to 0}G(s)=\lim_{s\to 0}\frac{(s+z_1)(s+z_2)\cdots}{(s+p_1)(s+p_2)\cdots}=\frac{z_1z_2\cdots}{p_1p_2\cdots}=\text{상수}$$

$$K_v=\lim_{s\to 0}sG(s)=\lim_{s\to 0}s\frac{(s+z_1)(s+z_2)\cdots}{(s+p_1)(s+p_2)\cdots}=0$$

$$K_a=\lim_{s\to 0}s^2G(s)=\lim_{s\to 0}s^2\frac{(s+z_1)(s+z_2)\cdots}{(s+p_1)(s+p_2)\cdots}=0$$

정상상태 오차

$$e_p(\infty)=\frac{1}{1+K_p}=\frac{1}{1+\frac{z_1z_2\cdots}{p_1p_2\cdots}}<\infty,\ \text{상수}$$

$$e_v(\infty)=\frac{1}{K_v}=\frac{1}{0}=\infty$$

$$e_a(\infty)=\frac{1}{K_a}=\frac{1}{0}=\infty$$

예제 7.2 다음 이차 시스템에서 $R(s)$에 따른 정상상태 오차를 구하라.

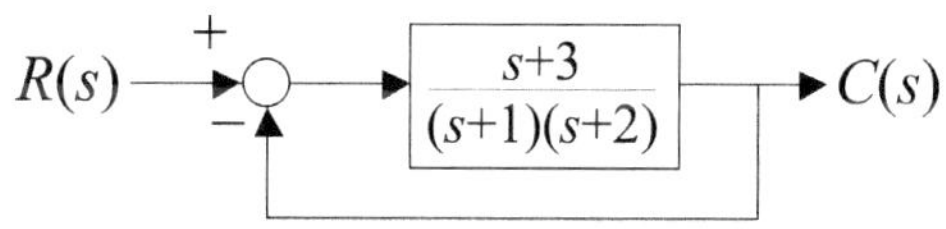

풀이.

① $K_p = \lim_{s \to 0} G(s) = \lim_{s \to 0} \frac{s+3}{(s+1)(s+2)} = \frac{3}{1 \cdot 2} = \frac{3}{2} = 1.5$

$$e_p(\infty) = \frac{1}{1+K_p} = \frac{1}{1+1.5} = \frac{1}{2.5} = 0.4$$

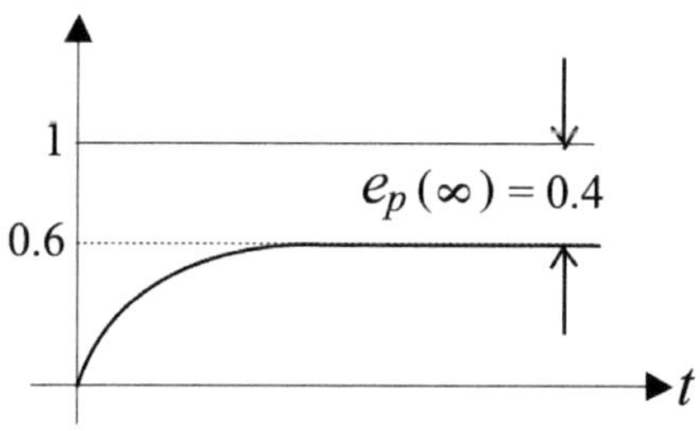

② $K_v = \lim_{s \to 0} sG(s) = \lim_{s \to 0} \frac{s(s+3)}{(s+1)(s+2)} = \frac{0 \cdot 3}{1 \cdot 2} = 0$

$$e_v(\infty) = \frac{1}{K_v} = \frac{1}{0} = \infty$$

③ $K_a = \lim_{s \to 0} s^2 G(s) = \lim_{s \to 0} \frac{s^2(s+3)}{(s+1)(s+2)} = \frac{0 \cdot 3}{1 \cdot 2} = 0$

$$e_a(\infty) = \frac{1}{K_a} = \frac{1}{0} = \infty$$

유형 0의 시스템은 계단 입력에 대해서는 어느 정도의 오차(여기서는 $e_p(\infty) = 0.4$)를 두고 제어 되지만, 램프 입력이나 가속도 입력은 제어 될 수 없다.

b. 유형 1 시스템 $(k=1)$

$$G(s) = \frac{(s+z_1)(s+z_2)\cdots}{s(s+p_1)(s+p_2)\cdots}$$

정상상태 오차 상수

$$K_p = \lim_{s \to 0} G(s) = \lim_{s \to 0} \frac{(s+z_1)(s+z_2)\cdots}{s(s+p_1)(s+p_2)\cdots} = \frac{z_1 z_2 \cdots}{0 \cdot p_1 p_2 \cdots} = \frac{1}{0} = \infty$$

$$K_v = \lim_{s \to 0} s\,G(s) = \lim_{s \to 0} \frac{s(s+z_1)(s+z_2)\cdots}{s(s+p_1)(s+p_2)\cdots} = \frac{z_1 z_2 \cdots}{p_1 p_2 \cdots} = \text{상수}$$

$$K_a = \lim_{s \to 0} s^2 G(s) = \lim_{s \to 0} \frac{s^2(s+z_1)(s+z_2)\cdots}{s(s+p_1)(s+p_2)\cdots} = \lim_{s \to 0} \frac{s(s+z_1)(s+z_2)\cdots}{(s+p_1)(s+p_2)\cdots} = \frac{0 \cdot z_1 z_2 \cdots}{p_1 p_2 \cdots} = 0$$

정상상태 오차

$$e_p(\infty) = \frac{1}{1+K_p} = \frac{1}{1+\infty} = \frac{1}{\infty} = 0$$

$$e_v(\infty) = \frac{1}{K_v} = \frac{p_1 p_2 \cdots}{z_1 z_2 \cdots} < \infty,\ \text{상수}$$

$$e_a(\infty) = \frac{1}{K_a} = \frac{1}{0} = \infty$$

유형 1의 시스템은 계단 입력에 대해서 오차 없이 제어 가능하며, 램프 입력에 대해서는 어느 정도의 오차를 두고 제어가능하다. 하지만 가속도 입력은 제어 가능하지 않다.

c. 유형 2 시스템 $(k=2)$

$$G(s) = \frac{(s+z_1)(s+z_2)\cdots}{s^2(s+p_1)(s+p_2)\cdots}$$

정상상태 오차 상수

$$K_p = \lim_{s \to 0} G(s) = \lim_{s \to 0} \frac{(s+z_1)(s+z_2)\cdots}{s^2(s+p_1)(s+p_2)\cdots} = \frac{z_1 z_2 \cdots}{0 \cdot p_1 p_2 \cdots} = \frac{1}{0} = \infty$$

$$K_v = \lim_{s \to 0} s\,G(s) = \lim_{s \to 0} \frac{s(s+z_1)(s+z_2)\cdots}{s^2(s+p_1)(s+p_2)\cdots} = \lim_{s \to 0} \frac{(s+z_1)(s+z_2)\cdots}{s(s+p_1)(s+p_2)\cdots} = \frac{z_1 z_2 \cdots}{0 \cdot p_1 p_2 \cdots} = \frac{1}{0} = \infty$$

$$K_a = \lim_{s \to 0} s^2 G(s) = \lim_{s \to 0} \frac{s^2(s+z_1)(s+z_2)\cdots}{s^2(s+p_1)(s+p_2)\cdots} = \frac{z_1 z_2 \cdots}{p_1 p_2 \cdots} = 상수$$

정상상태 오차

$$e_p(\infty) = \frac{1}{1+K_p} = \frac{1}{1+\infty} = \frac{1}{\infty} = 0$$

$$e_v(\infty) = \frac{1}{K_v} = \frac{1}{\infty} = 0$$

$$e_a(\infty) = \frac{1}{K_a} = \frac{p_1 p_2 \cdots}{z_1 z_2 \cdots} < \infty\ ,\quad 상수$$

유형 2의 시스템은 계단과 램프 입력에 대해서 오차 없이 제어 가능하며, 가속도 입력에 대해서는 어느 정도의 오차를 두고 제어 가능하다.

정리

시스템 유형 k	오차 상수 K_p	K_v	K_a	정상상태 오차 $e_p(\infty)$	$e_v(\infty)$	$e_a(\infty)$
0	상수	0	0	$\frac{1}{1+K_p}$	∞	∞
1	∞	상수	0	0	$\frac{1}{K_v}$	∞
2	∞	∞	상수	0	0	$\frac{1}{K_a}$
3	∞	∞	∞	0	0	0

정상상태 오차에서 ∞는 제어불가능을 의미한다.

예제 7.3 다음의 시스템에 대하여 계단 함수, 램프 함수, 포물선 함수 입력에 대하여 정상 상태 오차 값들($e_p(\infty), e_v(\infty), e_a(\infty)$)을 구하라.

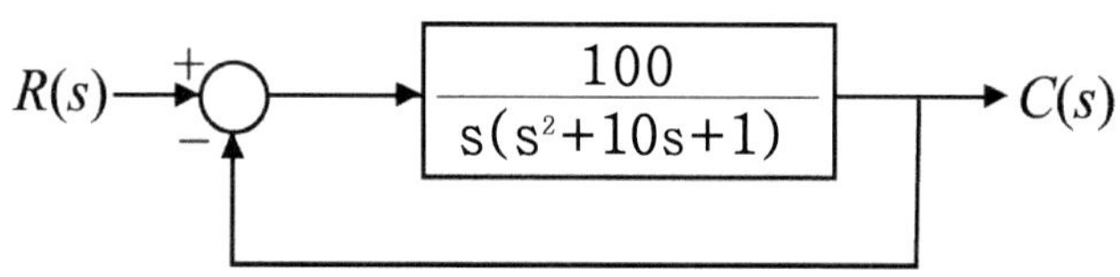

풀이.

① $K_p = \lim_{s \to 0} G(s) = \lim_{s \to 0} \frac{100}{s(s^2+10s+100)} = \frac{1}{0} = \infty$

$$e_p(\infty) = \frac{1}{1+K_p} = \frac{1}{1+\infty} = \frac{1}{\infty} = 0$$

② $K_v = \lim_{s \to 0} sG(s) = \lim_{s \to 0} \frac{s \cdot 100}{s(s^2+10s+100)} = \frac{100}{100} = 1$

$$e_v(\infty) = \frac{1}{K_v} = \frac{1}{1} = 1$$

③ $K_a = \lim_{s \to 0} s^2 G(s) = \lim_{s \to 0} \frac{s^2 \cdot 100}{s(s^2+10s+100)}$

$$= \lim_{s \to 0} \frac{s \cdot 100}{(s^2+10s+100)} = \frac{0 \cdot 100}{100} = 0$$

$$e_a(\infty) = \frac{1}{K_a} = \frac{1}{0} = \infty$$

시스템 유형이 $k=1$인 형태로 위의 표와 결과가 같음을 알 수 있다.

7.4 단위 피드백이 아닌 시스템에 대한 정상상태 오차

정상상태 오차에 대한 시스템 응답을 알기 위해서는 다음과 같은 단위 피드백 제어 시스템을 기준으로 오차 상수를 구한 후 정상상태 오차를 구한다.

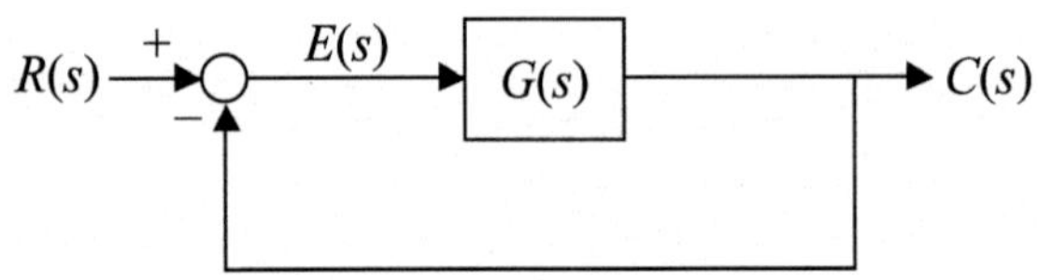

〈그림 7.10〉 단위 피드백 시스템

만약 전체 시스템 구성이 위의 단위 피드백 시스템 구조가 아니라면 블록의 위치 변환을 통해 단위 피드백 시스템 구조로 변경하여야 한다.

다음의 예를 통하여 단위 피드백 시스템 구조로 변경하는 방법에 대하여 배워 보기로 한다.

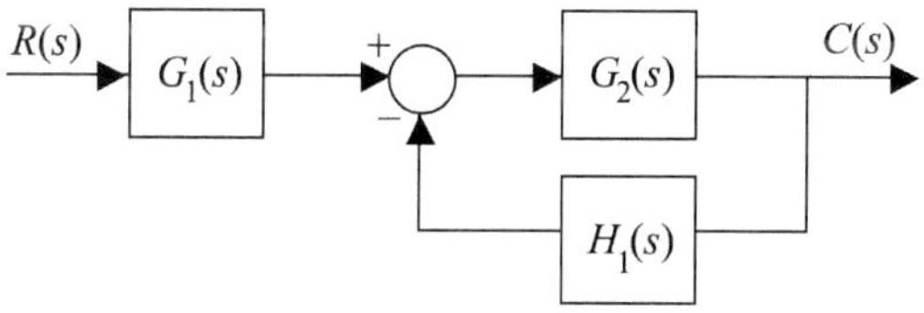

〈그림 7.11〉 단위 피드백이 아닌 시스템

다음의 순서를 통해 단위 피드백 시스템 구조로 변경한다.

1) $G_1(s)$를 루프안으로 이동

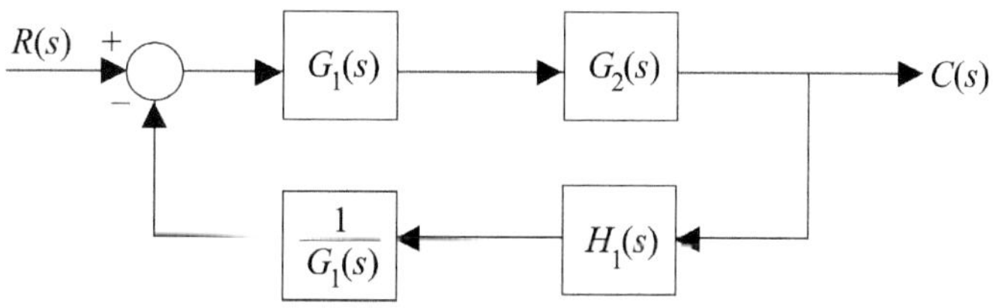

2) 직렬블록 결합

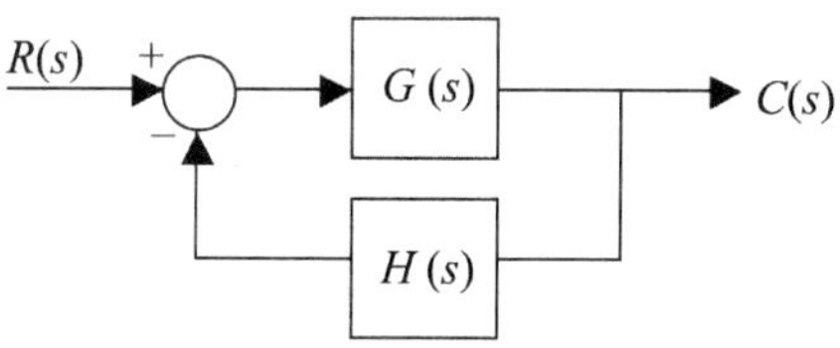

$$G(s)=G_1(s)\cdot G_2(s)$$

$$H(s)=\frac{H_1(s)}{G_1(s)}$$

3) 단위 피드백 삽입

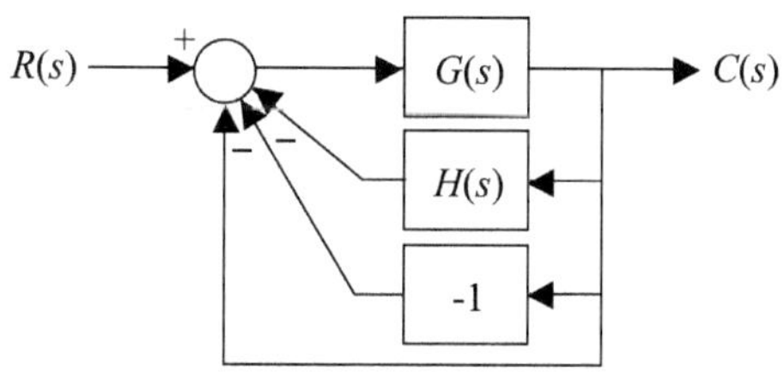

4) 병렬블록 결합

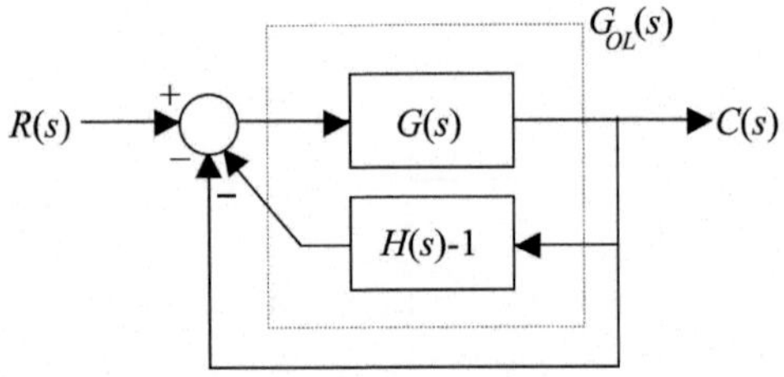

$$G_{OL}(s) = \frac{G(s)}{1+G(s)(H(s)-1)} = \frac{G(s)}{1+G(s)H(s)-G(s)}$$

5) 단위 피드백 시스템

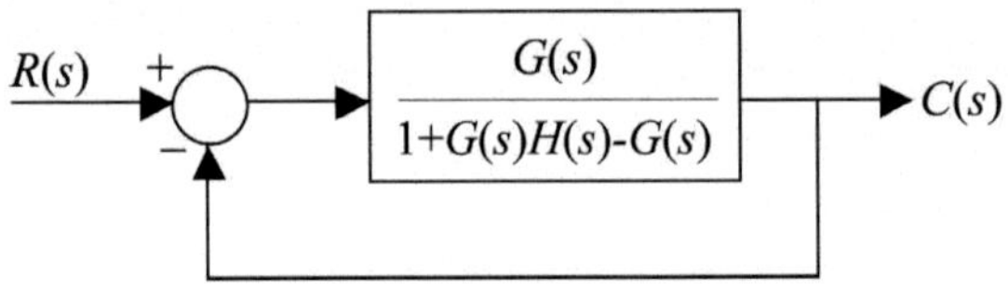

예제 7.4 블록 선도에서 피드백 이득(gain)이 1인 블록 선도 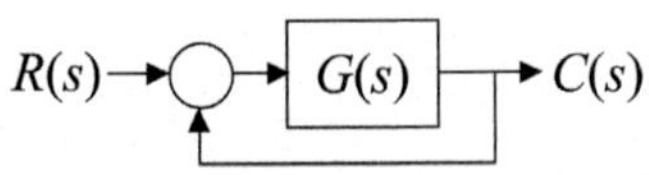 로 변환 시키는 과정을 그리고, $G(s)$를 구하시오.

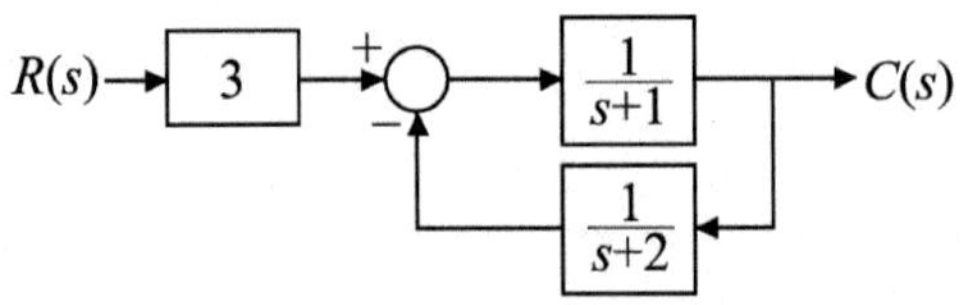

풀이.

① 이득 3을 루프안으로 이동

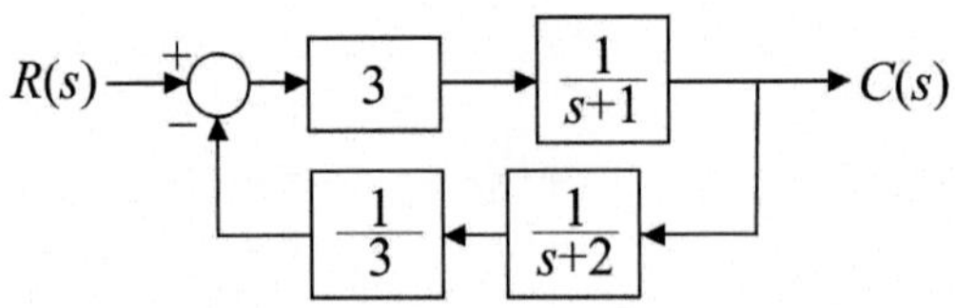

② 직렬블록 결합 및 단위 피드백 삽입

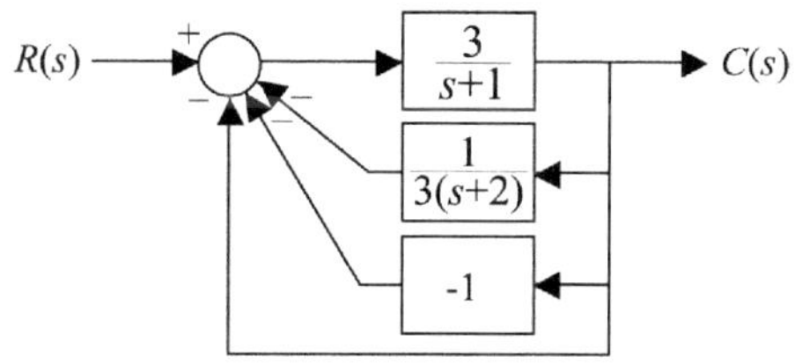

$$\frac{1}{3(s+2)}-1 = \frac{1-3s-6}{3(s+2)} = \frac{-3s-5}{3(s+2)}$$

③ 병렬 블록 결합

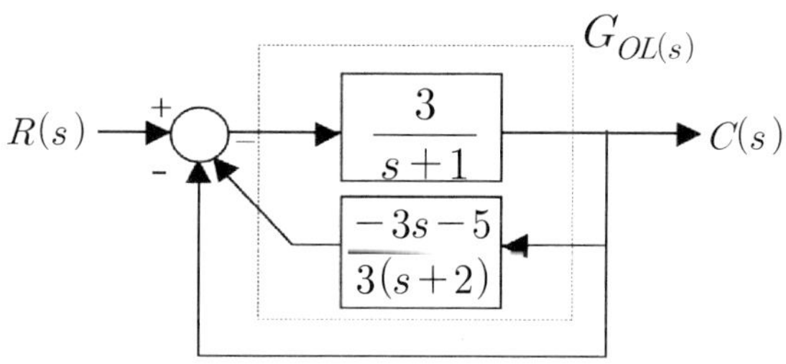

$$G_{OL}(s) = \frac{\dfrac{3}{(s+1)}}{1-\dfrac{(3s+5)}{3(s+2)} \cdot \dfrac{3}{(s+1)}}$$

$$= \frac{3}{(s+1)-\dfrac{(3s+5)}{s+2}} \qquad : \text{분자, 분모에 } (s+1) \text{ 곱하기}$$

$$= \frac{3(s+2)}{(s+1)(s+2)-(3s+5)} \qquad : \text{분자, 분모에 } (s+2) \text{ 곱하기}$$

$$= \frac{3(s+2)}{s^2+3s+2-3s-5} = \frac{3(s+2)}{s^2-3}$$

④ 단위 피드백 시스템

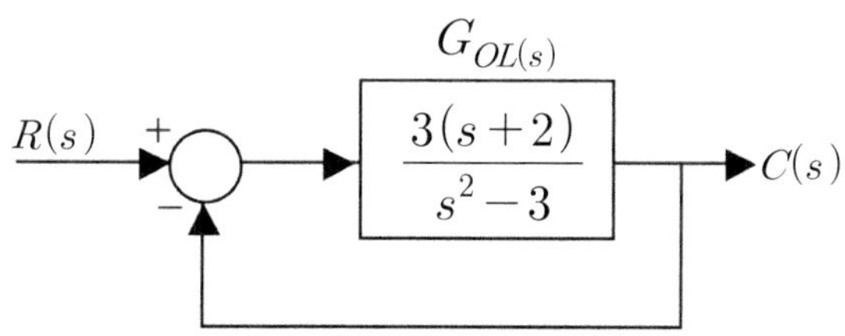

예제 7.5 다음의 폐루프 시스템에서 계단입력에 대한 정상상태 오차를 구하라.

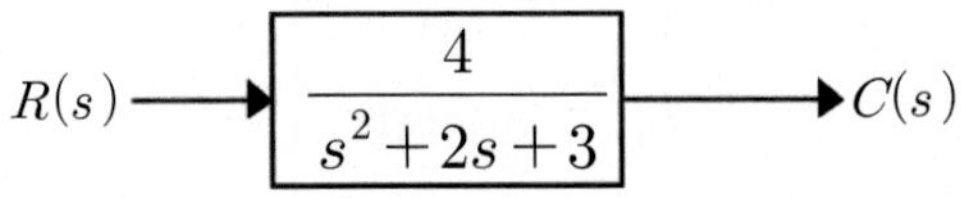

풀이.

단위 피드백 삽입

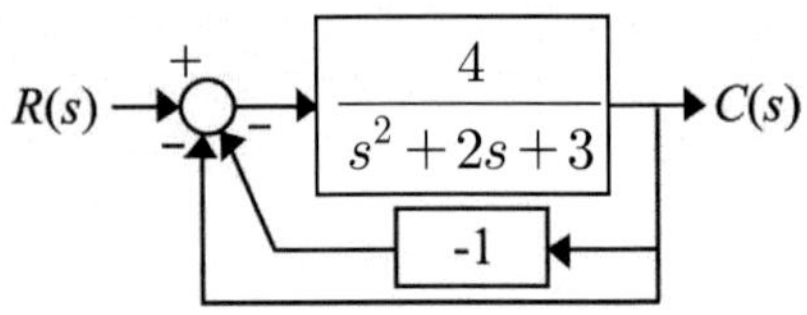

$$\frac{\frac{4}{s^2+2s+3}}{1-\frac{4}{s^2+2s+3}}=\frac{4}{s^2+2s+3-4}=\frac{4}{s^2+2s-1}$$

$$K_p=\lim_{s\to 0}\frac{4}{s^2+2s-1}=-4$$

$$e_p=\frac{1}{1+K_p}=\frac{1}{1-4}=-\frac{1}{3}=-0.334$$

예제 7.6 다음의 시스템에서 계단 입력에 대한 정상상태 오차를 구하라.

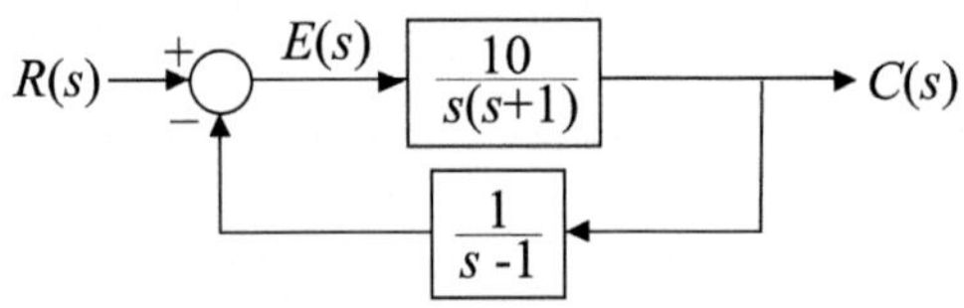

풀이.

① 단위 피드백 삽입

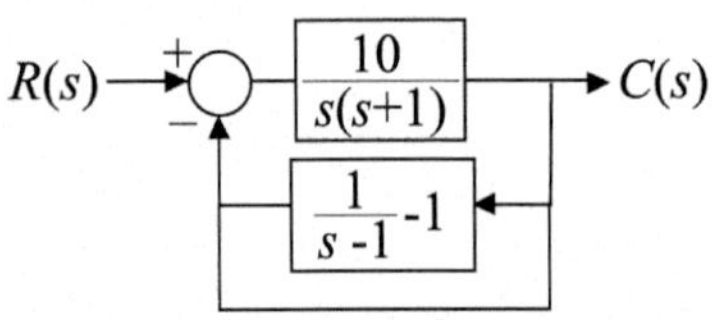

$$\frac{1}{s-1}-1=\frac{1-s+1}{s-1}$$
$$=\frac{2-s}{s-1}$$

② 단위 피드백 시스템

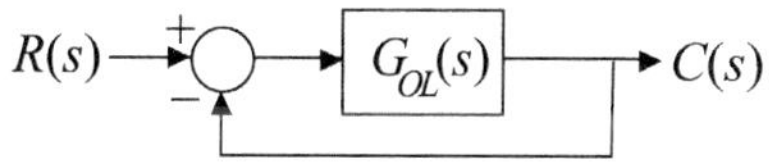

$$G_{OL}(s) = \frac{\dfrac{10}{s(s+1)}}{1 + \dfrac{10}{s(s+1)} \cdot \dfrac{2-s}{s-1}}$$

$$= \frac{10(s-1)}{s(s+1)(s-1)+10(2-s)}$$

$$K_p = \lim_{s \to 0} G_{OL}(s) = \frac{-10}{10 \cdot 2} = -\frac{1}{2} = -0.5$$

$$e_p(\infty) = \frac{1}{1+K_p} = \frac{1}{1-0.5} = \frac{1}{0.5} = 2$$

7.5 외란에 의한 정상상태 오차

단위 피드백 시스템에 외란이 있는 경우를 고려해 보자. 여기서, $G_c(s)$는 제어기 전달함수이고, $G_p(s)$는 플랜트 전달함수이다.

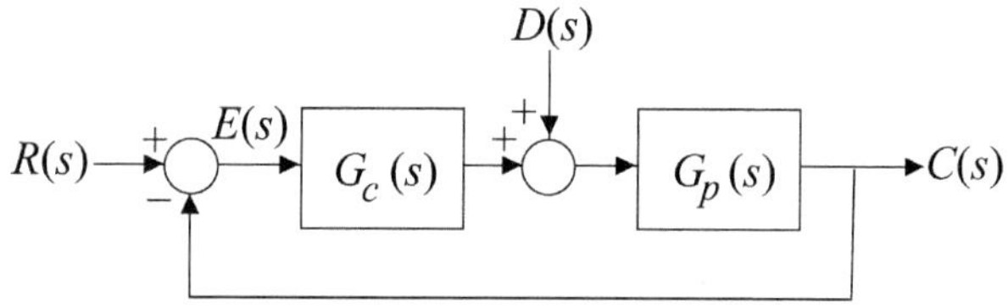

〈그림 7.12〉 외란이 있는 피드백 시스템

오차 함수는 다음과 같다.

$$E(s) = R(s) - C(s)$$

$$C(s) = G_p(s)[D(s) + G_c(s)E(s)]$$

$$E(s) = R(s) - G_p(s)[D(s) + G_c(s)E(s)]$$

$$= R(s) - G_p(s)D(s) - G_p(s)G_c(s)E(s)$$

$$[1 + G_p(s)G_c(s)]E(s) = R(s) - G_p(s)D(s)$$

$$E(s) = \underbrace{\frac{1}{1 + G_p(s)G_c(s)} R(s)}_{R(s)\text{에 의한 성분}} - \underbrace{\frac{G_p(s)}{1 + G_p(s)G_c(s)} D(s)}_{D(s)\text{에 의한 성분}} = E_R(s) + E_D(s)$$

여기서, $E_R(s) = \dfrac{1}{1 + G_p(s)G_c(s)} R(s)$, $\quad E_D(s) = -\dfrac{G_p(s)}{1 + G_p(s)G_c(s)} D(s)$

$D(s)$에 의해 생기는 오차 함수 $E_D(s)$의 정상상태 오차는 다음과 같다.

$$e_D(\infty) = \lim_{s \to 0} sE_D(s) = \lim_{s \to 0} s \frac{-G_p(s)}{1 + G_p(s)G_c(s)} D(s)$$

$D(s) = \dfrac{1}{s}$를 단위 계단함수, 즉 $d(t)$=1 이라고 가정하면, 외란에 의한 정상상태 오차는 다음과 같다.

$$e_D(\infty) = -\lim_{s \to 0} s \cdot \frac{G_p(s)}{1 + G_p(s)G_c(s)} \cdot \frac{1}{s}$$

$$= -\lim_{s \to 0} \frac{1}{\dfrac{1}{G_p(s)} + G_c(s)} = -\frac{1}{\lim\limits_{s \to 0} \dfrac{1}{G_p(s)} + \lim\limits_{s \to 0} G_c(s)}$$

외란에 의한 정상상태 오차 $e_D(\infty)$를 줄이기 위해서는 제어기 $G_c(s)$의 직류이득을 가능한 크게 설정하여야 한다.

예제 7.7 계단 입력의 외란 신호가 들어올 때, 외란에 의한 정상상태 오차를 구하시오.

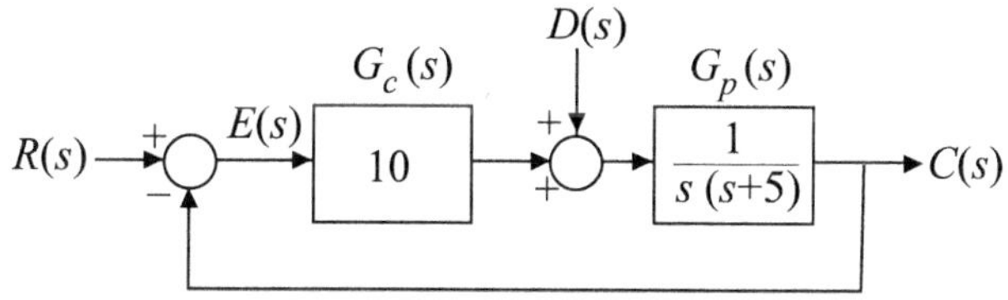

풀이.

계단 입력의 외란에 대한 정상상태 오차는 다음과 같다.

$$e_D(\infty) = -\frac{1}{\lim_{s\to 0}\frac{1}{G_p(s)} + \lim_{s\to 0} G_c(s)}$$

$$\lim_{s\to 0}\frac{1}{G_p(s)} = \lim_{s\to 0} s(s+5) = 0$$

$$\lim_{s\to 0} G_c(s) = \lim_{s\to 0} 10 = 10$$

$$e_D(\infty) = -\frac{1}{0+10} = -\frac{1}{10} = -0.1$$

이 결과는 외란 신호에 의해 발생된 정상상태 오차가 $\lim_{s\to 0} G_c(s)$의 직류 이득에 반비례하다는 것을 보여준다.

7.6 MATLAB 활용

예제 M7.1 $G(s) = \frac{4}{2s+3}$의 일차 시스템에 대하여 단위 계단 입력을 주었을 때 응답을 구하시오.

```
>>num=4;
>>den=[2 3];
>>step(num, den)
```

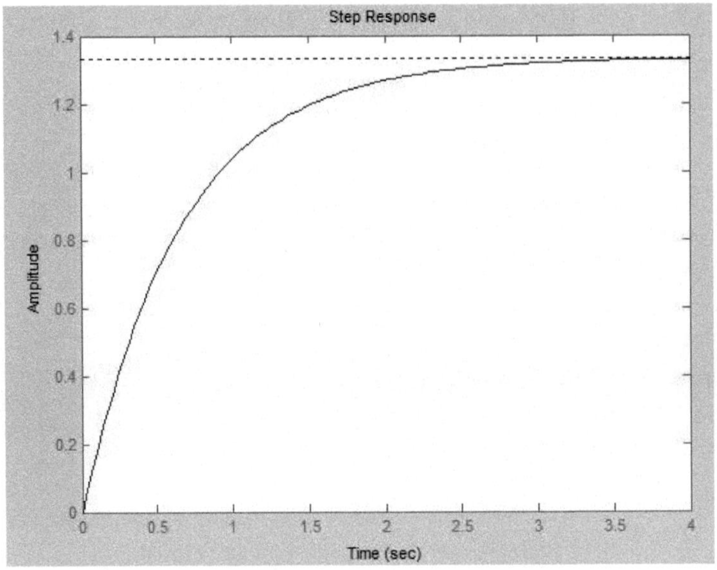

예제 M7.2 예제 7.5에 있는 $G(s)=\dfrac{4}{s^2+2s+3}$의 이차 시스템에 대하여 단위 계단 입력을 주었을 때, 응답을 구하시오.

```
>>num=4;
>>den=[1 2 3];
>>step(num, den)
```

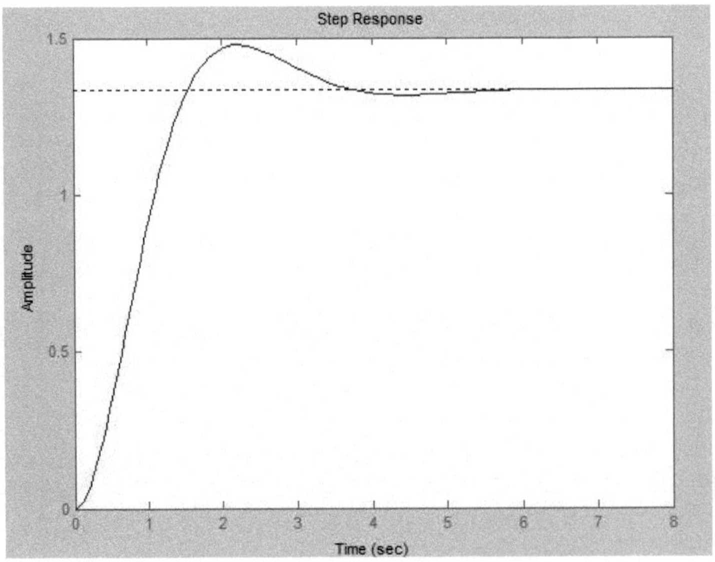

예제 M7.3 $G(s) = \dfrac{4}{s^2+3s+5}$ 의 이차 시스템에 대하여 계단 입력, 임펄스 입력과 램프 입력을 주었을 때 응답을 구하시오.

```
>>num=4;
>>den=[1 3 5];
>>G=tf(num, den);
>>t=[0: 0.01: 5];
>>y_step=step(G,t);
>>y_impulse=impulse(G,t);
>>y_ramp=lsim(G,t,t);
>>plot(t, y_step, t, y_impulse, t, y_ramp)
```

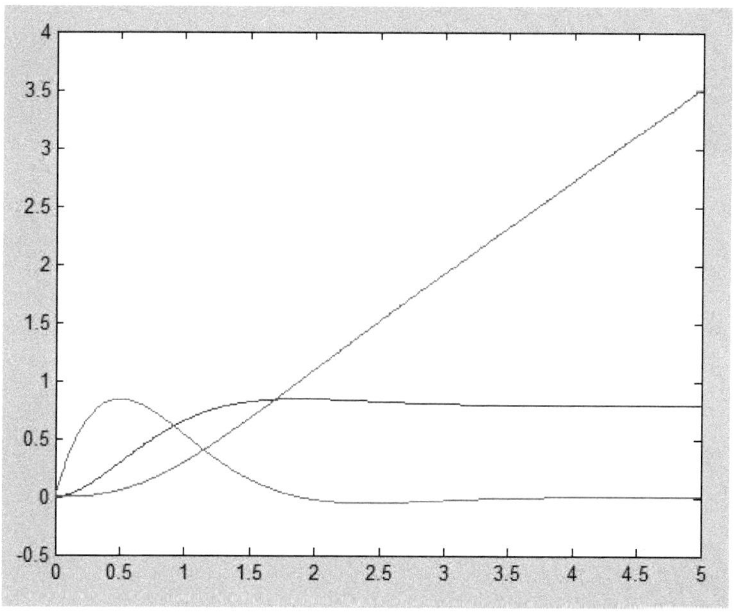

예제 M7.4 본문에 나온 예제에서 계단함수 응답, 램프함수 응답, 포물선함수 응답의 정상상태 오차 값들 $e_p(\infty), e_v(\infty), e_a(\infty)$을 구하시오.

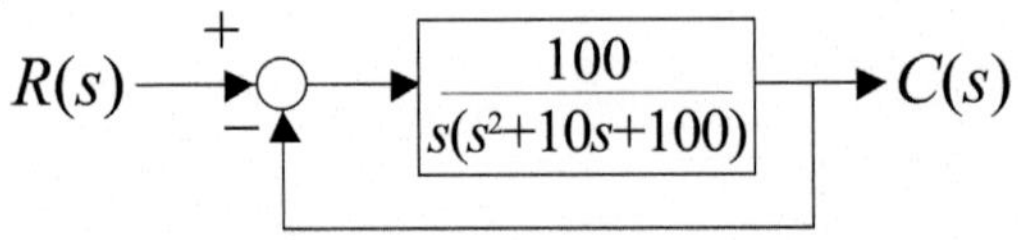


```
>>num=100;
>>den=[1 10 100 0];
>>G=tf(num, den);
>>GH=feedback(G, 1);

>>Kp=dcgain(G)
  Kp=Inf
>>ep=1/(1+Kp)
  ep=0
>>s=tf([1 0],[1]);
>>sG=s*G;
>>sG=minreal(sG);
>>Kv=dcgain(sG)
  Kv=1
>>ev=1/Kv
  ev=1
>>ssG=s*s*G;
>>ssG=minreal(ssG);
>>Ka=dcgain(ssG)
  Ka=0
>>ea=1/Ka
  ea=Inf
```

7.7 기사 문제

1 다음 중 속도 편차 상수는?

㉮ $\lim_{s \to 0} G(s)$ ㉯ $\lim_{s \to 0} sG(s)$ ㉰ $\lim_{s \to 0} s^2 G(s)$ ㉱ $\lim_{s \to 0} s^3 G(s)$

2 제어 시스템의 정상 상태 오차에서 포물선 함수 입력에 의한 정상 상태 오차 상수 $K_a = \lim_{s \to 0} s^2 G(s) H(s)$로 표현된다. 이때 K_a를 무엇이라고 부르는가?

㉮ 위치 오차 상수 ㉯ 속도 오차 상수 ㉰ 가속도 오차 상수 ㉱ 평균 오차 상수

3 단위 귀환 제어계의 개루프 전달 함수가 다음과 같을 때, 입력 $r(t) = 5u(t)$에 대한 정상 상태 오차 e_{ssp}는?

$$G(s) = \frac{2}{s+1}$$

㉮ $\frac{1}{3}$ ㉯ $\frac{2}{3}$ ㉰ $\frac{4}{3}$ ㉱ $\frac{5}{3}$

4 개루프 전달 함수 $G(s)$가 다음과 같이 주어지는 단위 귀환계에서 단위 경사 입력(단위 속도 입력)에 대한 정상 편차는?

$$G(s) = \frac{3(1+s)}{s(1+2s)(1+3s)}$$

㉮ 0 ㉯ $\frac{1}{3}$ ㉰ $\frac{1}{2}$ ㉱ 1

5 개회로 전달 함수가 다음과 같은 계에서 단위 속도 입력에 대한 정상 편차는?

$$G(s) = \frac{5}{s(s+1)(s+2)}$$

㉮ $\frac{2}{5}$ ㉯ $\frac{5}{2}$ ㉰ 0 ㉱ ∞

6 다음에서 입력이 $r(t) = 5t$일 때, 정상 편차는 얼마인가?

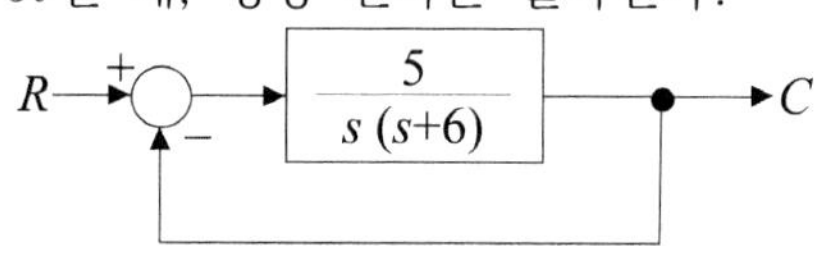

㉮ $e_{ssp} = 2$ ㉯ $e_{ssp} = 4$ ㉰ $e_{ssp} = 6$ ㉱ $e_{ssp} = \infty$

7 그림과 같은 블록 선도로 표시되는 제어계는 무슨 형인가?

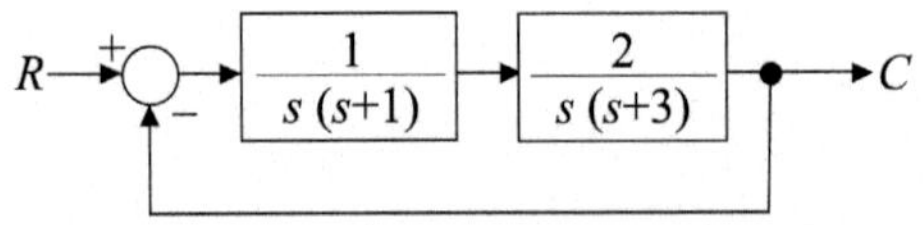

㉮ 0형 ㉯ 1형 ㉰ 2형 ㉱ 3형

8 $G(s)H(s) = \dfrac{K(s+1)}{s(s+2)(s+4)}$일 때, 이 계통은 어떤 형인가?

㉮ 0형 ㉯ 1형 ㉰ 2형 ㉱ 3형

9 단위 램프 입력에 대하여 속도 편차 상수가 유한값을 갖는 제어계의 형은?

㉮ 0형 ㉯ 1형 ㉰ 2형 ㉱ 3형

10 개루프 전달 함수 $G(s)$가 다음과 같이 주어지는 단위 피드백계에서 단위 속도 입력에 대한 정상 편차는?

$$G(s) = \frac{2(1+0.5s)}{s(1+s)(1+2s)}$$

㉮ 0 ㉯ $\dfrac{1}{2}$ ㉰ 1 ㉱ 2

11 정상편차(e_{ssp})와 위치편차 상수(K_p)의 관계는? (단, 입력은 $R(s) = \dfrac{1}{s}$이다.)

㉮ $e_{ssp} = \dfrac{1}{1+sK_p}$

㉯ $e_{ssp} = \dfrac{1}{1+K_p}$

㉰ $e_{ssp} = \dfrac{1}{K_p}$

㉱ $e_{ssp} = \dfrac{1}{1-K_p}$

12 그림과 같은 제어계에서 단위 계단 입력 D가 인가될 때, 외란 D에 의한 정상 편차는?

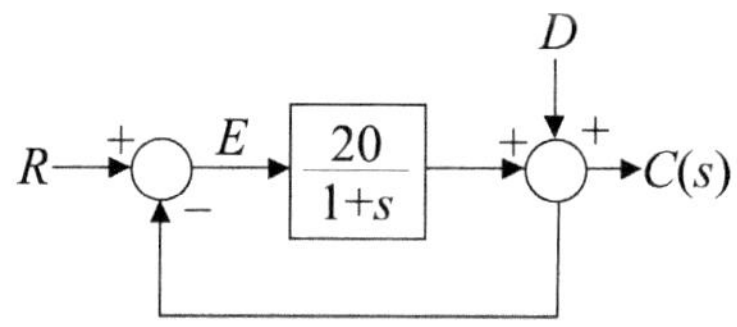

㉮ 20 ㉯ 21 ㉰ $\frac{1}{20}$ ㉱ $\frac{1}{21}$

13 그림에서 $G(s)=\frac{50}{s(s+0.5)}$일때, 단위 계단 함수 입력에 대한 정상 편차 $\lim_{t\to\infty} e(t)$는?

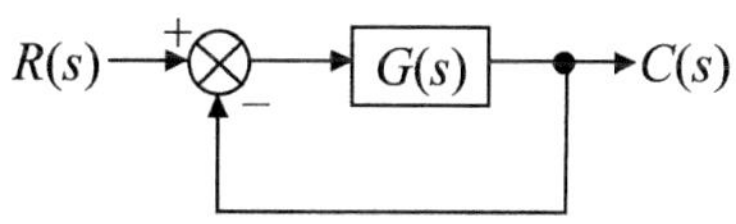

㉮ 0 ㉯ $\frac{1}{2}$ ㉰ 1 ㉱ 2

14 단위 피드백 제어계에서 개루프 전달 함수 $G(s)$가 다음과 같이 주어지는 계의 단위 계단 입력에 대한 정상 편차는?

$$G(s)=\frac{10}{(s+1)(s+2)}$$

㉮ $\frac{1}{3}$ ㉯ $\frac{1}{4}$ ㉰ $\frac{1}{5}$ ㉱ $\frac{1}{6}$

15 개루프 전달 함수 $G(s)$가 다음과 같이 주어지는 단위 피드백계에서 단위 속도 입력에 대한 정상 편차는?

$$G(s)=\frac{10}{s(s+1)(s+2)}$$

㉮ 0.5 ㉯ 0.33 ㉰ 0.25 ㉱ 0.2

16 그림에서 블록 선도로 보인 안정한 제어계의 단위 경사 입력에 대한 정상 상태 오차는?

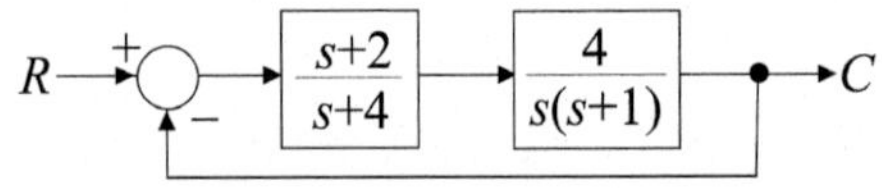

㉮ 0 ㉯ $\frac{1}{4}$ ㉰ $\frac{1}{2}$ ㉱ ∞

17 $G_{c1}(s)=K,\ G_{c2}(s)=\frac{1+0.1s}{1+0.2s},\quad G_p(s)=\frac{200}{s(s+1)(s+2)}$ 인 그림과 같은 제어계에 단위 램프 입력을 가할 때, 정상 편차가 0.01이라면 K의 값은?

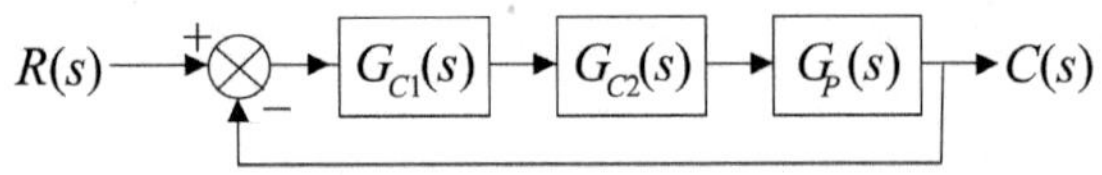

㉮ 0.1 ㉯ 1 ㉰ 10 ㉱ 100

18 어떤 자동 제어 계통의 극점이 s평면에 그림과 같이 주어지는 경우, 이 시스템의 시간영역에서 동작 상태는?

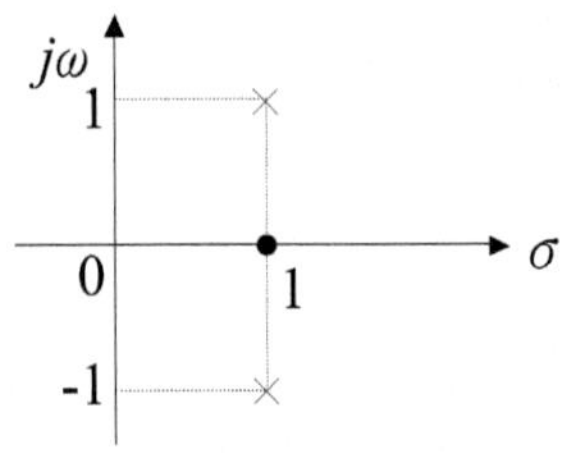

㉮ 진동하지 않는다. ㉯ 감폭 진동한다.
㉰ 점점 더 크게 진동한다. ㉱ 지속 진동한다.

19 어떤 자동 제어 계통의 극점이 그림과 같이 주어지는 경우, 이 시스템의 시간 영역에서의 동작 특성을 나타낸 것은?

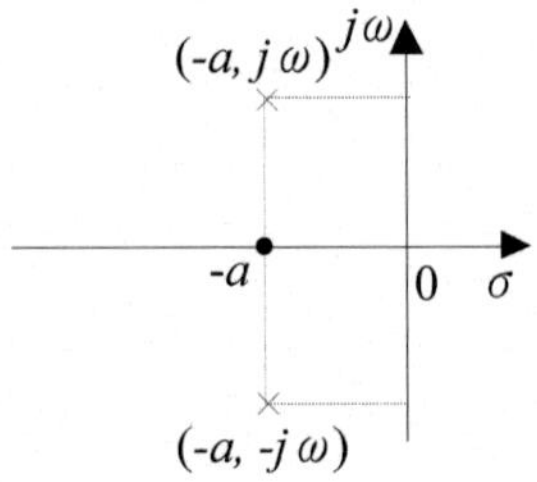

㉮ 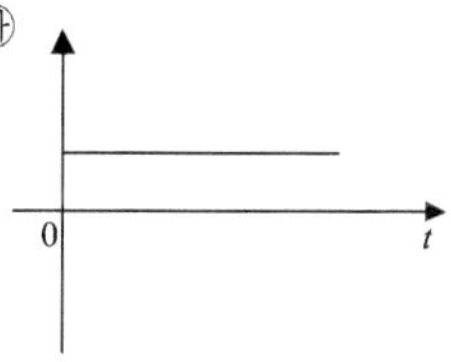

㉯ 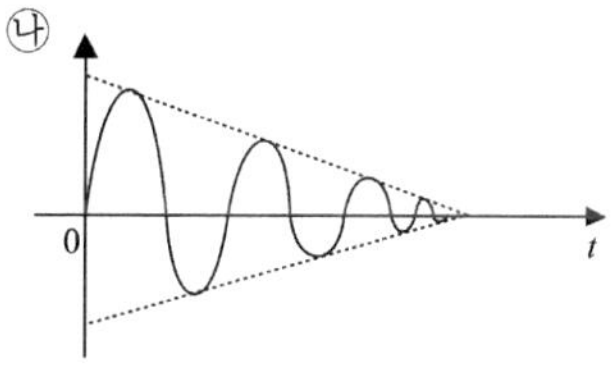

㉰ 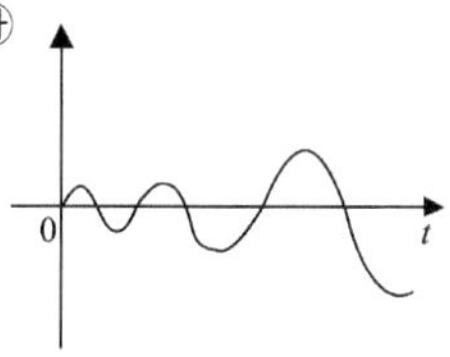

㉱ 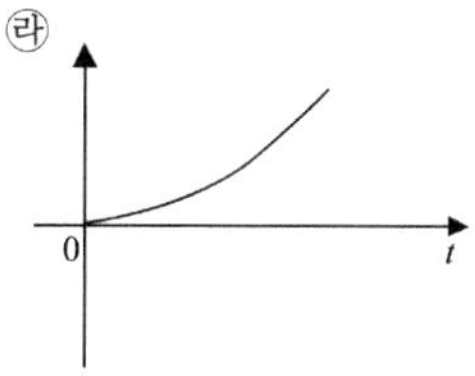

20 그림과 같은 계통에서 정상 편차(steady state error)는?

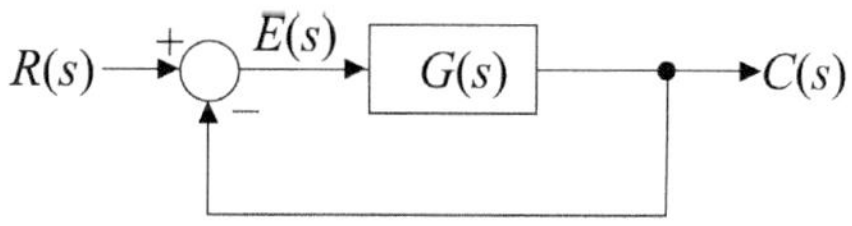

㉮ $e_{ss} = \lim_{s \to \infty} \frac{1}{1+G(s)} R(s)$

㉯ $e_{ss} = \lim_{s \to \infty} \frac{s}{1+G(s)} R(s)$

㉰ $e_{ss} = \lim_{s \to 0} \frac{1}{1+G(s)} R(s)$

㉱ $e_{ss} = \lim_{s \to 0} \frac{s}{1+G(s)} R(s)$

해답

1.㉯ 2.㉰ 3.㉱ 4.㉯ 5.㉮ 6.㉰ 7.㉰ 8.㉯ 9.㉯ 10.㉯
11.㉯ 12.㉱ 13.㉮ 14.㉱ 15.㉱ 16.㉰ 17.㉯ 18.㉰ 19.㉯ 20.㉱

8 과도상태에서 시간응답 해석

7장에서는 스위치를 키고 시간이 충분이 지난 정상상태에서 시간응답 해석을 하였다. 8장에서는 스위치를 켰을 때 일어나는 짧은 순간인 과도 상태에서 시간응답을 해석한다. 일차 시스템과 이차 시스템에 대하여 정량적인 해석을 하고, 영점과 극점이 제어기에 추가된 시스템에 대해서도 다루어 본다..

8.1 일차 시스템의 시간 응답 해석

◆ 계단 입력을 주었을 때 일차 시스템의 응답 특성 해석

다음의 RC 직렬 회로에서 커패시터에 걸린 전압을 전달함수로 모델링 하자. 이때, $u(t)=1\ [V]$, 즉 $U(s)=\frac{1}{s}$로 설정하자.

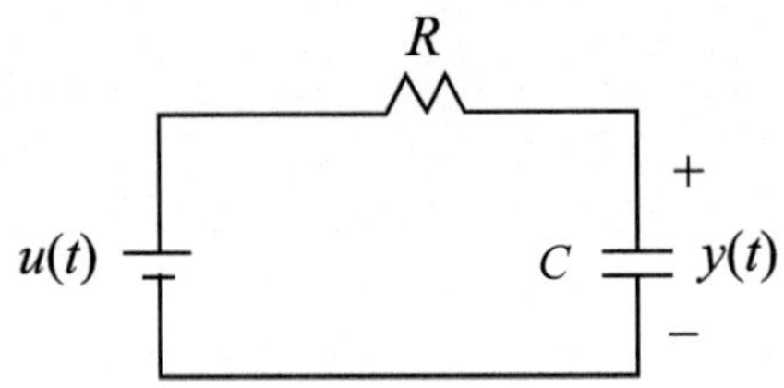

$$\frac{Y(s)}{U(s)}=\frac{\frac{1}{sC}}{R+\frac{1}{sC}}=\frac{1}{sCR+1}=\frac{\frac{1}{RC}}{s+\frac{1}{RC}}$$

$\frac{1}{RC}$을 $\frac{1}{RC}\triangle a$로 설정하자.

$$G(s)\triangle\frac{Y(s)}{U(s)}=\frac{a}{s+a}$$

$$Y(s)=G(s)\bullet U(s)=\frac{a}{s+a}\bullet\frac{1}{s}=\frac{-1}{s+a}+\frac{1}{s}=\frac{1}{s}-\frac{1}{s+a}$$

$$y(t)=1-e^{-at}$$

일차 시스템의 출력은 $y(t)=K_1-K_2e^{-at}$의 형태를 갖는다. 따라서 $y(t)$가 sin, cos 함수를 가지고 있지 않아 진동(oscillation)하지는 않는다. 출력 값 $y(t)$가 지수함수이기 때문에 서서히 감소 하거나 서서히 증가한다.

$y(t)=1-e^{-at}$를 시간에 대한 그래프로 그리면 다음과 같다.

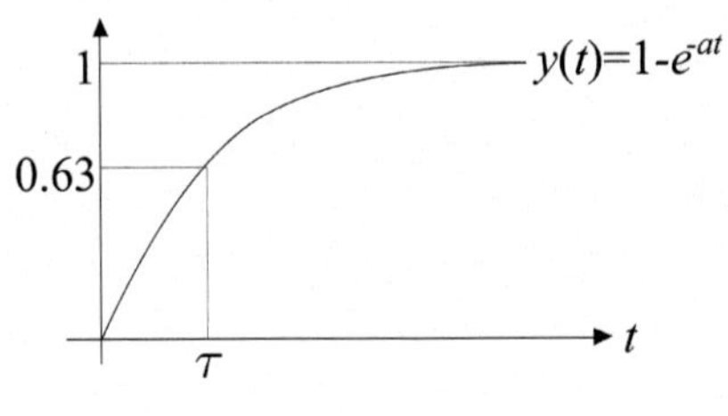

이 때 출력 $y(t)$가 0.63에 이를 때의 시간은 즉, $y(t) = 1 - e^{-at} = 1 - e^{-1} = 1 - 0.3678 \fallingdotseq 0.63$ 이러한 시간을 시정수(time constant)라고 정한다.

$$t = \tau = \frac{1}{a} = RC$$

출력 $y(t)$는 τ를 사용하여 다음과 같이 표현할 수 있다.

$$y(t) = 1 - e^{-\frac{t}{\tau}}$$

다음은 정착 시간과 상승 시간을 구하여 보자.

T_s : 정착 시간(settling time) - 최종값의 2% 이내에 도달 하는데 걸리는 시간. 일차 시스템에서 초기값이 0이면 계단입력의 0.98에 해당함.

$$c(t) = 0.98 = 1 - e^{-\frac{t}{\tau}}$$

$$e^{-\frac{t}{\tau}} = 1 - 0.98 = 0.02$$

$$-\frac{t}{\tau} - \ln 0.02 \fallingdotseq -3.91$$

$$\frac{t}{\tau} = 3.91$$

$$t = 3.91\tau$$

즉, 정착시간 $T_s = 3.91\tau$ 이다.

T_r : 상승 시간 (rising time) - 최종값의 10%에서 90%까지 이르는 데 걸리는 시간.

$T_r = t_1 - t_2$

여기서, t_1은 최종값의 90%에 이르는데 걸리는 시간이고 t_2는 최종값의 10%에 이르는 데 걸리는 시간이다.

$$c(t_1) = 0.9 = 1 - e^{-\frac{t_1}{\tau}}$$

$$e^{-\frac{t_1}{\tau}} = 1 - 0.9 = 0.1$$

$$-\frac{t_1}{\tau} = \ln 0.1 \simeq -2.3$$

$$\frac{t_1}{\tau} = 2.3$$

$$t_1 = 2.3\tau$$

$$c(t_2) = 0.1 = 1 - e^{-\frac{t_2}{\tau}}$$

$$e^{-\frac{t_2}{\tau}} = 1 - 0.1 = 0.9$$

$$-\frac{t_2}{\tau} = \ln 0.9 \simeq -0.1$$

$$\frac{t_2}{\tau} = 0.1$$

$$t_2 = 0.1\tau$$

$$T_r = t_1 - t_2 = 2.3\tau - 0.1\tau = 2.2\tau$$

즉, 상승시간 $T_r = 2.2\tau$ 이다.

위에서 구한 정착시간, 상승시간의 값을 출력 그래프로 분석해 보면 다음과 같다.

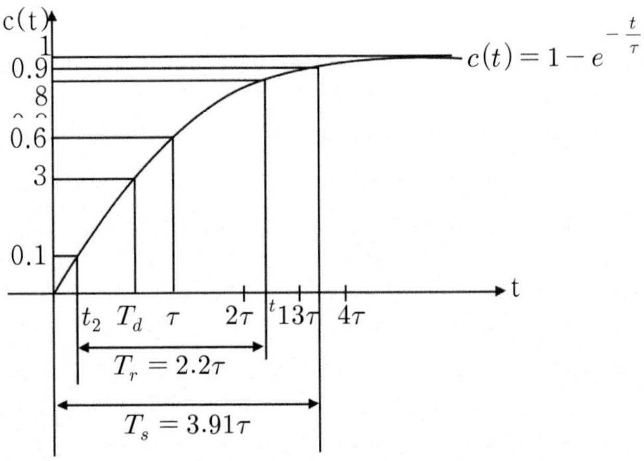

T_d : 지연 시간(delay time) - 최종값의 50%까지 이르는 데 걸리는 시간

$$c(t) = 0.5 = 1 - e^{-\frac{t}{\tau}}$$

$$e^{-\frac{t}{\tau}} = 1 - 0.5 = 0.5$$

$$-\frac{t}{\tau} = \ln 0.5 \simeq -0.69$$

$$\frac{t}{\tau} = 0.69$$

$$t = 0.69\tau$$

즉, 지연 시간 $T_d = 0.69\tau$ 이다.

위의 R-C 직렬 회로는 저주파 통과 필터(Low Pass Filter)이다.

$G(s) = \dfrac{a}{s+a}$ 에서 주파수 응답 해석을 위하여 s대신 $j\omega$로 바꾸어 정리하면,

$$G(j\omega) = \frac{a}{j\omega + a}$$

$G(j\omega)$의 크기는 다음과 같다.

$$|G(j\omega)| = \frac{a}{\sqrt{a^2 + \omega^2}}$$

이 때, ω를 크게 하면 (고주파) 할수록 $|G(j\omega)|$는 작아지고, ω를 작게 하면 (저주파) 할수록 $|G(j\omega)|$는 커진다. 따라서, 고주파 성분은 잘 통과 못하고, 저주파 성분은 잘 통과 시키는 저주파 통과 필터가 된다.

◆ 일차 시스템의 극점 위치에 따른 계단 응답 분석

$G(s) = \dfrac{a}{s+a}$ 에서 a값의 변화에 따른 시간 응답 출력 $c(t)$에 대하여 분석하자.

a값의 크기가 큰 일차 시스템은 즉, s-공간에서 더욱 a가 좌반면(LHP)에 위치해 있을수록 시간 응답의 속도가 빨라진다. 왜냐하면 $a_1 < a_2$인 경우, 출력 $y(t) = 1 - e^{-a_1 t}$보다 $y(t) = 1 - e^{-a_2 t}$가 $a_1 < a_2$이므로 지수 함수가 더 크게 줄어 들기 때문이다.

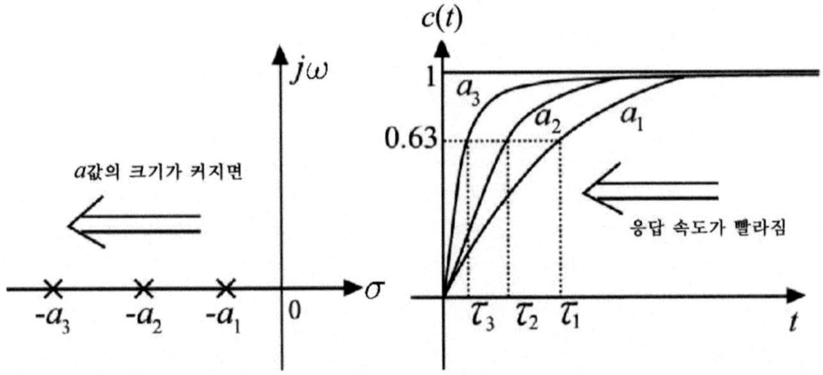

(a) s-공간 (b) 시간 응답

〈그림 8.1〉 일차시스템

8.2 이차 시스템의 시간 응답 해석

일차 시스템에 비하여 이차 시스템(second-order system)은 해석하고 특성을 나타내야 할 응답 영역이 넓다. 일차 시스템 $\frac{a}{s+a}$에서는 파라미터 a가 변하면 응답 속도만 변하지만, 이차 시스템에서는 파라미터가 변하면 응답 형태가 변한다. 이차 시스템은 일차 시스템과 유사한 응답 특성을 갖지만, 파라미터 값에 따라 과도 응답이 과제동을 하거나 부족제동을 하거나 제동(damping)없이 진동(oscillation)하기도 한다. 이차 시스템의 일반형은 다음과 같다.

$$G(s) = \frac{b}{s^2 + as + b}$$

다음은 이차 시스템이 나타낼 수 있는 특성을 네 종류로 나누어 분석해 보자.

- **과제동(over-damped) 시스템**

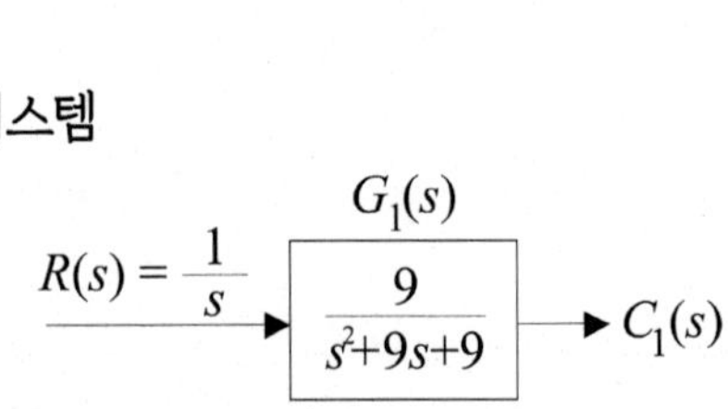

$$C_1(s) = G_1(s) \cdot R(s) = \frac{9}{s^2 + 9s + 9} \cdot \frac{1}{s}$$

특성 방정식 : $s^2+9s+9=0$

근의 공식 $\dfrac{-b\pm\sqrt{b^2-4ac}}{2a}$ 에서 $b^2-4ac=81-4\bullet 9=45$, b^2-4ac가 양수이므로, 특성 방정식 $s^2+9s+9=0$은 두 개의 실근 σ_1, σ_2를 갖는다.

따라서, $C_1(s)$는 다음과 같은 형태를 가진다.

$$C_1(s)=\frac{K_1}{s+\sigma_1}+\frac{K_2}{s+\sigma_2}+\frac{K_3}{s}$$

$\dfrac{K_3}{s}$는 $R(s)=\dfrac{1}{s}$의 영향이다.

$$c_1(t)=K_1e^{-\sigma_1 t}+K_2e^{-\sigma_2 t}+K_3$$

실제로 계산해 보면 다음과 같다. ($\sigma_1=7.85$, $\sigma_2=1.15$)

$$c_1(t)=\underbrace{0.171e^{-7.85t}-1.171e^{-1.15t}}_{\text{고유응답}}\underbrace{+1}_{\text{강제응답}}$$

시간이 지나면 $c_1(t)$는 지수 함수가 감소되어 사라져 1에 수렴한다. $c_1(t)$에서 과도응답에 영향을 끼치는 고유응답만 고려하면 다음과 같다.

극점 : $-\alpha_1$, $-\alpha_2$ 두 개의 실수 극점.

$$c_1(t)=K_1e^{-\alpha_1 t}+K_2e^{-\alpha_2 t}$$

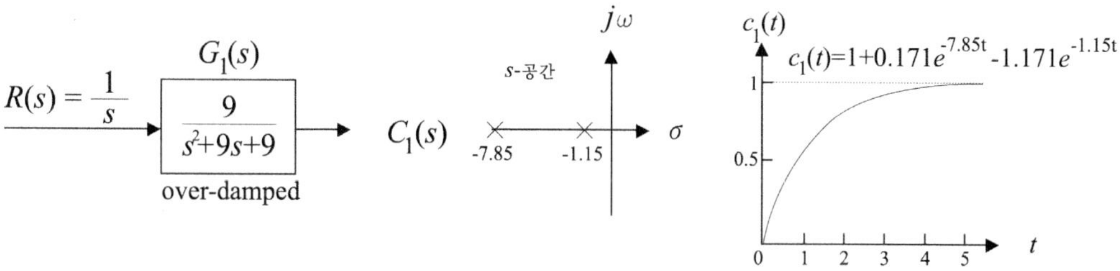

◆ 부족 제동(under-damped) 시스템

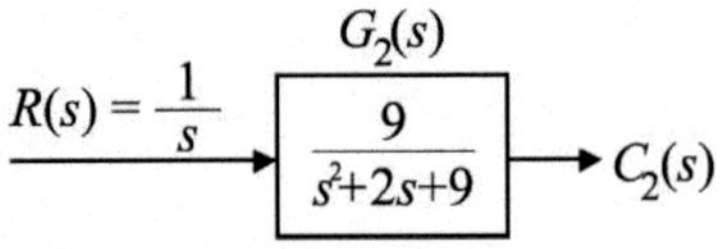

$$C_2(s)=G_2(s)\cdot R(s)=\frac{9}{s^2+2s+9}\cdot\frac{1}{s}$$

특성 방정식 : $s^2+2s+9=0$

근의 공식 $\frac{-b\pm\sqrt{b^2-4ac}}{2a}$에서 $b^2-4ac=4-4\cdot 9=-32$

b^2-4ac가 음수이므로 $s^2+2s+9=0$은 두 개의 복소극점을 갖는다.

근 : $\frac{-2\pm\sqrt{32}j}{2}=-1\pm 2\sqrt{2}j \triangleq -\sigma_d\pm j\omega_d$

따라서, $C_2(s)$는 다음과 같은 형태를 가진다.

$$C_2(s)=\frac{K_1}{(s+\sigma_d+j\omega_d)(s+\sigma_d-j\omega_d)}+\frac{K_2}{s}$$

$\frac{K_2}{s}$는 $R(s)=\frac{1}{s}$의 영향이다.

$$\begin{aligned}c_2(t)&=A_1e^{-\sigma_d t}\cdot\cos\omega_d t+A_2e^{-\sigma_d t}\sin\omega_d t+K_2\\&=\sqrt{A_1^2+A_2^2}\cdot e^{-\sigma_d t}\cos(\omega_d t-\tan^{-1}\frac{A_2}{A_1})+K_2\\&=Ae^{-\sigma_d t}\cdot\cos(\omega_d t-\phi)+K_2,\ A=\sqrt{A_1^2+A_2^2},\ \phi=\tan^{-1}\frac{A_2}{A_1}\end{aligned}$$

실제로 계산해 보면 다음과 같다.

$$c_2(t)=\underbrace{1.06e^{-t}\cos(\sqrt{8}t-19.47^\circ)}_{\text{고유응답}}+\underbrace{1}_{\text{강제응답}}$$

시간이 지나면 $c_2(t)$는 지수함수가 감소되어 사라져 1에 수렴하며, cos함수 영향으로 진동이 있다.

$c_2(t)$에서 과도응답에 영향을 끼치는 고유응답만 고려하면 다음과 같다.

극점 : $-\sigma_d \pm j\omega_d$인 두 개의 복소 극점

$c_2(t) = Ae^{-\sigma_d t}\cos(\omega_d t - \phi)$

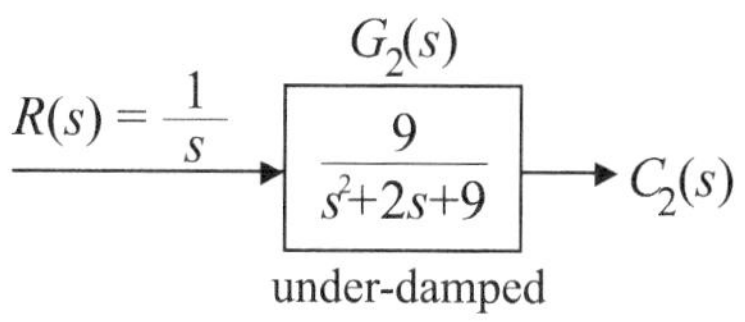

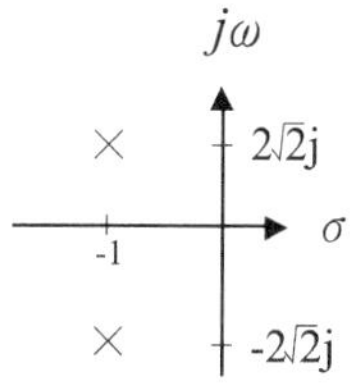

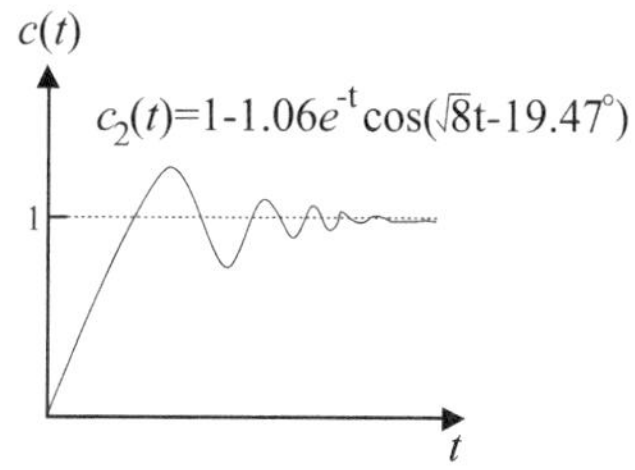

- **비제동(undamped) 시스템**

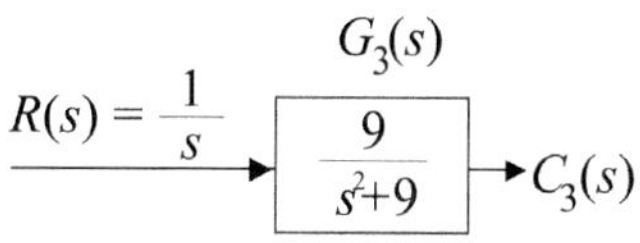

$$C_3(s) = G_3(s) \cdot R(s) = \frac{9}{s^2+9} \cdot \frac{1}{s}$$

특성 방정식 : $s^2 + 9 = 0$

근의 공식 $\dfrac{-b \pm \sqrt{b^2-4ac}}{2a}$에서 $-b = 0$, $\sqrt{b^2-4ac} = \sqrt{0-4 \cdot 9} = \pm 6j$

근 : $\pm \dfrac{6j}{2} = \pm 3j$

따라서 $\pm 3j$의 두 허수 극점을 갖는다.

$$C_3(s) = \frac{K_1}{(s+j\omega)(s-j\omega)} + \frac{K_2}{s}$$

$\dfrac{K_2}{s}$는 $R(s) = \dfrac{1}{s}$의 영향이다.

$$c_3(t) = A_1\cos\omega t + A_2\sin\omega t + K_2$$

$$= \sqrt{A_1^2 + A_2^2}\cos(\omega t - \tan^{-1}\frac{A_2}{A_1}) + K_2$$

$$= A\cos(\omega t - \phi) + K_2\,,\quad A = \sqrt{A_1^2 + A_2^2},\ \phi = \tan^{-1}\frac{A_2}{A_1}$$

실제로 계산해 보면 다음과 같다.

$$c_3(t) = \underbrace{-\cos 3t}_{\text{고유응답}} + \underbrace{1}_{\text{강제응답}}$$

시간이 지나도 $c_3(t)$는 1을 중심으로 ± 1 크기로 cos함수 영향으로 진동한다.

$c_3(t)$에서 과도 영향을 끼치는 응답만 고려하면 다음과 같다.

극점 : $\pm j\omega$인 두 개의 허수 극점.

$c_3(t) = A\cos(\omega t - \phi)$

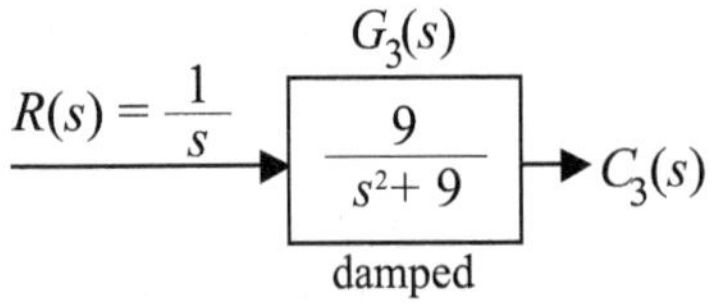

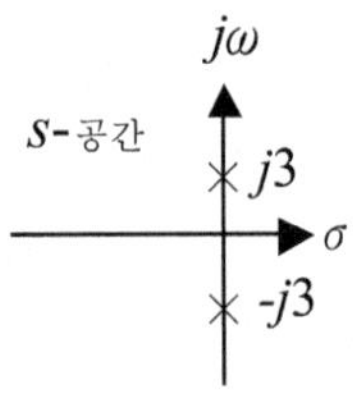

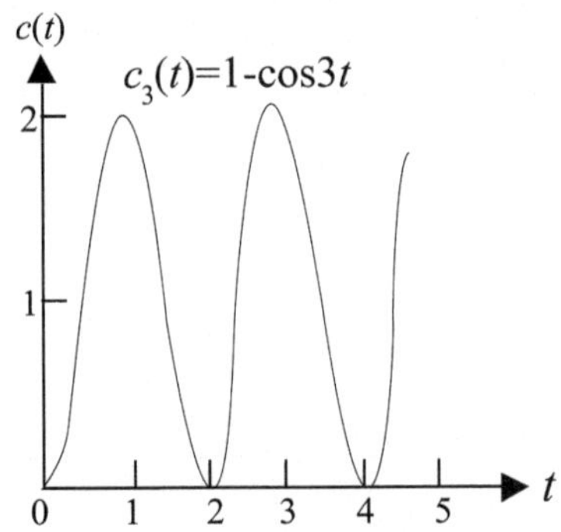

- **임계 제동(critically damped) 시스템**

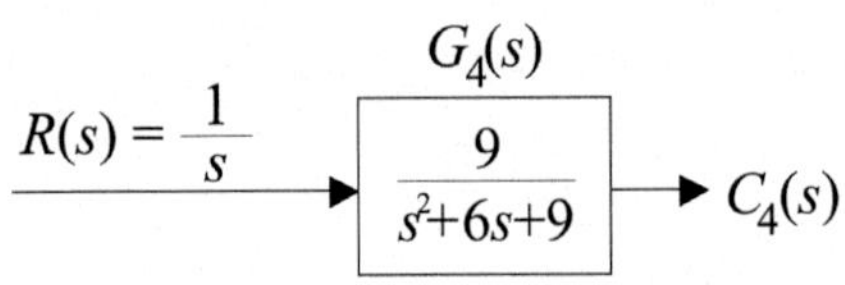

$$C_4(s) = G_4(s) \cdot R(s) = \frac{9}{s^2 + 6s + 9} \cdot \frac{1}{s}$$

특성 방정식 : $s^2 + 6s + 9 = 0$

근의 공식 $\dfrac{-b \pm \sqrt{b^2-4ac}}{2a}$ 에서 $b^2-4ac = 6 \cdot 6 - 4 \cdot 9 = 0$

근 : $\dfrac{-b}{2a} = \dfrac{-6}{2} = -3$

따라서, -3에 중첩되는 두 개의 실수 극점을 갖는다.

$$c_4(t) = \frac{K_1}{(s+\sigma)^2} + \frac{K_2}{s}$$

$\dfrac{K_2}{s}$ 는 $R(s) = \dfrac{1}{s}$ 의 영향이다.

$$c_4(t) = A_1 e^{-\sigma t} + A_2 t e^{-\sigma t} + K_2$$

실제로 계산해 보면 다음과 같다. $(\sigma = 3)$

$$c_4(t) = \underbrace{-e^{-3t} - 3te^{-3t}}_{\text{고유응답}} \underbrace{+1}_{\text{강제응답}}$$

시간이 지나면 $c_4(t)$는 지수 함수기 감소되어 1에 수렴한다.

$c_4(t)$에서 과도응답에 영향을 끼치는 고유응답만 고려하면 다음과 같다.

극점 : $-\sigma$ 중첩되는 두 개의 실수 극점 ⇒ 이중 근

$$c_4(t) = A_1 e^{-\sigma_d t} + A_2 t e^{-\sigma_d t}$$

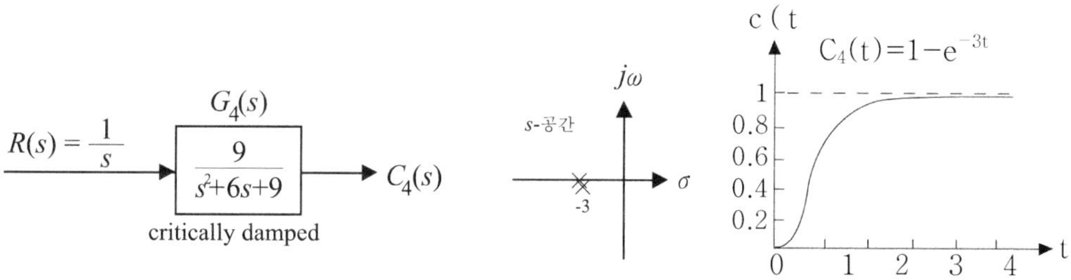

- **정리**

네 가지 형태로 이차 시스템을 분류하면 다음과 같다. 다음은 극점이 모두 좌반면 혹은 허수 축에 있는 안정한 시스템의 경우이다.

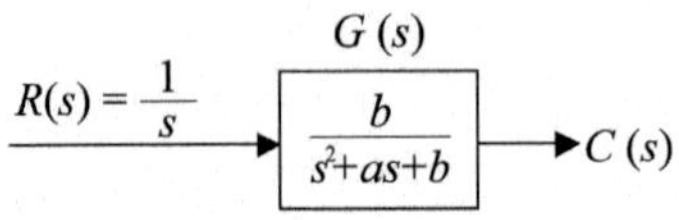

(a) 이차 시스템의 일반형

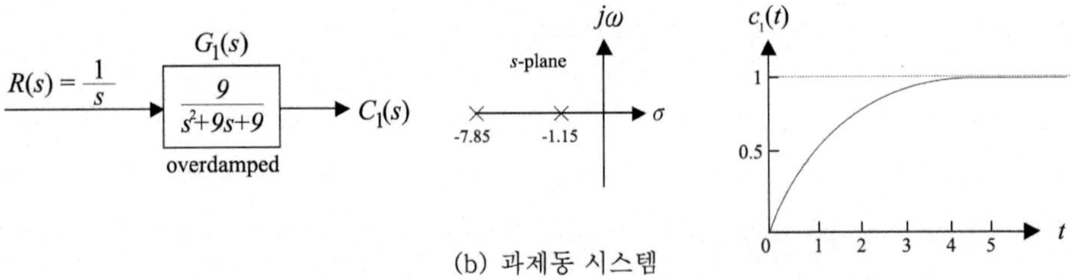

(b) 과제동 시스템

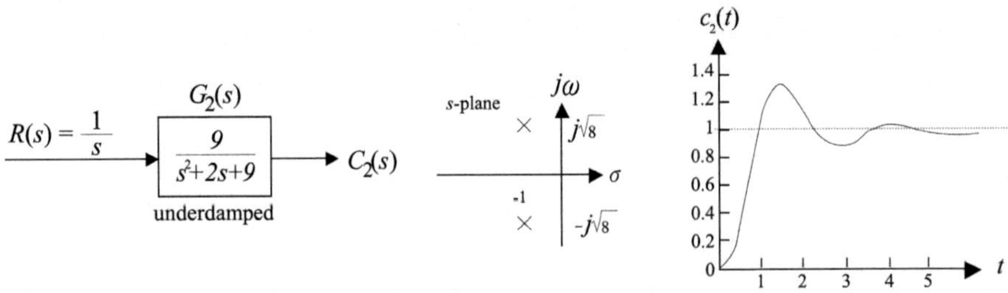

(c) 부족제동 시스템

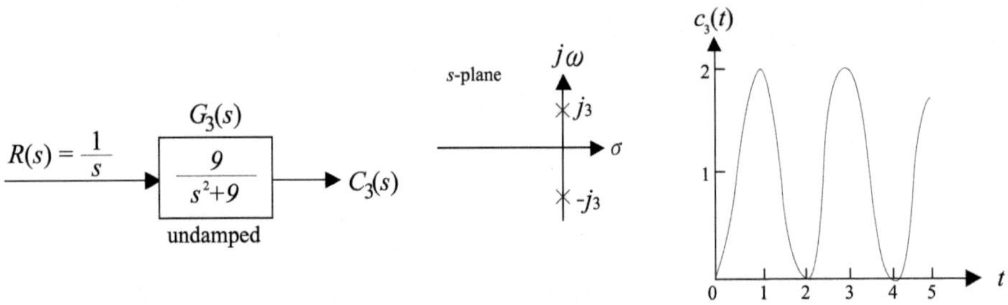

(d) 비제동 시스템

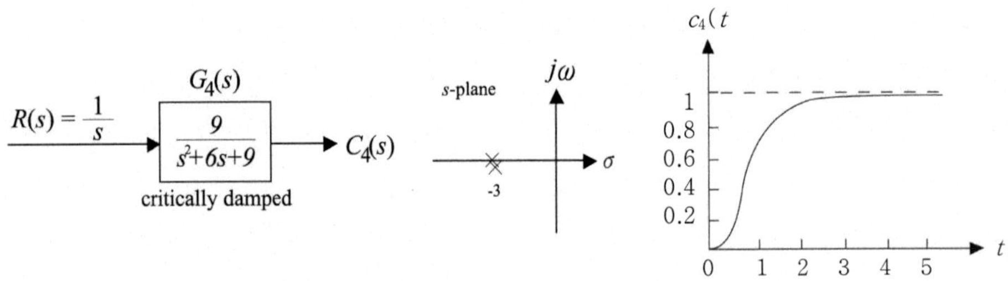

(e) 임계제동 시스템

〈그림 8.2〉 이차 시스템

이차 시스템의 경우 시스템의 응답 $c(t)$를 직접 구하지 않아도 두 개의 극점이 s-plane에 어디 위치 하느냐에 따라 과제동, 부족제동, 비제동, 임계제동으로 구분한 후 시스템의 시간 응답 특성 그래프를 유추할 수 있다.

위의 그림에서 네 가지 이차시스템의 시간응답 특성 그래프를 보면 부족제동(under-damped) 시스템이 최종값 1에 가장 빠르게 도달 한 것을 알 수 있다. 따라서, 이차 시스템의 폐루프 시스템 설계에서 제어기 설계는 이차의 부족 제동 시스템 즉, 두 개의 복소 극점을 가지는 형태로 설계하는 것이 가장 바람직하다. 따라서, 다음 절에서는 이차 시스템의 폐루프 시스템을 부족제동 시스템으로 구성하였다고 가정하고 이차 부족 제동 시스템의 시간 응답 특성을 분석해 보자.

8.3 이차 부족제동 시스템의 시간 응답 해석

이번 절에서는 이차 부족 제동 시스템에 대하여 응답을 직접 그리지 않고 이차 시스템의 응답 특성을 추정할 수 있는 정량적인 규격들을 정의한 후, 이차 부족 제동 시스템의 시간 응답을 해석해 보자.

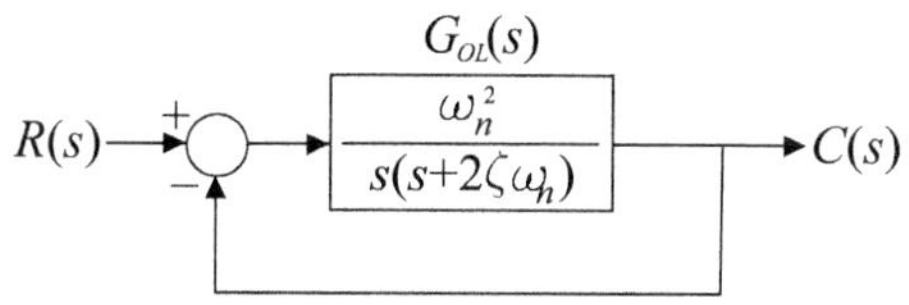

위의 시스템은 실제 서보모터 동역학과도 일치한다.

$$G_{OL}(s) = \frac{K}{s(Js+B)}$$

B: 점성 마찰 계수
J : 관성 모멘트
K: 시스템 파라미터

$$G_{CL}(s) \triangleq \frac{C(s)}{R(s)} = \frac{G_{OL}(s)}{1+G_{OL}(s)} = \frac{\dfrac{\omega_n^2}{s(s+2\zeta\omega_n)}}{1+\dfrac{\omega_n^2}{s(s+2\zeta\omega_n)}}$$

$$= \frac{\omega_n^2}{s(s+2\zeta\omega_n)+\omega_n^2} = \frac{\omega_n^2}{s^2+2\zeta\omega_n s+\omega_n^2}$$

위의 시스템을 다음과 같이 간략화 할 수 있다.

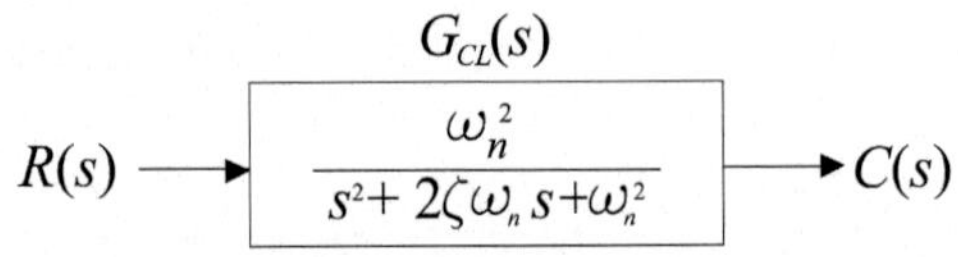

특성 방정식 $s^2+2\zeta\omega_n s+\omega_n^2=0$의 극점을 근의 공식을 이용하여 구하면 다음과 같다.

$$\frac{-b\pm\sqrt{b^2-4ac}}{2a}=\frac{-2\zeta\omega_n\pm\sqrt{4\zeta^2\omega_n^2-4\omega_n^2}}{2}=-\zeta\omega_n\pm\frac{\sqrt{4\omega_n^2(\zeta^2-1)}}{2}$$

$$=-\zeta w_n\pm\omega_n\sqrt{\zeta^2-1}$$

$0<\zeta<1$일때 극점은

$$s_{1,2}=-\zeta\omega_n\pm j\omega_n\sqrt{1-\zeta^2}\triangleq-\sigma_d\pm j\omega_d,\ \text{여기서,}\ \sigma_d=\zeta\omega_n,\ \omega_d=\omega_n\sqrt{1-\zeta^2}$$

다음은 s-공간에 극점 $s=-\sigma_d\pm j\omega_d$를 표시 하였다.

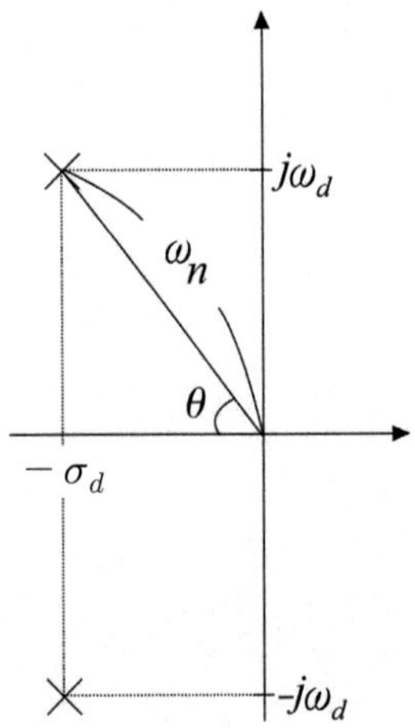

〈그림 8.3〉 s-공간에서 극점의 위치

$-\zeta\omega_n\pm j\omega_n\sqrt{1-\zeta^2}\triangleq-\sigma_d\pm j\omega_d$에서,

$\sigma_d\triangleq\zeta\omega_n,\ \omega_d\triangleq\omega_n\sqrt{1-\zeta^2}$

$\zeta = \cos\theta$이다. 따라서, $\theta = \cos^{-1}\zeta$

$$\omega_d \triangleq \omega_n \sqrt{1-\zeta^2} = \sqrt{\omega_n^2 - (\zeta\omega_n)^2} = \sqrt{\omega_n^2 - \sigma_d^2}$$

따라서, $\omega_n^2 = \sigma_d^2 + \omega_d^2$

2차 시스템의 극점 위치는 두 파라미터 ζ와 ω_n의 견지에서 다음과 같이 나타 낼 수 있다.

$\zeta < 0$	시스템 불안정	(RHP)
$0 < \zeta < 1$	부족 제동 (under-damped)	두 개의 복소 극점(LHP)
$\zeta = 1$	임계 제동 (critically damped)	이중 근(LHP)
$1 < \zeta$	과 제동 (over damped)	두 개의 실수 극점(LHP)

$$\frac{C(s)}{R(s)} = \frac{\omega_n^2}{(s+\sigma_a - j\omega_d)(s+\sigma_b + j\omega_d)},\ \text{여기서}\ \omega_d = \omega_n\sqrt{1-\zeta^2}$$

ζ : 제동비 (damping ratio)

ω_n : 비 제동 고유 주파수 (undamped natural frequency)

σ_d : 제동 상수 (damping factor 혹은 damping constant)

ω_d : 제동 고유 주파수 (damped natural frequency)

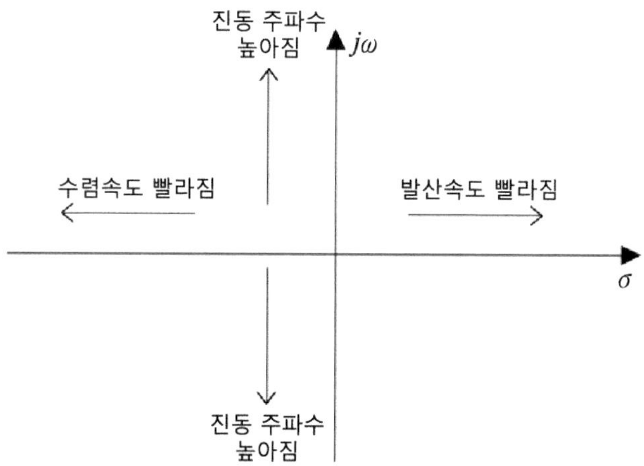

〈그림 8.4〉 극점 위치와 시스템의 수렴·발산 특성

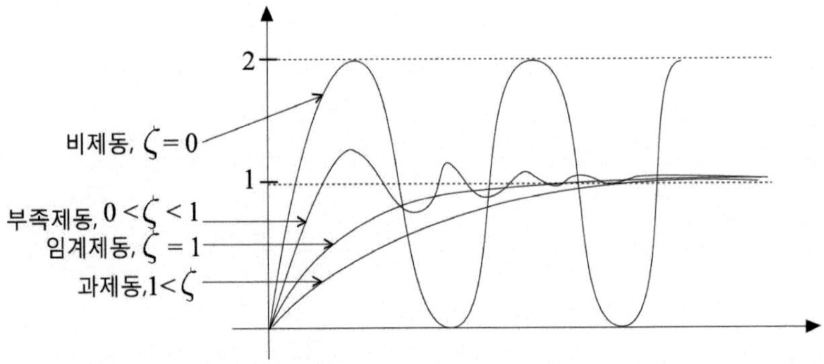

〈그림 8.5〉 ζ에 따른 계단응답

예제 8.1 비감쇠 고유 주파수(ω_n)와 감쇠비($damping\ ratio$)를 계산하여 다음의 시간 영역 특성을 예측하라.

예1) $G(s) - \dfrac{9}{s^2+9s+9} = \dfrac{\omega_n^2}{s^2+2\zeta\omega_n s+\omega_n^2}$

$\omega_n = \sqrt{9} = 3, \quad \zeta = \dfrac{9}{2\omega_n} = 1.5 \Rightarrow$ 과제동 (over-damped)

예2) $G(s) = \dfrac{9}{s^2+3s+9}$

$\omega_n = \sqrt{9} = 3, \quad \zeta = \dfrac{3}{2\omega_n} = 0.5 \Rightarrow$ 부족제동 (under-damped)

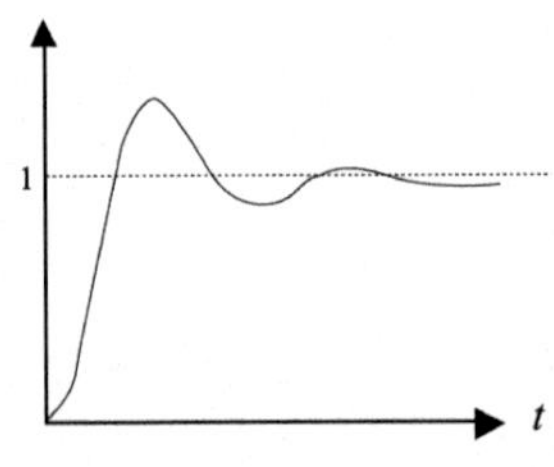

예제 8.2 다음의 시스템에서 극점의 위치와 ζ, ω_n을 구하라.

$$G(s) = \frac{1}{s^2+2s+2}$$

풀이.

$$s = -1 \pm \sqrt{1-2} = -1 \pm j = -\sigma_d \pm j\omega_d \Rightarrow \sigma_d = 1, \omega_d = 1$$

$$\omega_n = \sqrt{2}, \ \ \sigma_d = \zeta\omega_n, \ \zeta = \frac{\sigma_d}{\omega_n} = \frac{1}{\sqrt{2}}$$

$s-$공간에서의 ω_n

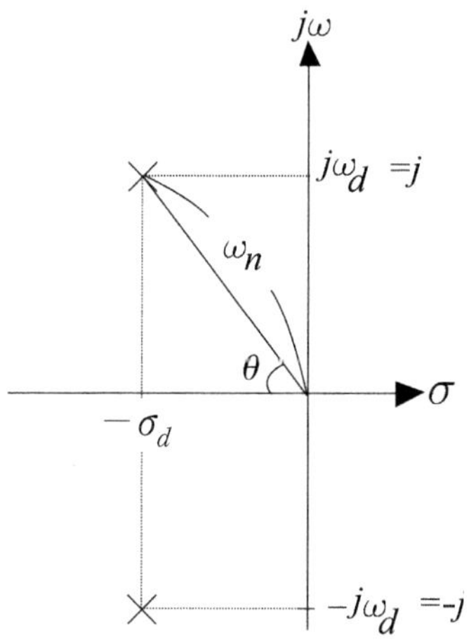

$\sigma_d = 1, \ \omega_d = 1$
$\omega_n = \sqrt{1+1} = \sqrt{2}$

- 다음은 계단 응답의 값(lution)을 구해 보자.

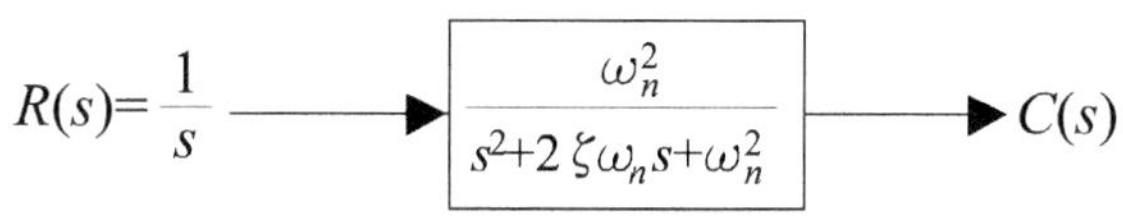

위의 폐루프 시스템에서 $R(s) = \frac{1}{s}$ 이면

$$C(s) = \frac{\omega_n^2}{(s^2 + 2\zeta\omega_n s + \omega_n^2)s}$$

역 라플라스 변환을 위한 부분 분수는 다음과 같다.

$$C(s) = \frac{1}{s} - \frac{s + 2\zeta\omega_n}{s^2 + 2\zeta\omega_n s + \omega_n^2}$$

$$= \frac{1}{s} - \frac{s + \zeta\omega_n}{(s+\zeta\omega_n)^2 + \omega_d^2} - \frac{\zeta\omega_n}{(s+\zeta\omega_n)^2 + \omega_d^2}$$

$s^2 + 2\zeta\omega_n s + \omega_n^2 = (s+\zeta\omega_n)^2 + \omega_d^2, \quad \omega_n^2 = \zeta^2\omega_n^2 + \omega_d^2$

$\omega_d = \omega_n\sqrt{1-\zeta^2}$ 을 이용하면 $\omega_n^2 = \zeta^2\omega_n^2 + \omega_n^2(1-\zeta^2) = \omega_n^2$

역 라플라스 변환을 취하면 다음과 같다.

$F(s) \xrightarrow{\mathcal{L}^{-1}} f(t)$	
$\dfrac{\omega}{(s+a)^2+\omega^2}$	$e^{-at}\sin\omega t$
$\dfrac{s+a}{(s+a)^2+\omega^2}$	$e^{-at}\cos\omega t$

$$c(t) = \mathcal{L}^{-1}[C(s)] = 1 - e^{-\zeta\omega_n t}\cos\omega_d t - e^{-\zeta\omega_n t}\sin\omega_d t \times \left(\frac{\zeta\omega_n}{\omega_d}\right)$$

$\dfrac{\zeta\omega_n}{\omega_d} = \dfrac{\zeta\omega_n}{\omega_n\sqrt{1-\zeta^2}}$ 이므로

$$c(t) = \mathcal{L}^{-1}[C(s)] = 1 - e^{-\zeta\omega_n t}\cos\omega_d t - \frac{\zeta}{\sqrt{1-\zeta^2}}e^{-\zeta\omega_n t}\sin\omega_d t$$

$$= 1 - e^{-\zeta\omega_n t}\left(\cos\omega_d t + \frac{\zeta}{\sqrt{1-\zeta^2}}\sin\omega_d t\right)$$

> 삼각 함수의 합성 공식을 이용 하면,
>
> $a\sin x + b\cos x = \sqrt{a^2+b^2}\sin(x+\alpha)$
>
> $\alpha = \tan^{-1}\dfrac{b}{a}$
>
> $a = \dfrac{\zeta}{\sqrt{1-\zeta^2}}, \ b = 1$
>
> $\sqrt{a^2+b^2} = \sqrt{\dfrac{\zeta^2}{1-\zeta^2}+1} = \sqrt{\dfrac{1}{1-\zeta^2}} = \dfrac{1}{\sqrt{1-\zeta^2}}$
>
> $\alpha = \tan^{-1}\dfrac{b}{a} = \tan^{-1}\dfrac{1}{\left(\dfrac{\zeta}{\sqrt{1-\zeta^2}}\right)} = \dfrac{\sqrt{1-\zeta^2}}{\zeta}$

$$c(t) = \mathcal{L}^{-1}[C(s)] = 1 - \frac{e^{-\zeta\omega_n t}}{\sqrt{1-\zeta^2}} \sin\left(\omega_d t + \tan^{-1}\frac{\sqrt{1-\zeta^2}}{\zeta}\right)$$

$$\tan\alpha = \frac{\sqrt{1-\zeta^2}}{\zeta}$$

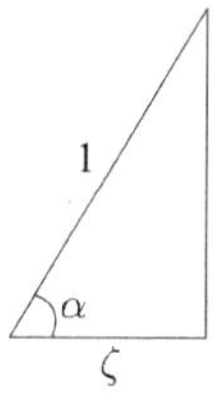

$$\cos\alpha = \zeta$$
$$\cos^{-1}\zeta = \alpha$$

$$c(t) = \mathcal{L}^{-1}[C(s)] = 1 - \frac{e^{-\zeta\omega_n t}}{\sqrt{1-\zeta^2}} \sin\left(\omega_d t + \cos^{-1}\zeta\right)$$

8.4 이차 부족 제동 시스템의 응답 규격

◆ **다음은 이차 시스템의 응답 규격에 대하여 알아 보자.**

T_s(정착 시간), T_r(상승 시간), T_p(피크 시간), $\%OS$(퍼센트 오버슛)이 위에서 구한 ζ, ω_n, σ_d, ω_d와 어떤 관계가 있는지 유도해 보자.

출력응답 $c(t)$를 그래프로 그리면 〈그림 8.6〉과 같다.

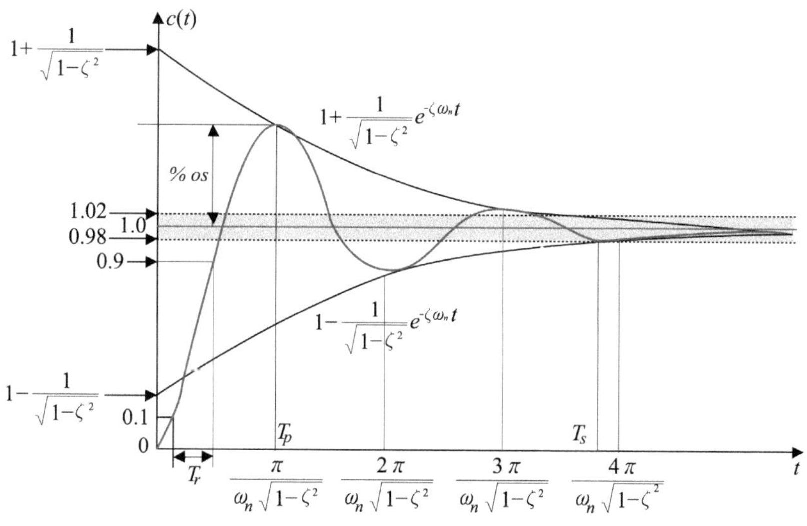

〈그림 8.6〉 이차 부족 제동 시스템의 응답 규격

◆ 정착 시간, T_s

계단 입력에 대한 응답 $c(t)$가 최종값의 2% 오차 이내에 도달하는 시간

$$c(t) = 1 - \frac{e^{-\zeta\omega_n t}}{\sqrt{1-\zeta^2}} \sin(\omega_d t + \cos^{-1}\zeta)$$

초기값이 0에서 시작하므로 $\frac{e^{-\zeta\omega_n t}}{\sqrt{1-\zeta^2}} \sin(\omega_d t + \cos^{-1}\zeta)$가 0.02이면 $c(t)$가 0.98이 되어 최종값의 2% 오차가 된다. 시간이 충분히 지나면 $\sin(\omega_d t + \cos^{-1}\zeta)$항의 영향은 거의 없으므로 $\sin(\omega_d t + \cos^{-1}\zeta) \triangleq 1$로 가정한다. 그러면

$$\frac{e^{-\zeta\omega_n t}}{\sqrt{1-\zeta^2}} = 0.02$$

$$e^{-\zeta\omega_n t} = 0.02\sqrt{1-\zeta^2}$$

양변에 ln을 취하면

$$-\zeta\omega_n t = \ln(0.02\sqrt{1-\zeta^2})$$

$$\zeta\omega_n t = -\ln(0.02\sqrt{1-\zeta^2}) \simeq 4$$

$0 < \zeta < 1$에 대하여 $\ln(0.02\sqrt{1-\zeta^2})$을 4로 근사화한다.

$$T_s \triangleq t = \frac{4}{\zeta\omega_n} = \frac{4}{\sigma_d}$$

따라서, 정착시간 T_s는 극점의 x축 좌표인 σ_d에 반비례한다.

즉 극점이 y축에서 좌반면(LHP)으로 멀리 떨어져 있을수록 응답은 최종값에 더 빨리 도달한다.

◆ 상승시간, T_r

계단 입력에 대한 응답 $c(t)$가 최종값의 10%에서 90%까지 도달하는 시간.

상승 시간을 손으로 구하는 것은 복잡하므로 컴퓨터를 이용해 구한다. 결과를 보면 다음과 같다.

$$T_r \triangleq \frac{2.16\zeta + 0.6}{\omega_n}$$

위식에서 T_r과 ζ와의 관계로 단순히 생각해 보면, ζ가 클수록. 즉, 극점이 x축과 가까울 수록 상승시간 T_r이 커져 응답은 느려진다. 따라서, 극점이 x축에 존재(과제동 시스템)하는 것 보다는 복소극점을 갖는 것(부족 제동 시스템)이 응답이 빨라진다.

그것이 바로 이차 시스템을 부족 제동 시스템으로 설계하는 이유이다.

◆ 피크시간, T_p

계단 입력에 대한 응답 $c(t)$가 첫 번째 최대값에 도달하는 시간

$$c(t) = 1 - \frac{e^{-\zeta\omega_n t}}{\sqrt{1-\zeta^2}} \sin(\omega_d t + \cos^{-1}\zeta)$$

$c(t)$의 미분이 0이 될 때의 시간이 최대값에 도달하는 시간이므로 $\frac{dc(t)}{dt} = 0$을 구한다.

$$\frac{dc(t)}{dt} = \frac{\zeta\omega_n e^{-\zeta\omega_n t}}{\sqrt{1-\zeta^2}} \sin(\omega_d t + \cos^{-1}\zeta) - \frac{\omega_d e^{-\zeta\omega_n t}}{\sqrt{1-\zeta^2}} \cos(\omega_d t + \cos^{-1}\zeta)$$

$\omega_d = \omega_n \sqrt{1-\zeta^2}$ 이므로

$$\frac{dc(t)}{dt} = \frac{\omega_n e^{-\zeta\omega_n t}}{\sqrt{1-\zeta^2}} [\zeta sin(\omega_d t + \cos^{-1}\zeta) - \sqrt{1-\zeta^2} \cos(\omega_d t + \cos^{-1}\zeta)]$$

삼각 함수의 합성 공식

$$a\sin x + b\cos x = \sqrt{a^2+b^2}\sin(x+\alpha)$$

$$\alpha = \tan^{-1}\frac{b}{a}$$

$$\sqrt{a^2+b^2} = \sqrt{\zeta^2+(1-\zeta^2)} = 1$$

$$\alpha = \tan^{-1}\frac{-\sqrt{1-\zeta^2}}{\zeta} = -\cos^{-1}\zeta$$

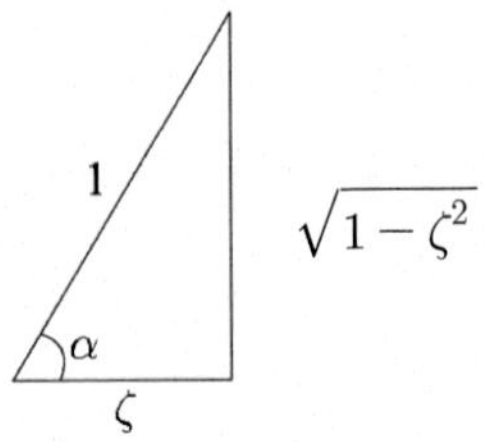

$$\sqrt{a^2+b^2}\sin(x+\alpha) = \sin(\omega_d t + \cos^{-1}\zeta - \cos^{-1}\zeta)$$

$$= \sin\omega_d t$$

$$\frac{dc(t)}{dt} = \frac{\omega_n e^{-\zeta\omega_n t}}{\sqrt{1-\zeta^2}}\sin\omega_d t$$

$\frac{dc(t)}{dt} = 0$이 되기 위해서는 $\sin\omega_d t = 0$이다.

즉 $\omega_d t = n\pi$

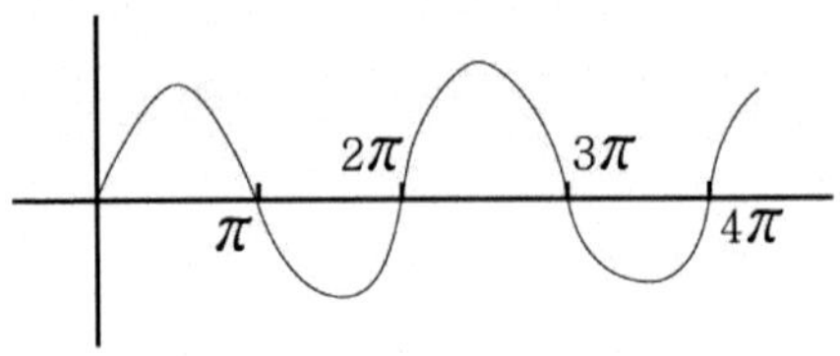

〈sin 그래프〉

그래프에서 n=1 일때 첫 번째 0이 된다.

따라서, $\omega_d t = \pi$

$$T_p \triangleq t = \frac{\pi}{\omega_d} = \frac{\pi}{\omega_n\sqrt{1-\zeta^2}}$$

피크시간 T_p는 ω_n과 반비례한다. ω_n은 0에서 극점과의 거리이다. 따라서, 극점이 0과 멀리 떨어져 있을 수록 피크 시간 T_p는 작아진다.

- **퍼센트 오버슈, $\%OS$**

계단 입력에 대한 응답 $c(t)$의 최대치 $c(T_p)$와 정상치 $c(\infty)$와의 차이를 퍼센트(%) 단위로 나타낸 것

$$\%OS = \frac{c(T_p) - c(\infty)}{c(\infty)} \times 100$$

$c(T_p)$를 구하기 위해 $T_p = \dfrac{\pi}{\omega_d}$를 $c(t)$에 대입하면

$$c(T_p) = 1 - \frac{e^{-\zeta\omega_n\left(\frac{\pi}{\omega_d}\right)}}{\sqrt{1-\zeta^2}} \sin\left(\omega_d \cdot \frac{\pi}{\omega_d} + \cos^{-1}\zeta\right)$$

$$= 1 - \frac{e^{-\zeta\frac{\omega_n}{\omega_d}\pi}}{\sqrt{1-\zeta^2}} \sin(\pi + \cos^{-1}\zeta)$$

삼각 함수에서 $\sin(\pi + \theta) = -\sin\theta$ 이므로

$$c(T_p) = 1 + \frac{e^{-\zeta\frac{\omega_n}{\omega_d}\pi}}{\sqrt{1-\zeta^2}} \sin(\cos^{-1}\zeta)$$

$\sin(\cos^{-1}\zeta)$는

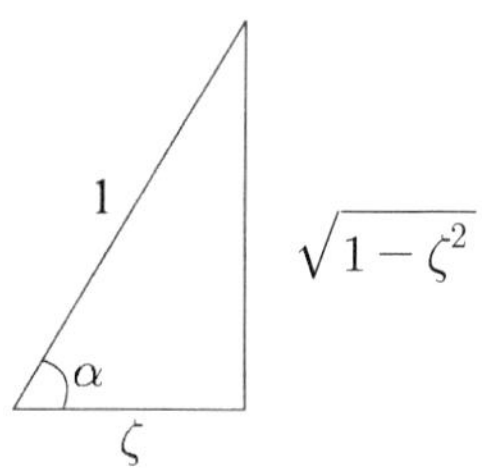

에서 $\sin(\cos^{-1}\zeta) = \sqrt{1-\zeta^2}$ 이 된다.

$$c(T_P) = 1 + \frac{e^{-\zeta\frac{\omega_n}{\omega_d}\pi}}{\sqrt{1-\zeta^2}} \cdot \sqrt{1-\zeta^2} = 1 + e^{-\zeta\frac{\omega_n}{\omega_d}\pi}$$

$\omega_d = \omega_n\sqrt{1-\zeta^2}$ 이므로

$$c(T_p) = 1 + e^{-\zeta \frac{\omega_n}{\omega_n \sqrt{1-\zeta^2}} \pi} = 1 + e^{-\frac{\zeta}{\sqrt{1-\zeta^2}} \pi}$$

$c(\infty)$이 1에 수렴한다고 가정하면 다음과 같다.

$$\% OS = \frac{c(T_P) - 1}{1} \times 100 = (1 + e^{-\frac{\zeta}{\sqrt{1-\zeta^2}} \pi} - 1) \times 100 = e^{-\frac{\zeta}{\sqrt{1-\zeta^2}} \pi} \times 100$$

ζ에 대하여 $\% OS$은 지수 함수적으로 감소하는 그래프이다. 이것을 나타내면 다음과 같다.

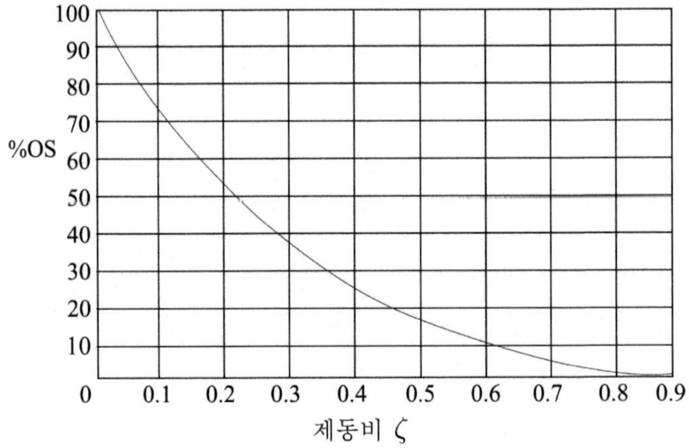

〈그림 8.7〉 이차 시스템에서 제동비ζ와 %OS과의 관계

그래프에서 ζ가 작을 수록 $\% OS$은 크다. 즉 극점이 x축과 멀리 떨어질 수록 $\% OS$은 커진다.

$\% OS$을 ζ에 대한 식으로 고쳐 쓰면 다음과 같다.

$$\ln\left(\frac{\% OS}{100}\right) = \ln e^{-\frac{\zeta}{\sqrt{1-\zeta^2}} \pi}$$

$$-\frac{\zeta}{\sqrt{1-\zeta^2}} \pi = \ln\left(\frac{\% OS}{100}\right)$$

$$\zeta\pi = -\sqrt{1-\zeta^2} \ln\left(\frac{\% OS}{100}\right)$$

$$\zeta^2\pi^2 = (1-\zeta^2)\ln^2(\frac{\%OS}{100})$$

$$\zeta^2(\pi^2 + \ln^2(\frac{\%OS}{100})) = \ln^2(\frac{\%OS}{100})$$

$$\zeta = \pm\frac{\ln(\frac{\%OS}{100})}{\sqrt{\pi^2 + \ln^2(\frac{\%OS}{100})}}$$

$\ln\frac{\%OS}{100}$ 이 음수(-)이고, ζ가 양수(+)이기 때문에

$$\zeta = -\frac{\ln(\frac{\%OS}{100})}{\sqrt{\pi^2 + \ln^2(\frac{\%OS}{100})}}$$

예제 8.3 다음의 시스템에 대하여 감쇄비 ζ와 고유 주파수 ω_n을 구하라. 그리고 피크 시간 T_P를 구하라.

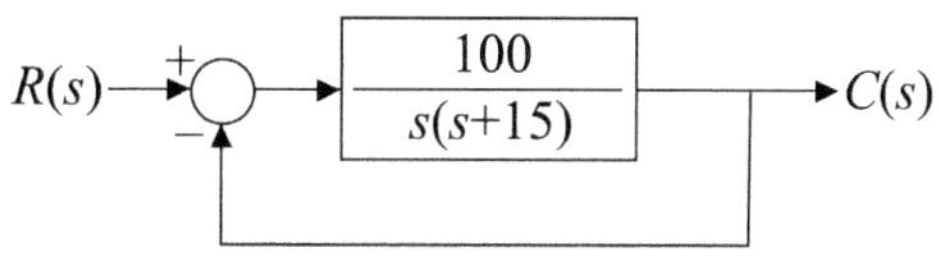

풀이.

$$\frac{C(s)}{R(s)} = \frac{\frac{100}{s(s+15)}}{1+\frac{100}{s(s+15)}} = \frac{100}{s(s+15)+100}$$

특성 방정식 : $s(s+15)+100 = s^2+15s+100 = 0$

$$s^2 + 2\zeta\omega_n s + \omega_n^2 = s^2 + 15s + 100 = 0$$

$$2\zeta\omega_n = 15,\ \omega_n^2 = 100$$

$\omega_n = 10$ 이고 $\zeta = \frac{15}{20} = \frac{3}{4} = 0.75$

$$T_p = \frac{\pi}{\omega_n\sqrt{1-\zeta^2}} = \frac{\pi}{10\sqrt{1-0.75^2}} \simeq \frac{3.1415}{10 \cdot 0.6614}$$
$$\simeq 0.475$$

예제 8.4 다음의 블록 선도에서 정착시간 $T_s = \dfrac{4}{\zeta\omega_n} = \dfrac{4}{\sigma_d}$를 구하시오.

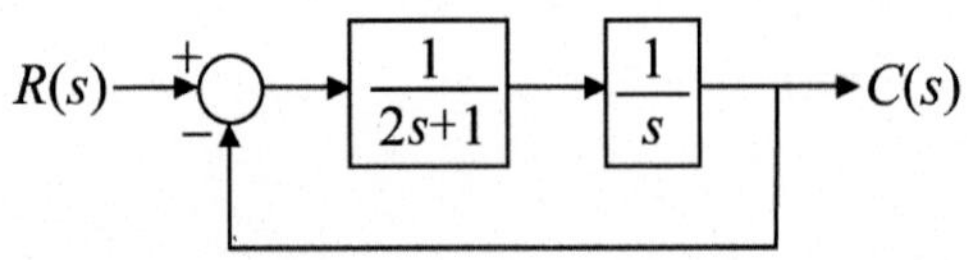

풀이.

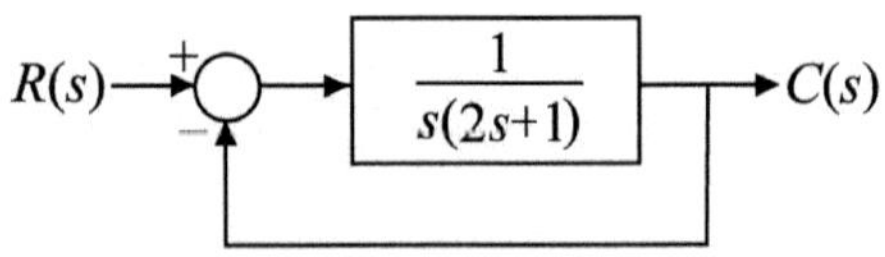

$$\frac{C(s)}{R(s)} = \frac{\dfrac{1}{s(2s+1)}}{1+\dfrac{1}{s(2s+1)}} = \frac{1}{s(2s+1)+1} = \frac{1}{2s^2+s+1} = \frac{1/2}{s^2+(1/2)s+1/2}$$

특성 방정식 : $s^2 + \dfrac{1}{2}s + \dfrac{1}{2} = 0$

$$s^2 + 2\zeta\omega_n s + \omega_n^2 = s^2 + \frac{1}{2}s + \frac{1}{2} = 0$$

$$2\zeta\omega_n = \frac{1}{2},\ \omega_n^2 = \frac{1}{2}$$

$\omega_n = \dfrac{1}{\sqrt{2}}$ 이고 $\zeta = \dfrac{1}{2\sqrt{2}}$ 이다.

$$T_s = \frac{4}{\zeta\omega_n} = \frac{4}{\dfrac{1}{2\sqrt{2}} \cdot \dfrac{1}{\sqrt{2}}} = \frac{4}{\dfrac{1}{4}} = 16$$

8.5 극점의 위치 변화에 대한 이차 부족 제동 시스템의 계단 응답 분석

이전에 배운 이차 부족 제동 시스템의 변수에 유의하여 계단 응답을 분석해 보자.

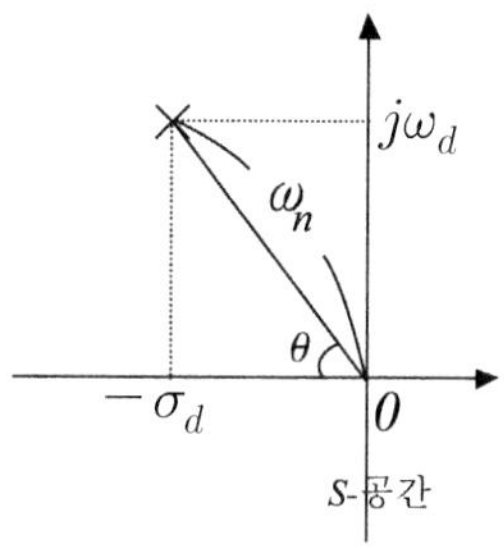

$$s_{1,2} = -\sigma_d \pm j\omega_d$$
$$\sigma_d = \zeta\omega_n$$
$$\omega_d = \omega_n\sqrt{1-\zeta^2}$$
$$\zeta = \cos\theta$$

a. **극점의 허수부 ω_d가 일정하고 실수부 σ_d의 위치가 다를 때.**

〈그림 8.8 a〉를 보면 극점이 허수축에서 좌반면 (LHP)으로 멀리 위치해 있을 수록 시간 응답 특성의 $\%OS$은 줄어든다.

즉, 〈그림 8.8 a〉의 s-공간에서 $\sigma_d\uparrow$, ω_d 일정, $\theta\downarrow$, $\zeta\uparrow$ 이면,

결과. $T_s = \dfrac{4}{\sigma_d}\downarrow$, T_p일정, $\%OS$(ζ와 반비례) $\downarrow$

여기서, 심볼 ↓은 작아짐, 심볼 ↑은 커짐을 의미한다.

위 식의 분석대로 〈그림 8.8 a〉의 시간 응답도 같은 특성을 보여준다.

b. **극점의 실수부 σ_d가 일정하고 허수부 ω_d의 위치가 다를 때.**

〈그림 8.8 b〉를 보면 극점이 실수축에서 멀어질 때 시간 응답 특성의 $\%OS$는 증가한다.

즉, 〈그림 8.8 b〉의 s-공간에서 σ_d 일정, $\omega_d\uparrow$, $\theta\uparrow$, $\zeta\downarrow$ 이면

결과. $T_s = \dfrac{4}{\sigma_d}$ 일정, $T_P\downarrow$, $\%OS$(ζ와 반비례) $\uparrow$

위 식의 분석대로 〈그림 8.8 b〉의 시간 응답도 같은 특성을 보여준다.

c. **제동비 ζ가 일정하고, 실수부 σ_d, 허수부 ω_d의 위치가 다를 때.**

〈그림 8.8 c〉를 보면 극점이 원점과 멀어질 때, 정착 시간 T_s가 줄어들고, 피크시간 T_p가 줄어들며, $T_p\downarrow$, $\%OS$은 일정함을 알 수 있다. 즉, 〈그림 8.8 c〉의 s-공간에서 $\sigma_d\uparrow$, $\omega_d\uparrow$, θ 일정, ζ 일정 이면

결과. $T_s = \dfrac{4}{\sigma_d} \downarrow$, $T_p = \dfrac{\pi}{\omega_d} \downarrow$, $\%OS$ 일정

위 식의 분석 대로 〈그림 8.8 c〉의 시간 응답도 같은 응답 특성을 보여 준다.

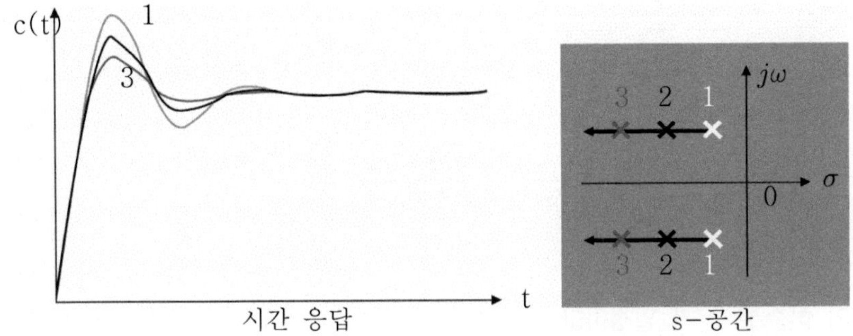

(a) ω_d허수부가 일정

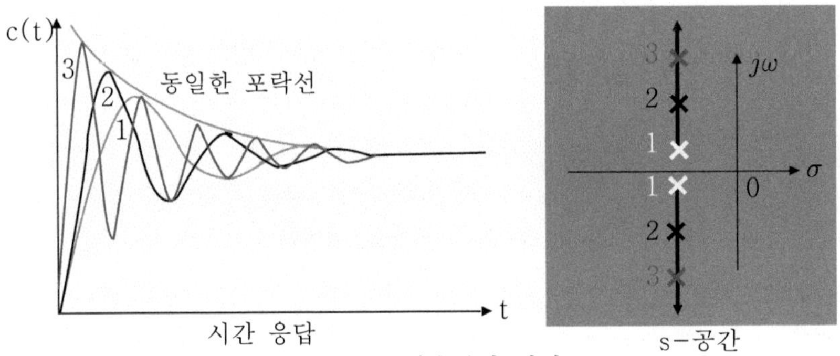

(b) σ_d실수부가 일정

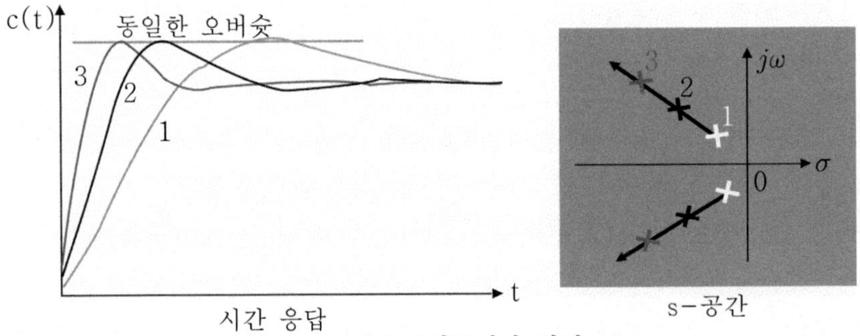

(c) ζ제동비가 일정

〈그림 8.8〉 극점 위치 변화에 대한 이차 부족 제동 시스템의 계단응답

8.6 극점과 영점추가에 대한 시스템 응답 해석

이차 피드백 시스템에서 시스템의 성능을 향상시키기 위하여 극점 제어기 ($\frac{1}{\tau_p s+1}$) 혹은 영점 제어기 ($\tau_z s+1$)를 추가시켜 응답 특성을 해석해 보자. 폐루프 시스템에서 제어기는 시스템 바로 앞에 추가 (피드백 루프 안) 하는 방법과 피드백 루프 밖에 추가 하는 방법이 있다.

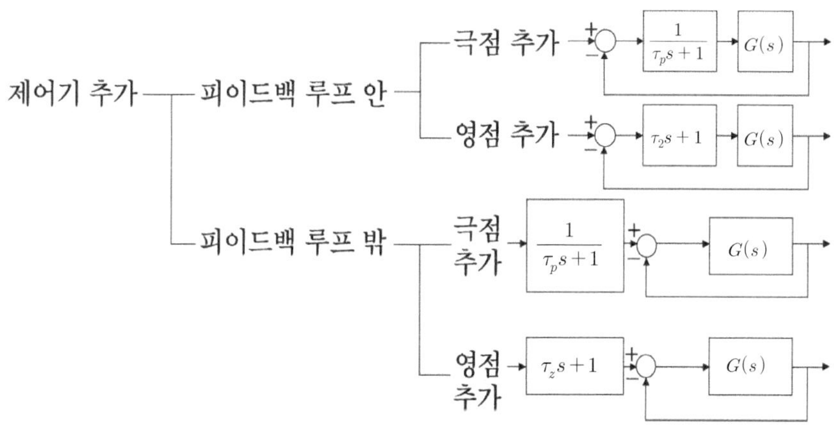

a. **피드백 루프 안에 극점 제어기 추가**

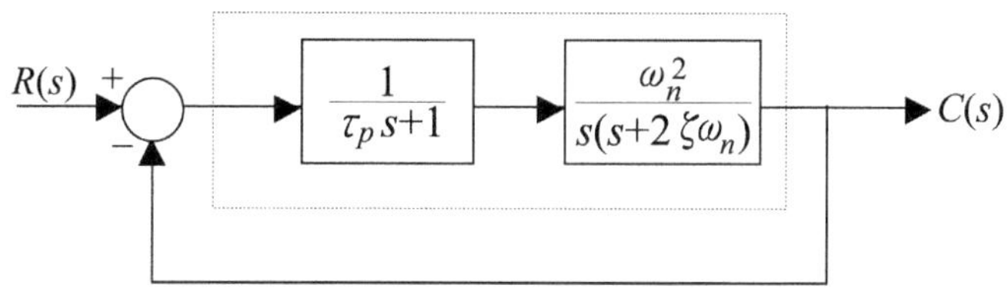

〈그림 8.9〉 피드백 루프 안에 극점 제어기 추가

$$G_{OL}(s)=\frac{\omega_n^2}{s(s+2\zeta\omega_n)(\tau_p s+1)}$$

$$G_{CL}(s)=\frac{G_{OL}(s)}{1+G_{OL}(s)}=\frac{\omega_n^2}{\tau_p s^3+(1+2\zeta\omega_n\tau_p)s^2+2\zeta\omega_n s+\omega_n^2}$$

전체 전달 함수는 3차가 된다. (분모의 최고차항이 3차이다.)

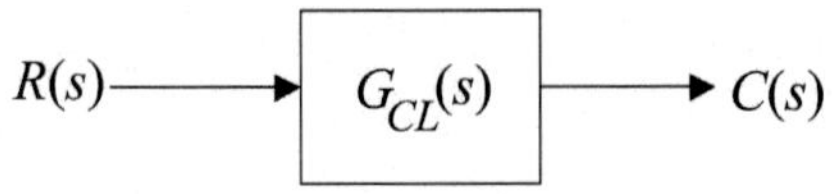

τ_p에 따른 $R(s)=\dfrac{1}{s}$의 계단 입력에 대한 응답을 분석해 보면 다음 그래프와 같다.

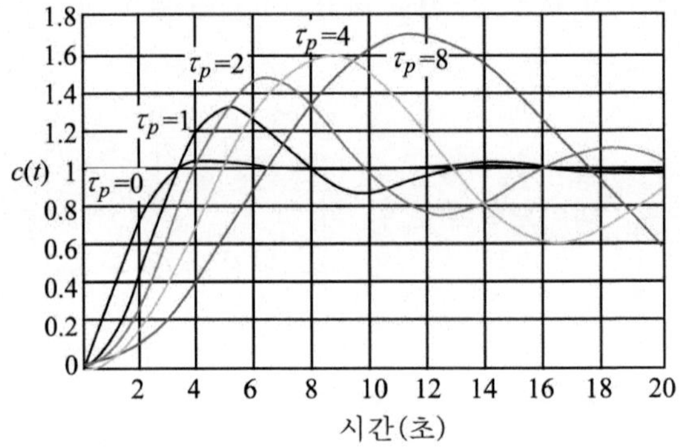

$\tau_p=0$에서 $\tau_p=8$ 까지의 시간 응답 특성을 보면, τ_p가 커질수록 $\%OS$이 점차 증가하고, 상승 시간 T_r, 정착 시간 T_s, 피크 시간 T_p 모두 증가하는 것을 볼 수 있다.

따라서, 시스템 성능이 더욱 나빠졌다. $\Rightarrow T_s\uparrow$, $T_p\uparrow$, $\%OS\uparrow$

b. **피드백 루프 안에 영점 제어기 추가**

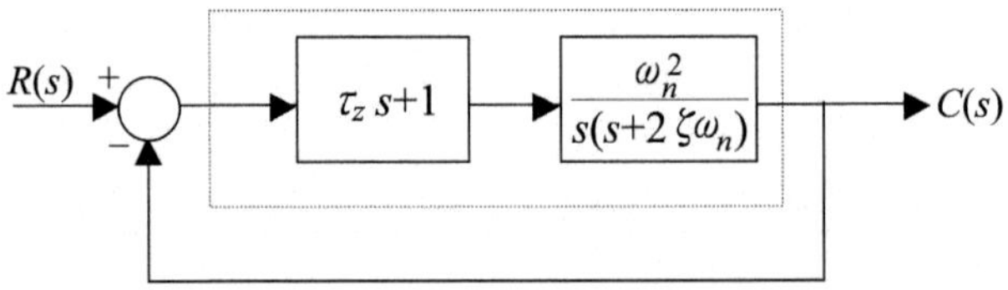

〈그림 8.10〉 피드백 루프 안에 영점 제어기 추가

$$G_{OL}(s)=\frac{\omega_n^2(\tau_z s+1)}{s(s+2\zeta\omega_n)}$$

$$G_{CL}(s)=\frac{G_{OL}(s)}{1+G_{OL}(s)}=\frac{\omega_n^2(\tau_z s+1)}{s^2+\omega_n(2\zeta+\tau_z\omega_n)s+\omega_n^2}$$

전체 전달 함수는 2차이다. (분모의 최고차항이 2차이다)

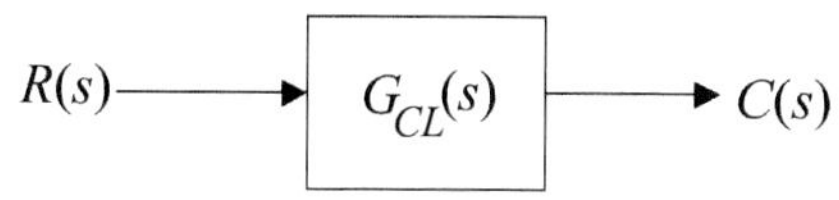

τ_z에 따른 $R(s)=\dfrac{1}{s}$의 계단 입력에 대한 응답을 분석해 보면 다음 그래프와 같다.

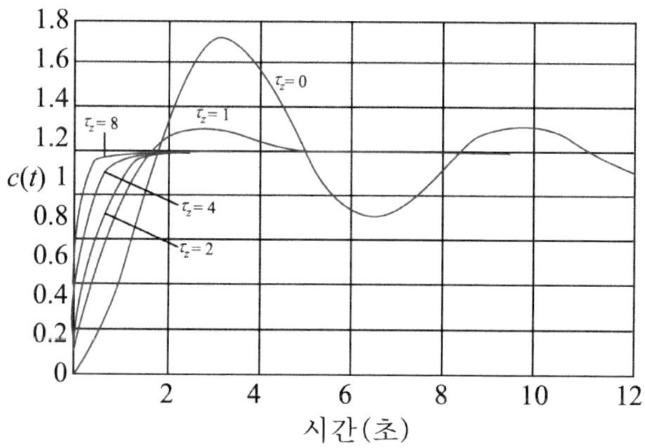

$\tau_z=1$에서 $\tau_z=8$ 까지의 시간 응답 특성을 보면 영점 $-\dfrac{1}{\tau_z}$이 작을수록 즉, 허수축에 가까울수록 $\%OS$이 감소하고 상승시간 T_r이 줄어든다. 영점 추가를 하지 않았을 때 $(\tau_z=0)$ 보다 $\tau_z=1$로 설정하여 영점추가를 하는 것이 응답 특성에 훨씬 도움이 되는 것을 그래프의 응답 특성 비교로 알 수 있다. 따라서, 피드백 루프 안에 영점 추가를 하면 시스템 성능이 더욱 향상 된다.

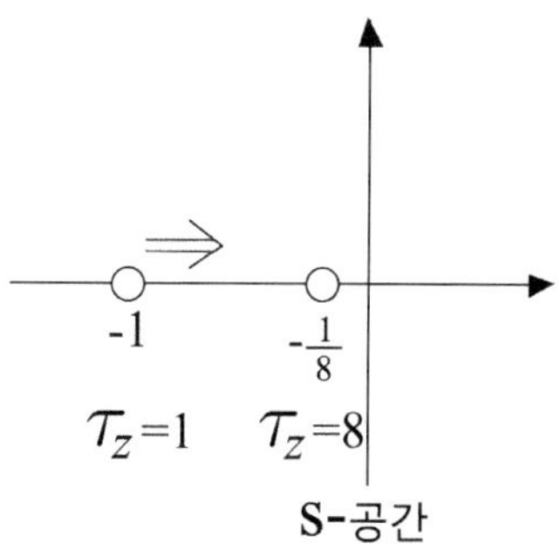

그러한 이유가 나중에 소개될 PD 제어기의 도입 원리가 된다.

다음은 3차 시스템에서도 피드백 루프안의 영점 추가가 시스템 성능을 향상 시키는지 알아보자.

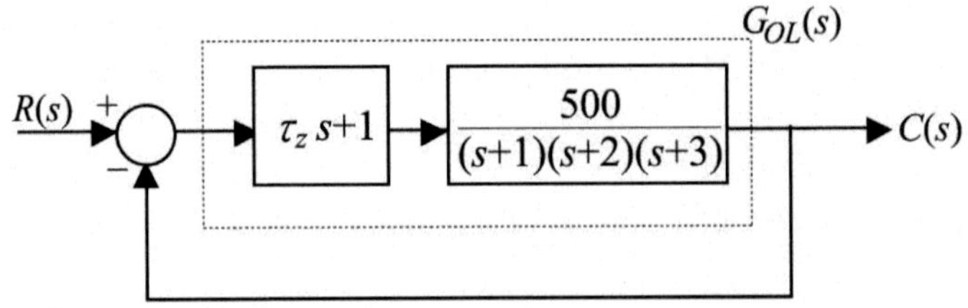

〈그림 8.11〉 3차 시스템에서 피드백 루프 안에 영점 제어기 추가

$$G_{OL}(s) = \frac{500(\tau_z s + 1)}{(s+1)(s+2)(s+3)}$$

$$G_{CL}(s) = \frac{G_{OL}(s)}{1 + G_{OL}(s)} = \frac{50(\tau_z s + 1)}{s^3 + 6s^2 + (11 + 20\tau_z)s + 56}$$

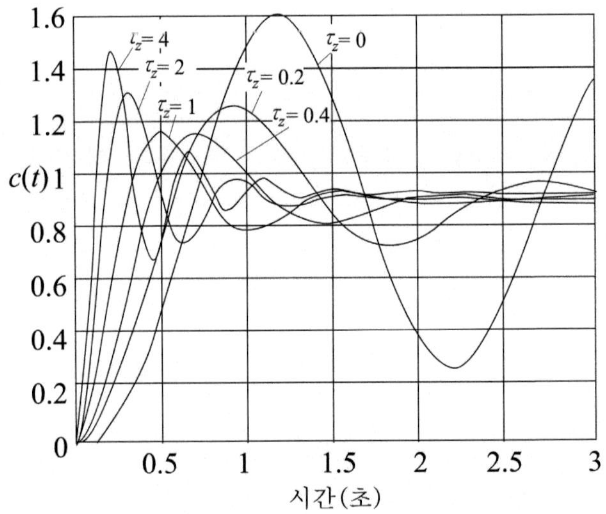

$\tau_z = 0.2$에서 $\tau_z = 4$까지의 시간 응답 특성을 보면 상승 시간 T_r이 점차 줄어든다. $\%OS$은 $\tau_z = 0.2$에서 $\tau_z = 1$까지 줄다가 $\tau_z = 1$에서 $\tau_z = 4$로 점차 증가 하였다. 따라서, 빠른 상승시간의 시스템이 요구되면 $\tau_z = 4$로 선택하면 되고, 적당한 상승시간에 적은 $\%OS$의 시스템이 요구되면 $\tau_z = 1$로 선택하면 된다. 따라서, 3차 시스템에서도 피드백 루프 안의 영점 추가는 시스템 성능을 향상 시킨다.

c. 피드백 루프 밖에 극점 제어기 추가

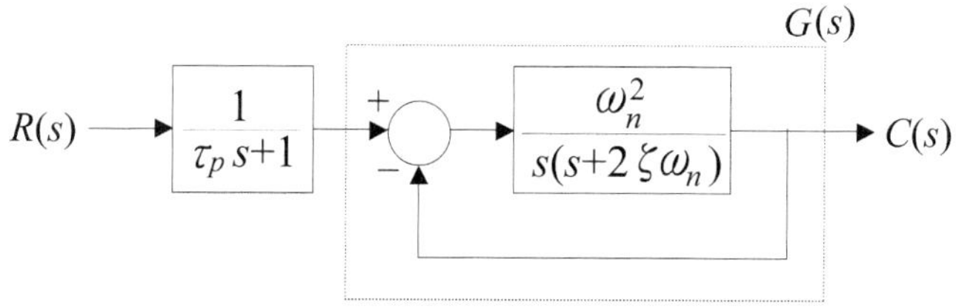

〈그림 8.12〉 피드백 루프 밖에 극점 제어기 추가

$$G(s) = \frac{\dfrac{\omega_n^2}{s(s+2\zeta\omega_n)}}{1+\dfrac{\omega_n^2}{s(s+2\zeta\omega_n)}} = \frac{\omega_n^2}{s^2+2\zeta\omega_n s+\omega_n^2}$$

$$G_{CL}(s) = \frac{\omega_n^2}{(\tau_p s+1)(s^2+2\zeta\omega_n s+\omega_n^2)}$$

아래 그림을 보면 피드백 루프 밖에 극점 제어기를 추가한 경우($\tau_p = 1$에서 $\tau_p = 8$) 추가 하지 않았을 때 ($\tau_p = 0$) 보다 상승시간 T_r이 느려진다. 따라서, 피드백 루프 밖에 극점을 추가하는 것은 시스템 성능을 악화 시킨다.

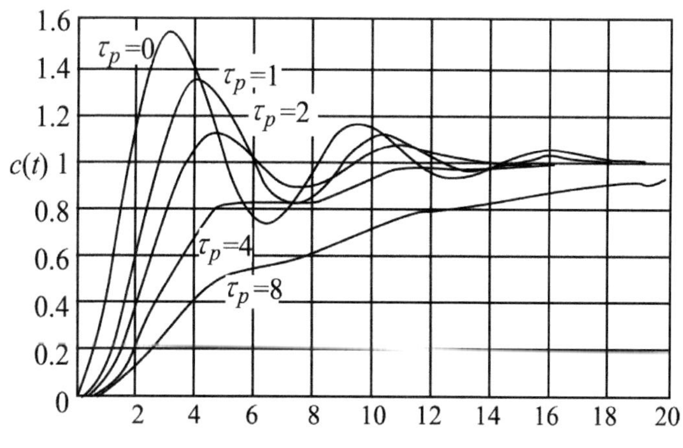

d. 피드백 루프 밖에 영점 제어기 추가

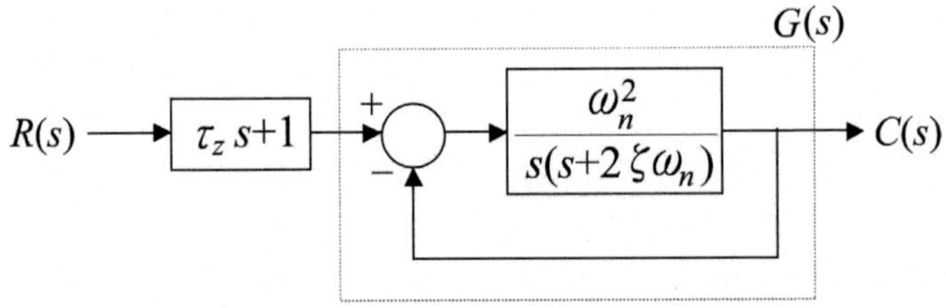

〈그림 8.13〉 피드백 루프 밖에 영점 제어기 추가

$$G_{CL}(s) = (\tau_z s + 1)G(s) = \frac{\omega_n^2(\tau_z s + 1)}{s^2 + 2\zeta\omega_n s + \omega_n^2} = \frac{\omega_n^2 + \tau_z\omega_n^2 \cdot s}{s^2 + 2\zeta\omega_n s + \omega_n^2}$$

$$= \frac{\omega_n^2}{s^2 + 2\zeta\omega_n s + \omega_n^2} + \frac{\tau_z\omega_n^2 \cdot s}{s^2 + 2\zeta\omega_n s + \omega_n^2}$$

$$\triangleq G_{CL1}(s) + G_{CL2}(s)$$

$G_{CL1}(s)$에 의한 계단 응답을 $c_1(t)$라고 하면, $G_{CL2}(s) = \tau_z s\, G_{CL1}(s)$이므로 $G_{CL2}(s)$에 의한 응답은 $\tau_z \dfrac{dc_1(t)}{dt}$가 된다.

$$c(t) = c_1(t) + \tau_z \frac{dc_1(t)}{dt}$$

이것은 τ_z의 부호에 따라 다음 그래프 처럼 두 가지로 나뉘어 진다. $\tau_z > 0$일때 〈그림 8.14 a〉와 같고, $\tau_z < 0$일때는 〈그림 8.14 b〉와 같다.

〈그림 8.14 a〉에서 $\tau_z > 0$일때, $G_{CL}(s) = \dfrac{\omega_n^2(\tau_z s + 1)}{s^2 + 2\zeta\omega_n s + \omega_n^2}$에서 영점은 s-공간의 좌반면(LHP)에 위치하고, $\tau_z \dfrac{dc_1(t)}{dt}$는 그래프가 0에서 위로 올라가는 오버슛(overshoot)을 만든다. 이것은 나중에 나올 주파수 응답 해석에서 주파수에 대한 시스템 위상이 0°와 90° 사이에 있기 때문에 이러한 시스템을 최소 위상(minimum phase) 시스템 이라고 부른다.

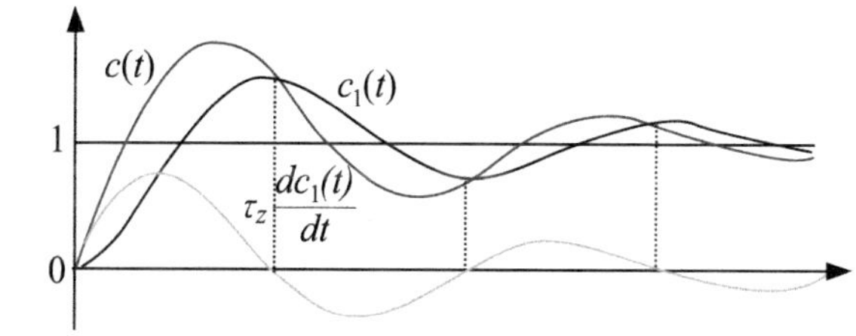

(a) $\tau_z > 0$ 최소 위상 시스템

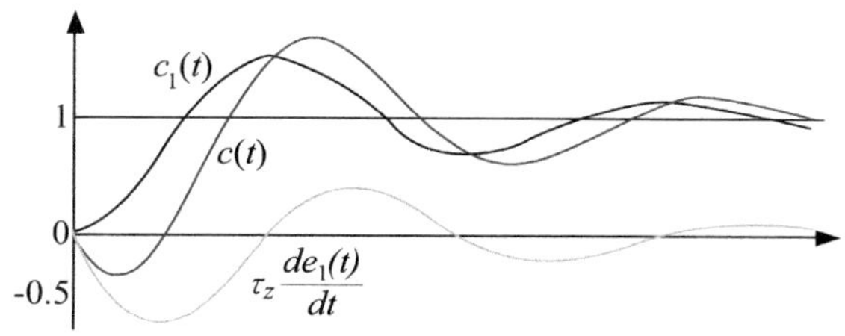

(b) $\tau_z < 0$ 비최소 위상 시스템

〈그림 8.14〉 최소 위상 시스템과 비최소 위상 시스템

〈그림 8.14 b〉에서 $\tau_z < 0$일때, $G_{CL}(s) = \dfrac{\omega_n^2(\tau_z s + 1)}{s^2 + 2\zeta\omega_n s + \omega_n^2}$에서 영점은 s-공간의 우반면(RHP)에 위치한다. $\tau_z \dfrac{dc_1(t)}{dt}$는 $\tau_z < 0$이므로 $c_1(t)$와 $\tau_z \dfrac{dc_1(t)}{dt}$는 반대 부호를 가지므로 그래프가 0에서 아래로 내려가는 언더슛(undershoot)을 만든다. 이것은 나중에 나올 주파수 응답 해석에서 주파수에 대한 시스템 위상이 0°와 180° 사이에 있기 때문에 이러한 시스템을 비최소 위상(non-minimum phase) 시스템 이라고 부른다. 〈그림 8.14 a〉처럼 $\tau_z > 0$ 일때, τ_z를 1에서 8까지 변화시켜 보면 〈그림 8.16〉과 같다.

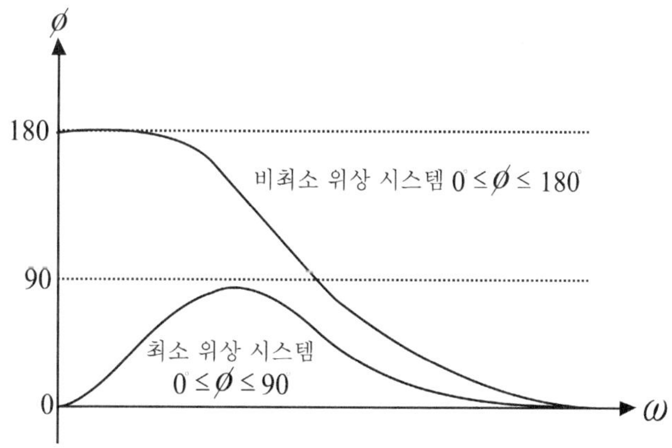

〈그림 8.15〉 주파수에 대한 위상곡선

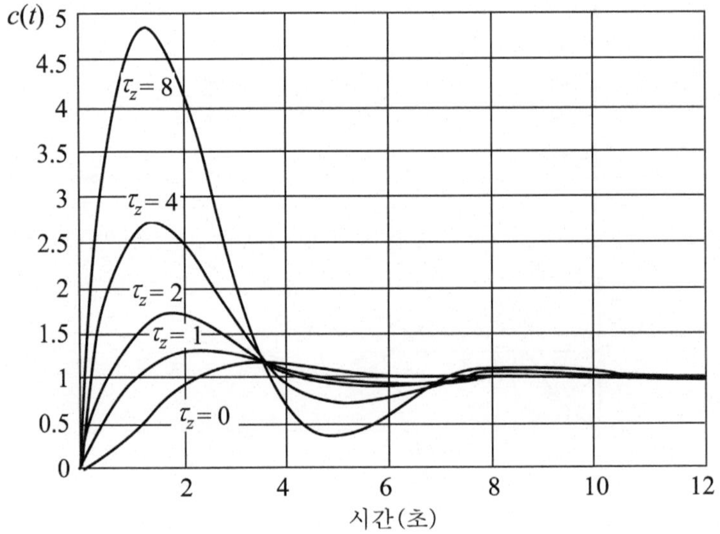

〈그림 8.16〉 피드백 밖에 영점 제어기 추가에 대한 계단응답

〈그림 8.16〉을 보면 피드백 루프 밖에 영점 제어기를 추가하면 ($\tau_z = 1$에서 $\tau_z = 8$) 추가 하지 않았을 때 ($\tau_z = 0$)보다 상승 시간 T_r이 증가하나 $\%OS$도 증가한다. 따라서, 피드백 루프 밖에 영점을 추가 하는 것이 시스템 성능을 반드시 향상 시켜 주는 것은 아니다.

8.7 MATLAB 활용

예제 M8.1 이차 시스템이 $G(s) = \dfrac{\omega_n^2}{s^2 + 2\zeta\omega_n s + \omega_n^2}$일 때, 고유 주파수 $\omega_n = 4$이고 제동비가 각각 다른 세 종류의 과 제동($\zeta_1 = 1.5$), 임계 제동($\zeta_2 = 1.0$), 부족 제동($\zeta_3 = 0.5$)에 대한 그래프를 하나의 그래프에 그리시오.

```
>> wn=4;
>> zeta1=1.5;
>> zeta2=1.0;
>> zeta3=0.5;
>> num=wn^2;
```

```
>> den1=[1    2*zeta1*wn    wn^2];
>> den2=[1    2*zeta2*wn    wn^2];
>> den3=[1    2*zeta3*wn    wn^2];
>> t=[0 : 0.1 : 5];        %시간 범위 설정
>> y1=step(num, den1, t);
>> y2=step(num, den2, t);
>> y3=step(num, den3, t);
>> plot(t, y1, 'o', t, y2, '*', t, y3, '+')
```

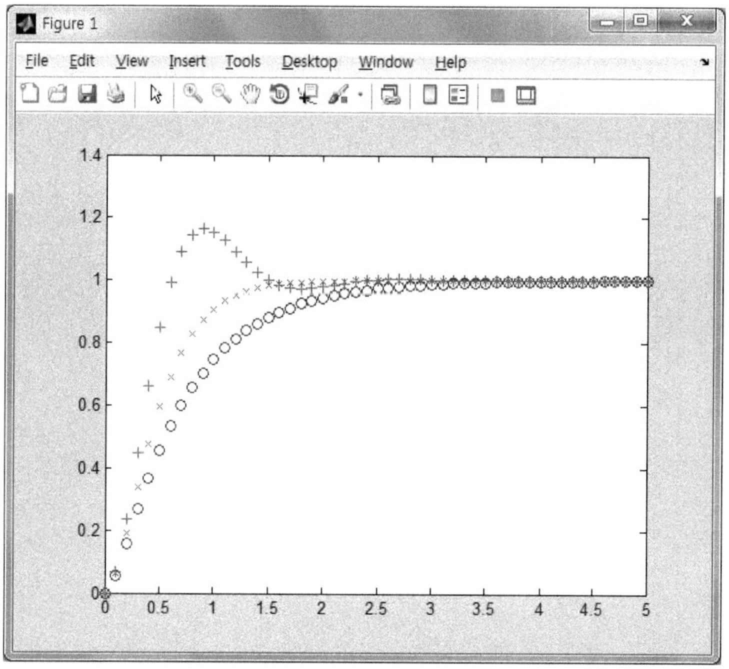

예제 M8.2 다음의 이차 시스템을 그래프로 표시한 후, 최대값, 오버슈트, 피크시간을 구하시오.

$$G(s) = \frac{\omega_n^2}{s^2 + 2\zeta\omega_n s + \omega_n^2},\ \omega_n = 3,\ \zeta = 0.5$$

```
>> wn=3;
>> zeta=0.5;
```

```
>> num=wn^2;
>> den=[1 2*zeta*wn wn^2];
>> t=[0 : 0.1 : 5]';
>> y=step(num, den, t);
>> [Mp, index]=max(y)  %최대값과 최대값의 위치를 찾음
   Mp=1.1630
   index=13
>> PO=(Mp-1)*100          %오버슛
   PO=16
>> Tpeak=t(index)         %피크시간
   Tpeak=1.2000
>> plot(t,y)
```

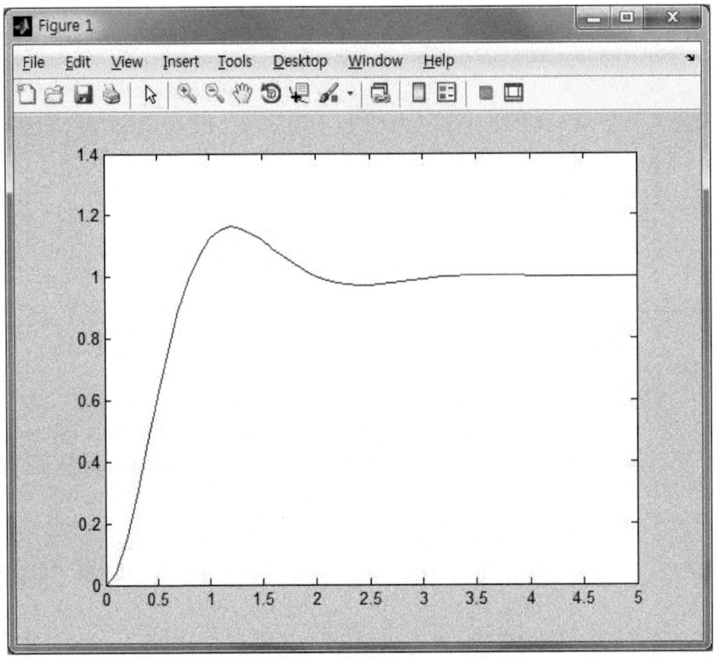

8.8 기사 문제

1 과도 응답에서 상승 시간 t_r은 응답이 최종값의 몇 [%]까지의 시간으로 정의되는가?

㉮ 1~100 ㉯ 10~90 ㉰ 20~80 ㉱ 30~70

2 자동 제어계에서 과도 응답 중 지연 시간을 옳게 정의한 것은?

㉮ 목표값의 50%에 도달하는 시간
㉯ 목표값이 허용 오차 범위에 들어갈 때까지의 시간
㉰ 최대 오버슈트가 일어나는 시간
㉱ 목표값의 10~90%까지 도달하는 시간

3 어떤 제어계의 단위 계단 입력에 대한 출력 응답 $c(t)$가 다음과 같이 주어진다. 지연 시간 $T_d[s]$는?

$$c(t) = 1 - e^{-2t}$$

㉮ 0.346 ㉯ 0.446 ㉰ 0.693 ㉱ 0.793

4 $M(s) = \dfrac{100}{s^2 + s + 100}$으로 표시되는 2차계에서 고유 진동수 ω_n은?

㉮ 2 ㉯ 5 ㉰ 10 ㉱ 20

5 어떤 제어계의 전달 함수의 극점이 그림과 같다. 이 계의 고유 주파수 ω_n과 감쇠율 δ는?

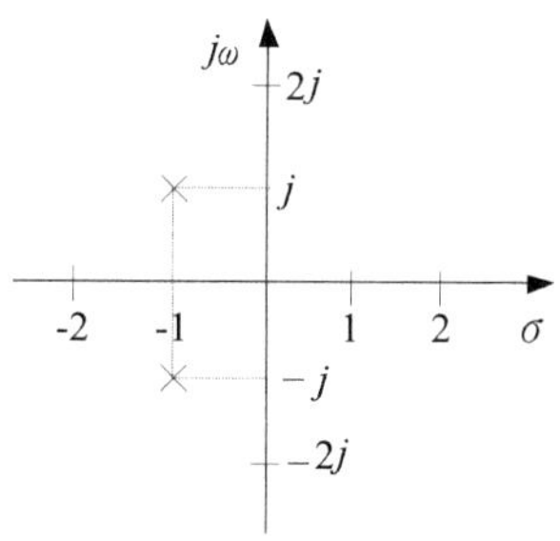

㉮ $\omega_n = \sqrt{2},\ \delta = \sqrt{2}$ ㉯ $\omega_n = 2,\ \delta = \sqrt{2}$

㉰ $\omega_n = \sqrt{2},\ \delta = \dfrac{1}{\sqrt{2}}$ ㉱ $\omega_n = \dfrac{1}{\sqrt{2}},\ \delta = \sqrt{2}$

6 특성 방정식 $s^2+s+2=0$을 갖는 2차계의 제동비(damping ratio)는?

㉮ 1　　㉯ $\frac{1}{\sqrt{2}}$　　㉰ $\frac{1}{2}$　　㉱ $\frac{1}{2\sqrt{2}}$

7 그림과 같은 귀환계의 감쇠 계수(제동비)는?

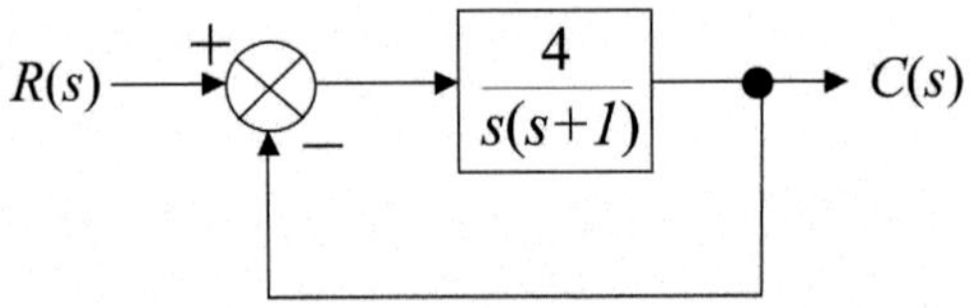

㉮ 1　　㉯ $\frac{1}{2}$　　㉰ $\frac{1}{3}$　　㉱ $\frac{1}{4}$

8 다음 미분 방정식으로 표시되는 2차계가 있다. 감쇠율 δ는 얼마인가? (단, y는 출력, x는 입력이다.)

$$\frac{d^2y}{dt^2}+5\frac{dy}{dt}+9y=9x$$

㉮ 5　　㉯ 6　　㉰ $\frac{6}{5}$　　㉱ $\frac{5}{6}$

9 2차계 과도 응답의 특성 방정식이 $s^2+2\zeta\omega_n s+\omega_n^2=0$인 경우, s가 서로 다른 2개의 실근을 가졌을 때의 제동은?

㉮ 과제동　　㉯ 부족 제동　　㉰ 임계 제동　　㉱ 무제동

10 폐루프 전달 함수가 다음과 같이 주어지는 2차계에서 고유 진동수 $\omega_n [rad/s]$는?

$$\frac{C(s)}{R(s)}=\frac{144}{s^2+10s+144}$$

㉮ $\omega_n=0.413$　　㉯ $\omega_n=10$　　㉰ $\omega_n=12$　　㉱ $\omega_n=144$

11 감쇠비 $\delta = 0.4$, 고유 각주파수 $\omega_n = 1[rad/s]$인 2차계의 전달 함수는?

㉮ $\dfrac{1}{s^2 + 0.4s + 1}$ ㉯ $\dfrac{1}{s^2 + 0.8s + 1}$

㉰ $\dfrac{1}{s^2 + 0.4s + 0.16}$ ㉱ $\dfrac{1}{s^2 + 0.8s + 0.4}$

12 2차계에서 오버슈트가 가장 크게 일어나는 계통의 감쇠율은?

㉮ $\delta = 0.01$ ㉯ $\delta = 0.5$ ㉰ $\delta = 1$ ㉱ $\delta = 10$

13 제동비 δ가 1보다 점점 작아질 때, 나타나는 현상은?

㉮ 오버슈트가 점점 작아진다.
㉯ 오버슈트가 점점 커진다.
㉰ 일정한 진폭을 가지고 무한히 진동한다.
㉱ 진동하지 않는다.

14 제동 계수 $\delta = 1$인 경우, 어떠한가?

㉮ 임계 진동이다.
㉯ 강제 진동이다.
㉰ 감쇠 진동이다.
㉱ 완전 진동이다

15 2차 제어계의 감쇠율 δ가 얼마일 때, 부족 제동이 되는가?

㉮ $\delta = 0$ ㉯ $\delta > 1$ ㉰ $\delta = 1$ ㉱ $0 < \delta < 1$

16 특성 방정식 $s^2 + 2\delta\omega_n s + \omega_n^2 = 0$에서 δ를 제동비라고 할 때, $\delta < 1$인 경우는?

㉮ 임계 진동 ㉯ 강제 진동 ㉰ 감쇠 진동 ㉱ 완전 진동

해답

1.㉯ 2.㉮ 3.㉮ 4.㉰ 5.㉰ 6.㉱ 7.㉱ 8.㉱ 9.㉮ 10.㉰
11.㉯ 12.㉮ 13.㉯ 14.㉮ 15.㉱ 16.㉰

9 근궤적

일차나 이차 시스템에 대해서는 앞서의 내용에서처럼 시스템 해석을 하며, 응답 특성을 알 수 있었다. 근궤적(root locus)은 일차, 이차 시스템뿐만 아니라 고차 시스템에 대해서도 파라미터의 변화에 대한 시스템 성능을 정성적으로 설명할 수 있다. 근궤적 기법을 통하여 과도 응답뿐만 아니라 시스템의 안정도를 도식적으로도 표현할 수 있다. 따라서, 고차 시스템에 대해서도 안정한 영역, 불안정한 영역, 진동이 발생하는 조건 등을 파악할 수 있다.

9.1 근궤적의 정의

다음의 블록 다이어그램을 통해 근궤적의 개념을 알아보자.

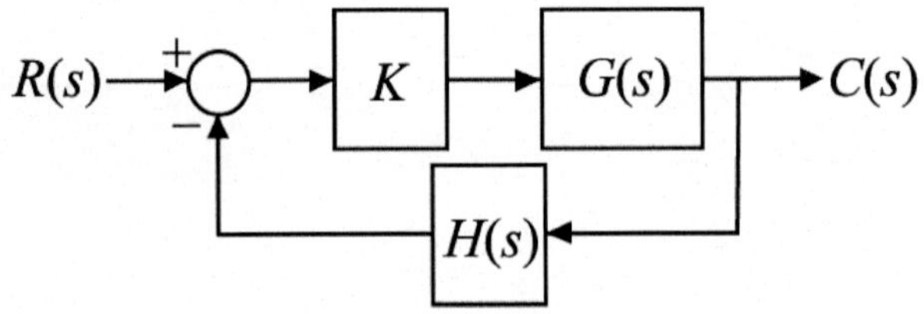

위의 블록 다이어그램에서 전체 폐루프 전달 함수는 다음과 같다.

$$G_{CL}(s) = \frac{KG(s)}{1 + KG(s)H(s)}$$

여기서, $G(s)H(s)$의 분자항과 분모항의 다항식을 다음과 같이 설정하자.

$$G(s)H(s) \triangle \frac{Z(s)}{P(s)} = \frac{A(s+z_1)(s+z_2)\cdots(s+z_m)}{(s+p_1)(s+p_2)\cdots(s+p_n)}$$

$$G_{CL}(s) = \frac{KG(s)}{1 + K\dfrac{Z(s)}{P(s)}} = \frac{KG(s)P(s)}{P(s) + KZ(s)}$$

특성방정식: $P(s) + KZ(s) = 0$

- **근궤적의 정의**

극점의 위치를 결정하는 특성 방정식은 $P(s) + KZ(s) = 0$이다. 이 특성 방정식에서 K가 변한다면 극점의 위치도 달라진다. 근궤적(root locus)이란 K가 0에서 ∞로 변할 때, 특성 방정식의 근인 극점이 이동하는 경로를 선으로 연결한 것이다. 이 책에서는 K의 범위를 $0 \leq K \leq \infty$로 정한다.

◆ 근궤적의 조건

위의 특성 방정식 $P(s)+KZ(s)=0$을 다음과 같이 쓸 수 있다.

$$\frac{Z(s)}{P(s)}=-\frac{1}{K}$$

위의 식에 대하여 크기와 위상 조건을 구해보자.

① 크기조건

$$\frac{|Z(s)|}{|P(s)|}=\frac{1}{K},\quad 0\le K\le\infty$$

$\dfrac{Z(s)}{P(s)}=\dfrac{A(s+z_1)(s+z_2)\cdots(s+z_m)}{(s+p_1)(s+p_2)\cdots(s+p_n)}$ 이므로,

$$\text{크기 : } A\frac{\prod_{i=1}^{m}|s+z_i|}{\prod_{j=1}^{n}|s+p_j|}=\frac{\prod \text{분자의 복소 인수}}{\prod \text{분모의 복소 인수}}$$

여기서, 기호 $\prod$는 곱하기, m은 영점수, n은 극점수를 의미한다.

$\dfrac{Z(s)}{P(s)}=-\dfrac{1}{K}$ 식을 K의 값으로 고쳐쓰면 다음과 같다.

$$K=\frac{|P(s)|}{|Z(s)|}=\frac{\prod_{j=1}^{n}|s+p_j|}{A\prod_{i=1}^{m}|s+z_i|}$$

윗 식의 K값은 이동된 극점 위치에서 K값을 구할 때 사용된다.

② 위상 조건

$\frac{Z(s)}{P(s)} = -\frac{1}{K}$ 이므로 s-공간에서 좌반실수면에 위치한다.

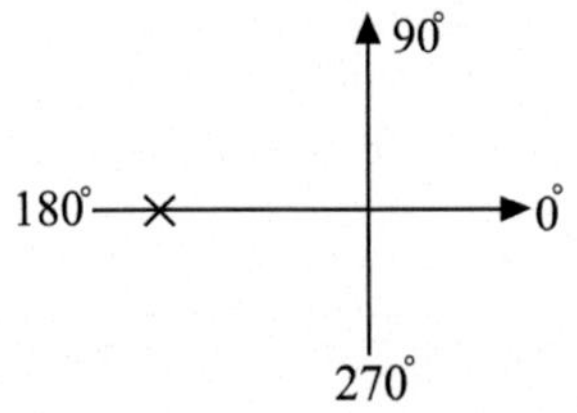

$$\text{위상} : \phi = \sum \angle Z(s) - \sum \angle P(s) = \sum \text{영점각도} - \sum \text{극점각도}$$
$$= (2k+1)\pi,\ k = \cdots -1, 0, 1 \cdots$$

예를 들면 $k=-1$일때 $-\pi(-180°)$, $k=0$일때 $\pi(180°)$등이다.

위상 조건은 나중에 나올 극점의 출발각을 구하기 위해 사용한다.

다음은 근궤적의 개념을 쉽게 이해하기 위하여 다음의 예를 살펴보자.

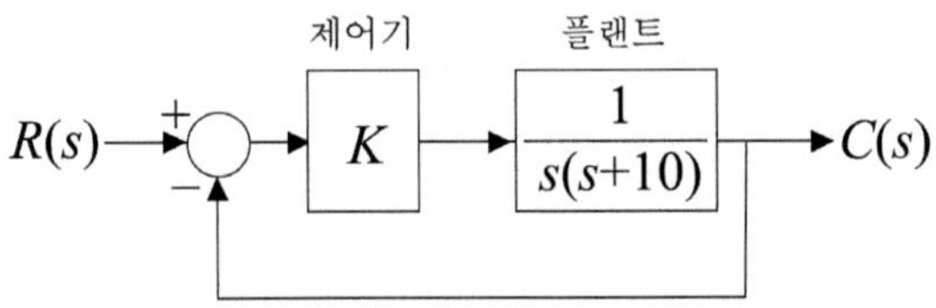

〈그림 9.1〉 근궤적의 개념 예제

위의 예에서, K는 비례 제어기 파라미터이고, $\frac{1}{s(s+10)}$는 플랜트 모델링 함수 이다.

이때, 제어기 파라미터 K를 0에서 5단위로 50까지 변화시키면 전체 시스템 극점이 어떻게 이동하는지를 살펴 보자.

$$G_{CL}(s) = \frac{\frac{K}{s(s+10)}}{1+\frac{K}{s(s+10)}} = \frac{K}{s(s+10)+K}$$

특성 방정식

$s(s+10)+K=s^2+10s+K=0$

$K=0$이면 $s^2+10s=0,\quad s_{1,2}=0,-10$

$K=5$이면 $s^2+10s+5=0,\quad s_{1,2}=\dfrac{-10\pm\sqrt{100-20}}{2}=-0.5,\ -9.5$

$K=10$이면 $s^2+10s+10=0,\quad s_{1,2}=-1.13,\ -8.87$

$\vdots \qquad \vdots \qquad \vdots$

$K=50$이면 $s^2+10s+50=0,\quad s_{1,2}=-5\pm 5j$

위에 극점 $s_{1,2}$를 s-공간에 그리면 〈그림 9.2〉와 같다.

이 그래프에서 $K=0$에서 $K=50$으로 선을 그어 이으면 〈그림 9.3〉과 같다.

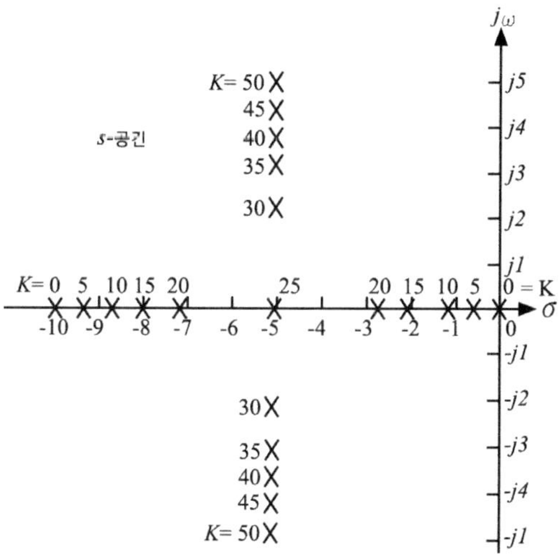

〈그림 9.2〉 극점 위치

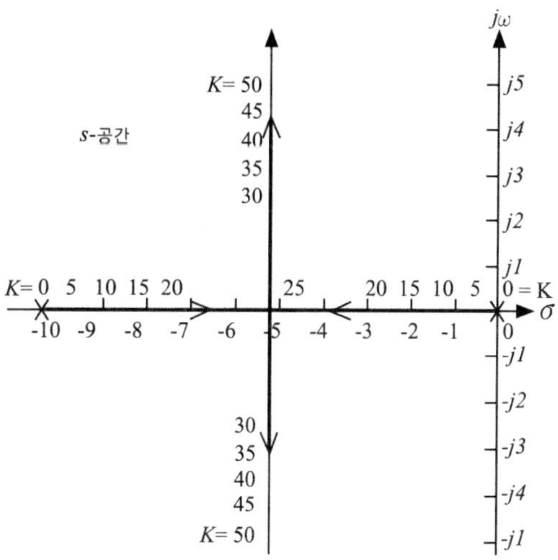

〈그림 9.3〉 근궤적

9.2 근궤적 그리기 절차

다음의 시스템을 통하여 근궤적을 그리는 절차에 대하여 알아보자.

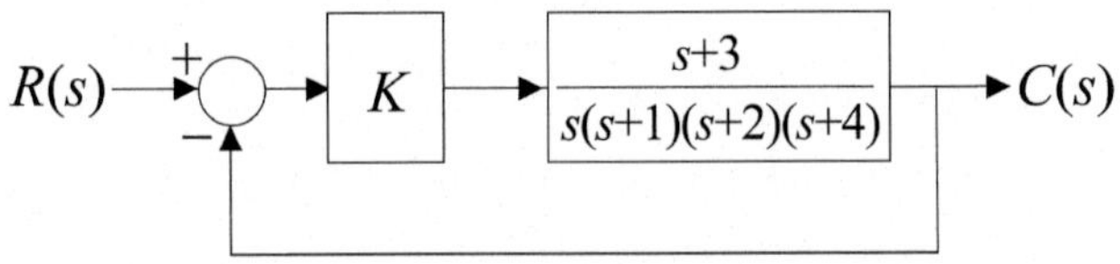

〈그림 9.4〉 근궤적 그리기 절차 예제

① 특성 방정식 구하기

첫 번째 단계로 시스템에서 전체 전달함수의 분모다항식인 특성 방정식을 구한다.

그런 다음 극점과 영점을 구한다.

〈그림 9.4〉에서 폐루프 전달 함수를 구하면 다음과 같다.

$$\frac{C(s)}{R(s)} = \frac{\dfrac{K(s+3)}{s(s+1)(s+2)(s+4)}}{1+\dfrac{K(s+3)}{s(s+1)(s+2)(s+4)}} = \frac{K(s+3)}{s(s+1)(s+2)(s+4)+K(s+3)}$$

특성 방정식 : $s(s+1)(s+2)(s+4)+K(s+3)=0$

$$P(s)+KZ(s)=0$$

$P(s)=s(s+1)(s+2)(s+4)$, $Z(s)=(s+3)$이다. 하지만, 루프전달함수 $G(s)H(s)$를 이용하면 더 편하게 구할 수 있다.

이 예에서 루프 전달 함수 $G(s)H(s)=\dfrac{K(s+3)}{s(s+1)(s+2)(s+4)} \triangleq \dfrac{Z(s)}{P(s)}$를 직접 써서 극점 : 0, -1, -2, -4 영점 : -3 을 구하는 것이 더 직관적이다.

② 극점과 영점 표시

극점 : $K=0$에서의 극점 - 근궤적의 출발점

영점 : $K=\infty$에서의 극점 - 근궤적의 도착점

※ 점근선의 끝점도 근궤적의 도착점이다.

출발점 : 극점

도착점 : 영점, 점근선 끝점

s-공간에 극점과 영점을 다음과 같이 표시한다.

극점은 $\underset{\times}{K=0}$, 영점은 $\underset{\bigcirc}{K=\infty}$ 로 표시한다.

예) 위의 특성방정식 : $s(s+1)(s+2)(s+4)+K(s+3)=0$

$$P(s)+KZ(s)=0$$

$P(s)=s(s+1)(s+2)(s+4)$ 극점 $0, -1, -2, -4$
$Z(s)=(s+3)$ 영점 -3

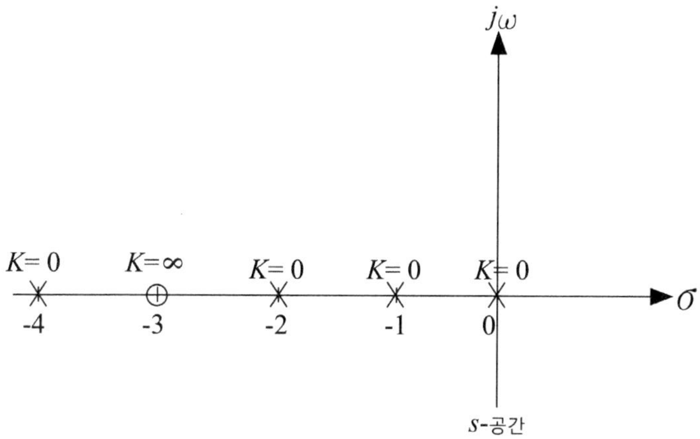

〈그림 9.5〉 s −공간에 극점과 영점 표시

③ 근궤적의 가지 수 고려

근궤적의 가지 수는 극점의 수(=특성 방정식의 차수)와 같다. 위의 예에서 극점이 4개이므로 근궤적의 가지수도 4개이다. 따라서 근궤적의 개수도 4개이다. 즉, 출발점에서 도착점으로 가는 가지수가 4개라는 것을 의미한다.

④ 실수축상의 근궤적 그리기

극점이나 영점을 s-공간에 배치하고, 그 중에 실수축에 위치해 있는 극점이나 영점이 있으면 서로를 연결하는 근궤적을 그린다.

규칙 : a. 극점, 영점 상관없이 실수축 제일 오른쪽에서 왼쪽으로 근궤적을 그린다.

b. 실수축에 있는 극점과 영점이 3개 이상이면 다음 근궤적은 한 칸 띄우고 그린다.

c. 근궤적은 극점에서 출발하여 영점에 도착하거나 점근선 끝에 도착한다. 점근선은 뒤에서 다루도록 한다.

위의 예에서 실수축상의 근궤적은 다음과 같다.

$$s(s+1)(s+2)(s+4)+K(s+3)=0$$

극점 : 0, -1, -2, -4

영점 : -3

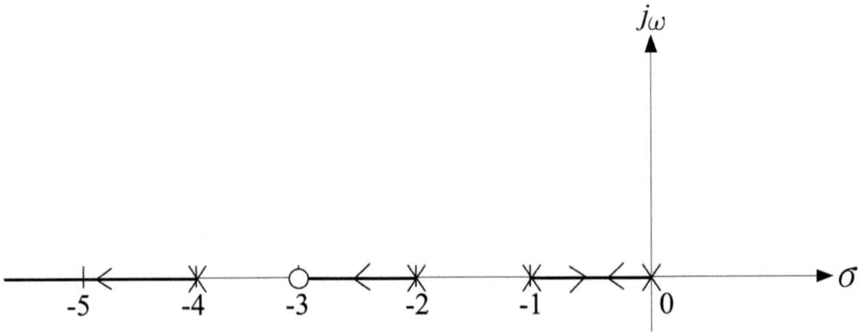

〈그림 9.6〉 실수축상의 근궤적 그리기

⑤ 점근선 표시하기

극점은 근궤적의 출발점이고, 영점은 근궤적의 도착점이다.

극점의 개수는 근궤적의 가지수이다. 극점이 영점보다 더 많을 때는 극점이 영점의 도착점 이외에 어디로 가서 도착해야 하나?

따라서, 이것이 점근선(asymptotes)이 나오게 된 배경이다. 점근선은 극점의 개수(n)가 영점의 개수(m)보다 많을 때만 존재한다.

극점의 개수-영점의 개수 > 0 ⇒ 점근선 존재

$$n-m>0$$

$n-m=1$ 일때, 점근선

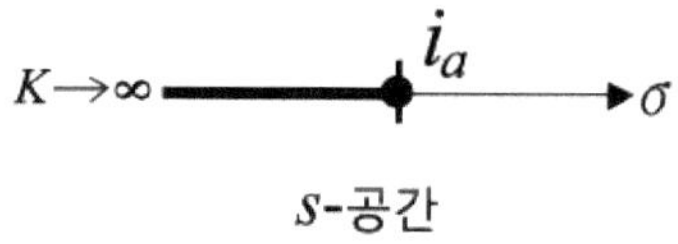

각도 : π

$n-m=2$ 일때, 점근선

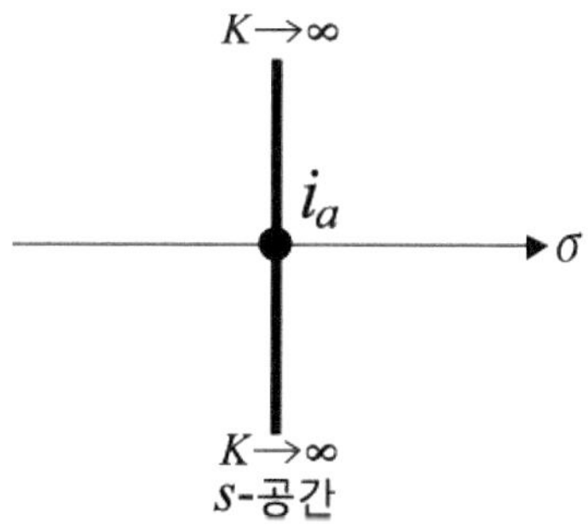

각도 : $\frac{\pi}{2}, \frac{3}{2}\pi$

$n-m=3$ 일때, 점근선

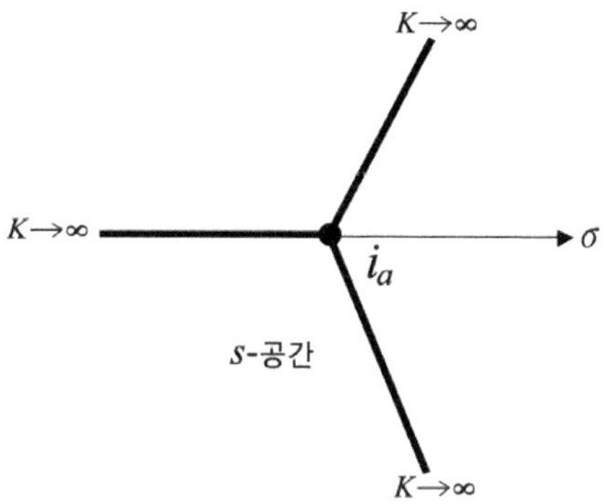

각도 : $\frac{\pi}{3}, \pi, \frac{5}{3}\pi$

$n-m=4$ 일때, 점근선

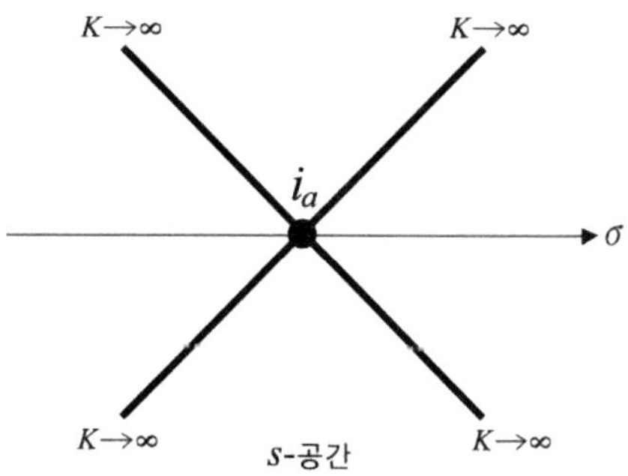

각도 : $\frac{\pi}{4}, \frac{3}{4}\pi, \frac{5}{4}\pi, \frac{7}{4}\pi$

$n-m \geq 5$ 일때의 점근선은 다루지 않기로 한다.

- 점근선의 교차점(intersection of asymptotes)

$$i_a = \frac{\sum 극점 - \sum 영점}{n-m}$$

$s(s+1)(s+2)(s+4)+K(s+3)=0$

극점 : 0, -1, -2, -4 ⇒ 4개

영점 : -3 ⇒ 1개

점근선의 교차점

$$i_a = \frac{(0-1-2-4)-(-3)}{4-1} = \frac{-7+3}{3} = \frac{-4}{3} = -1.334$$

$n-m=3$이므로

점근선은

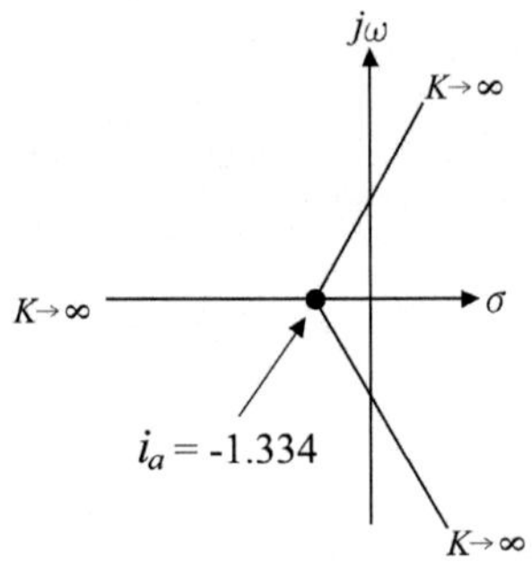

각도 : $\frac{\pi}{3}$, π, $\frac{5}{3}\pi$

실제로 근궤적을 그리면 〈그림 9.7〉과 같다.

이때, 극점(출발점)0과 -1은 각도 $\frac{\pi}{3}$, $\frac{5}{3}\pi$의 점근선 끝(도착점)을 따라간다.

극점(출발점) -2는 영점 (도착점) -3을 따라가며, 극점(출발점) -4 는 각도 π의 점근선의 끝(도착점)을 따라간다.

⑥ 출발 각 구하기

출발각 θ_p : $K=0$인 극점에서 근궤적이 그려질 때의 각도.

극점이 실수값이 아닌 복소수값 일때만 구한다.

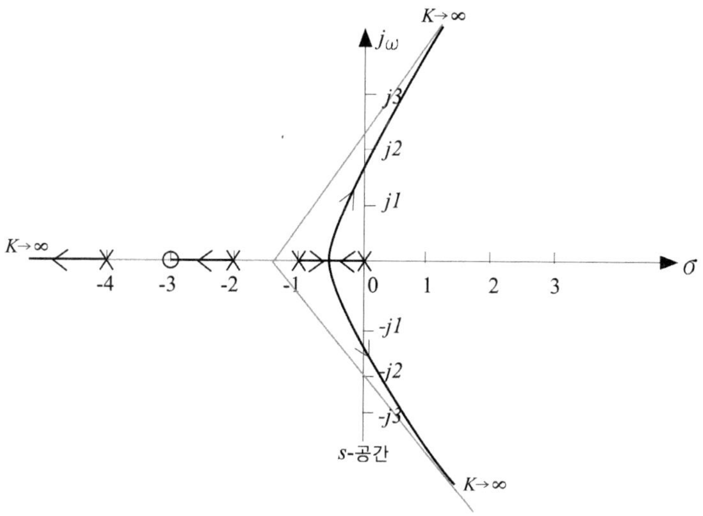

〈그림 9.7〉 점근선 표시하기

근궤적의 정의에서 정의한 위상 조건을 통해 출발각을 구한다.

$$\sum \angle Z(s) - \sum \angle P(s) = \sum \text{영점각도} - \sum \text{극점각도} = (2k+1)\pi, \quad k = -1, 0, 1$$

$s(s+1)(s+2)(s+4)+K(s+3)=0$에서는 극점이 모두 실수값이어서 다른 예를 들어 출발각 구하기를 설명한다.

예) $s(s+2)(s^2+2s+2)+K(s+1)=0$

극점 : 0, -2, $-1 \pm j$, 영점 : -1

이 때, 극점 $-1 \pm j$의 근궤적 출발점이 어느 각도 θ_p로 출발하는지 살펴보자.

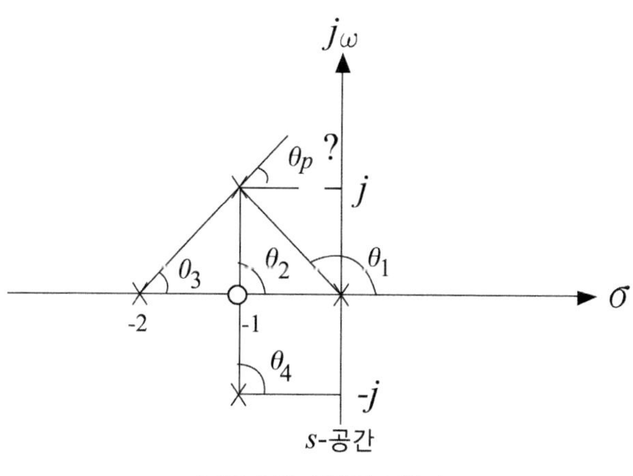

〈그림 9.8〉 출발각 구하기

위상 조건 :

$$\begin{aligned}\sum \text{영점각도} - \sum \text{극점각도} &= \theta_2 - (\theta_1 + \theta_3 + \theta_4 + \theta_p) \\ &= 90^\circ - (135^\circ + 45^\circ + 90^\circ + \theta_p) \\ &= 90^\circ - 270^\circ - \theta_p \\ &= -180^\circ - \theta_p,\ k=-1\text{일 때}, -\pi\text{로 설정} \\ &= -180^\circ\end{aligned}$$

따라서, 출발각 $\theta_p = 0^\circ$ 이다.

극점 $-1 \pm j^\circ$ 는 0° 각도로 출발한다.

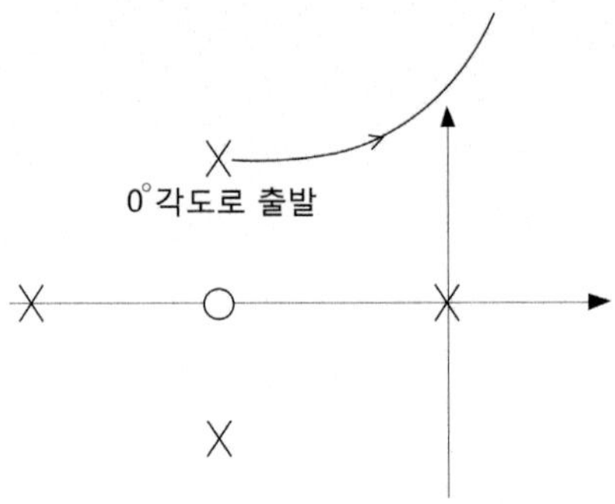

⑦ **허수축 상의 극점 고려**

근궤적이 허수축을 지나갈 때, 허수축에 위치해 있는 극점의 위치와 이 때의 K값을 구한다.

극점의 위치와 K값은 Routh 판별법을 통해 구한다.

그 후, s^2의 보조 방정식으로 극점을 구한다.

$$s(s+1)(s+2)(s+4) + K(s+3) = 0$$

$$s^4 + 7s^3 + 14s^2 + 8s + K(s+3) = 0$$

$$s^4 + 7s^3 + 14s^2 + (8+K)s + 3K = 0$$

s^4	1	14	$3K$
s^3	7	$8+K$	0
s^2	a_1	a_2	0
s^1	b_1	0	
s^0	c_1		

$$a_1 = \frac{-\begin{vmatrix} 1 & 14 \\ 7 & 8+K \end{vmatrix}}{7} = \frac{-(8+K-98)}{7} = \frac{90-K}{7}$$

$$a_2 = \frac{-\begin{vmatrix} 1 & 3K \\ 7 & 0 \end{vmatrix}}{7} = \frac{7 \cdot 3K}{7} = 3K$$

$$b_1 = \frac{-\begin{vmatrix} 7 & 8+K \\ a_1 & a_2 \end{vmatrix}}{a_1} = \frac{-(7a_2-(8+K)a_1)}{a_1} = \frac{-21K+\dfrac{(8+K)(90-K)}{7}}{\dfrac{90-K}{7}} = -21K \cdot \frac{7}{(90-K)} + (8+K)$$

$$= \frac{-147K+(8+K)(90-K)}{(90-K)} = \frac{(-K^2-65K+720)}{(90-K)} = \frac{K^2+65K-720}{K-90}$$

$$b_2 = 0$$

$$c_1 = \frac{-\begin{vmatrix} a_1 & a_2 \\ b_1 & 0 \end{vmatrix}}{b_1} = \frac{a_2 b_1}{b_1} = a_2$$

Routh 표에서 첫 번째 열만 정리하면 다음과 같다.

$$a_1 = \frac{90-K}{7},\ b_1 = \frac{(K^2+65K-720)}{K-90},\ c_1 = 3K$$

첫 번째 열이 0이 될수 있는 경우는

$a_1 = 0$ 에서 $K = 90$
$b_1 = 0$ 에서 $K \simeq -74.65$ 혹은 $K \simeq 9.65$
$c_1 = 0$ 에서 $K = 0$ 이다.

$K = 90$은 b_1의 분모를 0으로 만들어서 해당 되지 않으며,

$K = -74.65$ 는 음수라서 해당 되지 않으며,

$K = 0$ 은 출발점이라서 해당 되지 않는다.

따라서, $K = 9.65$에서 극점이 허수축에 위치하게 된다.

보조 방정식 $a_1s^2 + a_2 = \frac{90-K}{7}s^2 + 3K$

$$(\frac{90-9.65}{7})s^2 + 3 \times 9.65 = 0$$

$$11.48s^2 + 28.95 = 0$$

Matlab 혹은 근의 공식으로 풀면

$s_{1,2} = \pm 1.588i$

Matlab 사용예 $\gg A = [11.48 \quad 0 \quad 28.95];$
$\gg roots(A)$
$ans =$
$0 + 1.588i$
$0 - 1.588i$

따라서, 다음과 같이 허수축에 극점이 있는 근궤적을 얻는다.

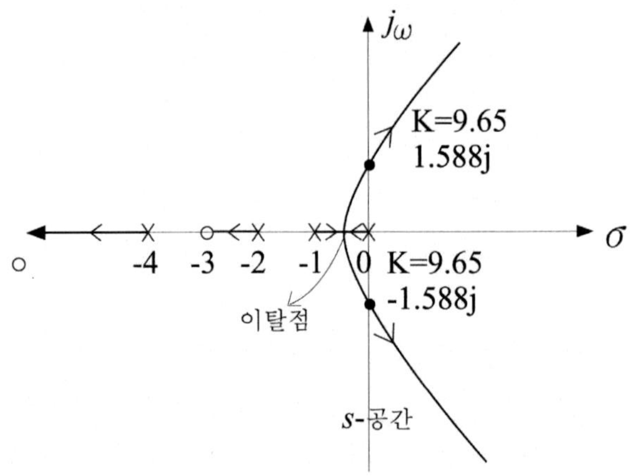

〈그림 9.9〉 허수축 상의 극점

⑧ 이탈점 구하기

두 개 이상의 극점이 중근을 가질때, 근궤적 상에서 만나는 점을 이탈점(breakaway points)라 한다.

특성방정식이 $P(s) + KZ(s) = 0$ 에서,

$\frac{d}{ds}(\frac{Z(s)}{P(s)})=0$ 일 때 특성방정식은 중근을 갖는다.

따라서, 이탈점을 구하는 방법은 다음 식을 만족 할 때의 극점 s를 구하는 것이다.

$$\frac{d}{ds}(\frac{Z(s)}{P(s)})=0$$

$s(s+1)(s+2)(s+4)+K(s+3)=0$

$\frac{d}{ds}(\frac{K(s+3)}{s(s+1)(s+2)(s+4)})=\frac{d}{ds}(\frac{Ks+3K}{s^4+7s^3+14s^2+8s})=0$

미분 공식 $(\frac{v}{u})'=\frac{uv'-u'v}{u^2}$ 을 사용하면

$v=Ks+3K$

$u=s^4+7s^3+14s^2+8s$

$\frac{(s^4+7s^3+14s^2+8s)K-(4s^3+21s^2+28s+8)(Ks+3K)}{(s^4+7s^3+14s^2+8s)^2}=0$

분자만 0이 되면 전체 0이됨. 따라서

$(s^4+7s^3+14s^2+8s)K-(4s^3+21s^2+28s+8)(Ks+3K)$

$=K(3s^4+26s^3+77s^2+84s+24)=0$

$s=-3.31\pm 0.68j\ ,\ -1.61\ ,\ -0.435$

이탈점은 실수축에 있으므로 s = -1.61, -0.435가 해당된다.

〈그림 9.9〉에서 보면

s=-1.61은 $K<0$에 해당되고,

s=-0.435는 $K>0$에 해당되므로, 이탈점은 s=-0.435이다.

⑨ 근궤적의 x축 대칭성 고려

극점과 영점이 어떤 축을 중심으로 대칭을 이루면 이 축을 대칭축이라 하고, 근궤적도 대칭축(symmetry of root locus)을 중심으로 대칭을 이룬다. 근궤적에서 대칭축은 실수축, 즉 x축이다.

$s(s+1)(s+2)(s+4)+K(s+3)=0$의 근궤적은 다음과 같아서 x축을 중심으로 대칭을 이루고 있다.

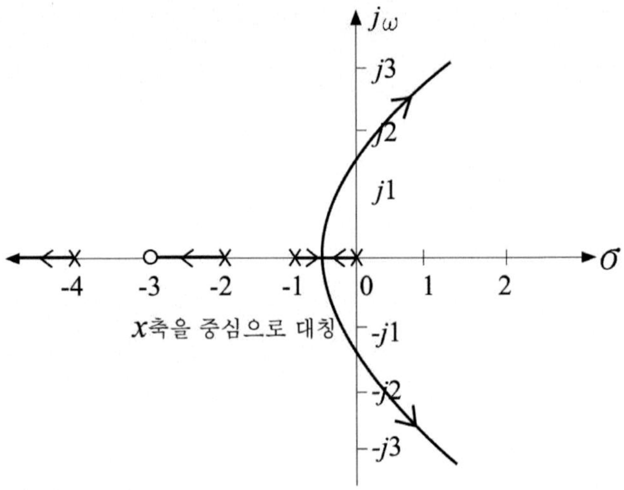

〈그림 9.10〉 x축을 중심으로 근궤적 대칭

▪ **정리** : 근궤적 그리기 절차

① 특성 방정식 구하기	$P(s)+KZ(s)=0$
② 극점과 영점 표시	$K=0$ $\times$ $K=\infty$ ○
③ 근궤적의 가지수 고려	근궤적의 가지수 = 극점수
④ 실수축 상의 근궤적 그리기	실수축 상에 극점 혹은 영점이 2개 이상일 때만 고려 실수축 제일 오른쪽에서 시작

<table>
<tr><td>⑤ 점근선 표시하기</td><td>$n-m \ge 1$일때만 고려
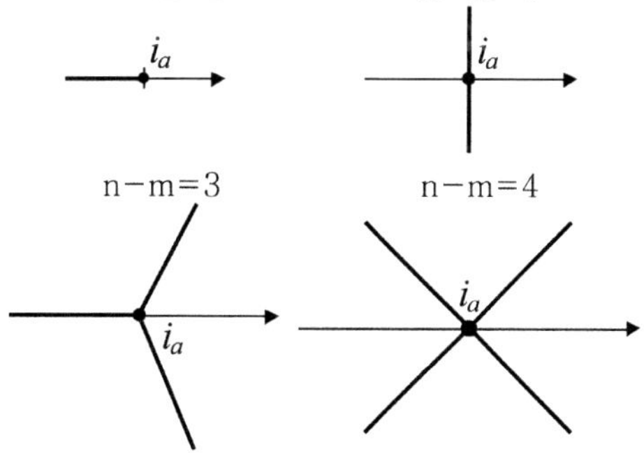
교차점: $i_a = \dfrac{\sum 극점 - \sum 영점}{n-m}$</td></tr>
<tr><td>⑥ 출발각 구하기</td><td>복소수 극점이 있을 때만 고려
$\sum \angle Z(s) - \sum \angle p(s) = -180^\circ$ 혹은 180°</td></tr>
<tr><td>⑦ 허수축 상의 극점 구하기</td><td>근궤적이 허수축을 지나갈 때만 고려
특성방정식 $P(s)+KZ(s)=0$이용
K − Routh 판별법 이용
극점 s − 보조 방정식 이용</td></tr>
<tr><td>⑧ 이탈점 구하기</td><td>근궤적에서 극점이 만날 때만 고려
$\dfrac{d}{ds}\left(\dfrac{Z(s)}{P(s)}\right) = 0$</td></tr>
<tr><td>⑨ 근궤적의 x축 대칭성 고려</td><td></td></tr>
</table>

예제 9.1 다음의 시스템에서 근궤적을 그리시오.

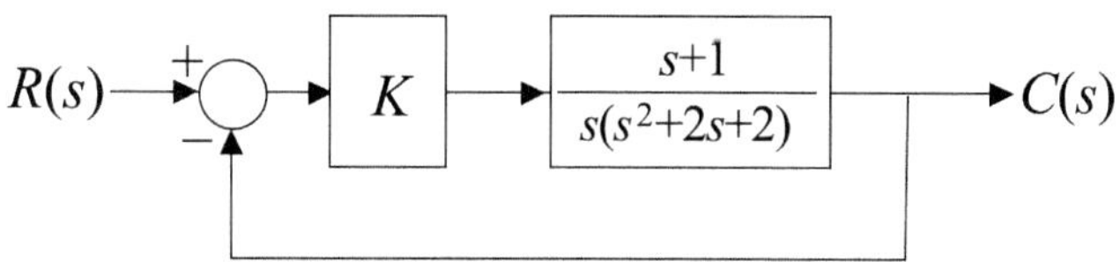

① **특성 방정식 구하기**

루프전달 함수 $G(s)H(s)=\dfrac{K(s+1)}{s(s^2+2s+2)}=\dfrac{Z(s)}{P(s)}$

극점 $0,\ \dfrac{-2\pm\sqrt{4-8}}{2}=-1\pm j$ ⇒ 3개

영점 -1 ⇒ 1개

② **극점과 영점 표시**

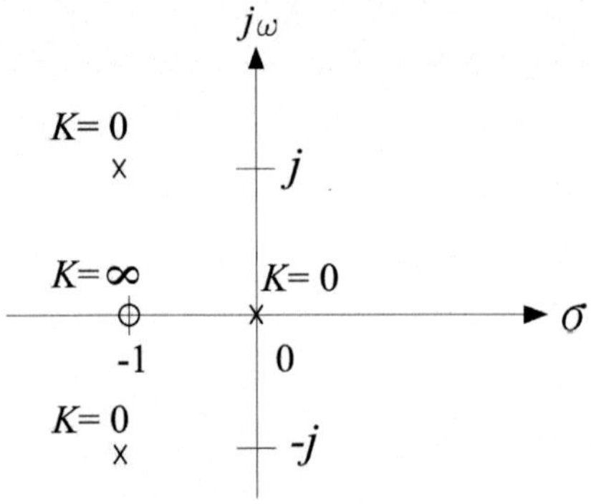

③ **근궤적의 가지수 = 극점수 3개**

④ **실수축 상의 근궤적 그리기**

실수축 제일 오른쪽에서 왼쪽으로 그린다. 극점이 출발점이므로 화살표를 극점에서 나가게 그린다. 영점은 도착점.

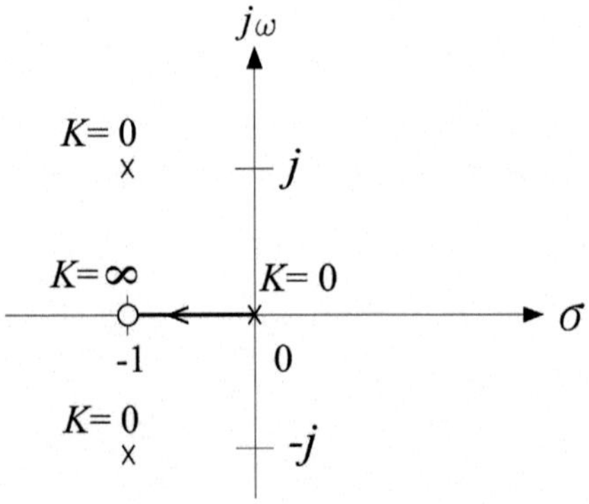

⑤ 점근선 표시하기

$n-m=3-1=2$

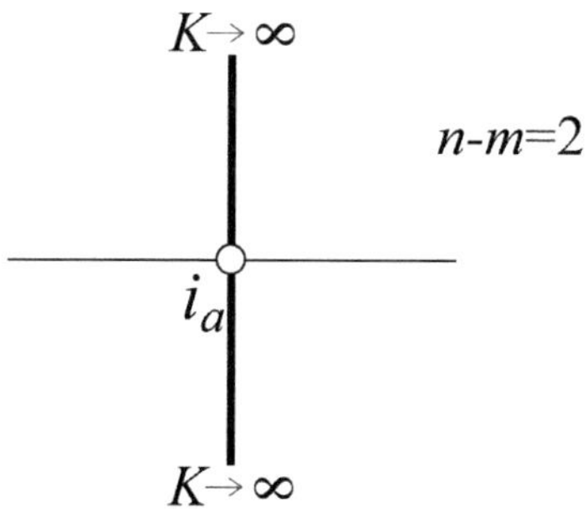

교차점 $i_a = \dfrac{\sum P(s)\text{의 근} - \sum Z(s)\text{의 근}}{n-m}$

$= \dfrac{(0-1+j-1-j)-(-1)}{3-1} = \dfrac{-2+1}{2} = -\dfrac{1}{2} = -0.5$

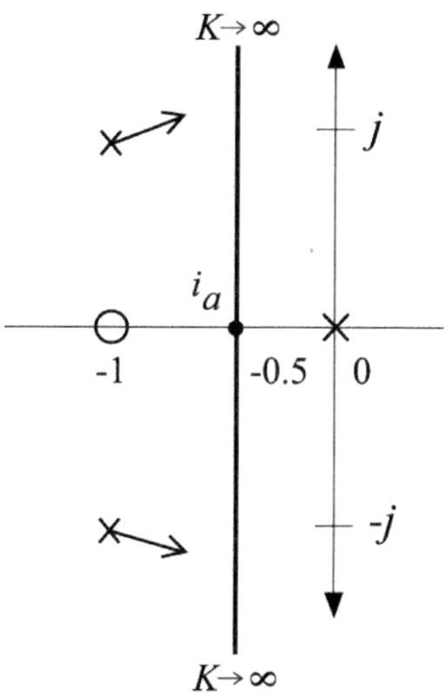

⑥ 출발각 구하기

복소수 극점 $-1 \pm j$이 있어서 고려

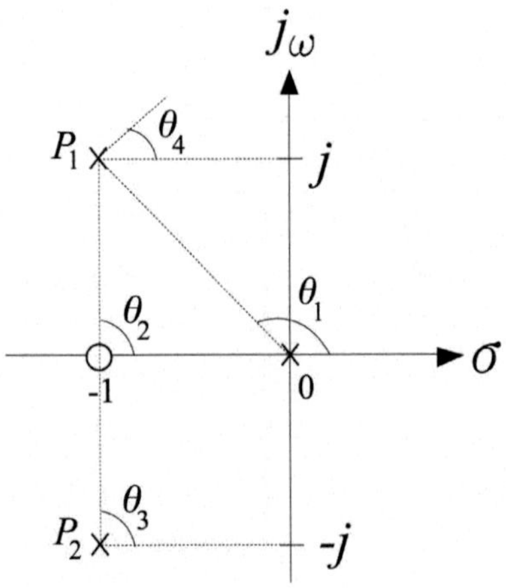

위에서, P_1의 출발각을 구해 보자.

$$\sum \angle Z(s) - \sum \angle P(s) = -180° \text{ 혹은 } 180°$$

$$\theta_2 - (\theta_1 + \theta_3 + \theta_4) = -180° \text{ 혹은 } 180°$$

$$90° - (135° + 90° + \theta_4) = -180°$$

$$\theta_4 = 180° - 135° = 45°$$

⑦ 허수축상의 극점 고려

근궤적이 허수축을 지나가지 않아 구할 필요 없다.

⑧ 이탈점 구하기

근궤적에서 극점이 만나지 않아 고려할 필요 없다.

⑨ 근궤적의 x폭 대칭성 고려

근궤적의 x축 대칭성을 고려하여 최종 근궤적을 그리면 다음과 같다.

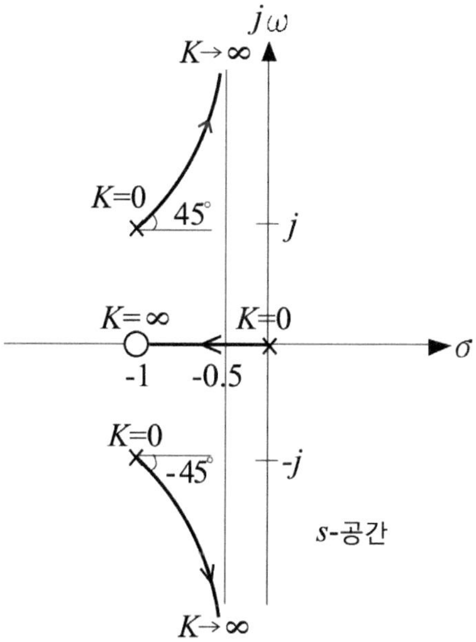

예제 9.2 다음의 시스템에서 근궤적을 그리시오.

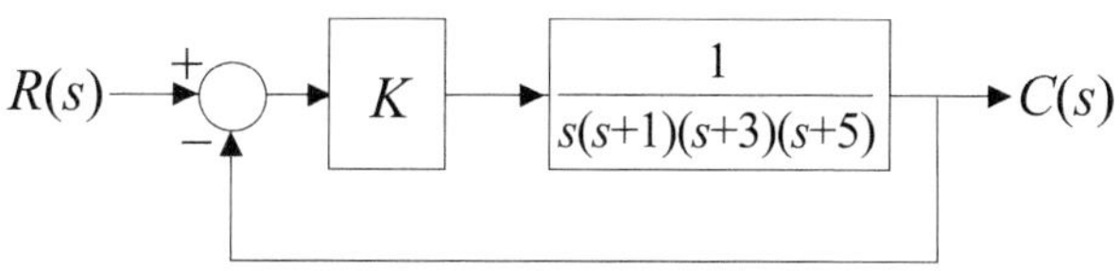

① 특성 방정식 구하기

루프 전달 함수 $G(s)H(s) = \dfrac{K}{s(s+1)(s+3)(s+5)} = \dfrac{Z(s)}{P(s)}$

극점 0, -1, -3, -5 ⇒ 4개

영점 ×

② 극점과 영점 표시

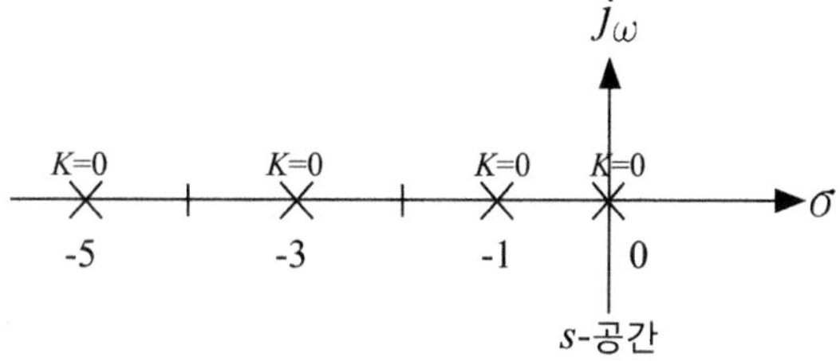

③ 근궤적의 가지수 = 극점수 4개

④ 실수축 상의 근궤적 그리기

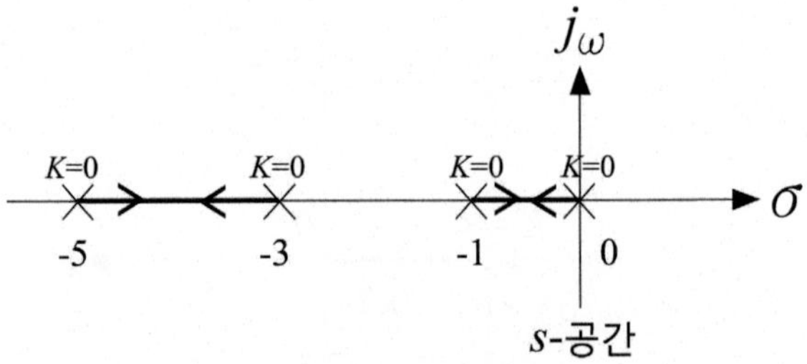

⑤ 점근선 표시하기

$n-m=4-0=4$

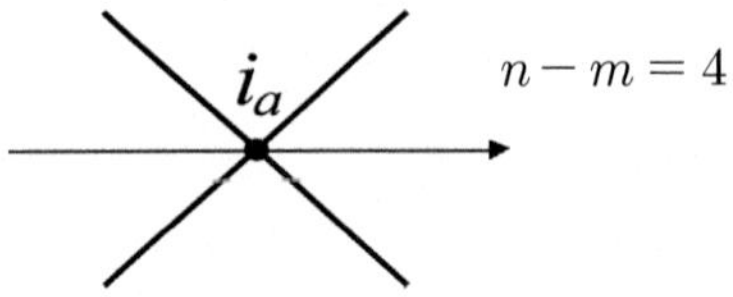

교차점 $i_a = \dfrac{\sum P(s)\text{의 근} - \sum Z(s)\text{의 근}}{n-m}$

$= \dfrac{(0-1-3-5)}{4} = \dfrac{-9}{4} = -2.25$

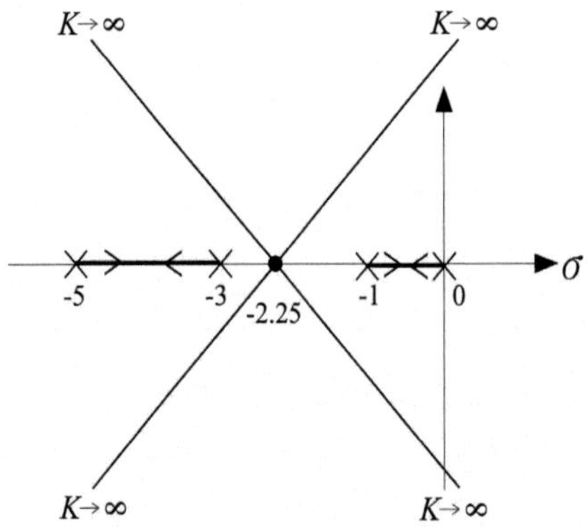

⑥ 출발각 구하기

복소수 극점이 없어서 고려할 필요 없음

⑦ 허수축상의 극점 고려

근궤적이 허수축 끝을 지나가서 구하여함.

특성 방정식 $P(s)+KZ(s)=0$

$$P(s)=s(s+1)(s+3)(s+5)$$
$$=s^4+9s^3+23s^2+15s$$
$$Z(s)=1$$

$$P(s)+KZ(s)=s^4+9s^3+23s^2+15s+K=0$$

Routh 표

s^4	1	23	K
s^3	9	15	0
s^2	a_1	a_2	0
s^1	b_1	0	
s^0	c_1		

$$a_1=\frac{-\begin{vmatrix}1 & 23\\ 9 & 15\end{vmatrix}}{9}=\frac{-(15-23\cdot 9)}{9}=21.33$$

$$a_2=\frac{-\begin{vmatrix}1 & K\\ 9 & 0\end{vmatrix}}{9}=K$$

$$b_1=\frac{-\begin{vmatrix}9 & 15\\ a_1 & a_2\end{vmatrix}}{a_1}=\frac{-(9K-15\cdot 21.33)}{21.33}=\frac{-(9K-320)}{21.33}$$

$$c_1=\frac{-\begin{vmatrix}a_1 & a_2\\ b_1 & 0\end{vmatrix}}{b_1}=a_2$$

b_1, c_1이 0이 되면 극점이 허수축에 위치함

$9K-320=0$ 에서 $K=\dfrac{320}{9}=35.55$

$c_1 = a_2 = K$, K가 0이 아니므로 해당 안됨. 따라서, $K = 35.55$ 일때 허수축에 위치함. 보조 방정식을 이용하여 극점을 구하면 다음과 같다.

$$a_1 s^2 + a_2 = 0$$

$$21.33s^2 + 35.55 = 0$$

$$s = \pm\sqrt{\frac{35.55}{21.33}}\,j = \pm 1.29j$$

⑧ **이탈점 구하기**

실수축에 극점만 4개이고, 영점이 없어서 이탈점이 존재함

$$\frac{d}{ds}\left(\frac{Z(s)}{P(s)}\right) = 0$$

$$\frac{Z(s)}{P(s)} = \frac{K}{s(s+1)(s+3)(s+5)} = \frac{K}{s^4 + 9s^3 + 23s^2 + 15s}$$

미분 공식 $\left(\frac{v}{u}\right)' = \frac{uv' - u'v}{u^2}$을 사용하면

$$v = K$$

$$u = s^4 + 9s^3 + 23s^2 + 15s$$

$$\frac{d}{ds}\left(\frac{Z(s)}{P(s)}\right) = \frac{0 - (4s^3 + 27s^2 + 46s + 15)K}{(s^4 + 9s^3 + 23s^2 + 15s)^2} = 0$$

즉, $4s^3 + 27s^2 + 46s + 15 = 0$ 이다.

MATLAB을 이용하여 이탈점을 구해보면,

$$s = -0.42,\ -2.07,\ -4.25$$

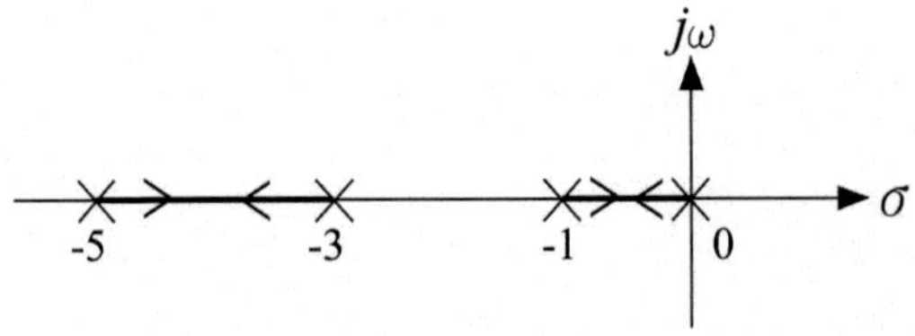

위의 그래프를 보면 s=-2.07은 근궤적 위에 있지 않으므로 $K<0$ 인 경우이다. 따라서, $K>0$인 경우에 $s=-0.42$와 $s=-4.25$가 근궤적 위에 있다.

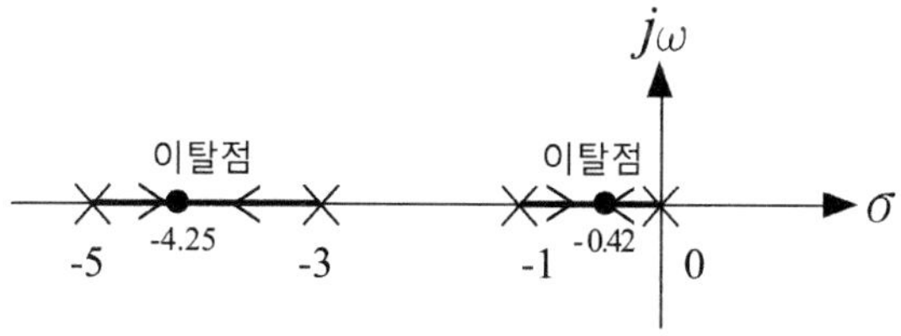

⑨ 근궤적의 x축 대칭성 고려

근궤적의 x축 대칭성을 고려하여 최종 근궤적을 그리면 다음과 같다.

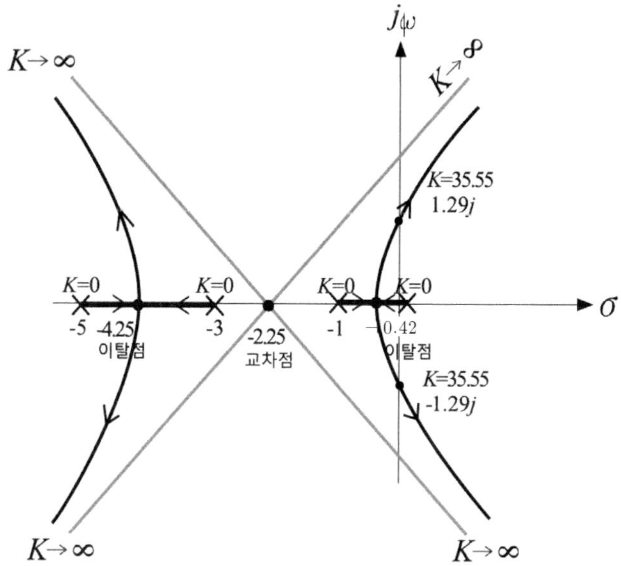

시스템에 따른 근궤적의 기본형 분류

시스템	루프 전달 함수	근궤적
1차 시스템	$\dfrac{K}{s+p}$	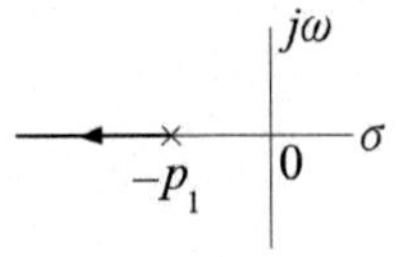
	$\dfrac{K(s+z_1)}{s+p_1}$	$z_1 > p_1$ 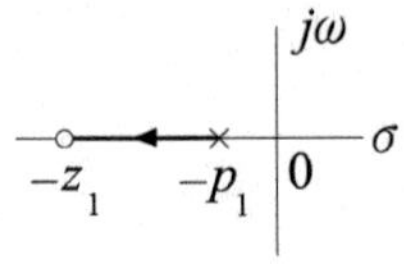 $z_1 < p_1$ 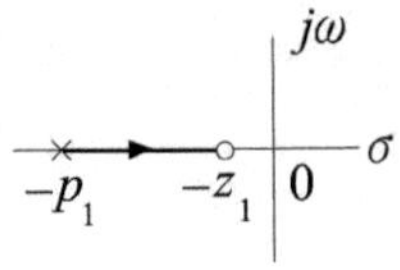
2차 시스템	$\dfrac{K}{(s+p_1)(s+p_2)}$	$p_2 > p_1$ 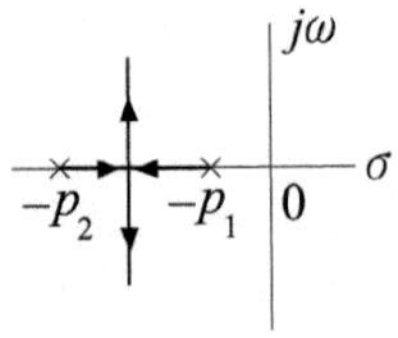
	$\dfrac{K(s+z_1)}{(s+p_1)(s+p_2)}$	$p_2 > p_1 > z_1$ 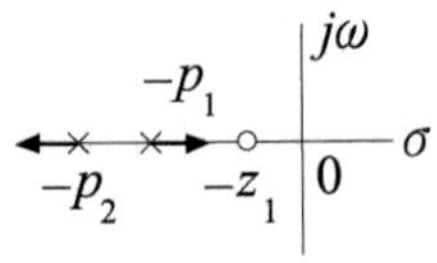 $p_2 > z_1 > p_1$ 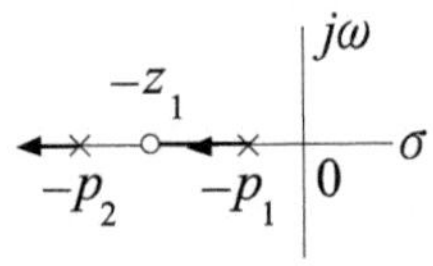 $z_1 > p_2 > p_1$ 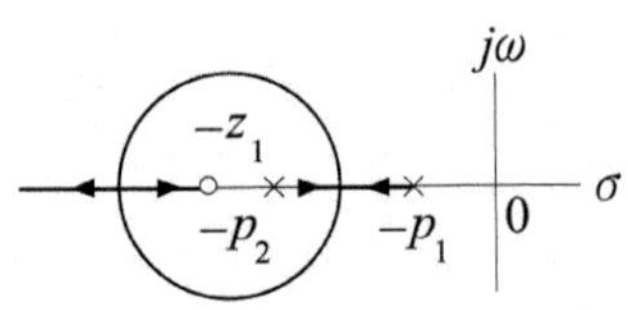
	$\dfrac{K}{(s+\alpha-j\beta)(s+\alpha+j\beta)}$	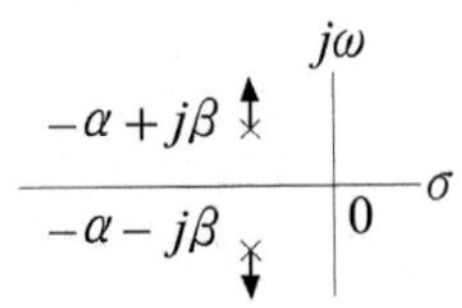

시스템	루프 전달 함수	근궤적
2차 시스템	$\dfrac{K(s+z_1)}{(s+\alpha-j\beta)(s+\alpha+j\beta)}$	$\alpha > z_1$ 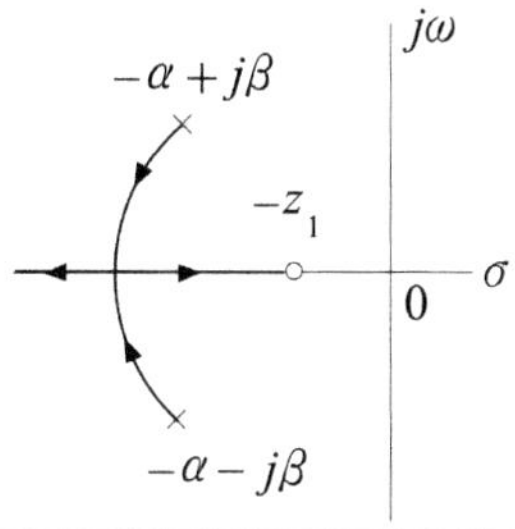 $z_1 > \alpha$ 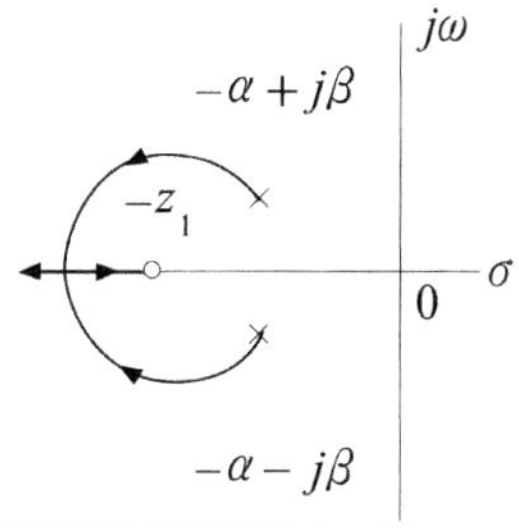
3차 시스템	$\dfrac{K}{(s+p_1)(s+p_2)(s+p_3)}$	$p_3 > p_2 > p_1$ 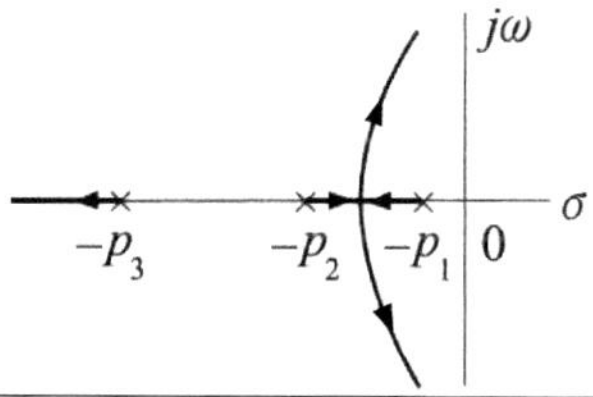
	$\dfrac{K(s+z_1)}{(s+p_1)(s+p_2)(s+p_3)}$	$p_3 > p_2 > p_1 > z_1$ 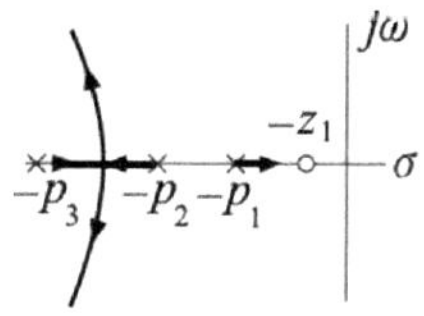 $p_3 > p_2 > z_1 > p_1$ 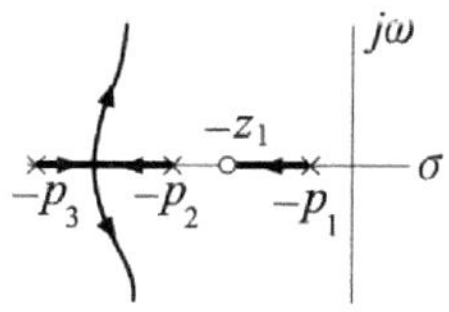 $p_3 > z_1 > p_2 > p_1$ ① 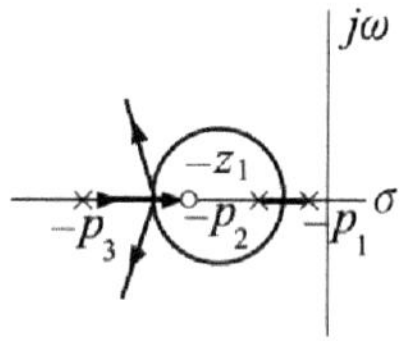 ② 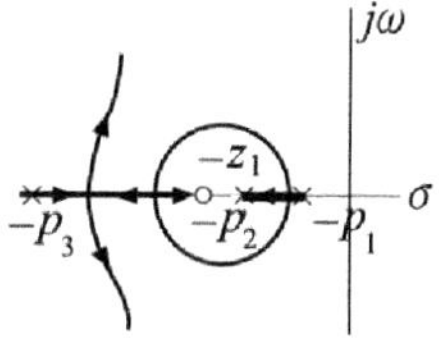 ③ 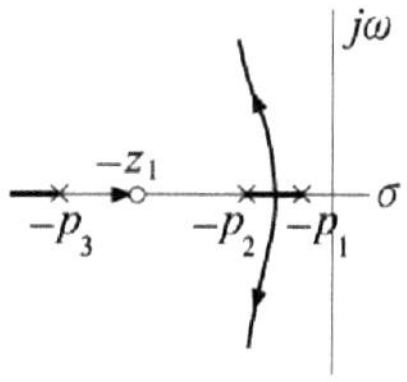 $z_1 > p_3 > p_2 > p_1$ 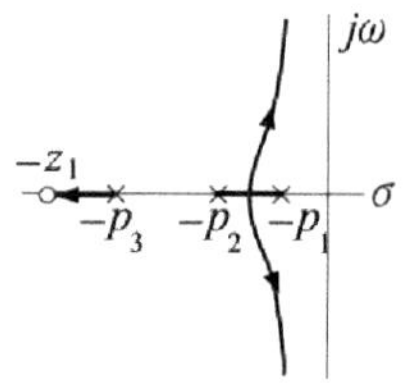

시스템	루프 전달 함수	근궤적
3차 시스템	$\dfrac{K}{(s+p_1)(s+\alpha-j\beta)(s+\alpha+j\beta)}$	$\alpha > p_1$ ① 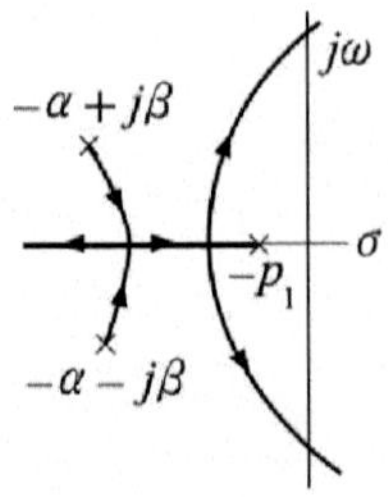 ② 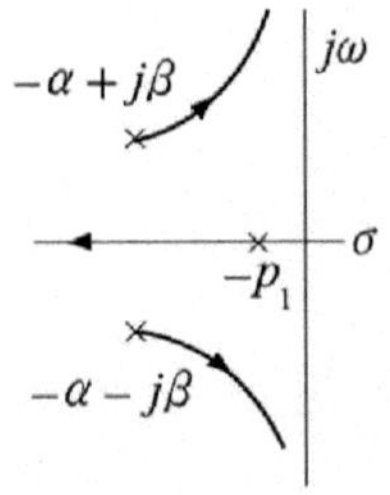 $p_1 > \alpha$ 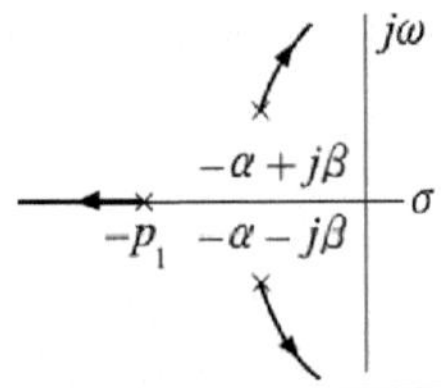

9.3 극점과 영점 추가에 의한 근궤적 변화

이전까지 플랜트 앞에 제어기로 비례 제어기 K를 사용하였다. 만약 제어기가 극점 제어기 혹은 영점 제어기면 근궤적이 어떻게 변하는지 다음의 이차 시스템을 통해 해석해 보자.

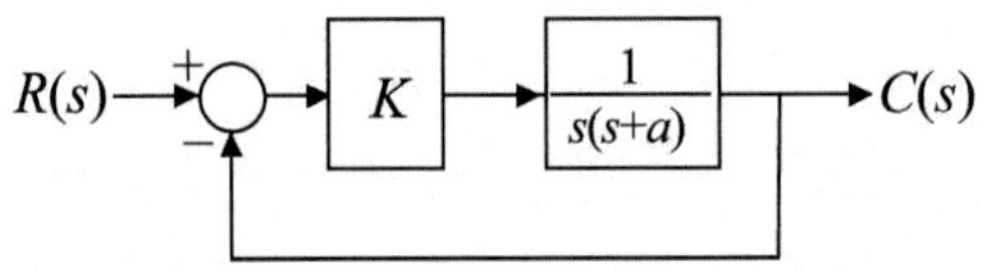

루프전달함수 : $\dfrac{Z(s)}{P(s)} = \dfrac{K}{s(s+a)}$

극점 : $0,\ -a$

$n-m = 2-0 = 2$

$$i_a = \frac{\Sigma P(s)\text{의 근} - \Sigma Z(s)\text{의 근}}{n-m} = \frac{-a}{2}$$

점근선 각도 : 90°, 270°

$K > 0$에 대해 극점이 모두 좌반면(LHP)에 있어 시스템이 안정하다.

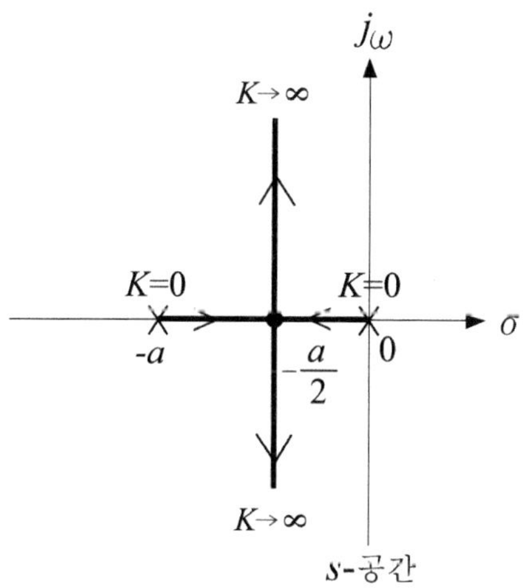

a. 피드백 루프 안에 극점 제어기 추가

① 극점이 한 개 추가될 때

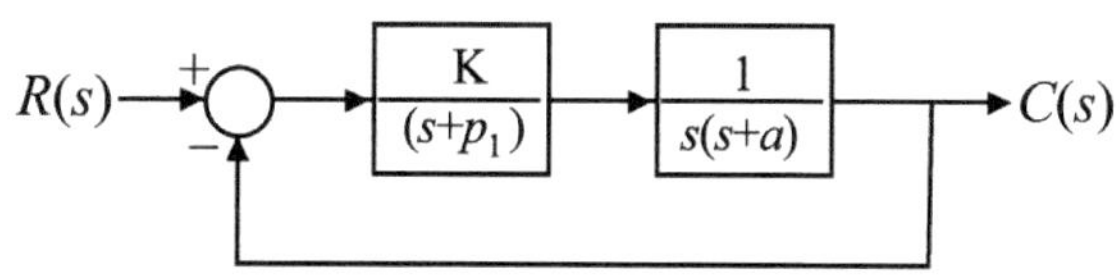

$$\frac{Z(s)}{P(s)} = \frac{K}{s(s+a)(s+p_1)}$$

극점 : 0, $-a$, $-p_1$ ($p_1 > a$일때)

$$n - m = 3 - 0 = 3$$

$$i_a = \frac{\Sigma P(s)\text{의 근} - \Sigma Z(s)\text{의 근}}{n-m} = \frac{-(a+p_1)}{3}$$

점근선 각도 : 60°, 180°, 300°

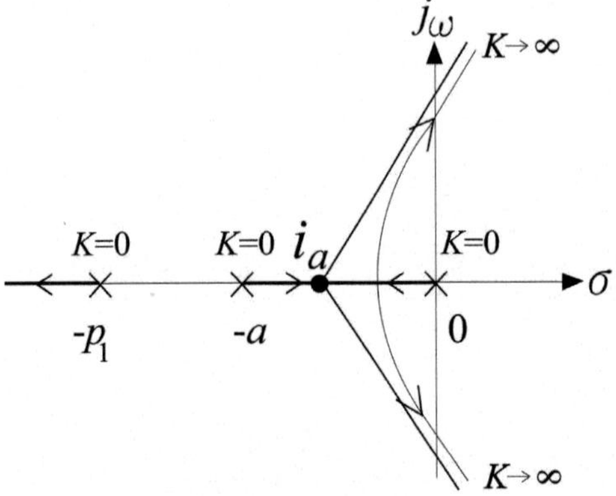

추가된 극점이 근궤적을 우반면(RHP) 쪽으로 밀어 K가 특정값을 넘기면 극점이 RHP에 있게 되어 시스템이 불안정하게 된다.

② **극점이 두 개 추가될 때**

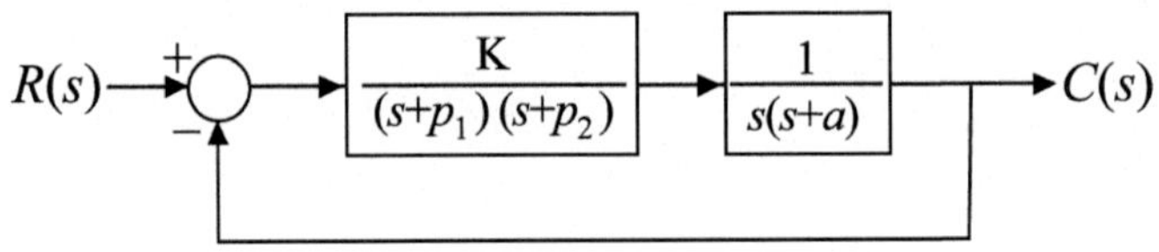

$$\frac{Z(s)}{P(s)} = \frac{K}{s(s+a)(s+P_1)(s+P_2)}$$

극점 : 0, $-a$, $-p_1$, $-p_2$ $\quad$ ($p_2 > p_1 > a$ 일때)

$$n - m = 4 - 0 = 4$$

$$i_a = \frac{\Sigma P(s)\text{의 근} - \Sigma Z(s)\text{의 근}}{n-m} = \frac{-(a+p_1+p_2)}{4}$$

점근선 각도 : 45°, 135°, 225°, 315°

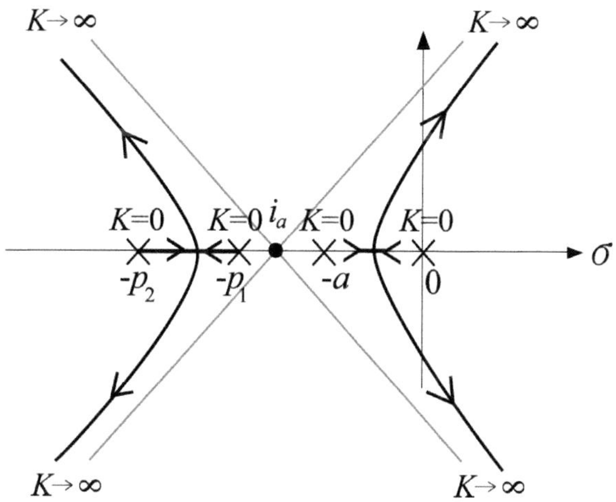

점근선의 각도가 x축에 대하여 45° 가 되어 극점 하나를 추가(점근선 각도가 x축에 대하여 60°)했을때 보다 근궤적이 더욱 우반면(RHP)으로 휘게 되었다. K가 특정값을 넘기면 극점이 우반면(RHP)으로 이동되어 시스템이 불안정하게 된다. 따라서, 피드백 루프 안에 극점 제어기를 추가하는 것은 시스템을 더 불안정하게 만든다.

b. 피드백 루프 안에 영점 제어기 추가

① 영점이 한 개 추가될때

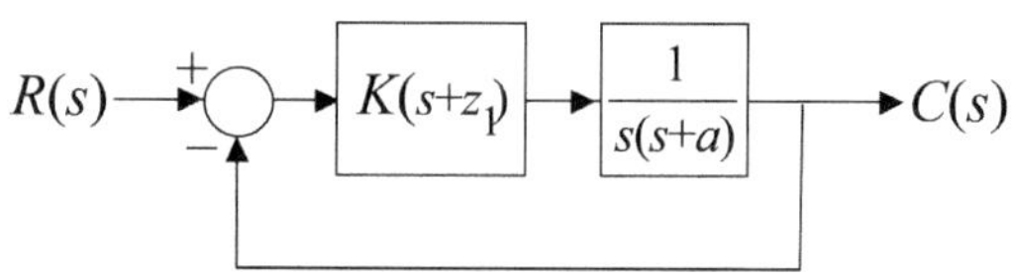

$$\frac{Z(s)}{P(s)} = \frac{K(s+z_1)}{s(s+a)}$$

극점 : 0, -a

영점 : $-z_1$ ($z_1 > a$ 일때)

$n-m=2-1=1$ → 점근선 각도 : 180°

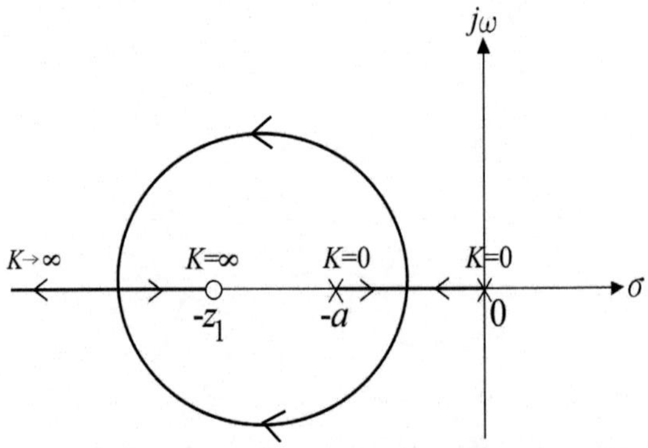

$K>0$에 대해 극점이 모두 좌반면(LHP)에 있고, 영점 제어기가 없을 때 보다도 더 안정하게 되었다.

② 영점이 두 개 추가 되었을 때

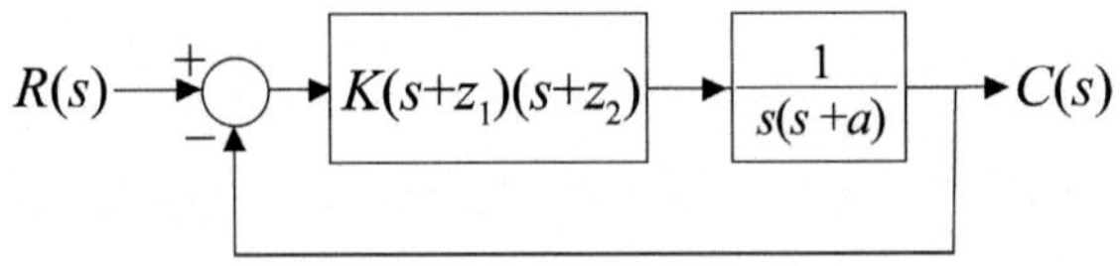

극점 : 0, $-a$

영점 : $-z_1$, $-z_2$ (z_1, z_2 복소수)

$n-m=0$, 점근선 없음

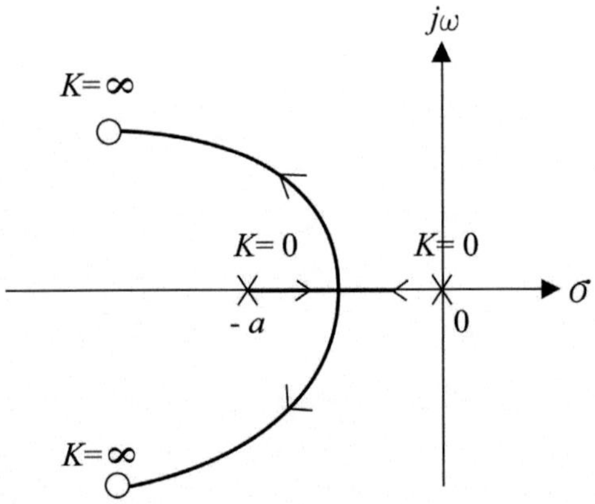

$K>0$에 대해 극점이 모두 좌반면 (LHP)에 있고, K가 특정값을 지나면 극점이 복소수가 되어 시스템이 안정할 뿐만 아니라 시스템 성능이 더욱 좋아진다.

9.4 MATLAB 활용

예제 M9.1 루프 전달 함수가 다음과 같을 때 근궤적을 그리시오.

$$\frac{Z(s)}{P(s)} = \frac{K(s+3)}{s(s+2)} = \frac{K(s+3)}{s^2+2s}$$

```
>> z=[1 3];
>> p=[1 2 0];
>> G=tf(z,p);
>> rlocus(G)
```

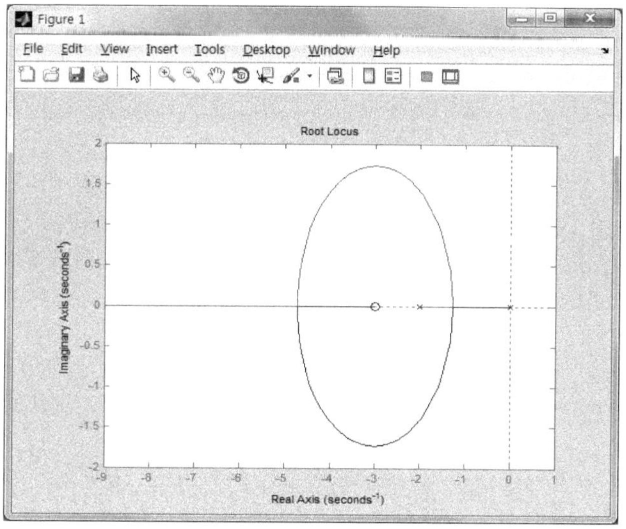

예제 M9.2 루프 전달함수가 다음과 같을 때 근궤적을 그리고, 극점이 허수축에 만날 때, K값을 구하시오.

$$\frac{Z(s)}{P(s)} = \frac{K}{s(s+1)(s+2)}$$

```
>> z=[1];
>> p=[1 3 2 0];
>> G=tf(z, p);
>> rlocus(G)
```

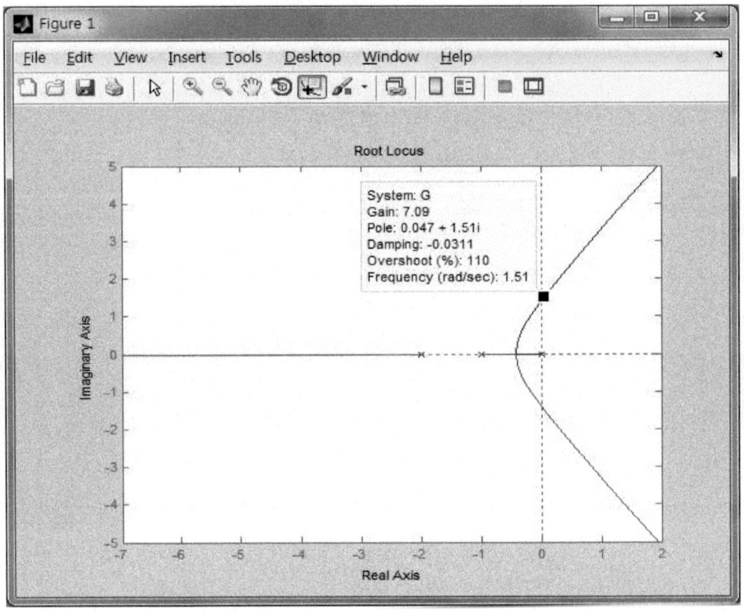

*근궤적과 y축과의 접점을 알기 위해서는 마우스의 커서를 사각형위에서 클릭하시오.

그래프 메뉴에서 데이터 커서 버튼 를 이용하여 커서를 근궤적이 허수축에 만나는 점으로 이동시키고 누르면 위와 같은 결과를 얻을 수 있다.

예제 M9.3 다음의 시스템에서 제동비 $\zeta = 0.7$이 되도록 K값을 정하라.

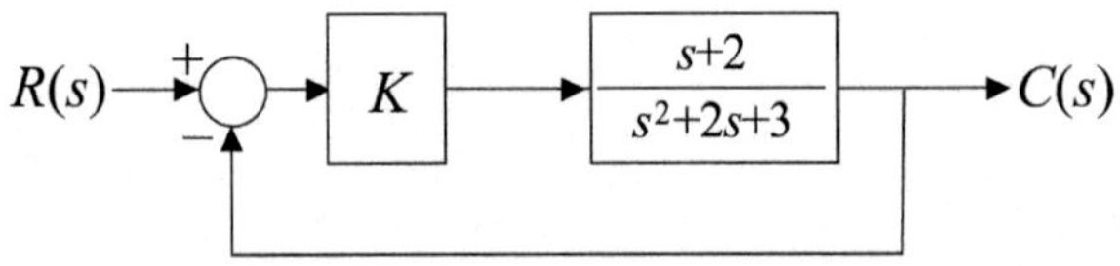


```
>> z=[1 2];
>> p=[1 2 3];
>> G=tf(z, p);
>> zeta=0.7;
>> theta=acos(zeta);        %ζ = cosθ
>> deg=theta*(180/pi)

deg =
    45.5730
```

```
>> R=[0:0.1:3];                              %반경
>> x=R*cos(theta);  y=R*sin(theta);          %ζ각도의 (x, y)좌표 결정
>> rlocus(G)                                 %근궤적 그림
>> hold on; plot(-x,y);                      % ζ각도의 선을 그림
```

% 그래프 메뉴에서 버튼 [아이콘] 를 선택 한 후 근궤적에서 근궤적과 직선이 만나는 점에 커서를 움직여 놓으면 극점의 좌표를 다음 그래프에서 처럼 얻을 수 있다. 그 값을 s값으로 정하여 rlocfind 명령어를 이용하여 K값을 구할 수 있다.

```
>> s=-1.618+1.714j;
>> K=rlocfind(G,s)

K =

    1.2472
```

따라서, 이렇게 구한 K=1.2472가 제어기 파라미터로 사용될 수 있다.

$\zeta = 0.7$, $\theta = 45^\circ$ 로 설정하는 이유는 극점이 s-공간에서 45° 의 위치에 있을 때 일반적으로 좋은 특성을 보여 주기 때문이다.

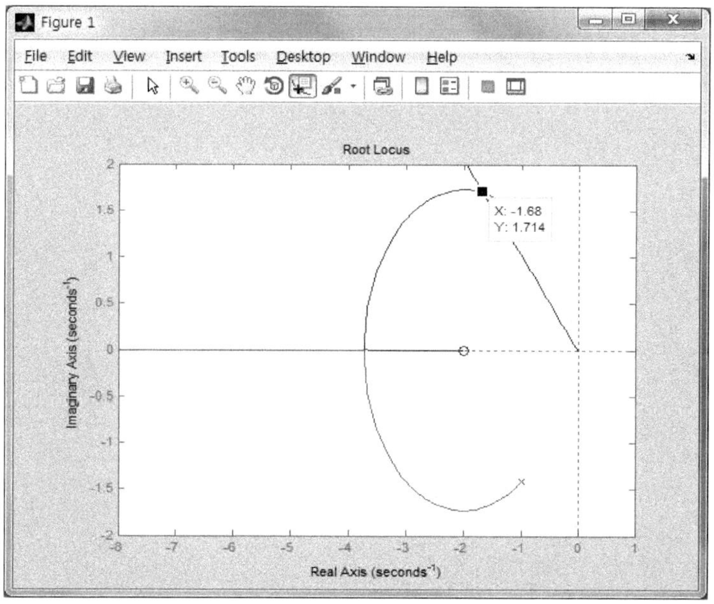

9.5 기사 문제

1 시간 영역에서의 제어계를 해석 설계하는데 유용한 방법은?

㉮ 나이퀴스트 선도법 ㉯ 니콜스 선도법 ㉰ 보드 선도법 ㉱ 근궤적법

2 근궤적은 개루프 전달 함수의 어떤 점에서 출발하고 어떤 점에서 끝나는가?

㉮ 영점에서 출발, 극점에서 끝난다.
㉯ 영점에서 출발, 영점으로 되돌아와 끝난다.
㉰ 극점에서 출발, 영점에서 끝난다.
㉱ 극점에서 출발, 극점으로 되돌아와 끝난다.

3 개루프 전달 함수가 $G(s)H(s)=\dfrac{K}{s(s+1)(s+2)}$일 때, 근궤적의 가지수(개)는?

㉮ 1 ㉯ 2 ㉰ 3 ㉱ 4

4 $G(s)H(s)=\dfrac{K(s+1)}{s(s+2)(s+3)}$에서 근궤적의 수는?

㉮ 1 ㉯ 2 ㉰ 3 ㉱ 4

5 $G(s)H(s)=\dfrac{K}{s^2(s+1)^2}$에서 근궤적의 수는 몇 개인가?

㉮ 4 ㉯ 2 ㉰ 1 ㉱ 없다

6 근궤적에 관하여 다음 중 옳지 않은 것은?

㉮ 근궤적이 허수축을 끊은 K의 값은 일정하지 않다(확실하지 않다).
㉯ 점근선은 실수축에서만 교차한다.
㉰ 근궤적은 실수축에 관하여 대칭이다.
㉱ 근궤적의 개수는 극점 또는 영점의 수와 같다.

7 근궤적이 s평면의 $j\omega$축과 교차할 때, 폐루프 제어계는?

㉮ 안정하다. ㉯ 불안정하다. ㉰ 임계 상태이다. ㉱ 알 수 없다.

8 근궤적은 무엇에 대하여 대칭인가?

㉮ 원점 ㉯ 허수축 ㉰ 실수축 ㉱ 대칭성이 없다.

9 $G(s)H(s)=\dfrac{K(s-1)}{s(s+1)(s-4)}$ 에서 점근선의 교차점을 구하면?

㉮ 4 ㉯ 3 ㉰ 2 ㉱ 1

10 다음 개루프 전달 함수 $G(s)H(s)=\dfrac{K(s-5)}{s(s-1)^2(s+2)^2}$ 일 때, 주어지는 계에서 점근선의 교차점은?

㉮ $-\dfrac{3}{2}$ ㉯ $-\dfrac{7}{4}$ ㉰ $\dfrac{5}{3}$ ㉱ $-\dfrac{1}{5}$

11 루프 전달 함수 $G(s)H(s)$가 다음과 같이 주어지는 부궤환계에서 근궤적 점근선의 실수축과의 교차점은?

$$G(s)H(s)=\frac{K}{s(s+4)(s+5)}$$

㉮ -3 ㉯ -2 ㉰ -1 ㉱ 0

12 $G(s)H(s)=\dfrac{K(s-2)(s-3)}{s^2(s+1)(s+2)(s+4)}$ 에서 점근선의 교차점은 얼마인가?

㉮ -6 ㉯ -4 ㉰ 6 ㉱ 4

13 개루프 전달 함수가 다음과 같은 계의 실수축상의 근궤적은 어느 범위인가?

$$G(s)H(s)=\frac{K}{s(s+4)(s+5)}$$

㉮ 0과 -4 사이의 실수축상 ㉯ -4와 -5 사이의 실수축상
㉰ -5와 -8 사이의 실수축상 ㉱ 0과 -4, -5와 $-\infty$ 사이의 실수축상

14 개루프 전달 함수 $G(s)H(s)$가 다음과 같을 때, 실수축상의 근궤적 범위는 어떻게 되는가?

$$G(s)H(s)=\frac{K(s+1)}{s(s+2)}$$

㉮ 원점과 (-2) 사이
㉯ 원점에서 점 (-1) 사이와 (-2)에서 ($-\infty$) 사이
㉰ (-2)와 ($+\infty$) 사이
㉱ 원점에서 (+2) 사이

15 $G(s)H(s)=\dfrac{K(s+1)}{s(s+4)(s^2+2s+2)}$ 로 주어질 때, 특성 방정식 $1+G(s)H(s)=0$인 점근선의 각도와 교차점을 구하면?

㉮ $\sigma=-\dfrac{5}{3}$: $a_k=60°,\ 180°,\ 300°$
㉯ $\sigma=-\dfrac{7}{3}$: $a_k=60°,\ 180°,\ 300°$
㉰ $\sigma=-\dfrac{5}{3}$: $a_k=45°,\ 180°,\ 310°$
㉱ $\sigma=-\dfrac{7}{5}$: $a_k=45°,\ 180°,\ 315°$

16 특성 방정식 $s(s+4)(s^2+3s+3)+K(s+2)=0$의 $-\infty<K$인 근궤적의 점근선이 실수축과 이루는 각은 각각 몇 도인가?

㉮ $0°,\ 120°,\ 240°$
㉯ $45°,\ 135°,\ 225°$
㉰ $60°,\ 180°,\ 300°$
㉱ $90°,\ 180°,\ 270°$

17 개루프 전달 함수가 다음과 같을 때, 이 계의 이탈점(break-away point)은?

$$G(s)H(s)=\frac{K(s+4)}{s(s+2)}$$

㉮ $s=-1.172$
㉯ $s=-6.828$
㉰ $s=-1.172,\ -6.828$
㉱ $s=0,\ -2$

해답

1.㉱ 2.㉰ 3.㉰ 4.㉰ 5.㉮ 6.㉱ 7.㉰ 8.㉰ 9.㉱ 10.㉯
11.㉮ 12.㉯ 13.㉱ 14.㉯ 15.㉮ 16.㉰ 17.㉰

10 주파수 응답 해석 기초

정상상태, 과도상태의 시간 응답에 대한 해석을 7장과 8장에서 다루었다. 10장에서는 주파수 응답이라는 다른 관점에서 시스템을 해석한다. 나이퀴스트(Nyquist)와 보드(Bode)에 의해 개발된 주파수 응답 해석은 근궤적 방법보다 더 오래된 방법으로 다음과 같은 장점이 있다.

① 신호 분석기(signal analyser)와 같은 데이터로부터 모델링을 할 수 있다

② 정상상태 응답과 과도상태 응답의 사양을 동시에 만족시킬 수 있다.

③ 비선형 시스템의 응답 해석과 안정도를 판별할 수 있다.

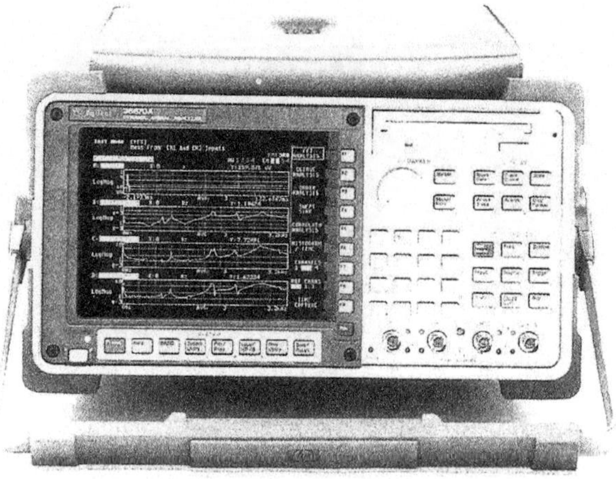

〈그림 10.1〉 신호 분석기(스팩트럼 분석기)

제어 시스템에서는 시간응답이 주가 되며, 주파수 응답은 해석이나 설계상에서 보조적인 역할을 한다. 하지만, 주파수 응답은 3차 이상의 고차 시스템에서도 시스템 해석의 정량적 해석을 가능하게 한다. 시간 응답 해석에서 3차 이상의 고차 시스템은 정량적 해석이 불가능하다. 하지만 주파수 응답 해석에서는 보드선도, 나이퀴스트 선도 등의 기법을 이용하여 3차 이상의 고차 시스템도 정량적 해석을 할 수 있다.

10.1 주파수 응답의 개념

시간 응답에서는 입력으로 계단입력, 램프입력, 가속도 입력을 사용하였다. 주파수 응답에서는 입력으로 정현파(사인파)를 사용한다. 같은 크기의 정현파를 입력으로 주며 정현파의 주파수를 점차 크게 증가시킨다. 이때, 출력 응답의 크기와 위상이 어떻게 변하는가를 분석하는 것이다. 예를 들어 아래의 일차 시스템에 입력으로 크기가 1인 정현파를 주며 정현파의 주파수를 점점 크게 증가시켜 보면, 주파수가 커질수록 출력응답의 크기가 1보다 줄어들며 응답이 점차 늦게 나타나는 것을 알 수있다.

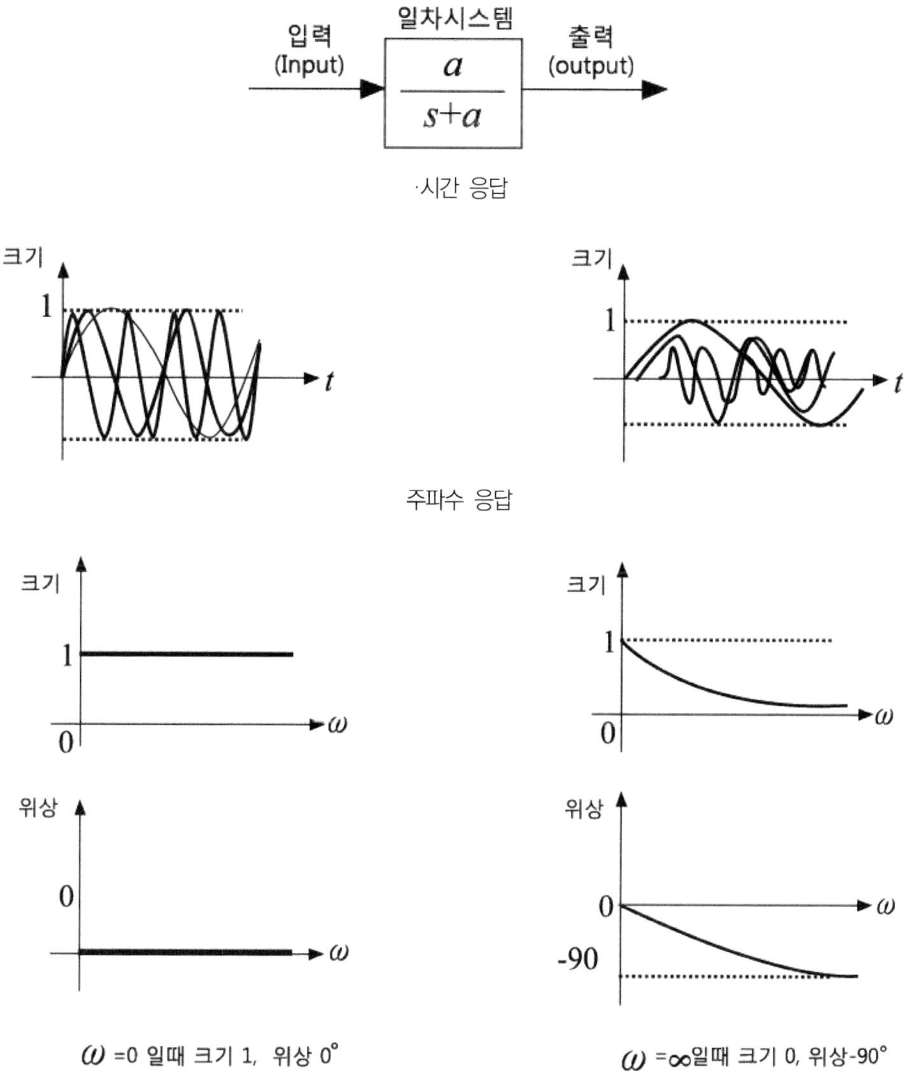

(a) 입력　　　　(b) 출력

〈그림 10.2〉 일차시스템의 시간 응답과 주파수 응답

일반적으로 선형시스템(linear system)에 사인파를 입력으로 줄 때, 시간이 충분히 지난 후 출력도 입력 주파수(ω)와 같은 주파수를 갖는 사인파가 된다. 다만 출력 사인파는 진폭 및 위상에서 입력과 다르게 나타나며, 구체적으로 아래와 같은 관계가 성립한다.

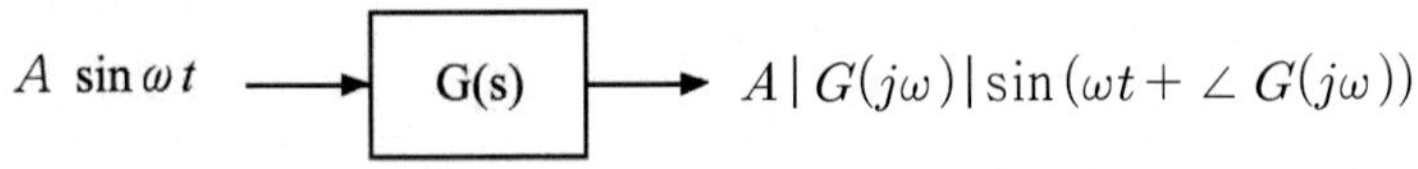

〈그림 10.3〉 선형 시스템의 주파수 응답

즉, 출력의 진폭은 입력 진폭 A에 $|G(j\omega)|$만큼 곱해진 형태로 나타나며, 출력과 입력의 위상차가 $\angle G(j\omega)$만큼 생기게 된다.

- 가장 이상적인 응답 $|G(j\omega)| = 1$, $\angle G(j\omega) = 0°$

다음과 같은 폐루프 제어 시스템의 주파수 응답에 대하여 살펴보자.

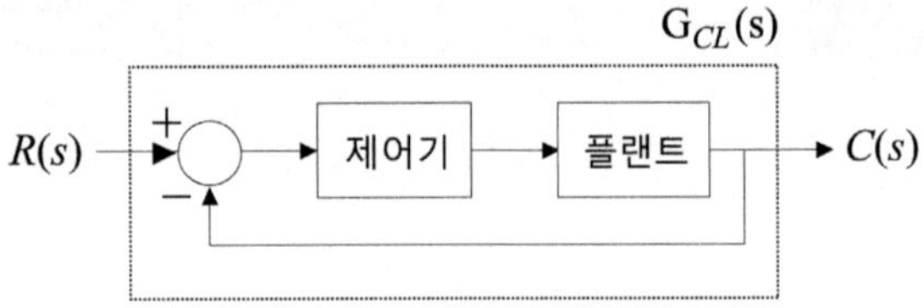

〈그림 10.4〉 폐루프 제어 시스템

〈그림 10.4〉의 폐루프 제어 시스템에서 입력으로 $R(s)$에 사인파를 주면, 즉 $R(j\omega)$일 때, $|G_{CL}(j\omega)|$가 입력과 크기가 같고, 즉 $|G(j\omega)| = 1$이고, 위상$\angle G_{CL}(j\omega)$가 가급적 $0°$인, 즉 $\angle G_{CL}(j\omega) = 0°$로 제어기를 설계하면 출력이 입력을 잘 추종하게 된다.

10.2 주파수 응답 해석을 위한 기본 수학

주파수 응답 해석을 하는 이유?

시간상의 임의의 파형은 많은 정현파들의 조합으로 이루어지기 때문에 충분한 수의 정현파를 주파수와 진폭 및 위상을 서로 달리하여 적절히 혼합하면 어떠한 시간상의 임의의 파형도 해석이 가능해진다.

먼저 신호의 주파수 해석을 위해 사용하는 푸리에 해석에 대해 알아보자. 푸리에 해석은 다음과 같이 푸리에 급수, 푸리에 적분, 푸리에 변환으로 나누어 진다.

주파수 응답 해석

푸리에 해석	푸리에 급수	모든 주기 함수는 sin, cos의 합(=푸리에 급수)으로 나타낼 수 있다. $f(t) = a_0 + \sum_{n=1}^{\infty}(a_n \cos nt + b_n \sin nt)$
	푸리에 적분	주기함수가 아닌 함수도 sin, cos의 연속적인 합(=푸리에 적분)으로 나타낼 수 있다. $f(t) = \int_0^{\infty}[A(\omega)\cos\omega t + B(\omega)\sin\omega t]dt$
	푸리에 변환	우리가 사는 실제 공간인 시간 공간을 주파수 공간으로 바꾸는것, 이것을 이용하면 라플라스 변환과 유사하게 미분 방정식을 순전히 대수적인 조작만으로 풀 수 있다. $F(\omega) = \frac{1}{\sqrt{2\pi}}\int_{-\infty}^{\infty} f(t)e^{-i\omega t}dt$

푸리에 급수와 푸리에 적분의 차이는 푸리에 급수는 주기 함수를 정현파의 조합($\sum_{n=1}^{\infty}$:합)으로 나타내고, 푸리에 적분은 비주기 함수를 정현파의 조합($\int_0^{\infty}$: 적분)으로 나타내는 것이다. 주기함수와 비주기 함수의 차이는 〈그림 10.5〉의 예와 같다.

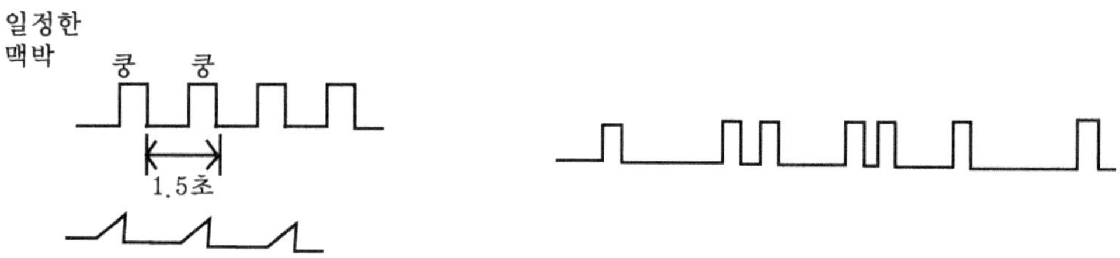

(a) 주기함수 (a) 비주기함수

〈그림 10.5〉 주기함수와 비주기 함수

◆ 조파 합성

다음은 주기함수를 정현파 함수로 조합하는 조파합성에 대해 알아보자.

사인파의 조파합성 $v(t) = \sum_{m=1}^{\infty} V_m \sin(m\omega_0 t + \theta_m)$

먼저 사인파의 조합($m=1,2,3$)을 이용하여 구형파와 삼각파를 만들어 보자.

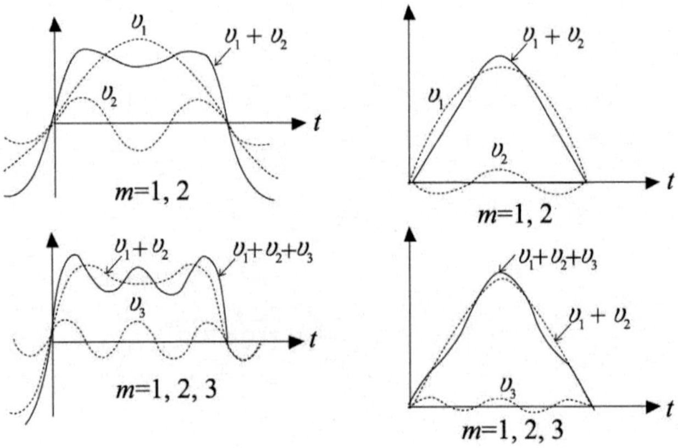

(a) 사인파로 구형파 만듬 (b) 사인파로 삼각파 만듬

〈그림 10.6〉 조파합성

$m=1,2$ 보다 하나 더 추가한 $m=1,2,3$이 즉, 사인파 함수가 늘어날수록 더 실제 파형에 가까워진다. 구형파보다는 고조파의 감소율이 빠른 삼각파를 사인파로 만드는 것이 더 실제와 가깝다. 이러한 조파 합성은 모든 주기 함수를 사인, 코사인의 합으로 나타내는 푸리에 급수가 가능하다는 것을 보여준다. 비주기 함수도 사인, 코사인의 합(적분)으로 나타내는 것이 가능하고, 이것이 푸리에 적분이다. 푸리에 적분에 대한 자세한 내용은 이 책에서 생략하고, 다음은 푸리에 변환과 스펙트럼에 대하여 알아보자.

◆ 푸리에 변환

시간성분 t → 주파수 성분 ω

$$F(j\omega)=\int_{0}^{\infty} f(t)e^{-j\omega t}dt$$: 푸리에 변환

주파수 성분 ω → 시간 성분 t

$$f(t)=\frac{1}{2\pi}\int_{-\infty}^{\infty} F(j\omega)e^{j\omega t}d\omega$$: 푸리에 역변환

라플라스 변환과 푸리에 변환의 비교

◦ 라플라스 변환

$$\mathcal{L}[f(t)] = F(s) = \int_0^{\infty} f(t)e^{-st}dt \ , \ s = \sigma + j\omega$$

◦ 푸리에 변환

$$\mathcal{F}[f(t)] = F(s) = \int_0^{\infty} f(t)e^{-st}dt \ , \ s = j\omega \ (\text{주파수 영역만 고려})$$

$$= F(j\omega) = \int_0^{\infty} f(t)e^{-j\omega t}dt$$

◆ **스펙트럼 : 진폭과 위상으로 이루어진 주파수**

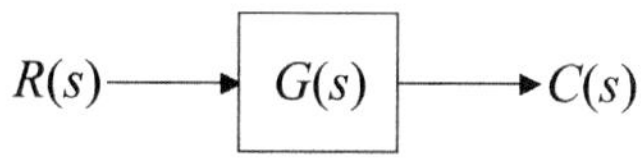

$$C(s) = G(s) \cdot R(s)$$

◦ **주파수 응답 ($s = j\omega$, 주파수 영역만 고려)**

$$C(j\omega) = G(j\omega)R(j\omega)$$

◦ **복소수 형식으로 플랜트 $G(s)$표현**

$$G(j\omega) = A(\omega) + jB(\omega) = M(\omega)\angle\phi(\omega)$$

크기 응답 : $M(\omega) = \sqrt{A^2(\omega) + B^2(\omega)}$

위상 응답 : $\phi(\omega) = \tan^{-1}\dfrac{B(\omega)}{A(\omega)}$

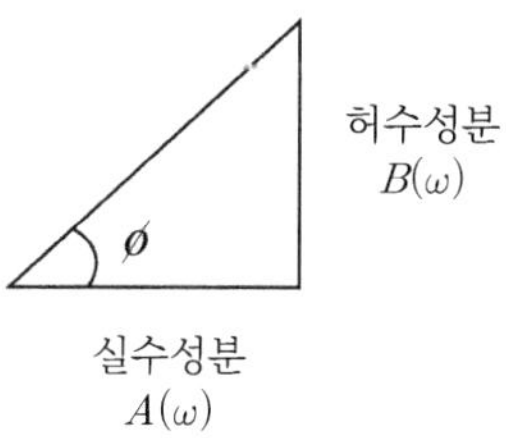

$$\Rightarrow \quad \tan\phi = \frac{B(\omega)}{A(\omega)}$$

$$\phi = \tan^{-1}\frac{B(\omega)}{A(\omega)}$$

▪ **출력**

$$C(j\omega) = G(j\omega)R(j\omega)$$

출력 스펙트럼의 크기

$$|C(j\omega)| = |G(j\omega)||R(j\omega)| = M(\omega)|R(j\omega)|$$

출력의 크기는 입력 크기에 $M(\omega)$를 곱한 것과 같다.

출력 스펙트럼의 위상

$$\angle C(j\omega) = \angle G(j\omega) + \angle R(j\omega) = \phi(\omega) + \angle R(j\omega)$$

출력의 위상은 입력의 위상에 $\phi(\omega)$를 더한 것과 같다.

주파수 응답 ─┬─ $M(\omega)$ 크기 응답
　　　　　　└─ $\phi(\omega)$ 위상 응답

10.3 일차, 이차 시스템의 주파수 응답

다음은 일차, 이차 시스템에 대하여 10.2에서 배운 기본 수학을 이용하여 주파수 응답을 다루어 보자.

◆ 일차 시스템

▪ 다음의 일차 시스템 일반형을 대상으로 주파수 응답을 알아보자.

$$G(s) = \frac{a}{s+a}$$

$$G(j\omega) = \frac{a}{j\omega + a}$$

$$G(j\omega) = M(\omega) \angle \phi(\omega)$$

참조

$a+bj$의 위상 $\phi(\omega)=\tan^{-1}\frac{b}{a}$

$\frac{1}{a+bj}$의 위상 $\phi(\omega)=-\tan^{-1}\frac{b}{a}$

크기응답 : $M(\omega)=\frac{a}{\sqrt{\omega^2+a^2}}$

위상응답 : $\phi(\omega)=-\tan^{-1}(\frac{\omega}{a})$

- 주파수 $\omega=a$와 $\omega=\infty$ 일때, 크기와 위상응답을 구해보자.

$\omega=a$**일때**, $G(ja)=\frac{a}{ja+a}$

$$M(a)=\frac{a}{\sqrt{a^2+a^2}}=\frac{a}{\sqrt{2}\sqrt{a^2}}=\frac{1}{\sqrt{2}}\simeq 0.707$$

> $\omega=a$는 반전력 주파수 혹은 차단 주파수
>
> 전류의 신호가 위의$M(a)$처럼 $\frac{1}{\sqrt{2}}$배라면 전력 $P=RI^2$이 $\frac{1}{2}$배가 됨.
>
> 따라서, $\omega=a$를 반전력 주파수 혹은 차단 주파수라고 부름.
>
> $\omega=a=\omega_0$ (차단 주파수)
>
> $0\sim\omega_0$까지의 주파수 영역을 필터의 대역폭(bandwidth, BW)이라고 부름.
>
> 〈그림 10.7 a〉 참조.

$\phi(a)=-\tan^{-1}\frac{a}{a}=-\tan^{-1}1=-45^\circ$

참조

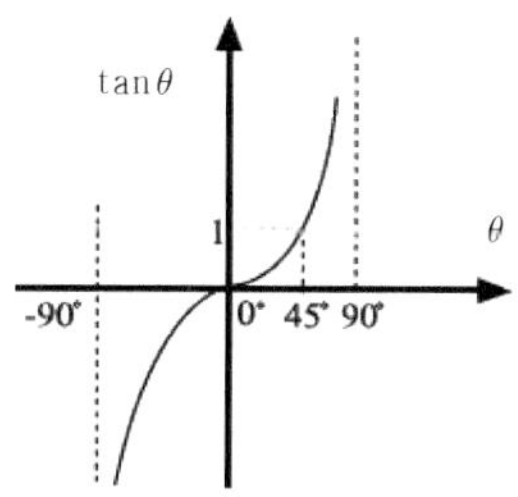

$\tan\theta$그래프

$\omega=\infty$ 일때, $G(j\infty)=\frac{u}{j\infty+a}$

$M(\infty)=\frac{a}{\sqrt{\infty^2+a^2}}=\frac{1}{\infty}=0$

$\phi(\infty)=-\tan^{-1}\frac{\infty}{a}=-\tan^{-1}\infty=-90^\circ$

일차 시스템 $G(j\omega)=\dfrac{a}{j\omega+a}$의 크기, 위상 그래프는 다음과 같다.

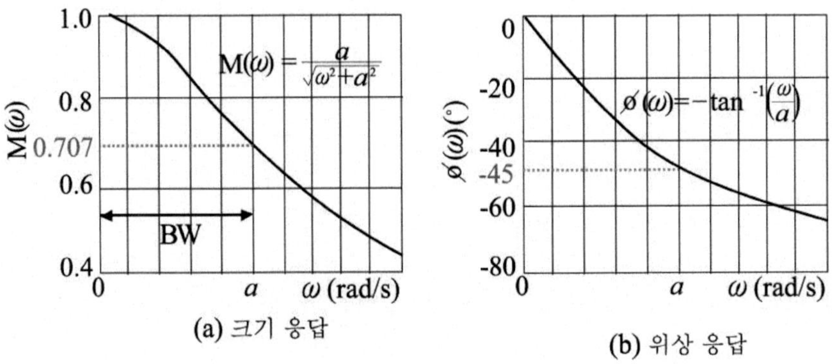

〈그림 10.7〉 일차 시스템의 주파수 응답

〈그림 10.7 a〉 크기응답을 보면 $\omega=a$일때 크기가 0.707이고, ω가 0에서 a까지의 주파수 영역을 대역폭(BW)이라고 한다. 주파수의 단위는 [rad/s]혹은 [Hz]이다. 주파수가 커지면 크기응답이 줄어들어 고주파에서 신호를 많이 통과시키지 못하므로 저주파 통과 필터(low pass filter)로 사용된다.

〈그림 10.7 b〉 위상응답을 보면 $\omega=a$일때 위상이 $-45°$이다. 종합해 보면, 일차시스템에서 사인파의 주파수가 커지면 크기와 위상 모두 감소한다.

참조

대역폭(band width, BW)-통신에서 이용할 수 있는 최고 주파수와 최저 주파수의 차이

예) FM방송 : 87.5 MHz~108.0 MHz 대역폭 108-87.5=20.5 MHz

· 아날로그 변조 방식의 경우 전송량[bps]은 대역폭[Hz]과 비례.

BW↑, 전송속도↑

◆ 이차 시스템

이차 시스템을 대상으로 주파수 응답을 알아보자.

$$G(s)=\frac{\omega_n^2}{s^2+2\zeta\omega_n s+\omega_n^2}$$

$$G(j\omega) = \frac{\omega_n^2}{(j\omega)^2 + 2\zeta\omega_n(j\omega) + \omega_n^2} = \frac{\omega_n^2}{-\omega^2 + 2\zeta\omega_n(j\omega) + \omega_n^2}$$
$$= \frac{1}{-(\frac{\omega}{\omega_n})^2 + 2\zeta(\frac{\omega}{\omega_n})j + 1}$$

$u = \frac{\omega}{\omega_n}$ 정규화(normalization) 주파수로 설정하자.

$$G(u) = \frac{1}{1 + 2\zeta uj - u^2} = \frac{1}{1 - u^2 + j2\zeta u}$$

$$G(u) = M(u) \angle \phi(u)$$

- 크기 응납

$$M(u) = \frac{1}{\sqrt{(1-u^2)^2 + (2\zeta u)^2}}$$

- 위상 응답

$$\phi(u) = -\tan^{-1}\frac{2\zeta u}{1-u^2}$$

- 공진(resonance)

공진 : 크기 응답이 최대가 될 때의 크기

일차 시스템은 주파수가 커질수록 크기 응답이 줄어든다. 반면에, 이차 시스템은 주파수가 커질때 특정 주파수에서 최대 크기를 갖을 수 있다.

공진주파수 : 크기 응답 $M(u)$가 최대(공진)가 될 때의 주파수

$M(u)$를 미분해서 0일때 최대 값을 갖는다.

$$\frac{d}{du}M(u) = \frac{d}{du}[(1-u^2)^2 + (2\zeta u)^2]^{-\frac{1}{2}}$$

$$= -\frac{1}{2}[(1-u^2)^2 + (2\zeta u)^2]^{-\frac{3}{2}}[2(1-u^2)(-2u) + 2(2\zeta u) \cdot 2\zeta]$$

$\frac{d}{du}M(u)=0$이 될 때의 주파수를 찾기 위해서, 분자=0이 되는 조건을 찾으면 된다.

$$2(1-u^2)(-2u)+2(2\zeta u)\cdot 2\zeta$$

$$=4u^3-4u+8\zeta^2u=4u(u^2-1+2\zeta^2)=0$$

$u\neq 0$. 따라서 $u^2-1+2\zeta^2=0$

즉, $u^2=1-2\zeta^2$, $u>0$이기 때문에,

$$u=\sqrt{1-2\zeta^2}=\frac{\omega}{\omega_n}$$ 로 설정되었음.

$$\omega=\omega_n\sqrt{1-2\zeta^2}$$

이 때의 주파수가 공진 주파수 ω_r이다.

$$\omega_r=\omega_n\sqrt{1-2\zeta^2}$$

$\sqrt{\ }$안 $1-2\zeta^2$이 양(+)이 되기 위해서는 $\zeta<0.707$이어야 한다.

위에서 $u=\sqrt{1-2\zeta^2}$을 $M(u)$에 넣으면 최대값, 즉 공진시 이득을 얻는다.

$$M_r=\frac{1}{\sqrt{(1-(1-2\zeta^2))^2+(2\zeta\sqrt{1-2\zeta^2})^2}}$$

$$=\frac{1}{\sqrt{2\zeta^2+4\zeta^2(1-2\zeta^2)}}=\frac{1}{\sqrt{4\zeta^4+4\zeta^2-8\zeta^4}}$$

$$=\frac{1}{\sqrt{4\zeta^2(1-\zeta^2)}}=\frac{1}{2\zeta\sqrt{1-\zeta^2}}$$

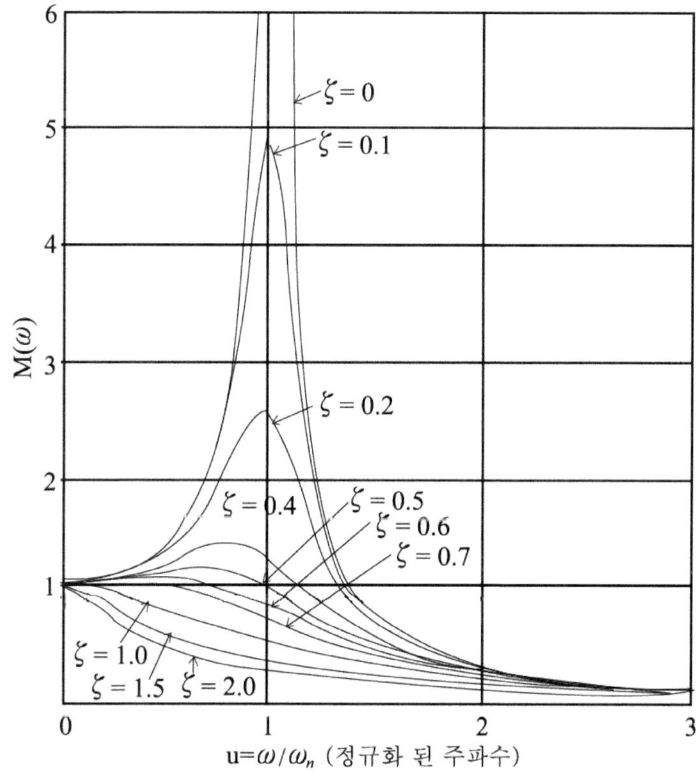

〈그림 10.8〉 이차 시스템의 크기 응답

〈그림 10.8〉은 정규화된 주파수 $u = \dfrac{\omega}{\omega_n}$에 대하여 ζ가 다를 때의 크기응답을 보여준다.

$\zeta < 0.707$에서 봉우리가 생김. 즉 공진이 일어남. 특정 대역 통과 필터로 사용

$\zeta \geq 0.707$에서 봉우리가 없음. 공진 현상이 없음. 저주파 통과 필터로 사용

ζ가 작아질수록 크기 응답의 봉우리가 높아짐.

ζ가 작아지면(극점의 위치가 실수축에서 멀어짐) 시간응답에서 오버슛이 증가하지만 상승시간 T_r이 짧아짐.

따라서, 제어기 설계시에는 일반적으로 $\theta = 45^\circ$ 인 $\zeta = 0.707$을 선호한다.

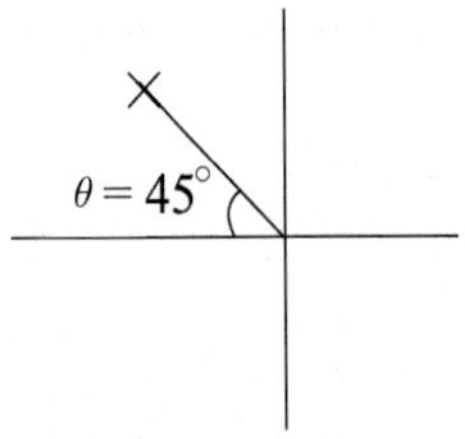

$$\zeta = \cos 45^\circ = \frac{1}{\sqrt{2}} \simeq 0.707$$

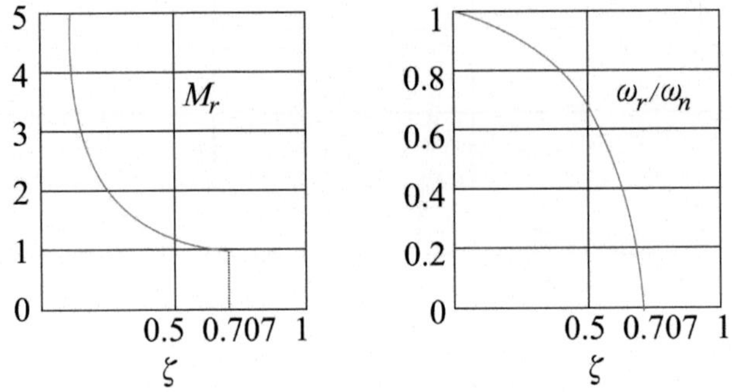

(a) 공진 이득 **(b) 공진 주파수**

〈그림 10.9〉 ζ값에 따른 공진 이득 M_r과 공진 주파수

〈그림 10.9 a〉는 ζ값에 따른 공진이득 M_r을 나타낸다. $M_r = \dfrac{1}{2\zeta\sqrt{1-\zeta^2}}$에서 나타나듯이 $\zeta = 0$일때 최대값 M_r을 갖고 $\zeta \geq 0.707$에서 공진이 일어나지 않는다.

〈그림 10.9 b〉는 ζ값에 따른 공진 주파수를 나타낸다. $\dfrac{\omega_r}{\omega_n} = \sqrt{1-2\zeta^2}$에 대한 그래프이다.

〈그림 10.9〉에서 알 수 있는 것은 제동비 $\zeta\downarrow$ 하면, 공진이득 $M_r\uparrow$하고, 공진주파수 $\omega_r\uparrow$된다.

여기서, ↑는 증가 ↓는 감소를 의미한다.

$\zeta\downarrow$것은 s-공간에서 극점 위치가 실수축에서 멀어지는 것을 의미한다.

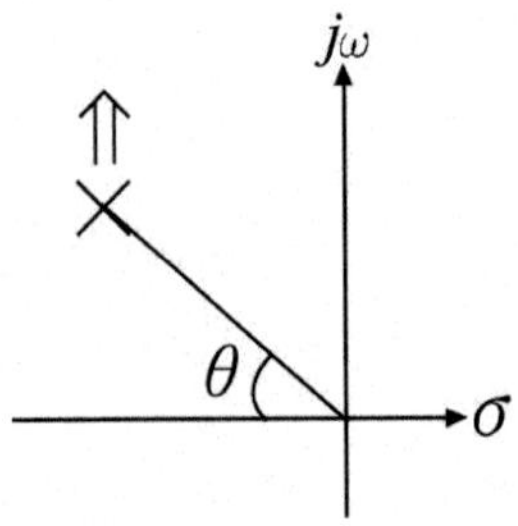

$$\zeta = \cos\theta$$

10.4 주파수 응답과 시간 응답의 관계성

이번 절에서는 주파수 응답과 시간 응답이 어떤 관계가 있는지 알아본다.

- 주파수 응답 : 주파수 응답은 $\zeta = 0.707$을 기준으로 공진(resonance)이 결정되었다. $\zeta < 0.707$일때 공진 발생.

공진주파수 : $\omega_r = \omega_n \sqrt{1-2\zeta^2}$

공진 이득 : $M_r = \dfrac{1}{2\zeta\sqrt{1-\zeta^2}}$

- 시간 응답 : 시간 응답은 $\zeta = 1$을 기준으로 제동(damping)이 결정되었다. $0 < \zeta < 1$ 일때 오버슛이 생김

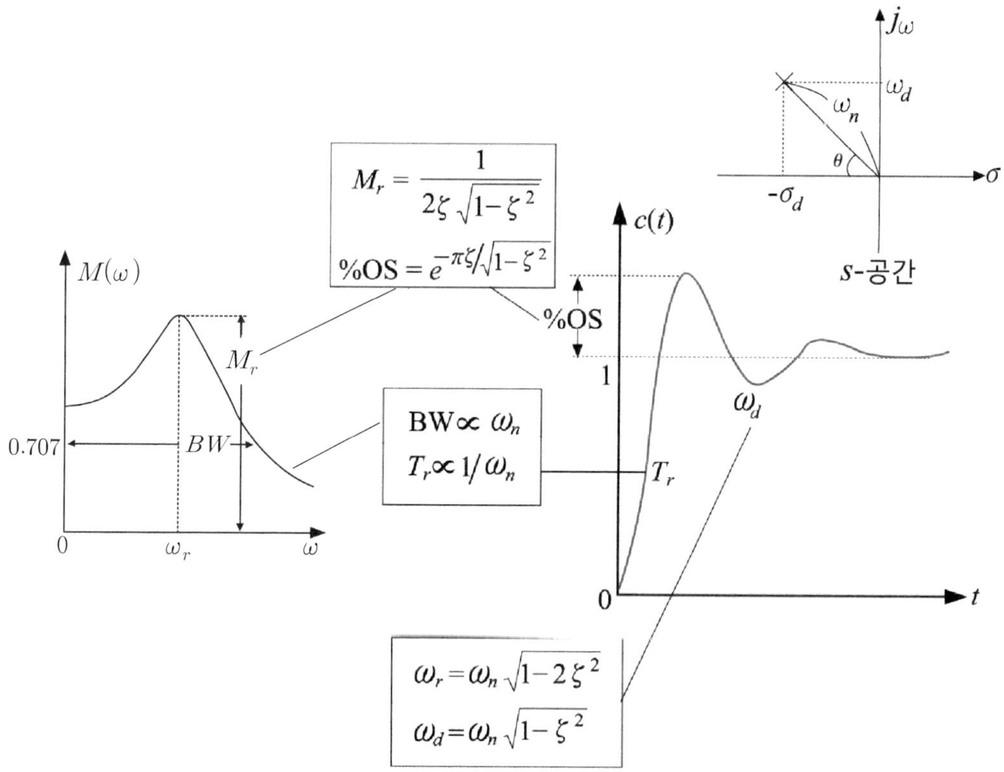

〈그림 10.10〉 주파수 응답과 시간 응답의 관계성

- 주파수 응답과 시간 응답의 관계성

$\zeta\downarrow$면, 즉

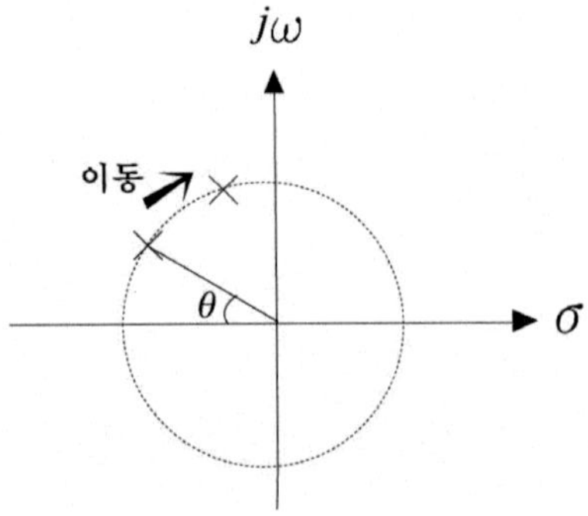

주파수 응답 : $M_r\uparrow$, $\omega_r\uparrow$(위에 수식 M_r, ω_r, BW 참조)

공진 봉우리, 공진 주파수가 커진다.

시간 응답 : $\sigma_d\downarrow$, $\omega_d\uparrow$, 오버슛($\%OS\propto\frac{1}{\zeta}$)$\uparrow$

◆ 극점의 위치에 따른 주파수 응답과 계단 응답의 변화

(a) 극점이 좌반면으로 이동하면
즉, $\omega_n\uparrow$, $\zeta\uparrow$하면,
$BW\uparrow$ $(BW\propto\omega_n)$

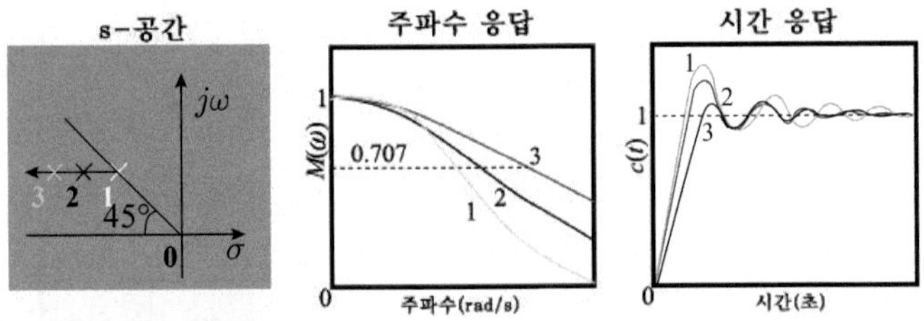

(b) 극점이 실수축과 멀어지면
즉, $\omega_n\uparrow$, $\zeta\downarrow$하면,
$BW\uparrow(BW\propto\omega_n)$
$M_r\uparrow$ $(M_r\propto\frac{1}{\zeta})$

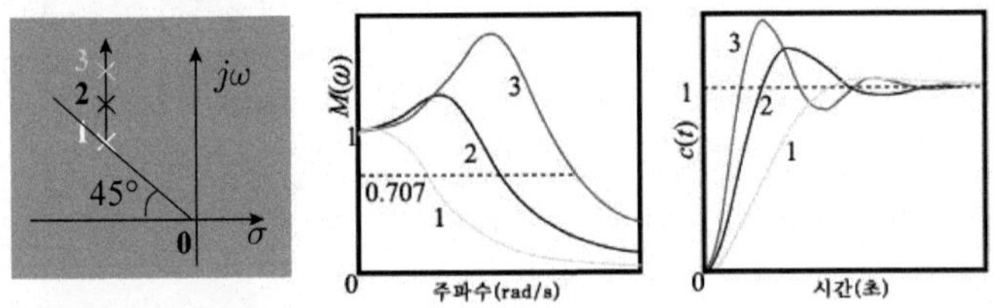

(c) 극점이 원점과 멀어지면
즉, $\omega_n\uparrow$, ζ고정이면,
$BW\uparrow(BW\propto w_n)$
M_r고정

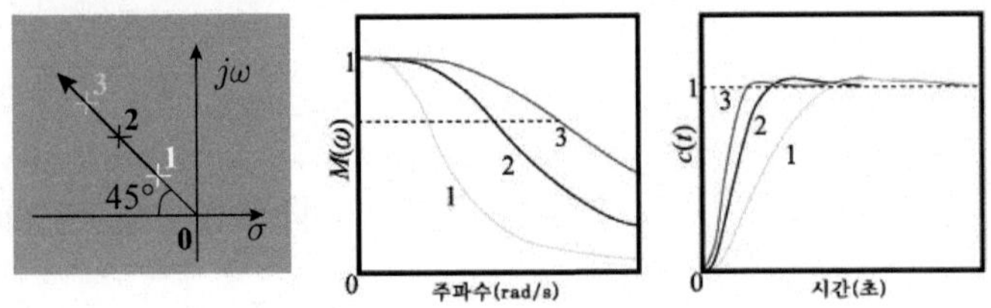

(d) 극점이 허수축과 가까워지면

즉, ω_n고정, $\zeta\downarrow$하면,

$BW\uparrow(\frac{BW}{\omega_n}\propto\frac{1}{\zeta})$

$M_r\uparrow(M_r\propto\frac{1}{\zeta})$

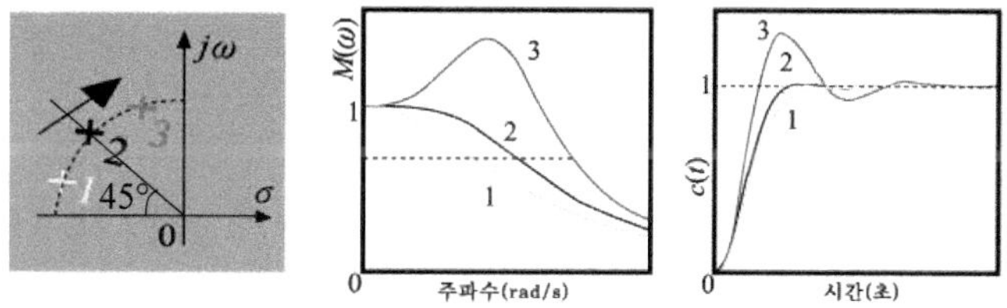

〈그림 10.11〉 극점의 위치에 따른 응답변화

〈그림 10.11〉에서 다음과 같은 결론을 얻을 수 있다.

주파수응답에서 대역폭BW이 증가하면, 시간응답에서 상승시간T_r이 짧아진다. 주파수응답에서 공진이득M_r이 증가하면, 시간응답에서는 $\%OS$이 증가한다.

- 비례 제어기 K값에 따른 이차 시스템의 주파수 응답과 시간응답을 비교해 보자.

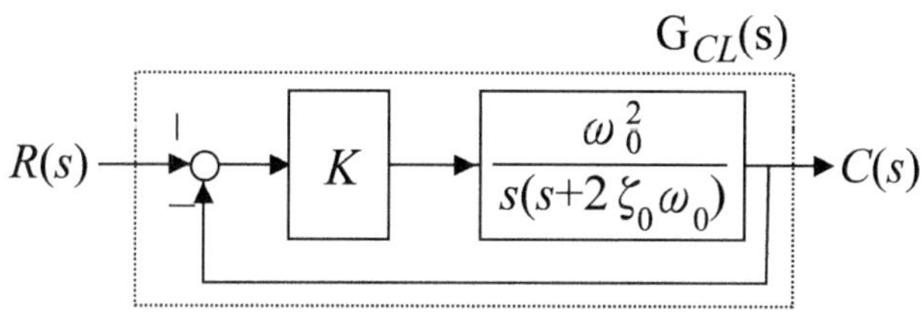

〈그림 10.12〉 비례제어기를 이용한 이차 시스템의 제어

$$G_{CL}(s)=\frac{K\omega_0^2}{s^2+2\zeta_0\omega_0 s+K\omega_0^2}$$

표준형 $G_{CL}(s)=\dfrac{\omega_n^2}{s^2+2\zeta\omega_n s+\omega_n^2}$

$$\begin{cases}\zeta_0\omega_0=\zeta\omega_n\\ K\omega_0^2=\omega_n^2\end{cases}\Rightarrow\ \omega_n=\sqrt{K}\omega_0\ \Rightarrow\ \zeta_0\omega_0=\zeta\sqrt{K}\omega_0\ \Rightarrow\zeta=\frac{\zeta_0}{\sqrt{K}}$$

$$\zeta=\frac{\zeta_0}{\sqrt{K}},\ \ \omega_n=\sqrt{K}\omega_0$$

비례 제어기 K를 증가시키면, ζ는 감소하고 ω_n은 증가한다. 〈그림 10.11 b〉의 예와 같다. 즉, 주파수 응답에서 대역폭 BW가 증가하고, 공진이득 M_r이 증가한다. 시간 응답에서는 상승시간 T_r이 짧아지고, $\%OS$이 증가한다. 다음 그래프에서 $\omega_0 = 1, \zeta_0 = 0.707$ 일때 이러한 결과를 확인할 수 있다.

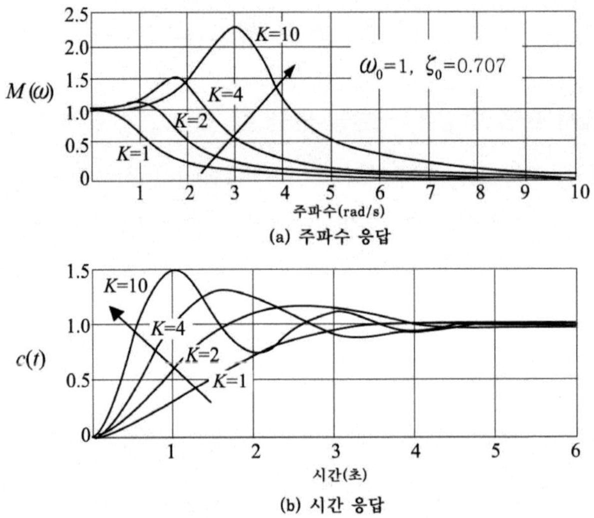

〈그림 10.13〉 비례 제어기를 이용한 이차 시스템의 응답

10.5 MATLAB 활용

예제 M10.1. 다음의 전달함수에 대하여 주파수 $0 < \omega < 10$ **구간에서 크기와 각도를 구하고, 그래프를 그려라.**

$$G(s) = \frac{1}{10s+1}$$

```
>>w=[0:0.5:10]

>>Gjw=1./(10*j*w+1);

>>Gm=abs(Gjw);

>>Gp=angle(Gjw);
```

```
>>phase=Gp*180/pi;          %라디안을 디그리(도)로 변환
>>subplot(2,1,1);          %위 그래프
>>plot(w,Gm);
>>ylabel('magnitude');          %위 그래프 y축 라벨 작성
>>subplot(2,1,2);          %아래 그래프
>>plot(w,phase);
>>ylabel('phase(degree)');          %아래 그래프 y축 라벨 작성
>>xlabel('frequency w[rad/sec]');          %x축 라벨 작성
```

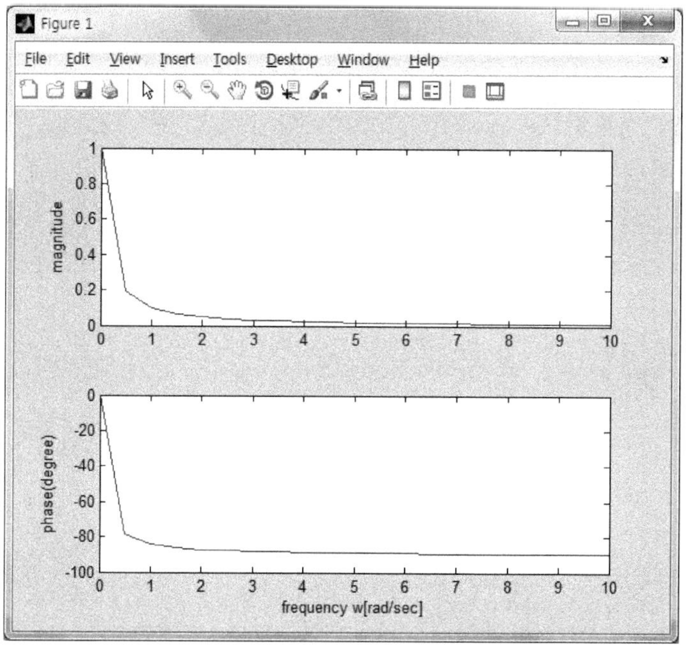

10.6 기사 문제

1 전달 함수 $G(j\omega)=\dfrac{1}{1+j\omega T}$의 크기와 위상각을 구한 값은? (단, T>0이다.)

㉮ $G(j\omega)=\dfrac{1}{\sqrt{1+\omega^2T^2}}\angle -\tan^{-1}\omega T$

㉯ $G(j\omega)=\dfrac{1}{\sqrt{1-\omega^2T^2}}\angle -\tan^{-1}\omega T$

㉰ $G(j\omega)=\dfrac{1}{\sqrt{1+\omega^2T^2}}\angle \tan^{-1}\omega T$

㉱ $G(j\omega)=\dfrac{1}{\sqrt{1-\omega^2T^2}}\angle \tan^{-1}\omega T$

2 $G(j\omega)=\dfrac{1}{1+j2T}$ 이고, $T=2[\mathrm{sec}]$일 때 크기 $|G(j\omega)|$ 와 위상 $\angle G(j\omega)$는 각각 얼마인가?

㉮ 0.44, -36° ㉯ 0.44, 36°
㉰ 0.24, -76° ㉱ 0.24, 76°

3 $G(j\omega)=\dfrac{1}{j\omega(j\omega+1)}$에 있어서 $\omega\to 0$에서의 $\angle G(j\omega)$의 값은?

㉮ ∞ ㉯ -90° ㉰ 0 ㉱ -180°

4 $G(j\omega)=\dfrac{10}{j\omega(j\omega+1)}$에 있어서 $\omega\to\infty$에서의 $|G(jw)|$ 및 $\angle G(j\omega)$의 값은?

㉮ 0, -90° ㉯ 0, -180° ㉰ ∞, -180° ㉱ ∞, 90°

5 전달 함수가 $G(j\omega)=\dfrac{j\omega}{j\omega+(1/RC)}$인 경우, $\omega=\infty$에서의 $|G(j\omega)|$ 및 $\angle G(j\omega)$의 값은?

㉮ 0, 90° ㉯ $\sqrt{2}$, 45° ㉰ 1, 90° ㉱ 1, 0°

6 전달 함수 $G(s)=\dfrac{2}{(s+2)}$인 선형 제어 계통에서 $\omega=1$일 때, 주파수 전달 함수의 이득은?

㉮ $\dfrac{2}{\sqrt{5}}$ ㉯ $\dfrac{2}{\sqrt{3}}$ ㉰ $\dfrac{1}{\sqrt{5}}$ ㉱ $\dfrac{1}{\sqrt{3}}$

7 $G(j\omega)=\dfrac{1}{1+j\omega T}$에서 $\omega=0.3\,[rad/\sec]$, $|G(j\omega)|=0.1$일 때 시정수 T의 값은 약 얼마인가?

㉮ 25 ㉯ 33 ㉰ 50 ㉱ 75

8 $G(j\omega)=\dfrac{1}{1+j10\omega}$로 주어지는 절점 주파수$[rad/s]$는?

㉮ 0.1 ㉯ 1 ㉰ 10 ㉱ 11

9 $G(s)=\dfrac{1}{1+5s}$일 때, 절점에서 절점 주파수 $\omega_c\,[rad/s]$를 구하면?

㉮ 0.1 ㉯ 0.5 ㉰ 0.2 ㉱ 5

해답

1.㉮ 2.㉰ 3.㉯ 4.㉯ 5.㉱ 6.㉮ 7.㉯ 8.㉮ 9.㉰

11 보드선도와 나이퀴스트를 이용한 주파수 응답 해석

주파수 응답해석에서 시스템의 해석을 정량화하고, 안정도 해석을 위하여 보드선도(Bode plot)와 나이퀴스트 선도(Nyquist diagram)를 이용한다.

우선 보드 선도와 나이퀴스트 선도의 장점·단점을 알아보고 각각에 대해서는 다음 절에서 다루어 보자.

◆ **보드 선도의 장점**

ⓐ 컴퓨터를 사용하지 않고서 선분들을 이용하여 크기 및 위상을 근사적으로 그릴 수 있다.

ⓑ 이득교차점, 위상교차점, 이득여유 및 위상여유를 Nyquist 선도에 비해 더욱 쉽게 구하게 된다.

ⓒ 설계 목적을 위해 제어기와 그들의 파라미터를 추가할 때의 영향을 Nyquist 선도에서보다 더욱 쉽게 구체화할 수 있다.

ⓓ 시간 지연이 있는 시스템에 대한 응답해석을 쉽게 해준다.

◆ **보드 선도의 단점**

오직 최소위상 시스템의 안정도만 다룰 수 있다.

◆ **나이퀴스트 선도의 장점**

비최소위상 시스템의 안정도도 다룰 수 있다.

■ 나이퀴스트 선도의 단점

나이퀴스트 선도를 참고해서 제어기를 설계하는 것은 쉽지 않다.

11.1 보드선도

전달함수를 이용하여 그리는 보드선도(Bode plot)는 선형제어 시스템을 해석하고 설계하는 데 아주 유용한 도구이다. 컴퓨터가 보급되기 전에 보드선도는 점근적 성질(점근선 기법)에 따라 개략적으로 그렸다. 지금도 컴퓨터의 도움 없이 손으로 직접 그리기 위해서는 점근선 기법을 사용하여야 한다. 현재는 MATLAB과 같은 컴퓨터 S/W를 이용하여 보드선도를 정확하게 그릴 수 있다.

보드선도 : 주파수응답을 크기와 위상으로 데시벨(decibel)단위로 그린 그래프.

$$\begin{cases} \text{일반적 크기} : M \\ \text{데시벨 크기} : 20\log M\ [dB] = M_{dB} \end{cases}$$

- **보드 선도는 주파수 응답의 크기를 데시벨로 나타내기 때문에 log에 대한 기본 수학 이론이 필요하다.**

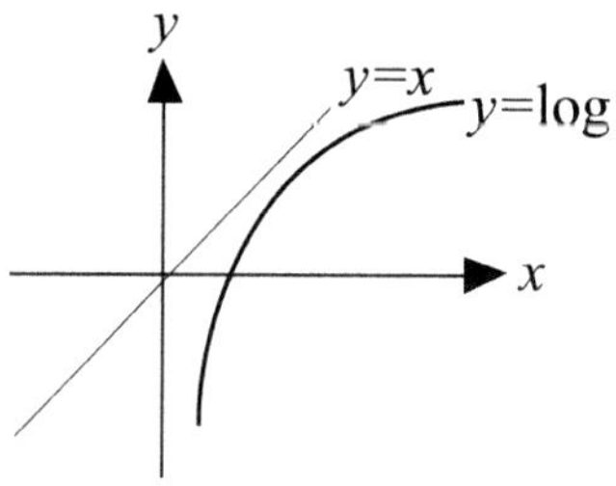

log의 성질 : $a^x = b$, 양변에 $\log_a$를 취하면 $\log_a a^x = \log_a b$, $x = \log_a b$

① $\log_a a = 1$, $\log_a 1 = 0$
② $\log_a xy = \log_a x + \log_a y$
③ $\log_a \dfrac{x}{y} = \log_a x - \log_a y$
④ $\log_a x^n = n\log_a x$

다음은 이러한 log수학을 이용하여 기본 함수와 일차 시스템, 이차 시스템의 보드 선도 그리는 방법에 대해 알아보자.

- **기본함수와 일차 시스템이 보드선도**

a. $G(s)=s$, b. $G(s)=\dfrac{1}{s}$, c. $G(s)=s+a$, d. $G(s)=\dfrac{1}{s+a}$, e. $G(s)=\dfrac{s+z}{s+p}$

a. $G(s)=s$, 미분기의 전달함수

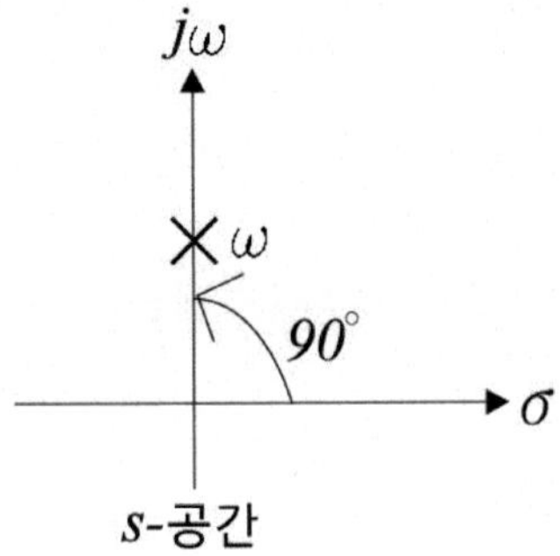

$G(j\omega)=j\omega$

$$\begin{cases} \text{크기} : M(\omega)=\omega \\ \text{위상} : \phi(\omega)=90° \end{cases}$$

- 데시벨(dB)의 이해

$M_{dB}=20\log M(\omega)=20\log\omega \ [dB]=\omega_{dB}$

데시벨 단위로 표시하면 $\begin{cases} \text{크기} : M(\omega)_{dB}=\omega_{dB} \\ \text{위상} : \phi(\omega)=90° \end{cases}$

$\omega=0.01$ 이면, $M_{dB}=20\log 0.01=20\log 10^{-2}=-2\cdot 20\log 10=-40\ [dB]$

$\omega=0.1$ 이면, $M_{dB}=20\log 0.1=20\log 10^{-1}=-1\cdot 20\log 10=-20\ [dB]$

$\omega=1$ 이면, $M_{dB}=20\log 1=20\cdot 0=0\ [dB]$

$\omega=10$ 이면, $M_{dB}=20\log 10=20\log 10=20\log 10=20\ [dB]$

$\omega=100$ 이면, $M_{dB}=20\log 10^2=2\cdot 20\log 10=40\ [dB]$

① ω가 10배 증가하면 20 $[dB]$ 증가

$$\begin{aligned} M(10w)_{dB} &= 20\log 10\omega=20(\log 10+\log\omega) \\ &= 20(1+\log\omega)=20+20\log\omega\ [dB] \end{aligned}$$

② ω가 100배 증가하면 40 $[dB]$ 증가

$$\begin{aligned} M(100\omega)_{dB} &= 20\log 100\omega=20(\log 100+\log\omega) \\ &= 20(2+\log\omega)=40+20\log\omega\ [dB] \end{aligned}$$

기울기는 $20\log\omega$ $[dB]$이다.

〈그림 11.1 a〉는 $G(j\omega)=j\omega$의 크기와 위상을 보여준다.

보드선도의 x축은 10단위로 크기가 나타나 있고, 〈그림 11.1 a〉의 크기 그래프에서 ω가 10배 증가하면 y축이 20 $[dB]$증가하는 것을 보여준다.

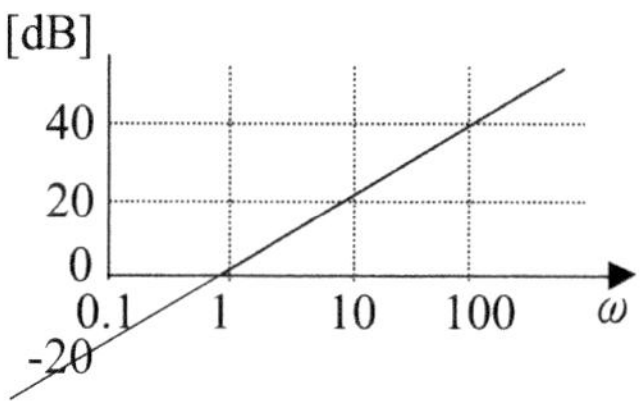

기울기 +20dB/decade (decade는 10을 의미함)

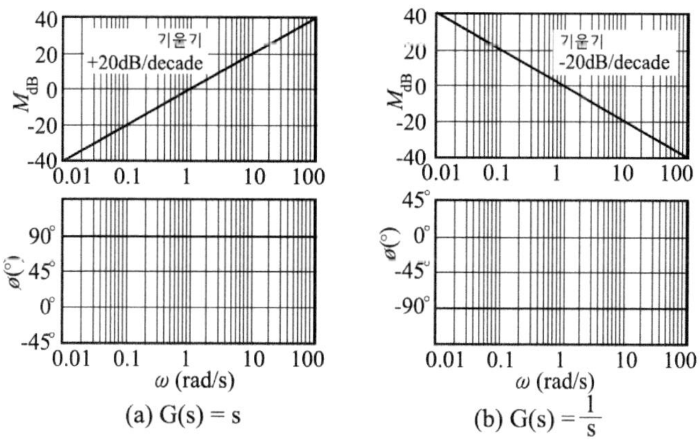

〈그림 11.1〉 보드선도

---

b. $G(s)=\frac{1}{s}$, 적분기의 전달 함수

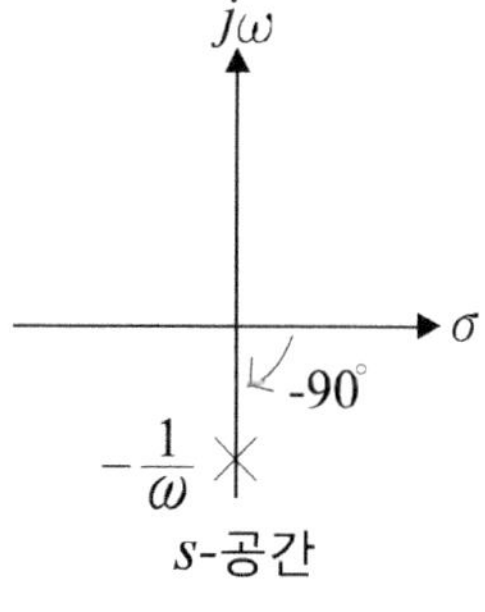

$$G(j\omega)=\frac{1}{j\omega}=-\frac{1}{\omega}j \text{ (복소수 } \frac{1}{j}=-j)$$

$$\begin{cases} \text{크기 : } M(\omega)=\frac{1}{\omega} \\ \text{위상 : } \phi(\omega)=-90^{\circ} \end{cases}$$

$$M_{dB}=20\log M(\omega)=20\log\frac{1}{\omega}=-20\log\omega\ [dB]=-\omega_{dB}$$

① ω가 10배 증가하면 20 $[dB]$ 감소

$$M(10\omega)_{dB} = -20\log 10\omega = -20(\log 10 + \log\omega) \\ = -20(1+\log\omega) = -20 - 20\log\omega \ [dB]$$

② ω가 100배 증가하면 40 $[dB]$ 감소

$$M(100\omega)_{dB} = -20\log 100\omega = -20(\log 100 + \log\omega) \\ = -20(2+\log\omega) = -40 - 20\log\omega \ [dB]$$

기울기는 $-20\log\omega\ [dB]$이다.

〈그림 11.1〉은 $G(j\omega) = \dfrac{1}{j\omega}$의 크기와 위상을 보여준다. $G(s) = s$와 $G(s) = \dfrac{1}{s}$의 크기 보드선도는 $\omega = 1$에서 서로 대칭이며 위상 보드선도는 0°를 중심으로 서로 대칭이다.

---

c. $G(s) = s + a$ **영점** $s = -a$

$$G(j\omega) = j\omega + a$$

- 크기 : $M(\omega) = \sqrt{a^2 + \omega^2}$

  다음은 점근선 기법으로 보드선도를 그리는 법에 대해 다룬다.

  a를 기점으로 점근선 기법을 이용하여 ω의 크기로 $M(\omega)$를 정한다.

  ω가 a보다 작을 때와 클 때로 나눈다.

  $\omega \ll a$일때, 즉 $\omega = 0$

  $$M(0) = \sqrt{a^2 + 0} = a$$

  $\omega \gg a$일때, 즉 $a = 0$

  $$M(\omega) = \sqrt{0 + \omega^2} = \omega$$

  이것을 데시벨 단위로 나타내면 다음과 같다.

  $$M(\omega)_{dB} \simeq \begin{cases} a_{dB},\ \omega \ll a\ (\omega = 0 \text{ 사용}) \\ \omega_{dB},\ \omega \gg a\ (a = 0 \text{ 사용}) \end{cases}$$

  ω_{dB}은 앞 $G(s) = s$의 크기처럼 기울기가 $+20dB/decade$인 그래프이다.

  $\omega = a$일때,

$$\begin{aligned} M(\omega) &= \sqrt{a^2+a^2} = \sqrt{2}\,a_{dB} \\ &= 20\log\sqrt{2}\,a = 20(\log\sqrt{2}+\log a) \\ &= 20\log\sqrt{2}+20\log a \simeq 3.01+20\log a \\ &= 3.01\ [dB]+a_{dB} \end{aligned}$$

〈그림 11.2 a〉의 크기 그래프에서 $\omega = a$일때 실제는 $3.01dB + a_{dB}$이지만 점근선 기법을 사용하였기 때문에 $3.01\ [dB]$이 무시되고 a_{dB}로 표시된다.

- 위상 : $\phi(\omega) = \tan^{-1}\dfrac{\omega}{a}$

a의 0.1배, 1배, 10배를 기점으로 점근선 기법을 이용하여 위상을 그린다.

$\omega = 0.1a$ 일때

$$\phi(0.1a) = \tan^{-1}\frac{0.1a}{a} = \tan^{-1}0.1 = 5.7^\circ \quad \text{(실제)}$$

$$\phi(0) = \tan^{-1}\frac{0}{a} = \tan^{-1}0 = 0^\circ \quad \text{(점근선 기법)}$$

$\omega = a$ 일때

$$\phi(a) = \tan^{-1}\frac{a}{a} = \tan^{-1}1 = 45^\circ \quad \text{(실제, 점근선 기법)}$$

$\omega = 10a$ 일때

$$\phi(10a) = \tan^{-1}\frac{10a}{a} = \tan^{-1}10 = 84.3^\circ \quad \text{(실제)}$$

$$\phi(\infty) = \tan^{-1}\frac{\infty}{a} = \tan^{-1}\infty = 90^\circ \quad \text{(점근선 기법)}$$

점근선 기법을 기준으로 정리하면 다음과 같다.

$$\phi(\omega) = \begin{cases} 0^\circ, & \omega \ll 0.1a\ (\omega = 0\ \text{사용}) \\ 45^\circ, & \omega = a \\ 90^\circ, & \omega \gg 10a\ (\omega = \infty\ \text{사용}) \end{cases}$$

○ 점근선 기법으로 보드선도에 크기와 위상 그리기

$$M(\omega)=\begin{cases} a_{dB}, & \omega \ll a \quad a\text{의 왼쪽}\ (\omega=0\text{사용}) \\ \omega_{dB}, & \omega \gg a \quad a\text{의 오른쪽}\ (a=0\text{사용}) \end{cases}$$

ω_{dB}일때 기울기 $+20dB/decade$로 직선 표시

$$\phi(\omega)=\begin{cases} 0^\circ, & \omega \ll 0.1a \quad 0.1a\text{의 왼쪽}(\omega=0\text{사용}) \\ 45^\circ, & \omega = a \quad \text{점찍기}(0.1a\text{와 }10a\text{까지 선으로 연결})(\text{기울기 }45^\circ/decade) \\ 90^\circ, & \omega \gg 10a \quad 10a\text{의 오른쪽}(\omega=\infty\text{사용}) \end{cases}$$

위의 방법을 이용하여 $G(s)=s+a$의 크기, 위상에 대한 주파수 응답 그래프를 그리면 〈그림 11.2 a〉와 같다.

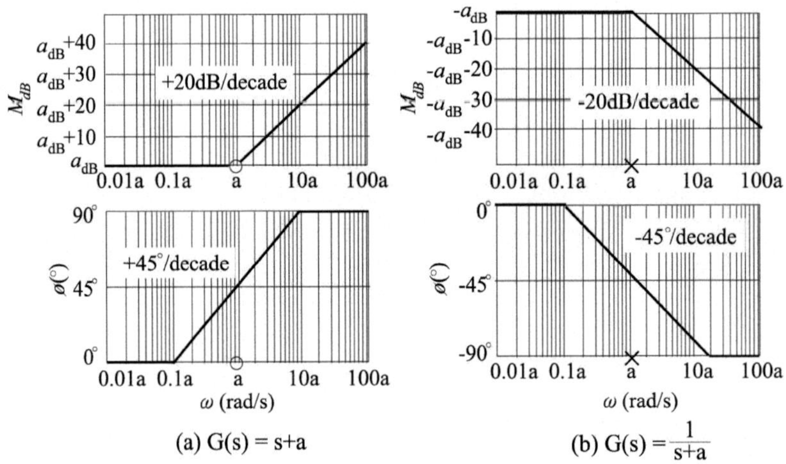

〈그림 11.2〉 보드선도

---

d. $G(s)=\dfrac{1}{s+a}$, 극점 $s=-a$

$$G(j\omega)=\frac{1}{j\omega+a}$$

◦ **크기** : $M(\omega)=\dfrac{1}{\sqrt{a^2+\omega^2}}$

$$M(\omega) = \begin{cases} \frac{1}{a}_{dB}, \ \omega \ll a \ \ (\omega = 0 \text{ 사용}) \\ \frac{1}{\omega}_{dB}, \ \omega \gg a \ \ (a = 0 \text{ 사용}) \end{cases}$$

$$\frac{1}{a}_{dB} = 20\log\frac{1}{a} = -20\log a = -a_{dB}$$

$$\frac{1}{\omega}_{dB} = 20\log\frac{1}{\omega} = -20\log\omega = -\omega_{dB}$$

$$M(\omega) = \begin{cases} -a_{dB} \ , \omega \ll a \\ -\omega_{dB} \ , \omega \gg a \end{cases}$$

- **위상** : $\phi(\omega) = -\tan^{-1}\frac{\omega}{a}$

$$\phi(\omega) = \begin{cases} 0^{\circ}, \ \omega \ll 0.1a \\ -45^{\circ}, \ \omega = a \ \ (\text{기울기 } -45^{\circ}/decade) \\ -90^{\circ}, \ \omega \gg 10a \end{cases}$$

$G(s) = \frac{1}{s+a}$의 크기, 위상에 대한 주파수 응답 그래프를 그리면 〈그림 11.2 b〉와 같다.

---

e. $G(s) = \frac{s+z}{s+p}$ 영점 s=-z, 극점 s=-p

위의 시스템 z와 p의 상대 크기에 따라 다음과 같이 나누어 진다.

① p 〈 z : 지상(phase-lag)시스템

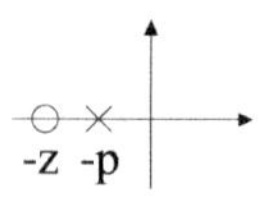

② p 〉 z : 진상(phase-lead)시스템

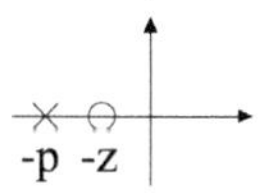

전달 함수에 극점, 영점 모두 존재할 때 보드선도를 어떻게 그려야 할까?

그것은 보드선도가 데시벨 단위(log)를 사용하는 이유이기도 하다. 보드선도의 장점은 복잡한 시스템도 점근선 기법을 이용하여 log의 가감기법으로 그릴 수 있다는 것이다.

일반적인 전달함수 $G(s)=K\frac{(s+z_1)(s+z_2)\cdots(s+z_m)}{(s+p_1)(s+p_2)\ldots(s+p_n)}$

크기 $20\log(G(s))=20\log K$
$+20\log(s+z_1)+20\log(s+z_2)+\cdots+20\log(s+z_m)$
$-20\log(s+p_1)-20\log(s+p_2)-\cdots-20\log(s+p_n)$

⇒ 로그의 성질을 이용하여 곱셈항은 덧셈로그, 나누기항은 뺄셈로그로 표현할 수 있다.

위의 복잡한 시스템의 예를 통해 $G(s)=\frac{s+z_1}{s+p_1}$의 전달함수에 대한 보드선도를 그려보자. $(s+z_1)$과 $(s+p_1)$에 해당하는 보드선도를 각각 그리고, 두 개의 보드선도를 더하면 $\frac{s+z_1}{s+p_1}$의 보드선도가 그려진다.

① $G(s)=\frac{s+10}{s+1}$, **지상(phase-lag)시스템**

$G_1(s)=s+10$과 $G_2(s)=\frac{1}{s+1}$을 분리해서 보드선도를 그린다. $(s+10)\times\frac{1}{s+1}$에서 곱셈은 로그에서 덧셈으로 처리되기 때문이다. 주파수 응답에서 크기응답은 데시벨, 즉 log단위의 그래프이다.

- **크기** : $G_1(s)=s+10$, 영점 $s=-10$

$$G_1(j\omega)=j\omega+10$$

$$M_1(\omega)=\sqrt{\omega^2+10^2},\ M_1(\omega)_{dB}=\begin{cases}10_{dB}=20\ [dB]\ , & \omega\ll 10\\ \omega_{dB} & \omega\gg 10\end{cases}$$

$$G_2(s)=\frac{1}{s+1}\quad \text{극점 } s=-1$$

$$G_2(j\omega)=\frac{1}{j\omega+1}$$

$$M_2(\omega)=\frac{1}{\sqrt{1+\omega^2}},\ M(\omega)_{dB}=\begin{cases}1_{dB}=0\ [dB]\ , & \omega\ll 1\\ \frac{1}{\omega}{}_{dB}=-\omega_{dB}\ , & \omega\gg 1\end{cases}$$

〈그림 11.3 a〉는 크기 응답의 그래프를 보여준다. $M_1(\omega)$와 $M_2(\omega)$의 그래프를 각각 그린 후 두 개의 그래프를 더하면 $G(s)=\dfrac{s+10}{s+1}$의 크기 응답 그래프가 그려진다.

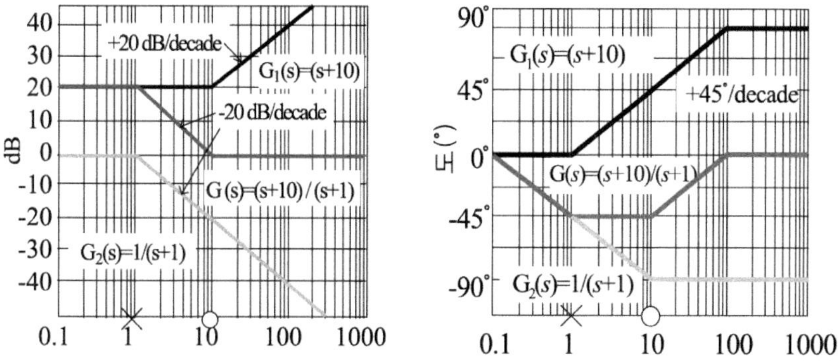

(a)크기 응답 (b)위상 응답

〈그림 11.3〉 보드선도

∘ **위상** : $G_1(s)=s+10$, 영점 $s=-10$

$$G_1(j\omega)=j\omega+10$$

$$\phi_1(\omega)=\tan^{-1}\frac{\omega}{10}\,,\ a=10$$

$$\phi_1(\omega)=\begin{cases}0^\circ & ,\ \omega\ll 0.1a=1\\ 45^\circ & ,\ \omega=a=10\ ,\ \text{기울기 } 45^\circ/decade\\ 90^\circ & ,\ \omega\gg 10a=100\end{cases}$$

$$G_2(s)=\frac{1}{s+1}$$

$$G_2(j\omega)=\frac{1}{j\omega+1}$$

$$\phi_2(\omega)=-\tan^{-1}\omega,\ \ a=1$$

$$\phi_2(\omega)=\begin{cases}0^\circ & ,\ \omega\ll 0.1a=0.1\\ -45^\circ & ,\ \omega=1\ \text{기울기 } -45^\circ/decade\\ -90^\circ & ,\ \omega\gg 10a=10\end{cases}$$

〈그림 11.3 b〉는 위상 응답의 그래프를 보여준다. $\phi_1(\omega)$와 $\phi_2(\omega)$의 그래프를 각각 그린후 두 개의 그래프를 더하면 $G(s)=\dfrac{s+10}{s+1}$의 위상 응답 그래프가 그려진다. 위상 응답을 보면 위상이 -45°에서 0° 사이에 있다. 즉 위상이 0° 이하이다.

따라서, 이 시스템은 위상이 느려진, 즉 지상(phase-lag)시스템이다.

② $G(s)=\dfrac{s+1}{s+10}$ **진상(phase-lead)시스템**

$G_1(s)=s+1,\ G_2(s)=\dfrac{1}{s+10}$을 분리해서 보드선도를 그린다.

$(s+1)\times\dfrac{1}{s+10}$에서 곱셈은 로그에서 덧셈으로 처리되기 때문이다.

- **크기** : $G_1(s)=s+1$, 영점 $s=-1$

$$G_1(j\omega)=j\omega+1$$

$$M_1(\omega)=\sqrt{\omega^2+1},\quad M_1(\omega)_{dB}=\begin{cases}1_{dB}=0\ [dB], & \omega\ll 1\\ \omega_{dB} & ,\omega\gg 1\end{cases}$$

$$G_2(s)=\frac{1}{s+10},\ \text{극점}\ s=-10$$

$$G_2(j\omega)=\frac{1}{j\omega+10}$$

$$M_2(\omega)=\frac{1}{\sqrt{\omega^2+10^2}},\quad M_2(\omega)_{dB}=\begin{cases}-10_{dB}=-20\ [dB], & \omega\ll 10\\ -\omega_{dB} & ,\omega\gg 10\end{cases}$$

- **위상** : $\phi_1(\omega)=\tan^{-1}\omega,\quad a=1$

$$\phi_1(\omega)=\begin{cases}0^\circ & ,\ \omega\ll 0.1a=0.1\\ 45^\circ & ,\ \omega=1\\ 90^\circ & ,\ \omega\gg 10\quad a=10\end{cases}$$

$$\phi_2(\omega)=-\tan^{-1}\frac{\omega}{10}$$

$$\phi_2(\omega)=\begin{cases}0^\circ & ,\ \omega\ll 0.1a=1\\ -45^\circ & ,\ \omega=10\\ -90^\circ & ,\ \omega\gg 10a=100\end{cases}$$

〈그림 11.4 a〉, 〈그림 11.4 b〉는 각각 크기와 위상 응답을 보여준다. 위상응답을 보면 위상이 0°에서 45° 사이에 있다. 즉 위상이 0° 이상이다. 따라서, 이 시스템은 위상이 빠른, 즉 진상(phase-lead) 시스템이다.

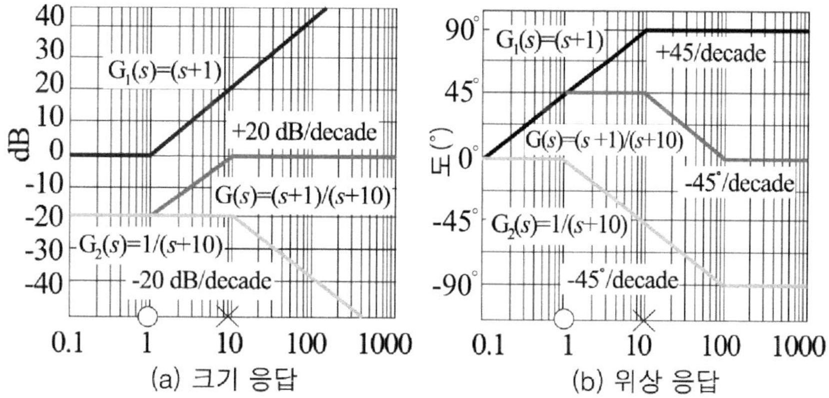

〈그림 11.4〉 보드선도

■ **보드선도에서 위상 응답의 이해**

최소 위상(minimum phase)시스템 - 위상이 0°에서 90°사이에 있음. 모든 영점이 s-공간에서 좌반면(LHP)에 위치함.

비최소 위상(non-minimum phase)시스템 - 위상이 0°에서 180°사이에 있음. 한 개 이상의 영점이 s-공간에서 우반면(RHP)에 위치함.

주파수 ω가 0에서 ∞로 갈 때 영점과 극점과의 각도를 조사해보자.

〈그림 11.5 a〉에서 특정 주파수 ω_1에서 극점-p와 이루는 각도를 θ_p라 하고, 영점 -z와 이루는 각도를 θ_z라고 하자. ω가 0에서 ω_1을 거쳐 ∞로 가도 $\theta_z - \theta_p < 90°$가 됨. 이러한 시스템을 최소 위상 시스템이라고 한다.

〈그림 11.5 b〉의 경우 영점이 우반면(RHP)에 있어 $\theta_z - \theta_p < 180°$가 됨. 이러한 시스템을 비최소 위상 시스템이라고 한다.

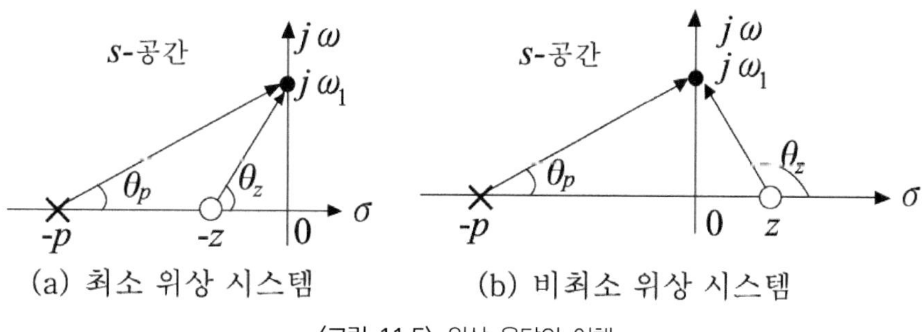

〈그림 11.5〉 위상 응답의 이해

보드선도에서의 위상 응답의 개념은 〈그림 11.5〉에서 처럼 ω가 0에서 ∞로 갈 때 모든 영점과 극점이 이루는 각도이다. 이것을 그래프로 그린 것이 바로 주파수 응답에서의 위상응답 〈그림 11.6〉이다.

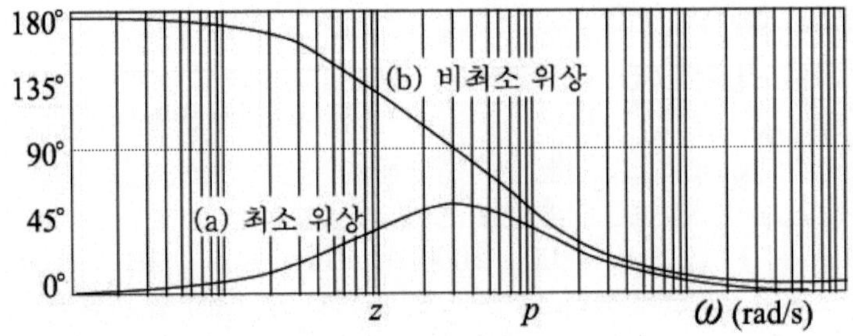

〈그림 11.6〉 보드선도에서의 위상응답

■ **이차 시스템의 보드선도**

크기응답에서의 기울기와 위상응답에서의 기울기

1차 시스템인 경우

$$\text{크기}\begin{cases} +20\ dB/decade & (\text{분자}) \\ -20\ dB/decade & (\text{분모}) \end{cases}$$

$$\text{위상}\begin{cases} 45°/decade & (\text{분자}) \\ -45°/decade & (\text{분모}) \end{cases}$$

2차 시스템인 경우

$$\text{크기}\begin{cases} +40\ dB/decade & (\text{분자}) \\ -40\ dB/decade & (\text{분모}) \end{cases}$$

$$\text{위상}\begin{cases} 90°/decade & (\text{분자}) \\ -90°/decade & (\text{분모}) \end{cases}$$

다음의 이차 부족제동 시스템을 대상으로 보드선도를 그려보면 〈그림 11.7〉과 같다.

$$G(s) = \frac{\omega_n^2}{s^2 + 2\zeta\omega_n s + \omega_n^2}$$

점근선 기법과 비교해 보면 ζ값에 따라 크기와 위상 응답이 많이 다르다는 것을 알 수 있다.

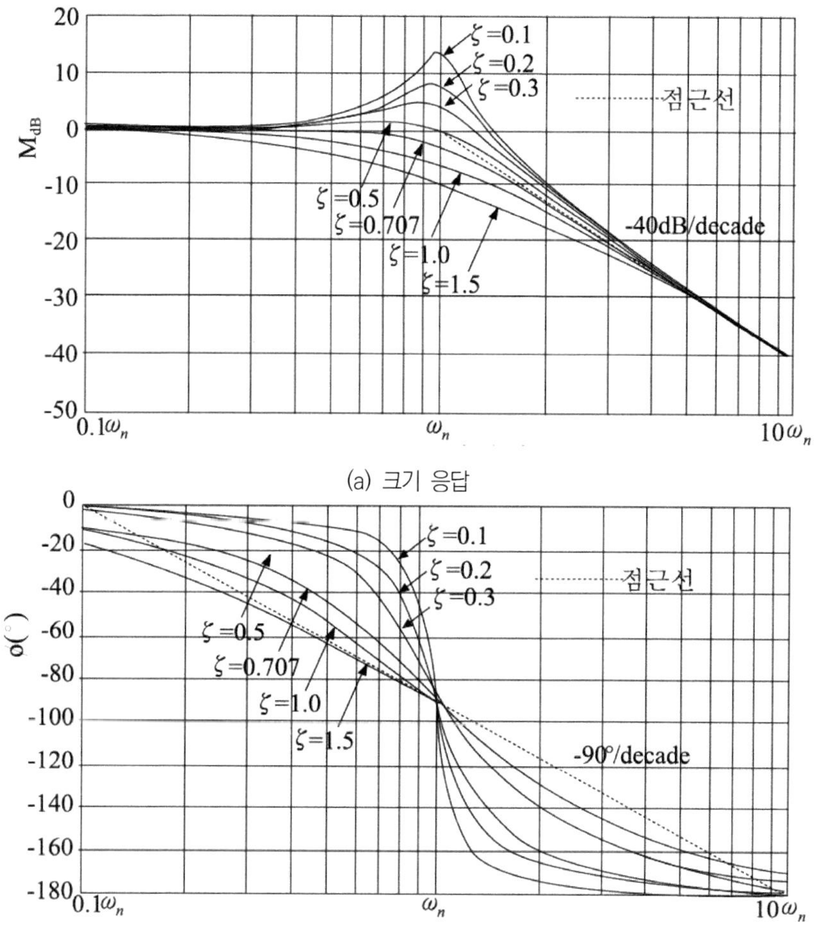

(a) 크기 응답

(b) 위상 응답

〈그림 11.7〉 이차시스템의 보드 선도

11.2 나이퀴스트 선도(Nyquist diagram)

$G(j\omega)$는 절대값 $|G(j\omega)|$, 편각$\angle G(j\omega)$를 가진 복소수이므로 복소 평면상에서 하나의 벡터로 표시된다.

나이퀴스트 선도 - 주파수 ω를 0에서 ∞까지 변화 시켰을 때 $G(j\omega)$의 크기와 위상을 극좌표에 도시한 것. 즉, 다음과 같다.

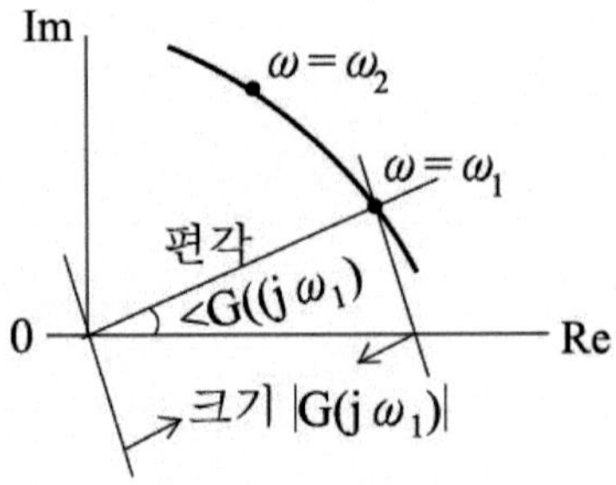

나이퀴스트 선도를 그리기 위해 다음의 피드백 제어시스템을 고려하자.

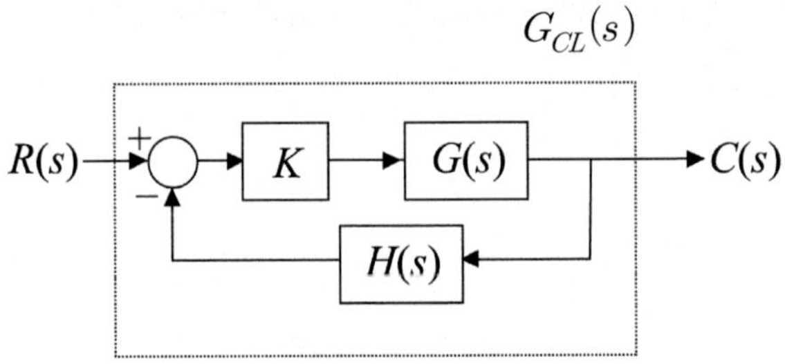

$$G_{CL}(s)=\frac{KG(s)}{1+KG(s)H(s)}$$

특성 방정식 : $1+KG(s)H(s)=1+L(s)=0$

$$G(s)H(s)\triangle\frac{Z(s)}{P(s)}$$

$$L(s)\triangle KG(s)H(s)=K\frac{Z(s)}{P(s)}$$

$L(s)$는 루프전달 함수이고, 다음과 같은 전달함수 일반형으로 표현 가능하다.

$$L(s)=\frac{K(s+z_1)(s+z_2)\cdots(s+z_m)}{s^k(s+p_1)(s+p_2)\cdots(s+p_n)}e^{-T_d s}$$

s^k항은 $s=0$에서 극점을 가지며 시스템 유형을 결정한다. $e^{-T_d s}$항은 시간 지연 T_d를 나타내며, Routh 판별법에서는 취급할 수 없지만, 나이퀴스트 선도에서는 시간지연도 취급할 수 있다.

다음은 예제를 통해 나이퀴스트 선도를 그리는 방법에 대해 알아보자.

■ **일차, 이차 시스템의 나이퀴스트 선도**

① $L(s) = \dfrac{1}{1+Ts}$

$$L(j\omega) = \frac{1}{1+j\omega T}\,, \qquad \text{이득 } |L(j\omega)| = \frac{1}{\sqrt{1+\omega^2 T^2}}$$

$$\text{위상 } \phi = -\tan^{-1}\omega T$$

(1) $\omega = 0$: $|L(j\omega)| = 1$, $\phi = 0^\circ$

(2) $\omega = \infty$: $|L(j\omega)| = 0$, $\phi = -90^\circ$

$\omega = \dfrac{1}{T}$: $|L(j\omega)| = \dfrac{1}{\sqrt{2}} \simeq 0.707$

$\phi = -\tan^{-1}1 = -45^\circ$

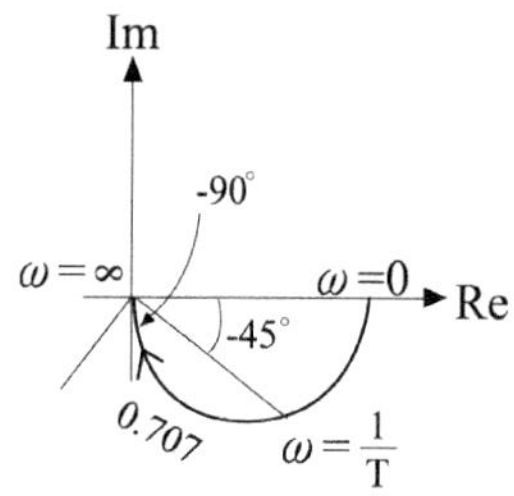

⇒ 분모가 있으면 $L(s)$의 위상이 $-\tan^{-1}$형태여서 항상 음이므로 벡터 궤적은 하단부의 원형 형태가 된다.

---

② $L(s) = \dfrac{1}{(1+T_1 s)(1+T_2 s)}$: 유한한 극점 추가

$$L(j\omega) = \frac{1}{(1+j\omega T_1)(1+j\omega T_2)}$$

$$\text{이득 } |L(j\omega)| = \frac{1}{\sqrt{1+(\omega T_1)^2}\sqrt{1+(\omega T_2)^2}}$$

$$\text{위상 } \phi = -\tan^{-1}\omega T_1 - \tan^{-1}\omega T_2$$

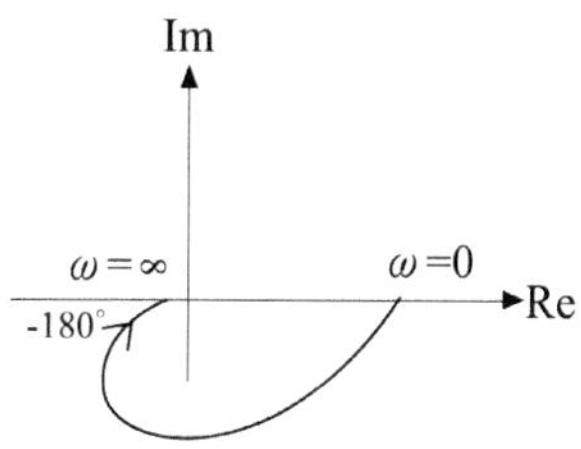

(1) $\omega = 0$: $|L(j\omega)| = 1$, $\phi = 0^\circ$

(2) $\omega = \infty$: $|L(j\omega)| = 0$, $\phi = -90^\circ - 90^\circ = -180^\circ$

---

③ $L(s) = \dfrac{1}{s(1+Ts)}$: 극점 s=0 추가

$$L(j\omega) = \frac{1}{j\omega(1+Tj\omega)}$$

이득 $|L(j\omega)| = \dfrac{1}{\omega\sqrt{1+(T\omega)^2}}$

위상 $\phi = -\tan^{-1}\dfrac{\omega}{0} - \tan^{-1}\omega T = -90^\circ - \tan^{-1}\omega T$

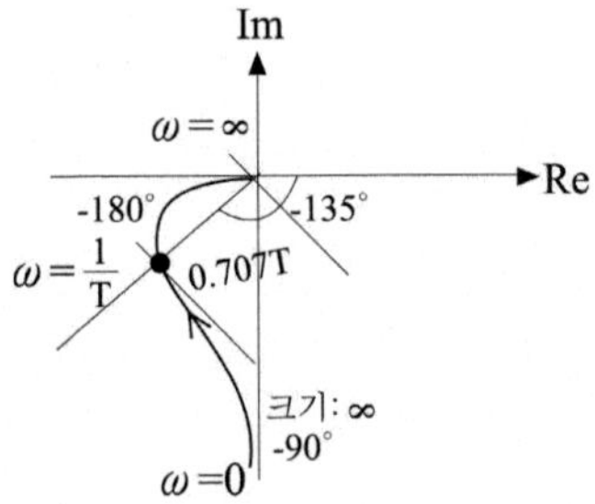

(1) $\omega = 0$: $|L(j\omega)| = \infty$, $\phi = -90^\circ$

(2) $\omega = \infty$: $|L(j\omega)| = 0$, $\phi = -90^\circ - 90^\circ = -180^\circ$

$$\omega = \frac{1}{T} \quad \text{이득 :}\ \frac{1}{\frac{1}{T}\sqrt{2}} = \frac{T}{\sqrt{2}} \simeq 0.707T$$

$$\text{위상 :}\ -90^\circ - \tan^{-1}1 = -90^\circ - 45^\circ = -135^\circ$$

위의 ①,②,③을 정리해 보면 다음과 같다.

①

$L(s) = \dfrac{1}{1+Ts}$

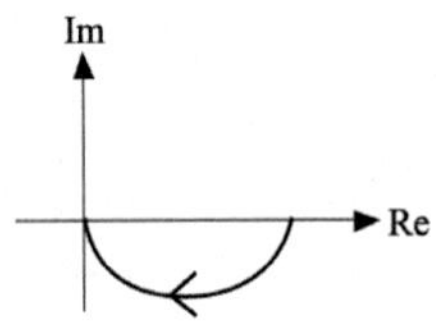

(1) $\omega = 0$, $|L(j\omega)| = 1$, $\phi = 0^\circ$
(2) $\omega = \infty$, $|L(j\omega)| = 0$, $\phi = -90^\circ$

②

$L(s) = \dfrac{1}{(1+T_1 s)(1+T_2 s)}$

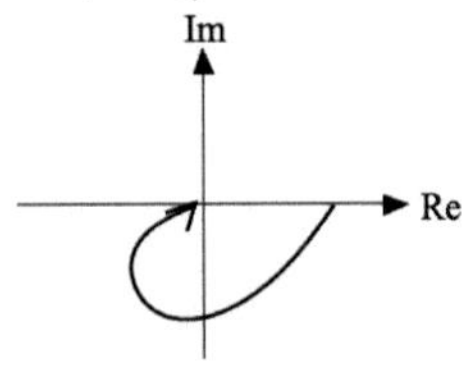

(1) $\omega = 0$, $|L(j\omega)| = 1$, $\phi = 0^\circ$
(2) $\omega = \infty$, $|L(j\omega)| = 0$, $\phi = -180^\circ$

③

$L(s) = \dfrac{1}{s(1+Ts)}$

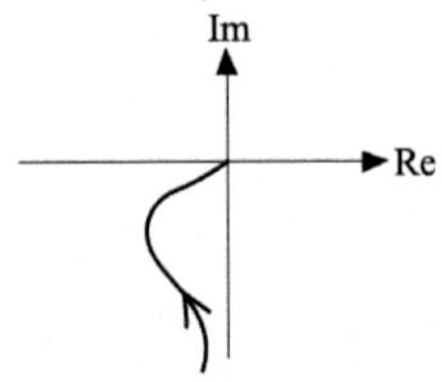

(1) $\omega = 0$, $|L(j\omega)| = \infty$, $\phi = -90^\circ$
(2) $\omega = \infty$, $|L(j\omega)| = 0$, $\phi = -180^\circ$

· 분석

앞에 s가 없으면 0° 도 축에서 출발	시스템차수 1차 $-90°$ 도착
앞에 s가 1개 있으면 -90° 도 축에서 출발	시스템차수 2차 $-180°$ 도착
앞에 s가 2개 있으면 -180° 도 축에서 출발	시스템차수 3차 $-270°$ 도착

위의 ①,②,③에서 다음 ④,⑤번을 추리해 보아라.

④ $L(s) = \dfrac{1}{s(1+T_1 s)(1+T_2 s)}$

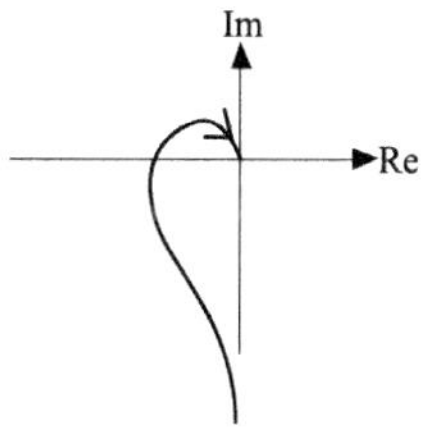

⑤ $L(s) = \dfrac{1}{s^2(1+Ts)}$

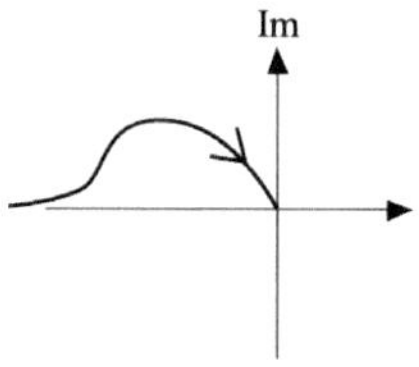

■ **나이퀴스트 선도에서 극점, 영점 추가**

나이퀴스트 선도를 그릴 때 기본형 $L(s) = \dfrac{1}{1+Ts}$에 다음 항이 추가되면, 다음과 같은 연관성이 있다.

- $\dfrac{1}{s}$ 추가 : $\omega = 0$(출발) $-90°$ 크기 ∞ ③의 경우
  $\omega = \infty$(도착) $-90°$
- $\dfrac{1}{s^2}$ 추가 : $w = 0$(출발) $-90° \times 2 = -180°$ 크기∞ ⑤의 경우
  $w = \infty$(도착) $-90° \times 2 = -180°$
- $\dfrac{1}{(1+T_1 s)}$추가 : $\omega = 0$(출발) 변화없음 ②의 경우
  $\omega = \infty$(도착) $-90°$
- ②에 $\dfrac{1}{s}$추가 : $\omega = 0$(출발), $\omega = \infty$(도착) 각각 $-90°$ ④의 경우

$L(s) = \dfrac{1}{s}$, $L(s) = 1 + Ts$처럼 위상이 (+)인 경우에 대해서도 알아보자.

⑥

$$L(s) = \frac{1}{s}$$

$$L(j\omega) = \frac{1}{j\omega} = -\frac{1}{\omega}j$$

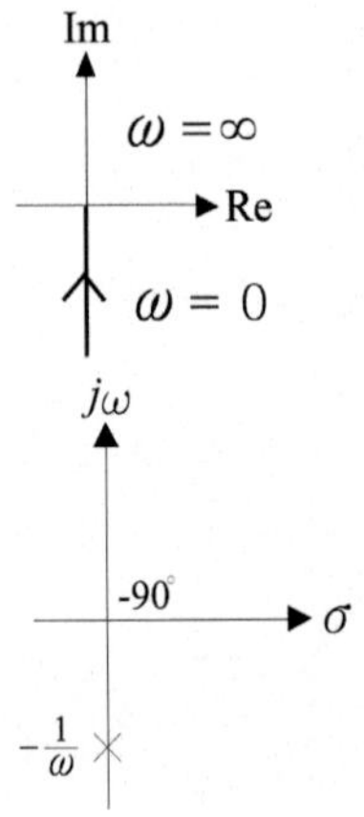

(1) $\omega = 0, \ \ |L(j\omega)| = \infty, \ \ \phi = -90°$

(2) $\omega = \infty, |L(j\omega)| = 0, \ \ \phi = -90°$

⑦

$$L(s) = 1 + Ts$$

$$L(j\omega) = 1 + Tj\omega$$

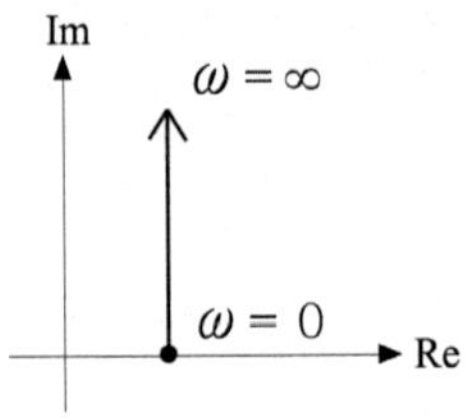

크기 $|L(j\omega)| = \sqrt{1 + (T\omega)^2}$

위상 $\phi = \tan^{-1} T\omega$

(1) $\omega = 0, \ \ |L(j\omega)| = 1, \ \ \phi = 0°$

(2) $\omega = \infty, |L(j\omega)| = \infty, \phi = 90°$

⑧

$$L(s) = \frac{1 + T_1 s}{s(1 + T_2 s)}$$

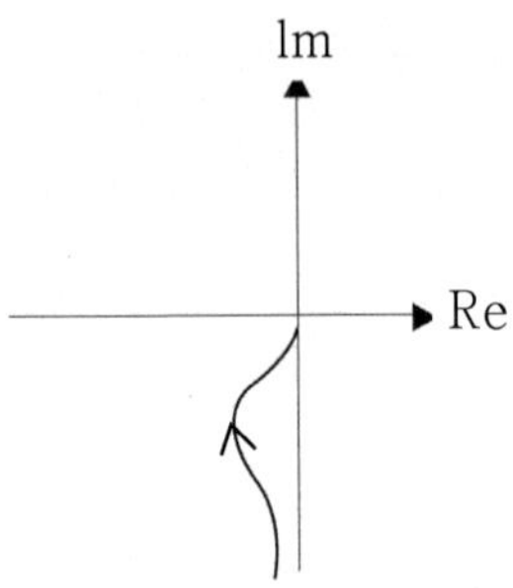

(1) $\omega = 0, \ \ |L(jw)| = \infty \ , \ \phi = -90°$

(2) $\omega = \infty, |L(jw)| = 0 \ , \ \ \phi = -90°$

11.3 보드선도를 이용한 안정도 해석

보드선도의 장점

① 데시벨 단위의 log 함수를 사용함으로 복잡한 전달 함수도 쉽게 표현이 가능하다.

② 루프이득의 상수는 크기 응답에서 단순한 이동이다.

$$|KL(j\omega)|_{dB} = |K|_{dB} + |L(j\omega)|_{dB}$$

③ 크기와 위상 응답을 분리하여 그리므로 위상교차주파수 ω_p와 이득 교차 주파수 ω_g를 쉽게 찾을 수 있다.

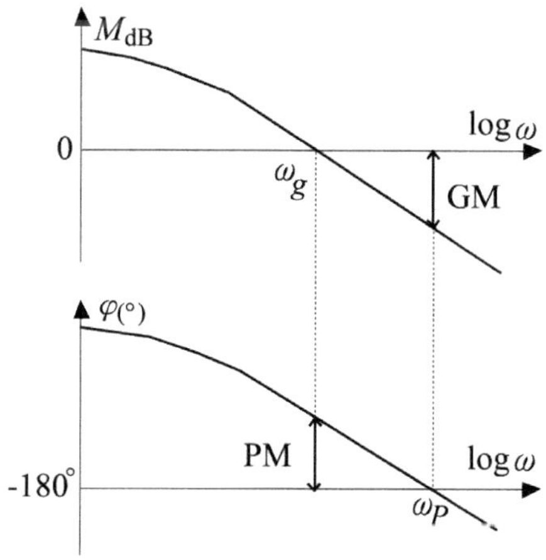

〈그림 11.8〉 보드선도를 통한 안정도 해석

■ 보드선도를 이용한 안정도 해석

〈그림 11.8〉이 $L(s)$의 보드선도라고 하자. 안정도 해석을 하기 위해서는 다음 두 주파수에 대한 개념이 필요하다.

ω_p : 위상교차주파수(phase crossover frequency)

$\angle L(j\omega) = -180°$ 일 때 $\omega = \omega_p$. 즉, 위상이 $-180°$ 일 때의 주파수

ω_g : 이득교차주파수(gain crossover frequency)

$|L(j\omega)| = 0$ $[dB]$일 때 $\omega = \omega_g$. 즉, 크기가 0 $[dB]$(혹은 1_{dB})일때의 주파수

두 주파수를 통해 다음의 이득을 얻을 수 있다.

· GM : 이득 여유(gain margin) - 크기응답 $0\,dB$에서 ω_p일때의 크기를 뺀 것.

$$GM = 0 - |L(j\omega_p)|_{dB} = -|L(j\omega_p)|_{dB}$$

· PM : 위상 여유(phase margin) - 위상응답 ω_g일때의 위상에서 $-180°$ 와의 위상차.

$$PM = \angle L(j\omega_g) - 180°$$

다음의 보드선도에서 $K = 0.1$일때와 $K = 10$에 대하여 이득여유(GM)와 위상여유(PM)을 구해보자.

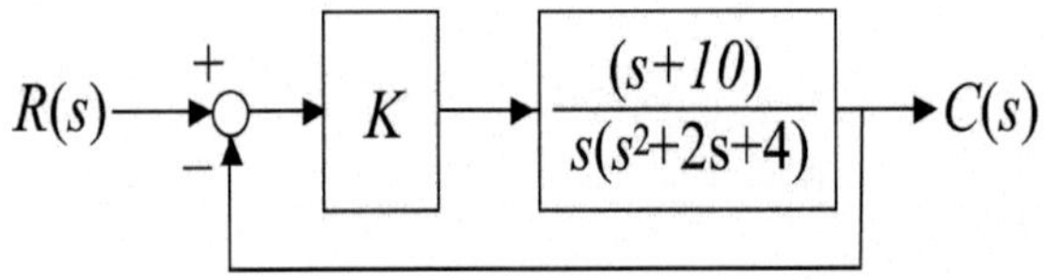

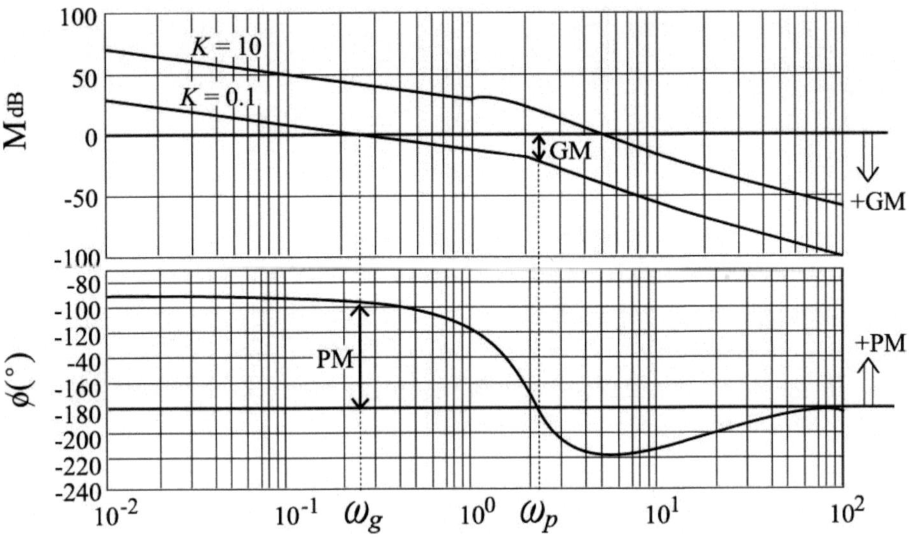

〈그림 11.9〉 보드선도

$K = 0.1$ 일 때,

위상교차 주파수 $\omega_p = 2.2361$

이득 여유 $GM = 10.0005_{dB} \simeq 20\ [dB]$

이득 교차 주파수 $\omega_g = 0.2521$

위상 여유 $PM = 84.1461^\circ$

$K = 10$ 일 때, 이득 여유(GM)와 위상여유(PM) 모두 음수이므로 폐루프 시스템이 불안정하다.

예제 11.1 다음의 시스템에서 위상 교차 주파수 ω_p를 구하고 이득 여유(GM)를 구하라.

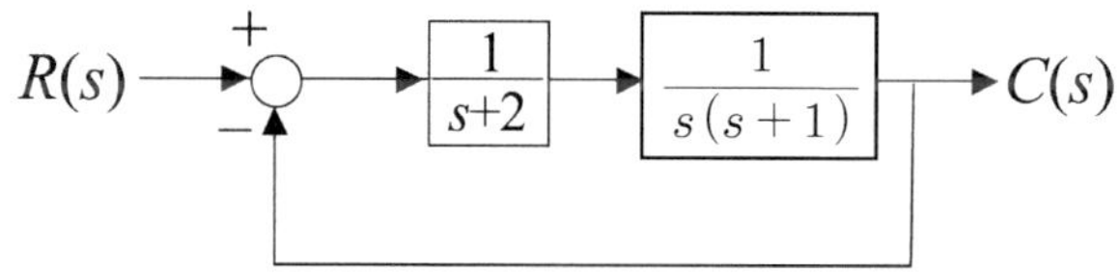

풀이. $L(s)=\dfrac{1}{s(s+1)(s+2)}$

$$L(j\omega)=\frac{1}{j\omega(j\omega+1)(j\omega+2)}=\frac{1}{-3\omega^2+j(-\omega^3+2\omega)}$$

$$-\omega^3+2\omega=0$$
$$\omega(\omega^2-2)=0$$
$$\omega_p=\sqrt{2},\quad |L(j\omega_p)|=\frac{1}{6}=0.167$$

$$GM=-|L(j\omega_p)|_{dB}=-0.167_{dB}$$
$$=-20\log(0.167)$$
$$=15.5456\ [dB]$$

■ **시간 지연을 가진 시스템의 보드선도 해석**

시간 지연을 가진 전달 함수 형태로 루프 전달함수를 표현하면 다음과 같다.

$$L(s)=\frac{K(s+z_1)(s+z_2)\cdots(s+z_m)}{s^k(s+p_1)(s+p_2)\cdots(s+p_n)}e^{-T_ds}=L'(s)e^{-T_ds}$$

시간 함수에서 시간 지연 T_d는 s공간에서 e^{-T_ds}로 표현된다.

시간지연이 없을 때의 전달 함수가 $L'(s)$이다.

크기 응답 : $|L(j\omega)|=|L'(j\omega)e^{-jT_d\omega}|=|L'(j\omega)||e^{-jT_d\omega}|$

$$=|L'(j\omega)|$$

$|e^{-jT_d\omega}|=1$이다.

시간지연이 있어도 크기 응답은 같다.

위상 응답 : $\angle L(j\omega) = \angle [L'(j\omega)e^{-jT_d\omega}]$

$$= \angle L'(j\omega) - T_d\omega$$

$\angle e^{-jT_d\omega} = -T_d\omega$ 이다.

시간 지연이 있으면 위상 응답이 $T_d\omega$만큼 느려진다.

시간 지연이 없는 $L'(s)$의 보드선도와 시간 지연이 있는 $L(s) = L'(s)e^{-T_ds}$의 보드 선도에서 이득 여유(GM)와 위상 여유(PM)를 분석해 보자.

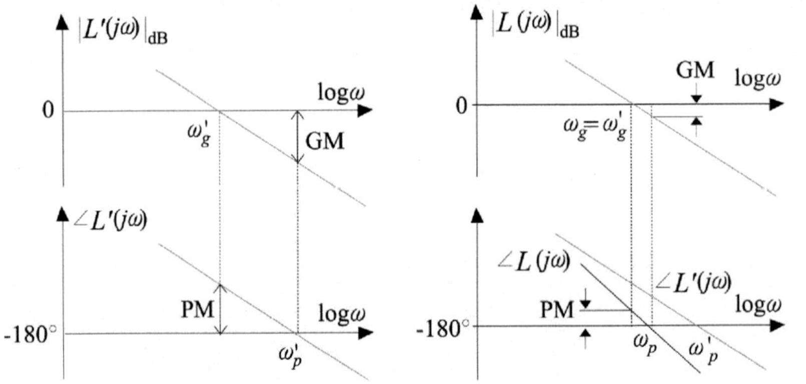

(a) 시간 지연이 없을 때 (b) 시간 지연이 포함 되었을 때

〈그림 11.10〉 시간 지연 시스템의 보드선도

〈그림 11.10 a〉는 시간 지연이 없을 때의 $L'(s)$보드 선도이다.

〈그림 11.10 b〉는 시간 지연을 포함한 $L(s) = L'(s)e^{-T_ds}$의 보드선도 이다.

시간 지연을 포함하면 〈그림 11.10 b〉에서 처럼 크기응답에서는 변화가 없다. 즉 $\omega_g = \omega_g{}'$. 하지만 위상응답은 달라진다. $\angle L(j\omega)$은 $\angle L'(j\omega)$보다 더 (-) 위상을 갖는다. 즉 $\omega_p < \omega_p{}'$.

시간 지연이 있으면 $\omega_p < \omega_p{}'$으로 인해 이득 여유(GM)도 줄어든다. 또한 위상곡선이 더 (-)위상 값을 가져 위상여유(PM)도 줄어든다. 따라서, 시간 지연은 이득여유(GM), 위상여유(PM) 모두 작게 만들어 시스템의 성능을 떨어뜨리며, 이득여유(GM), 위상여유(PM)를 음(-)의 값으로 만들어 시스템을 불안정하게 만든다.

■ **시간 지연 시스템**

시간 지연은 예를 들어 다음과 같은 경우에서 발생한다.

기계 시스템 - 시스템의 한 지점에서 다른 지점으로 어떤 물체가 이동할 때 시간 지연이 생김,
예: 철판 압연기(rolling mill)

전기 · 전자 시스템 - A시스템과 B시스템 간의 데이터 전송시 무선 혹은 장거리 유선 통신에 의해 시간 지연이 생김

예: 무선 리모콘에 의한 시스템 제어

〈그림 11.11〉에서 기계 시스템의 철판 압연 제어에 대한 시간 지연 시스템을 알아보자.

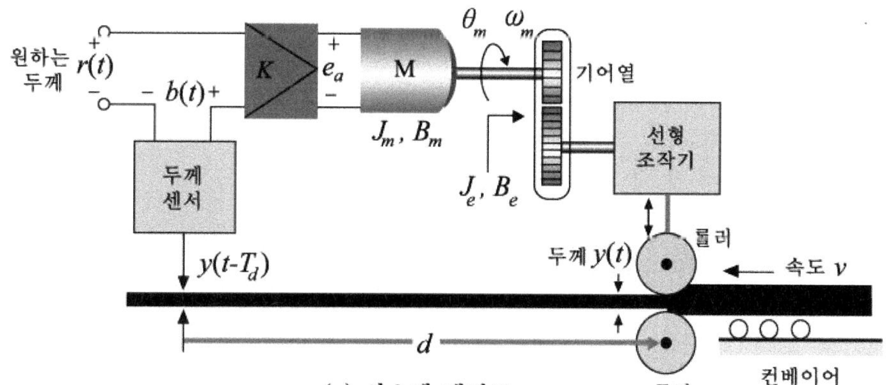

(a) 시스템 개념도

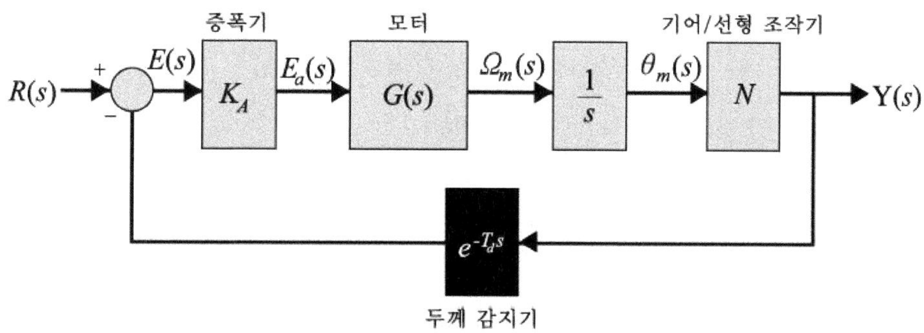

(b) 블록 다이어그램

〈그림 11.11〉 철판 압연 제어 시스템

보드선도를 그리기 위한 루프 전달 함수 $L(s)$는 다음과 같다.

$$L(s) = K_A G(s) \frac{1}{s} N e^{-T_d s}$$

기어열이 있는 모터의 전달함수는 4장 s-공간에서의 시스템 모델링 및 해석에서 다음과 같이 구하였다.

$$G(s) = \frac{K_m}{(sL_a + R_a)(sJ_e + D_e) + K_b K_m}$$

따라서, 루프 전달함수는 다음과 같다.

$$L(s) = \frac{K_A K_m N e^{-T_d s}}{s[(sL_a + R_a)(sJ_e + D_e) + K_b K_m]}$$

롤러 밖으로 나오는 철판의 두께가 센서로 측정하여 증폭기 K_A로 전달 될 때 시간 지연 T_d가 생긴다. 이러한 시간지연은 보드선도에서 해석한 것처럼 시스템의 성능을 떨어뜨린다. 따라서, 롤러와 두께 센서를 최대한 근처에 위치시켜 시간지연 T_d를 가능한한 줄여야 한다.

11.4 나이퀴스트 선도를 이용한 안정도 해석

나이퀴스트 선도를 이용하여 발진, 발산, 안정도 해석을 해보자.

다음의 폐루프 전달 함수에서 발진(oscillation)조건을 알아보자.

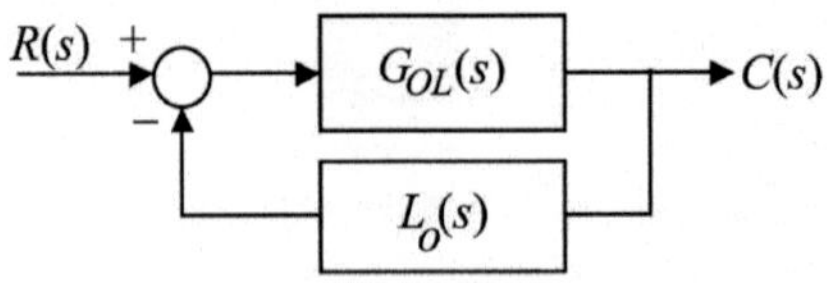

$$G_{CL}(s) = \frac{G_{OL}(s)}{1 + L_0(s) G_{OL}(s)} = \frac{G_{OL}(s)}{1 + L(s)}$$

$L(s) = L_O(s) G_{OL}(s)$
$L(j\omega) = L_O(j\omega) G_{OL}(j\omega)$

- **발진(oscillation)** : 특정 주파수에서 폐루프 전달함수의 이득이 무한대가 되는 현상, 시간 응답에서는 임계안정 상태.

발진조건 : 1+$L(s)$=0 즉, $L(s) = -1$이 되게 하는 조건

$L(j\omega_o) = -1 = 1\angle 180^\circ$

이 때의 주파수 ω를 발진 주파수 ω_o라고 한다.

$$G_{CL}(j\omega_o) = \frac{G_{OL}(j\omega_o)}{1 + L(j\omega_o)} = \frac{G_{OL}(j\omega_o)}{0} = \infty$$

주파수 ω_o에서 이득이 무한대가 됨 ⇒ 발진(oscillation)이 일어남.

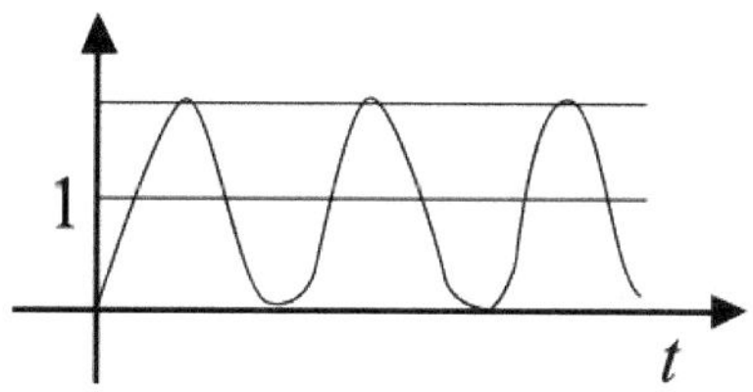

시간 응답에서의 임계안정

- **발산** : 발진 주파수 ω_o에서 $L(j\omega_o)$의 위상이 180° 이고 크기가 1보다 크면, 출력 정현파는 시간이 감에 따라 진폭이 무한대로 증가 ⇒ 시스템 불안정

나이퀴스트 선도에서도 이득 여유(GM), 위상 여유(PM)를 구할 수 있다.

- **이득여유(GM)** : 나이퀴스트 선도의 -1 실수축 점과 ω_p일 때의 크기와의 거리 위상 교차점 및 주파수 : $\angle L(j\omega_p) = 180^\circ$
즉, ω_p는 위상이 180° 일때의 주파수

이득여유 : $1 - |L(j\omega_p)|$

$$GM = 0\,dB - |L(j\omega_p)|_{dB} = -|L(j\omega_p)|_{dB} \text{ (dB 단위)}$$

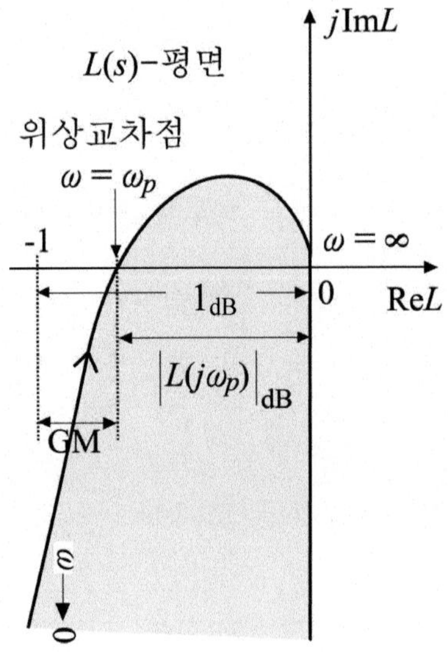

〈그림 11.12〉 나이퀴스트 선도에서의 이득여유

위상 교차점이 -1에 대하여 우측으로 멀수록 안정적이다.

- **위상여유(PM)** - 나이퀴스트 선도의 180° 와 ω_g 일때 선과의 각도
  이득 교차점 및 주파수 : $|L(j\omega_g)| = 1$

  즉 ω_g는 크기가 1일때의 주파수

  위상여유 : $PM = \angle L(j\omega_g) - 180°$

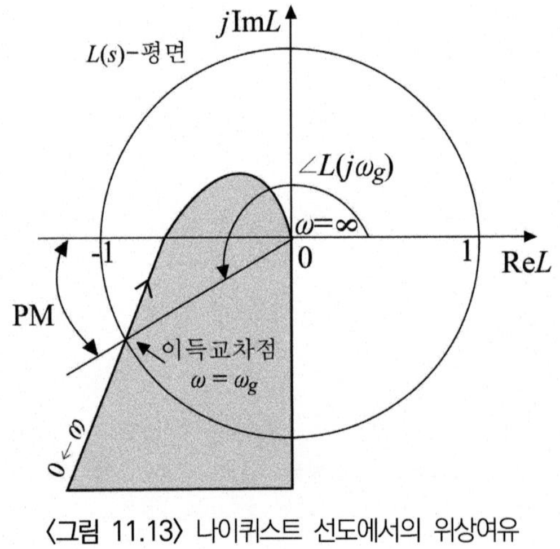

〈그림 11.13〉 나이퀴스트 선도에서의 위상여유

$\angle L(j\omega_g) = 180°$ 일때 발진이기 때문에 $\angle L(j\omega_g)$와 $180°$ 의 차이가 x축 하반면에서 클수록 안정적이다.

예외) 비최소 위상 시스템

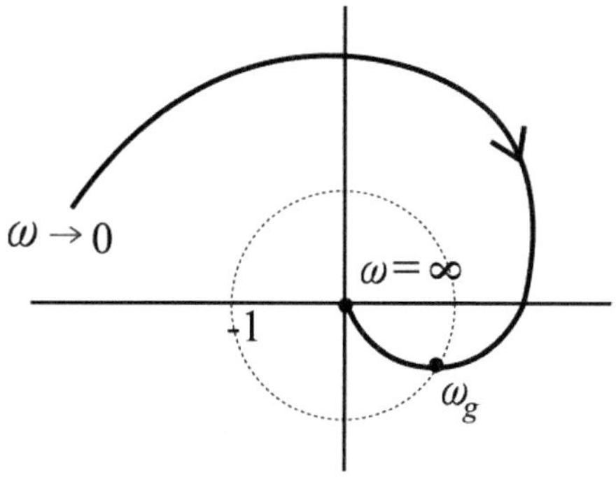

이득 교차점 ω_g가 $L(s)$ 평면의 사분면 중 어느 곳에서도 생길 수 있기 때문에 비최소 위상 시스템은 예외이다.

다음의 예에서 이득여유(GM), 위상여유(PM)를 이용하여 나이퀴스트 선도 그리는 방법에 대하여 알아보자.

예제 11.2 루프 전달 함수가 다음과 같을 때, 이득여유(GM), 위상여유(PM)를 구하고 나이퀴스트 선도를 그리시오.

$$L(s) = \frac{2500}{s(s+5)(s+50)}$$

풀이. $\dfrac{2500}{j\omega(j\omega+5)(j\omega+50)}$

크기 : $\dfrac{2500}{\omega\sqrt{\omega^2+5^2} \cdot \sqrt{\omega^2+50^2}}$

위상 : $-90° - \tan^{-1}\dfrac{\omega}{5} - \tan^{-1}\dfrac{\omega}{50}$

스텝 1. $\omega = 0$ 일 때, $L(j0) = \dfrac{2500}{(j \cdot 0) \cdot 250} = \infty \angle -90^\circ$

$\omega = \infty$ 일 때, $L(j\infty) = \dfrac{2500}{(j\omega)^3} = 0 \angle -270^\circ$

스텝 2. $L(j\omega) = \dfrac{2500}{(j\omega)(j\omega+5)(j\omega+50)} = \dfrac{2500}{(j\omega)(-\omega^2+55j\omega+250)}$

$= \dfrac{2500}{-55\omega^2 + j(250\omega - \omega^3)}$

스텝 3. 위상 교차 주파수 ω_p : 실수부와 만나기 때문에 허수부가 0일 때의 주파수

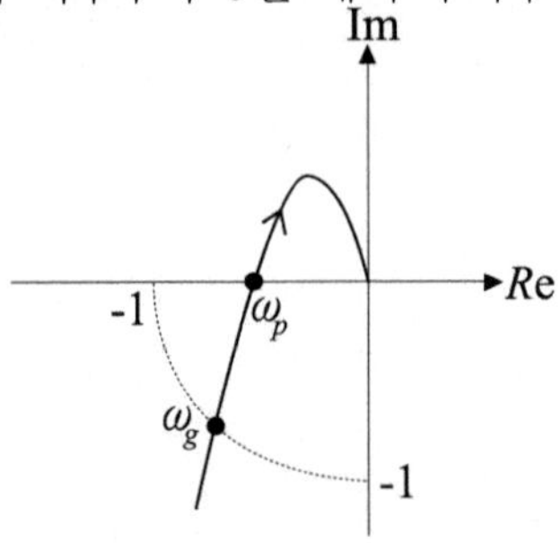

$250\omega - \omega^3 = 0$
$\omega(250 - \omega^2) = 0$
$\omega^2 = 250$, $\omega_p = \sqrt{250} = 15.88\ rad/\sec$

스텝 2에서 구한 $L(j\omega)$를 이용하면,

$$L(j\omega_p) = \frac{2500}{-55(\sqrt{250})^2} \ : \text{실수부}$$
$$= \frac{-10}{55} = -0.1818$$

$$GM = -|L(j\omega_p)|_{dB} = -0.1818_{dB} = -20\log 0.1818\ [dB]$$
$$= 14.808\ [dB]$$

스텝 4. 이득 교차 주파수 ω_g : 크기가 1 일때의 주파수

$$|L(j\omega_g)| = \frac{2500}{\sqrt{(55\omega^2)^2 + (250\omega - \omega^3)^2}} = 1$$

$$\sqrt{(55\omega^2)^2 + (250\omega - \omega^3)^2} = 2500$$

$$(55\omega^2)^2 + (250\omega - \omega^3)^2 = 2500^2$$

$$\omega^6 + 2525\omega^4 + 62500\omega^2 - 6250000 = 0$$

MATLAB을 이용하여 위의 식을 풀면

$\gg a = [1\ \ 0\ \ 2525\ \ 0\ \ 62500\ \ 0\ \ -6250000];$
$\gg roots(a)$

$\pm 49.9i,\ \pm 8.04i,\ \pm 6.22$

ω는 주파수이므로 양의 실수 이어야 한다.

따라서, $\omega = \omega_g = 6.22\ rad/\sec$

$$\angle L(j\omega_g) = -\angle tan^{-1}\frac{250\omega_g - \omega_g^3}{-55\omega_g^2} = -\angle tan^{-1}\frac{250\times 6.22 - 6.22^3}{-55\times 6.22^2}$$
$$= 211.72^\circ$$

$$PM = 211.72^\circ - 180^\circ = 31.72^\circ$$

> 일반적인 계산기에서 $\tan^{-1}(\ )$함수는 $-90^\circ \sim 90^\circ$ 영역에서만 문제를 푸므로 범위를 넘어서면 각도가 $\pm 180^\circ$ 차이가 날수 있다. 따라서, MATLAB의 경우에는 다음과 같은 함수를 지원한다.
>
> atan() : $-90^\circ \sim 90^\circ$, atan2() : $-180^\circ \sim 180^\circ$

스텝 5. ω_p, ω_g, GM, PM 을 이용한 나이퀴스트 선도 그리기

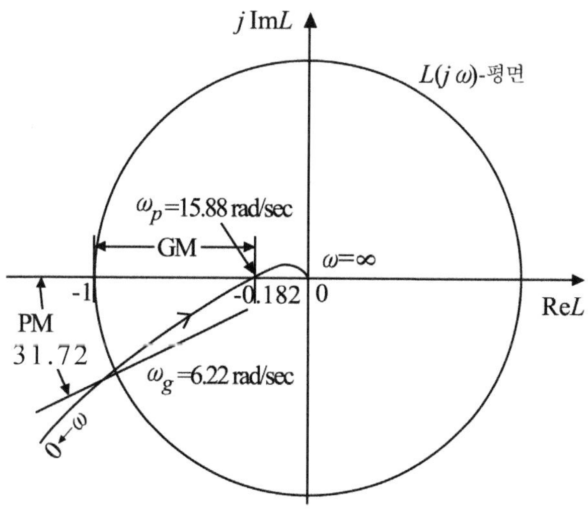

예제 11.3 다음의 예를 통하여 나이퀴스트 선도에서 이득여유(GM)와 위상여유(PM)를 구하시오.

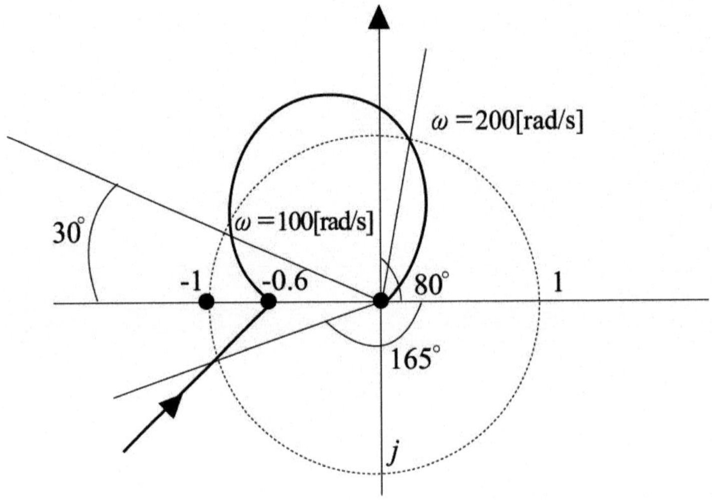

$$GM = -0.6_{dB} = -20\log 0.6[dB] = 4.437[dB]$$

GM의 정의가 데시벨 dB 단위로 표시하기 때문에 항상$[dB]$로 표시한다.

$PM = 195^\circ - 180^\circ = 15^\circ$ or $PM = 180^\circ - 165^\circ = 15^\circ$

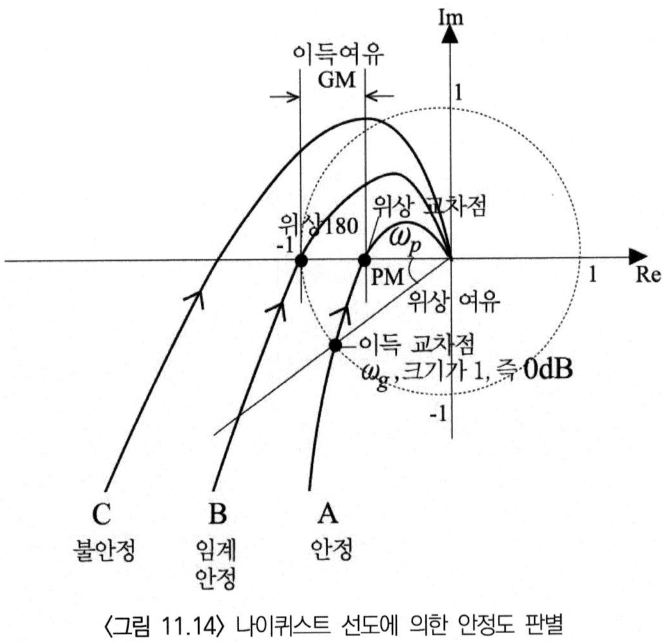

〈그림 11.14〉 나이퀴스트 선도에 의한 안정도 판별

■ **안정도 판별**

안정 : 〈그림 11.14〉에서 A처럼 - 1 안쪽으로 나이퀴스트 선도가 그려지면 안정 : $L(s)$의 극점, 영점이 LHP에 존재

임계안정 : 〈그림 11.14〉에서 B처럼 -1을 나이퀴스트 선도가 지나가면 임계안정

불안정 : 〈그림 11.14〉에서 C처럼 - 1 바깥쪽으로 나이퀴스트 선도가 그려지면 불안정

⇒ 나이퀴스트 선도에서 시스템이 안정하기 위한 조건 : (-1, j0)점이 나이퀴스트선도의 왼쪽에 있어야 한다. 즉, (-1, j0)점을 포위하지 않고 회전하여야 한다.

〈그림 11.5〉는 나이퀴스트 선도에 의한 안정도 판별법을 알려 주기 위하여 보드선도, 계단응답시간과의 관계를 보여준다.

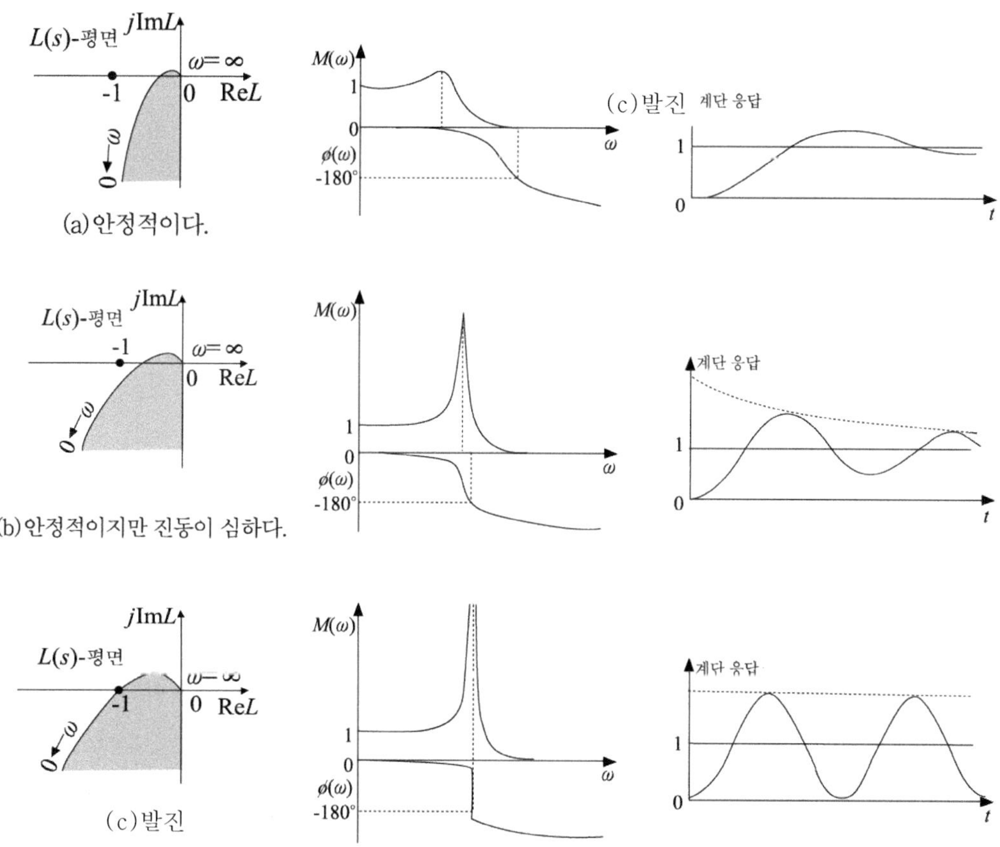

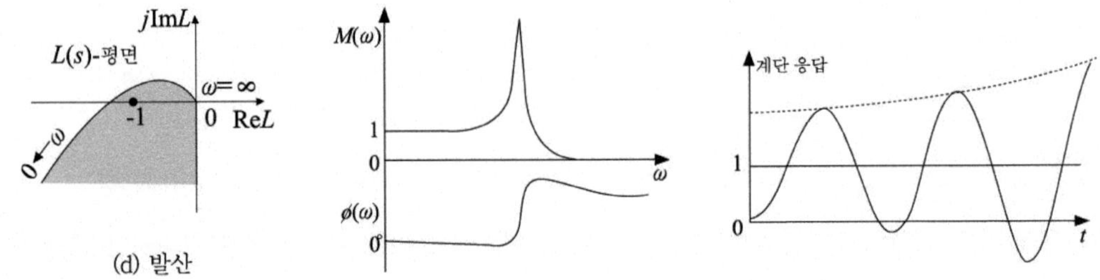

〈그림 11.15〉 나이퀴스트 선도, 주파수 응답, 시간응답과의 관계

11.5 MATLAB 활용

예제 M11.1 다음의 $L(s)$에 대하여 $GM, PM, \omega_p, \omega_g$를 구하고 보드선도, 나이퀴스트 선도를 그리시오.

$$L(s) = \frac{2500}{s(s+5)(s+50)} = \frac{2500}{s^3+55s^2+250s}$$

```
>> num=[2500];
>> den=[1 55 250 0];
>> L=tf(num,den);
>> bode(L)                    % 보드 선도 그리기
>> [GM, PM, wp, wg]=margin(L)          % GM, PM, ωp, ωg 구하기

GM =
    5.5000

PM =
   31.7124

wp =
   15.8114

wg =
    6.2184

>> nyquist(L)       %나이퀴스트 선도 그리기
```

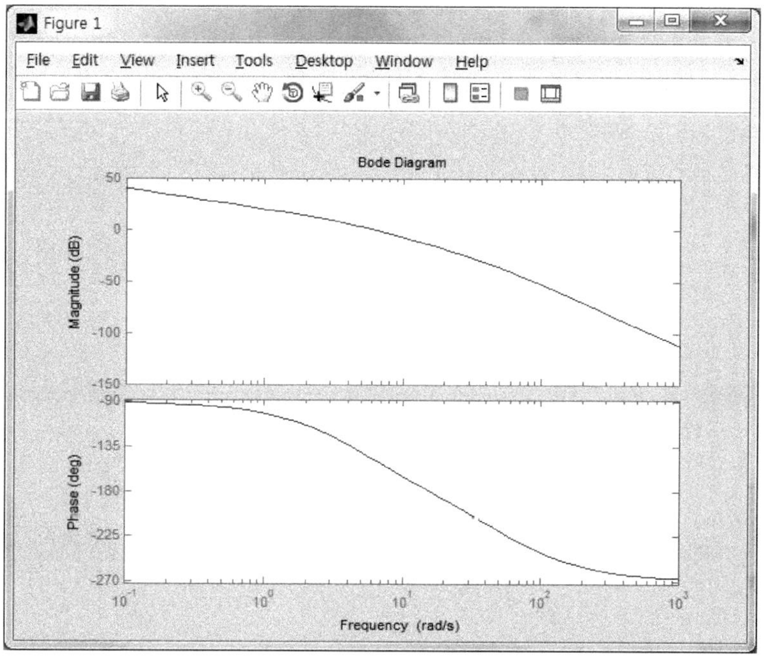

보드 선도

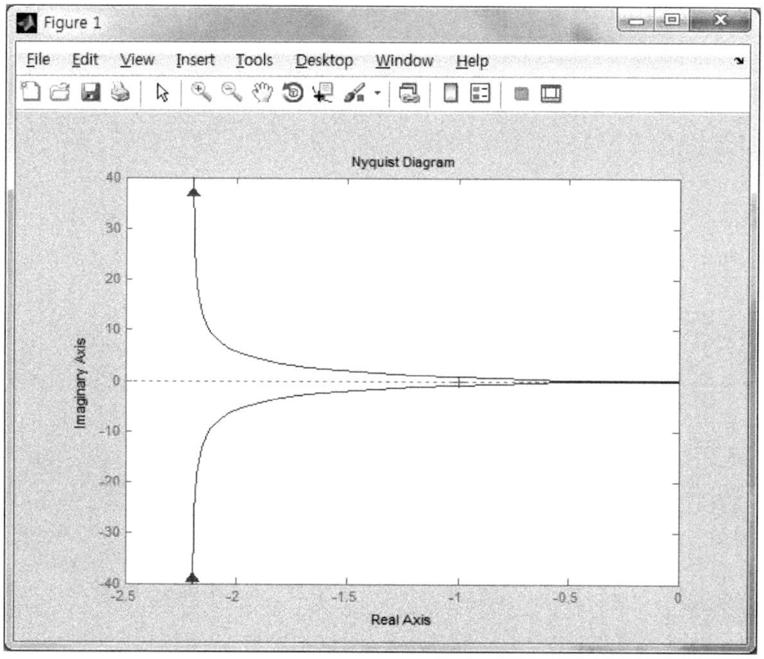

나이퀴스트 선도

11.6 기사 문제

1 $G(j\omega)=j0.01\omega$에서 $\omega=0.01\,[rad/s]$일 때, 이득[dB]은?

㉮ -20 ㉯ -80 ㉰ 40 ㉱ 20

2 $G(s)=1+sT$인 제어계에서 $\omega T=100$일 때, 이득[dB]은?

㉮ -20 ㉯ -40 ㉰ 40 ㉱ 20

3 $G(s)=\frac{1}{s}$에서 $\omega=10\,[rad/s]$일 때, 이득[dB]은?

㉮ -5 ㉯ -40 ㉰ -30 ㉱ -20

4 $G(s)=0.1s$일 때 $\omega=100\,[rad/s]$에서 이득[dB]은?

㉮ 20 ㉯ 30 ㉰ 40 ㉱ 50

5 주파수 전달 함수 $G(j\omega)=\frac{1}{j100\omega}$인 계산에서 $\omega=0.1\,[rad/s]$일 때, 이득[dB]과 위상각은?

㉮ $-20,\ -90^\circ$ ㉯ $-40,\ -90^\circ$

㉰ $20,\ -90^\circ$ ㉱ $40,\ -90^\circ$

6 $G(s)=\frac{1}{1+sT}$에서 $\omega T=10\,[rad/s]$일 때, $|G(j\omega)|$의 값[dB]은?

㉮ 10 ㉯ 20 ㉰ -10 ㉱ -20

7 $G(s)=\frac{1}{0.1s(0.1s+1)}$에서 $\omega=0.1\,[rad/s]$일 때의 이득 및 위상각은?

㉮ $-40\,[dB],\ -180^\circ$ ㉯ $100\,[dB],\ -90^\circ$

㉰ $40\,[dB],\ -90^\circ$ ㉱ $-100\,[dB],\ -180^\circ$

8 $G(s)=\frac{1}{s(s+1)}$인 선형 제어계에서 $\omega=10$일 때, 주파수 전달 함수의 이득[dB]은?

㉮ -1 ㉯ -20 ㉰ -30 ㉱ -40

9 1차 요소 $G(s)=\dfrac{1}{1+Ts}$인 제어계의 절점 주파수에서의 이득[dB]은?

㉮ -2　　㉯ -3　　㉰ -4　　㉱ -5

10 $G(s)=s$의 보드 선도는?

㉮ $+20[dB/dec]$의 경사를 가지며 위상각 90°
㉯ $-20[dB/dec]$의 경사를 가지며 위상각 -90°
㉰ $+40[dB/dec]$의 경사를 가지며 위상각 180°
㉱ $-40[dB/dec]$의 경사를 가지며 위상각 -180°

11 $G(s)=\dfrac{K}{s}$의 적분 요소의 보드 선도에서 이득 곡선의 1[dec]당 기울기는?

㉮ $+20[dB/dec]$의 경사를 가지며 위상각 90°
㉯ $-20[dB/dec]$의 경사를 가지며 위상각 -90°
㉰ $+40[dB/dec]$의 경사를 가지며 위상각 180°
㉱ $-40[dB/dec]$의 경사를 가지며 위상각 -180°

12 어떤 계통의 보드 선도 중 이득 선도가 그림과 같을 때, 이에 해당하는 계통의 전달 함수는?

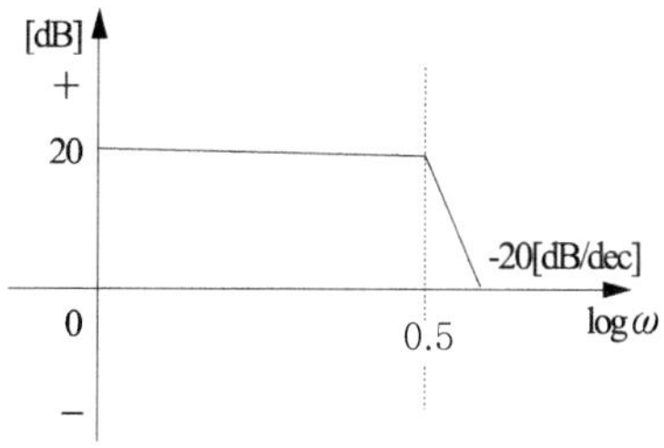

㉮ $\dfrac{20}{5s+1}$　　㉯ $\dfrac{10}{2s+1}$　　㉰ $\dfrac{10}{5s+1}$　　㉱ $\dfrac{20}{2s+1}$

13 $G(j\omega)=K(j\omega)^3$의 보드 선도는?

㉮ $20[dB/dec]$의 경사를 가지며 위상각 90°
㉯ $40[dB/dec]$의 경사를 가지며 위상각 -90°
㉰ $60[dB/dec]$의 경사를 가지며 위상각 -90°
㉱ $60[dB/dec]$의 경사를 가지며 위상각 270°

14 $G(s) = 1 + 10s$의 보드 선도에서 이득 곡선은?

㉮
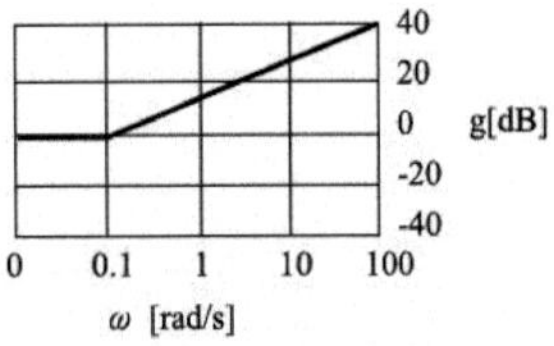

㉯
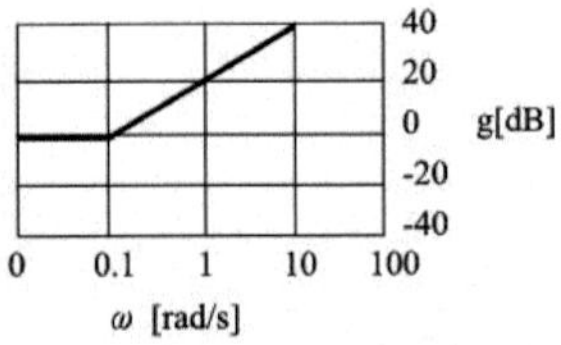

㉰
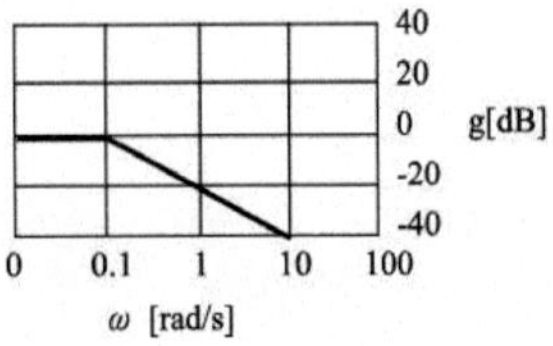

㉱
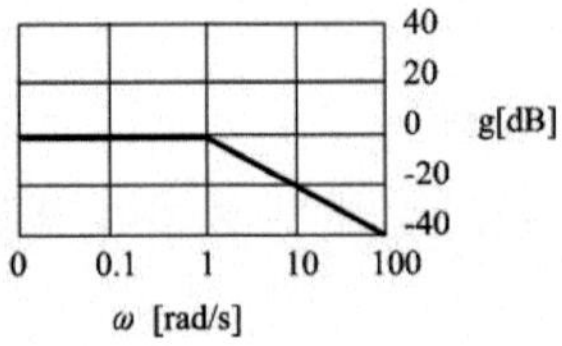

15 $G(s) = \dfrac{10}{(s+1)(10s+1)}$의 보드 선도에서 이득 곡선은?

㉮
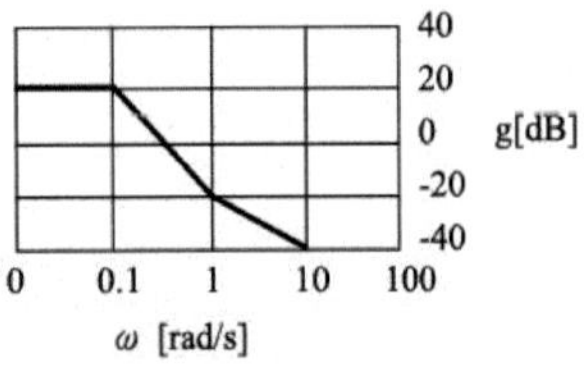

㉯
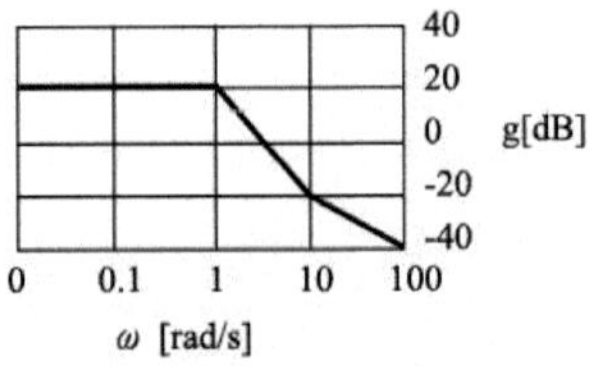

㉰
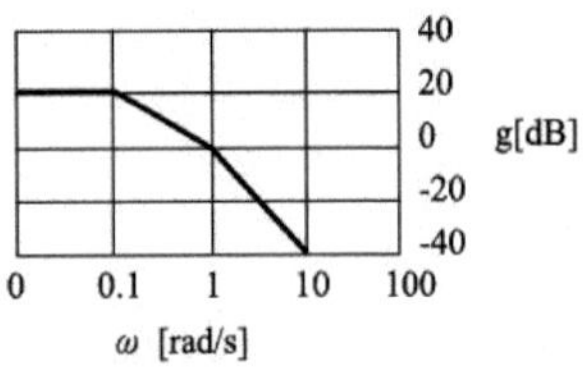

㉱
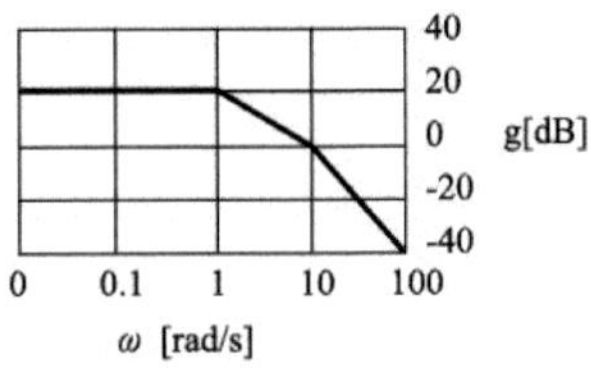

16 $G(s) = \dfrac{K}{s(s+1)}$의 벡터 궤적은?

㉮
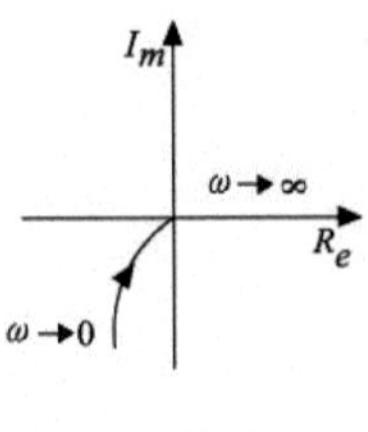

㉯
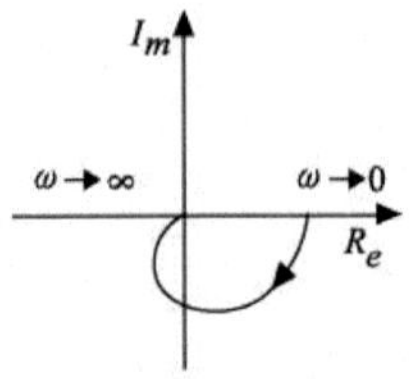

㉰
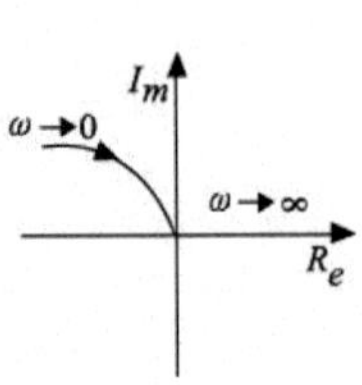

㉱
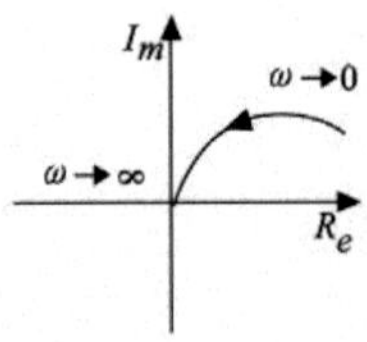

17 $G(s) = \dfrac{K}{s(1+Ts)}$ 의 벡터 궤적은?

㉮

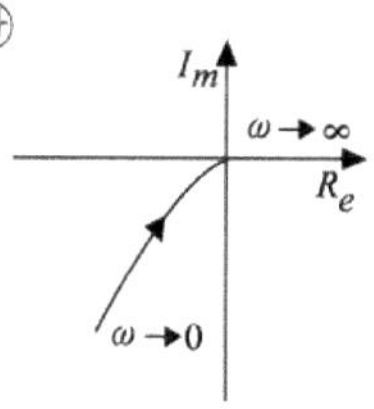

㉯

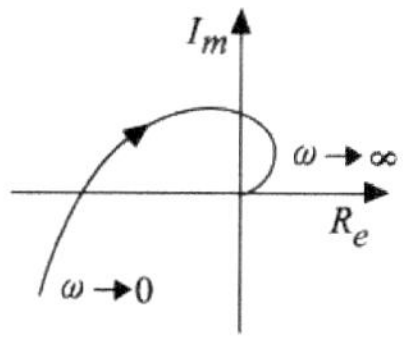

㉰

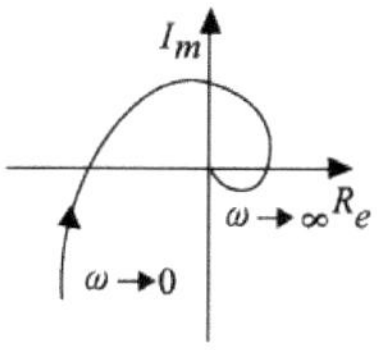

㉱

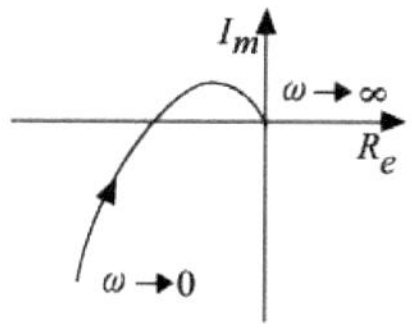

18 $G(s) = \dfrac{K}{(1+T_1 s)(1+T_2 s)(1+T_3 s)}$ 의 벡터 궤적은?

㉮

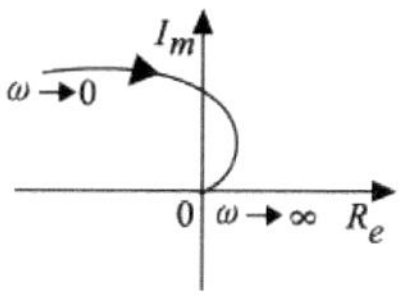

㉯

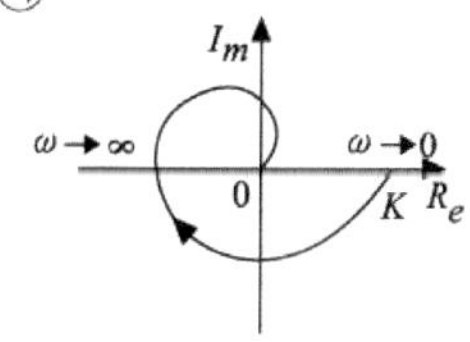

㉰

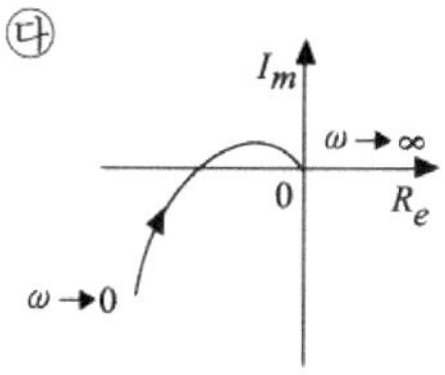

㉱

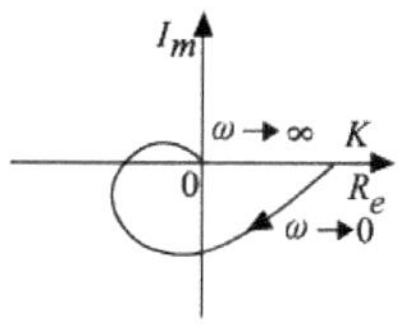

19 피드백 제어계의 전주파수 응답 $G(j\omega)H(j\omega)$의 나이퀴스트 벡터도에서 시스템이 안정한 궤적은?

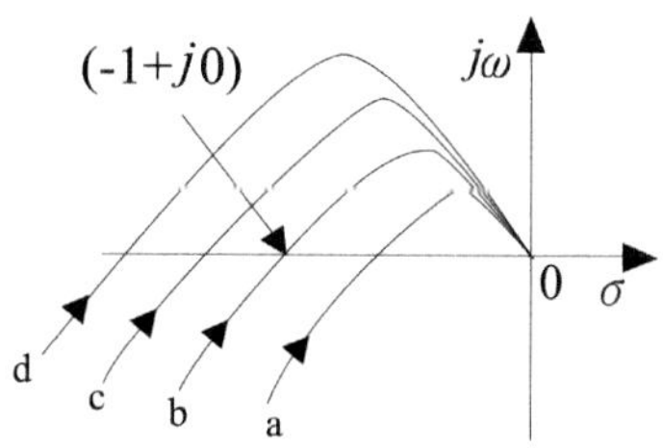

㉮ a　　㉯ b　　㉰ c　　㉱ d

20 단위 피드백 제어계의 개루프 전달 함수의 벡터 궤적이다. 이 중 안정한 궤적은?

㉮

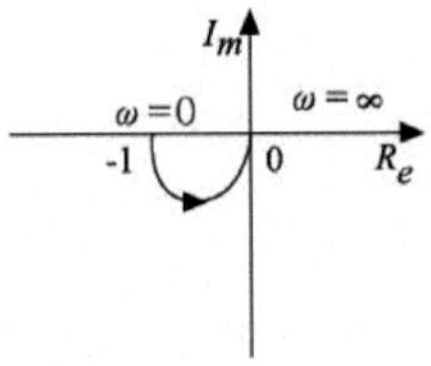

㉯

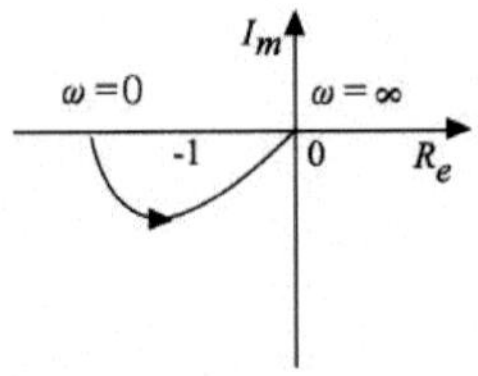

㉰

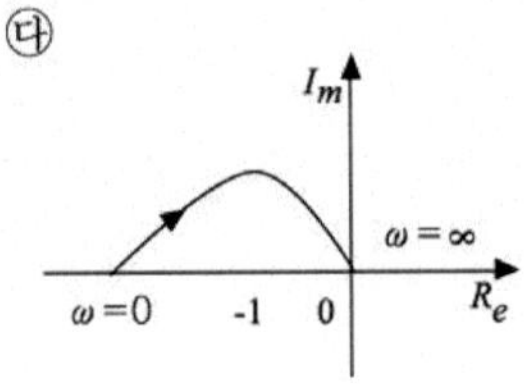

㉱

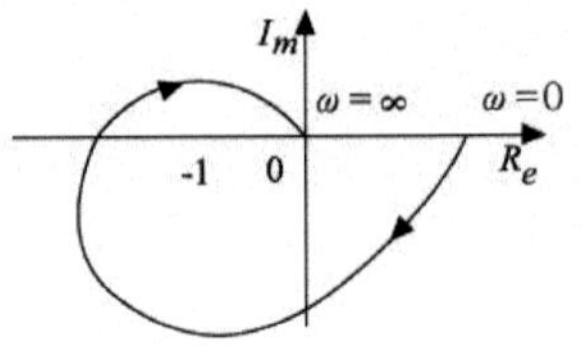

21 어떤 제어계가 안정하기 위한 이득 여유 g_m과 위상 여유 ϕ_m은 각각 어떤 조건을 가져야 하는가?

㉮ $g_m > 0, \phi_m > 0$　　㉯ $g_m < 0, \phi_m < 0$

㉰ $g_m < 0, \phi_m > 0$　　㉱ $g_m > 0, \phi_m < 0$

22 $G(j\omega) = \dfrac{K}{j\omega(j\omega+1)}$의 나이퀴스트 선도를 도시한 것은? (단, K〉0이다.)

㉮

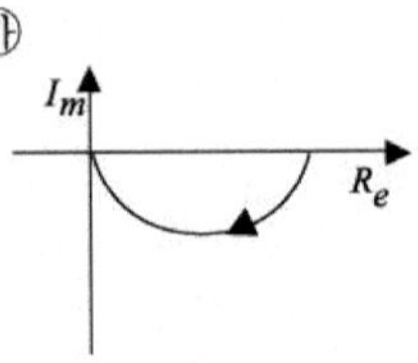

㉯

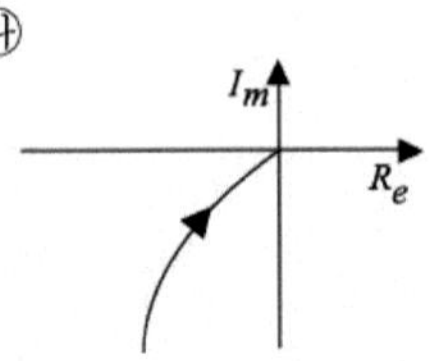

㉰

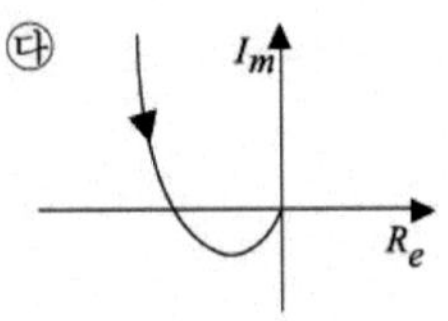

㉱

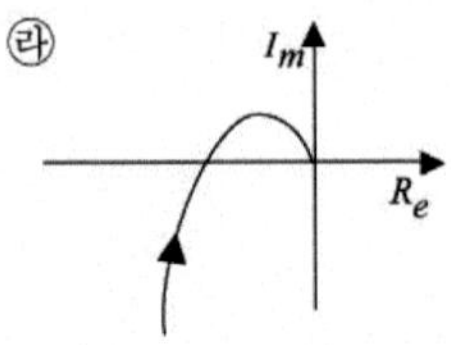

23 다음의 나이퀴스트 선도 중에서 가장 안정한 것은?

㉮

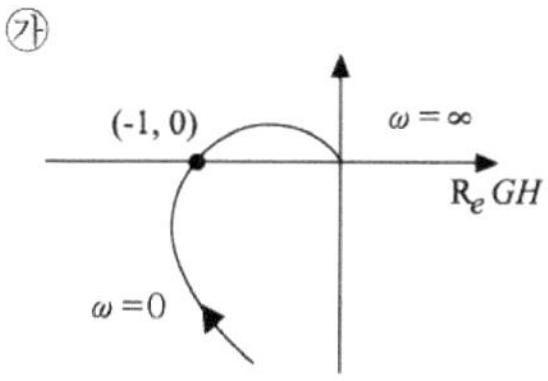

㉯

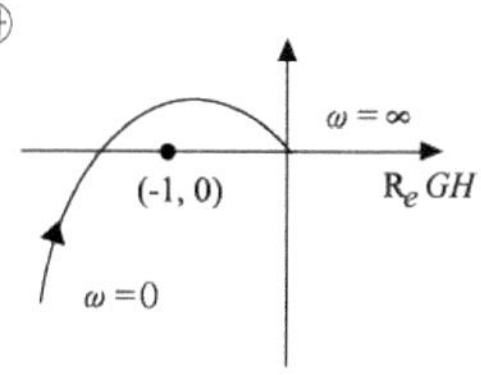

㉰

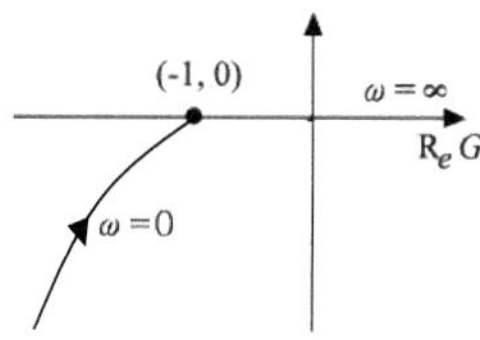

㉱

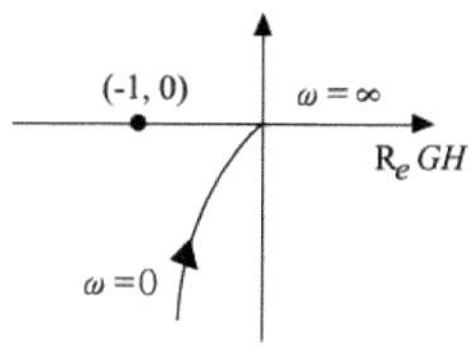

24 $G(s)H(s)$가 다음과 같이 주어지는 계가 있다. 이득 여유가 40[dB]이면 이 때의 K값은?

$$G(s)H(s) = \frac{K}{(s+1)(s-2)}$$

㉮ $\frac{1}{20}$ ㉯ $\frac{1}{50}$

㉰ $\frac{1}{40}$ ㉱ $\frac{1}{30}$

25 $GH(j\omega) = \dfrac{10}{(j\omega+1)(j\omega+T)}$에서 이득 여유를 20[dB]보다 크게 하기 위한 T의 범위는?

㉮ $T > 0$ ㉯ $T > 10$

㉰ $T < 0$ ㉱ $T > 100$

26 $G(j\omega)H(j\omega) = \dfrac{K}{(1+2j\omega)(1+j\omega)}$의 이득여유가 20[dB] 일때, K의 값은?

㉮ $K=0$ ㉯ $K=1$

㉰ $K=\frac{1}{10}$ ㉱ $K=10$

27 위상 여유 ϕ_m이 $\phi_m > 0$인 관계를 만족할 때의 상태는?

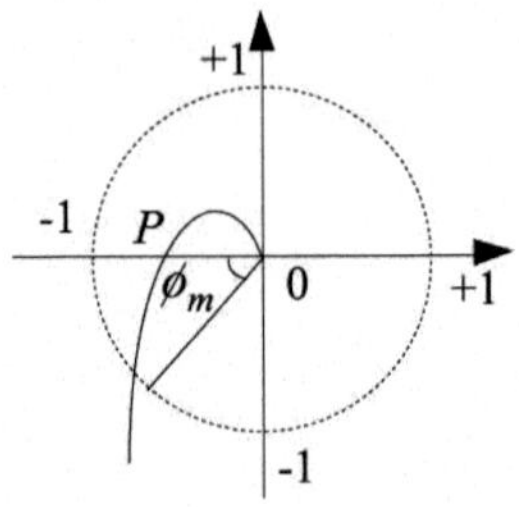

㉮ 안정　　　　㉯ 지속 진동
㉰ 불안정　　　㉱ 불규칙 진동

28 나이퀴스트 선도에서의 임계점 (-1, j0)이 보드 선도에서 대응하는 이득[dB]과 위상은?

㉮ $1, 0^\circ$　　　㉯ $1, 90^\circ$
㉰ $0, 180^\circ$　　　㉱ $1, 270^\circ$

해답

1.㉯	2.㉰	3.㉱	4.㉮	5.㉮	6.㉱	7.㉰	8.㉱	9.㉯	10.㉮
11.㉯	12.㉯	13.㉱	14.㉯	15.㉰	16.㉮	17.㉮	18.㉱	19.㉮	20.㉯
21.㉮	22.㉯	23.㉱	24.㉯	25.㉱	26.㉰	27.㉮	28.㉰		

12 PID 제어기 설계

1장에서 11장까지는 주로 시스템을 해석하는 견지에서 제어공학을 다루었다. 12장에서는 이전 내용들과 다르게 시스템에서 제어기를 설계하는 내용에 대해 배워보자.

12.1 제어기 설계의 배경과 목적

❖ 제어기 설계 목적

◆ 제어기 구성

다음은 제어기를 구성하는 방법으로 전방향 제어기와 피드백 제어기를 다룬다.

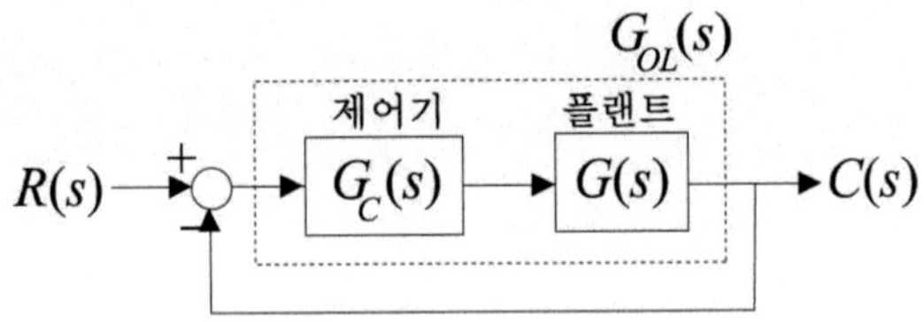

(a) 전방향 제어기

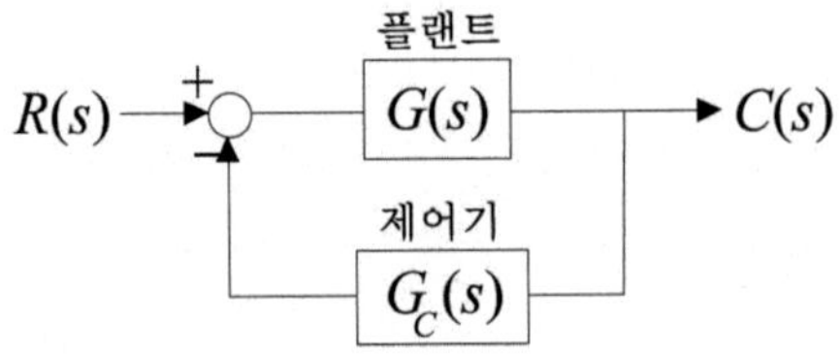

(b) 피드백 제어기

〈그림 12.1〉 제어기 구성

전방향 제어기를 달았을 때, 〈그림 12.1 a〉의 폐루프 전달 함수는 다음과 같다.

$$G_{CL}(s) = \frac{G_c(s)G(s)}{1 + G_c(s)G(s)}$$

극점과 영점 모두 제어기 성분이 포함되어 있다.

피드백 제어기를 달았을때, 〈그림 12.1 b〉의 폐루프 전달 함수는 다음과 같다.

$$G_{CL}(s) = \frac{G(s)}{1 + G(s)G_c(s)}$$

$G_c(s)$가 비례 혹은 미분 제어기일때 극점에만 영향을 준다.

12장에서 제어기는 〈그림 12.1 a〉의 전방향 제어기구조로 비례 제어기, PI 제어기, PD 제어기, PID 제어기를 설계한다. 그리고, 시스템의 출력에 대한 응답 개선을 위해 PI 제어기, PD제어기, PID제어기를 설계하는 방법에 대해 순서대로 다룬다. 13장에서는 지상제어기, 진상제어기, 진상-지상 제어기를 설계한다.

◆ 응답 개선

제어기를 통한 보상

과도상태 응답개선 – 가능한 한 빨리 오차를 줄이는것
피크시간 T_p, 상승시간 T_r을 작게 하는것

정상상내 응답개선 – 정착시간 T_s를 작게하고, 징상상태 오차 $e_{ss}(\infty)\to 0$

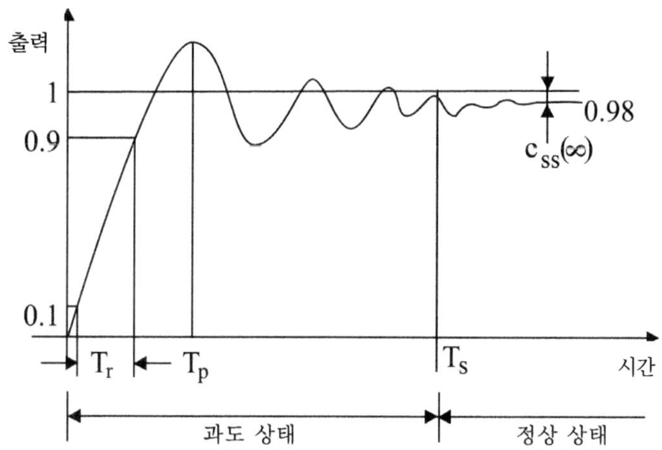

〈그림 12.2〉 제어기 설계 파라미터

❖ 과도 상태 응답 개선(PD 제어기가 나오게 된 배경)

다음은 비례 제어기로 구성된 3차 시스템이다.

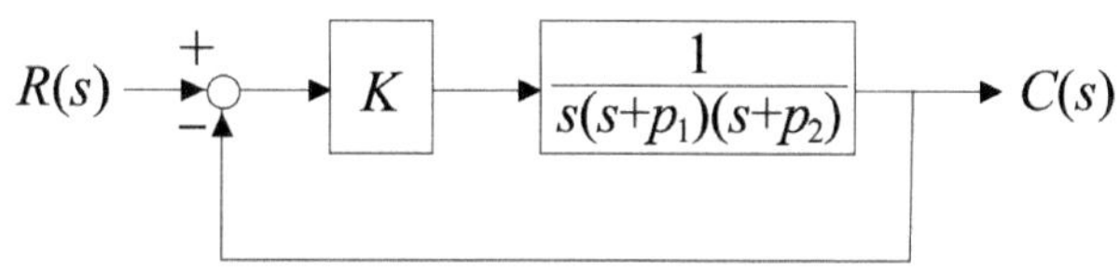

위의 비례 제어기 K에 의한 극점의 궤적은 〈그림 12.3 a〉와 같다.

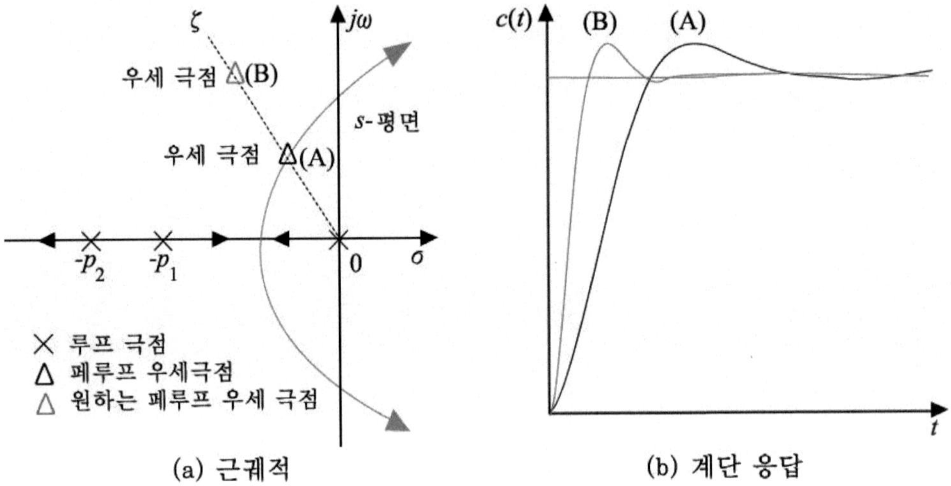

〈그림 12.3〉 3차 시스템의 근궤적과 계단응답

〈그림 12.3 a〉에서 우세극점이 (A)에 있을 때 〈그림 12.3 b〉의 계단응답 (A)를 보면 $\%OS$은 적당하지만 응답이 너무 느려 과도응답 개선이 필요하다.

- **개선 사항**

과도 응답의 오버슛은 그대로 유지한 채 피크시간 T_p, 상승시간 T_r을 줄여야 한다.

- **해결 방법**

다른 형태의 제어기를 삽입하여 새로운 극점 또는 영점을 루프 전달함수에 추가시켜 근궤적 형태를 바꾸어야 한다. 폐루프 우세 극점을 (A)에서 (B)가 나오도록 바꾸어 응답이 빠른 (B)와 같은 계단 응답을 얻어야 한다.

$\%OS$이 같으므로 ζ가 같고 상승시간 T_r을 줄이기 위해서는 ω_n만 증가시키면 된다.

$$T_r \simeq (2.16\zeta + 0.6)/\omega_n$$

이것이 바로 PD제어기가 나오게 된 배경이다.

❖ 정상상태 응답 개선(PI 제어기가 나오게 된 배경)

일반적인 시스템은 다음과 같다.

$$G_{OL}(s) = \frac{(s+z_1)(s+z_2)\cdots}{s^k(s+p_1)(s+p_2)\cdots}$$

앞장의 정상상태 시간응답에서 배운 것처럼 시스템 유형에 따른 정상상태 오차는 유형 k에 따라 달라진다.

시스템 유형	정상상태 오차		
k	e_p	e_v	e_a
0	상수	∞	∞
1	0	상수	∞
2	0	0	상수
3	0	0	0

- **개선 사항**

전방향 제어기를 다음과 같이 추가하여 시스템유형 k를 높여주면 입력에 따른 정상상태 오차를 줄일 수 있다.

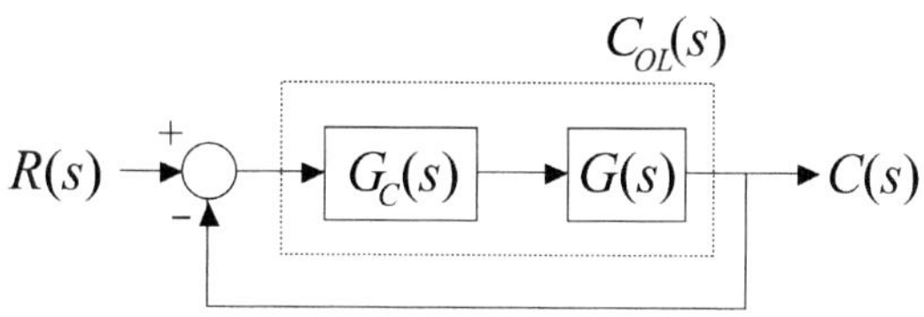

- **해결 방법**

제어기 $G_c(s)$에 적분기 $\frac{1}{s}$을 포함시켜 유형을 높여 정상상태 오차를 개선 시킨다.

예) $G(s) = \frac{1}{s+a}$일 때, $G_c(s) = 1$이면, $k = 0$이고, 계단 입력을 줄 때, e_p=상수 이다. $G_c(s) = \frac{1}{s}$로 바꾸어 주면 $k = 1$이 되어 $e_p = 0$ 이 된다. 이것이 바로 PI제어기가 나오게 된 배경이다.

12.2 히터의 예를 통한 PID 제어기의 개념 이해

피드백 제어에 의해 제어량을 목표값에 근접시키는 동작은 비례제어(P 제어 : proportional), 적분 제어(I 제어 : integral), 그리고 미분 제어(D 제어 : differential)로 분류 한다.

PID 제어기 구성
- 비례 제어 (P 제어)
- 적분 제어 (I 제어)
- 미분 제어 (D 제어)

다음은 히터(heater)를 통해 P제어기, I제어기, D제어기의 각각에 대한 필요성을 알아보려고 한다. 모터의 출력이 항상 일정한 히터는 모터의 켜짐/꺼짐(ON/OFF)에 따라 실내 온도를 제어한다. 이와 같은 제어를 온/오프 제어(on-off control) 또는 2위치 제어라 한다. 이 제어는 실내 온도가 목표값에 이르고 나면 온도 센서가 작동하여 모터를 정지시키기 때문에 항상 목표값을 지나쳐 실내 온도가 설정 온도와 일치하지 않는 순간도 있다.

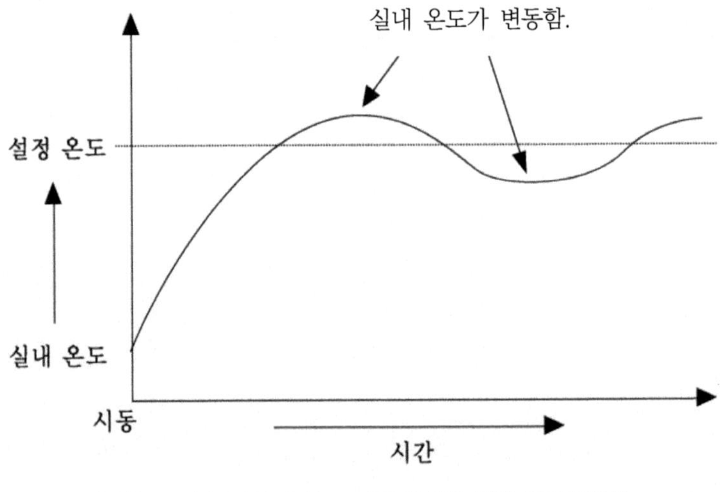

〈그림 12.4〉 히터의 온/오프 제어에 의한 실내 온도의 변화

한편 최근의 히터는 모터의 회전 속도를 연속적으로 변화시키는 것으로 출력도 연속적으로 변화시킬 수 있다. 이러한 히터에 비례 제어, 적분 제어, 미분 제어를 이용하면 실내 온도를 설정 온도에 더욱 근접시키는 운전이 가능하다.

먼저, 비례 제어란 실내 온도와 목표값의 차(편차)의 크기에 비례한 조작을 하는 것이다. 예를 들어 히터를 시동했을 때 실내 온도와 설정 온도의 차(편차)가 크면 모터도 큰 출력으로 운전하고, 실내 온도와 설정 온도가 서서히 가까워져 가면 그 차가 작아지기 때문에 모터의 출력도 그에 비례하여 작아져 실내 온도를 목표값에 근접시킬 수 있다. 그러나 비례 제어는 실내 온도를 목표값에 근접시킬 수 있을 뿐 완전히 일치시킬 수 없다는 단점이 있다.

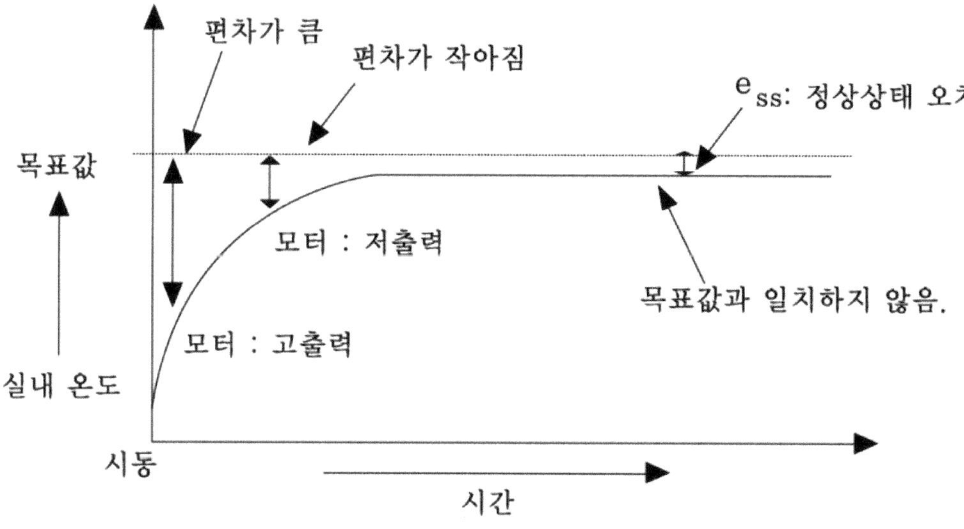

〈그림 12.5〉 히터의 비례 제어(P 제어)에 의한 실내 온도의 변화

이 작은 편차를 잔류 편차 또는 오프셋이라 하며 이것을 없애기 위해 적분 제어(I 제어)가 사용된다. 적분 제어란 잔류 편차의 시간에 관한 적분값에 비례하여 모터의 출력을 제어하는 것으로서 잔류 편차가 0이 되도록 제어한다.

히터의 온도 제어는 시동 시에 비례 동작을 사용하여 실내 온도를 설정 온도에 근접시키고 적분을 사용함으로써 실내 온도와 설정 온도를 일치시킬 수 있다. 이와 같이 비례 제어, 적분 제어를 함께 사용하는 것을 비례 적분 제어 또는 PI 제어라고 한다.

실제 히터의 온도 제어에서는 외부 기온의 변동이나 문의 개폐에 의한 실내 온도의 변동 등 외부 영향에도 신속하게 대응할 필요가 있다. 이러한 외부 영향에 대해서는 미분 동작이 적합하다. 미분 동작은 실내 온도가 외부 영향 등으로 인해 변화하기 시작할 때 설정 온도와 실내 온도의 편차의 미분값에 비례하여 모터의 출력을 조정하고, 편차가 작은 상태에서 수정 동작을 수행함으로써 실내 온도의 큰 변동을 막기 위한 제어이다.

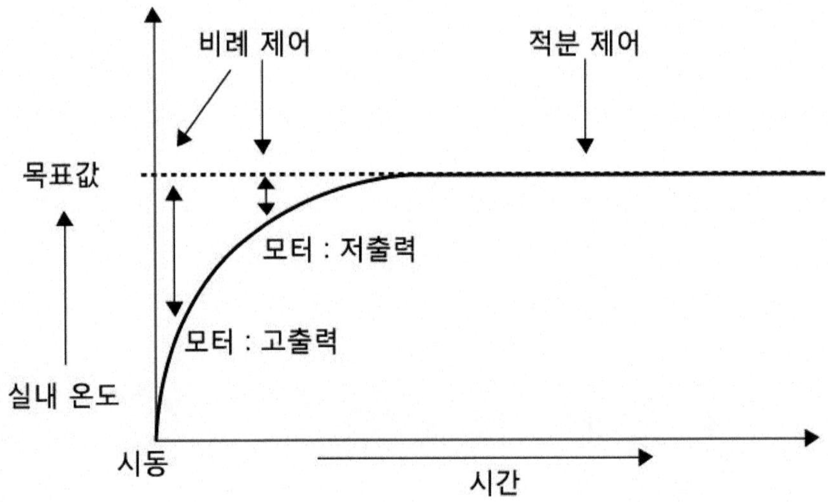

〈그림 12.6〉 히터의 비례 적분 제어(PI 제어)에 의한 실내 온도의 변화

예를 들어 난방 운전 중에 문이 열려 실내 온도가 급격히 떨어지기 시작할 때 신속하게 모터의 출력을 키워 실내 온도를 설정 온도로 되돌릴 수 있는 제어가 미분 제어이다. 또한 미분제어는 실내온도를 목표값에 더 빠르게 도달할 수 있도록 하는 역할도 해준다. 이와 관련해서는 PD제어기 설계에서 더 자세히 다루도록 한다.

〈그림 12.7〉과 같이 비례 적분제어에 미분 제어를 추가한 것을 PID 제어라 하며 현재 다양한 기기의 제어기로 사용되고 있다.

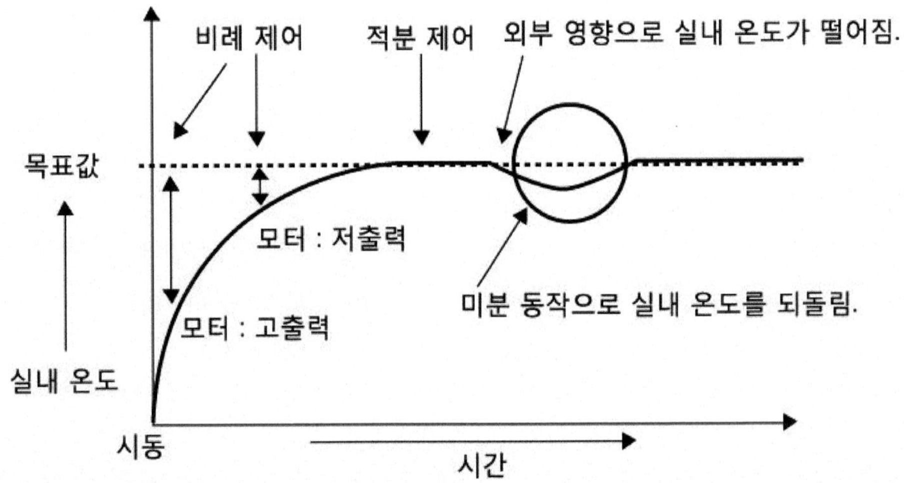

〈그림 12.7〉 히터의 비례미분적분 제어(PID 제어)에 의한 실내 온도의 변화

12.3 PI 제어기 설계

정상상태 오차를 없애기 위하여 극점 제어기를 추가하는 PI 제어기 설계에 대하여 알아보자. PI 제어기가 추가된 전체 제어 시스템은 다음과 같다.

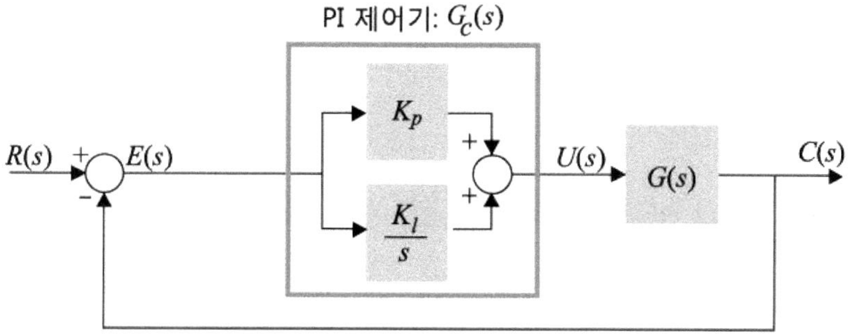

- PI 제어기 구성

$$G_c(s) = K_p + \frac{K_I}{s} = \frac{K_p(s + \frac{K_I}{K_p})}{s} \triangleq \frac{K(s+z_c)}{s}$$

여기서, $K \triangleq K_p$, $z_c \triangleq \frac{K_I}{K_P}$이다.

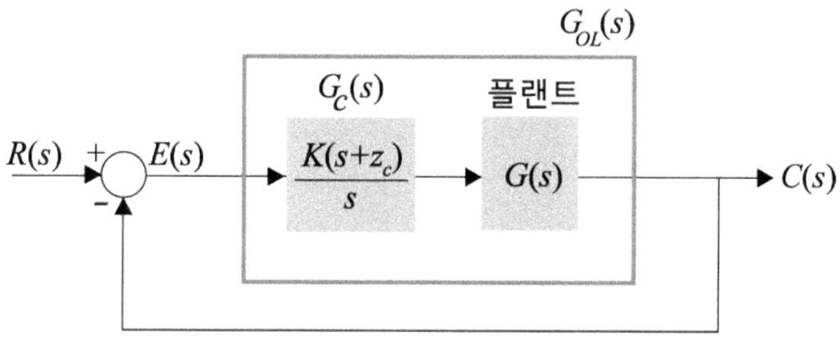

PI 제어기는 $G_c(s) = \frac{K(s+z_c)}{s}$와 같이 극점 $s=0$, 영점 $s=-z_c$이 추가되는 제어기이다.

$$G_{OL}(s) = G_c(s) \cdot G(s) = \frac{K(s+z_c)}{s} \cdot G(s)$$

◆ 계단 입력에 대한 정상상태 응답

오차상수 : $K_p = \lim_{s \to 0} G_{OL}(s) = \lim_{s \to 0} \frac{K(s+z_c)}{s} \cdot G(s) = \frac{K \cdot z_c . G(o)}{0} = \infty$

정상상태오차 : $e_p(\infty) = \frac{1}{1+K_p} = \frac{1}{1+\infty} = 0$

결과 : PI 제어기는 계단응답에 대하여 정상상태 오차를 0으로 만든다.

◆ PI 제어기의 역할

(1) $G_c(s) = \frac{K(s+z_c)}{s}$에서 $s=0$의 극점 추가로 인하여 시스템 유형을 증가시킨다.

(2) $s = -z_c$를 0의 근사값으로 설정하여 극점, 영점을 상쇄시킨다.

(3) 극점-영점 상쇄 효과에 의하여, $G_c(s) = \frac{K(s+z_c)}{s}$가 추가 되어도 근궤적이 거의 변함이 없다.

(4) 근궤적이 변하지 않아서 $G_c(s) = \frac{K(s+z_c)}{s}$가 추가 되어도 과도 상태 응답도 변함이 없다.

PI 제어기로 구성된 다음의 3차 시스템을 보면, 근궤적에 큰 변화가 없음을 알 수 있다.

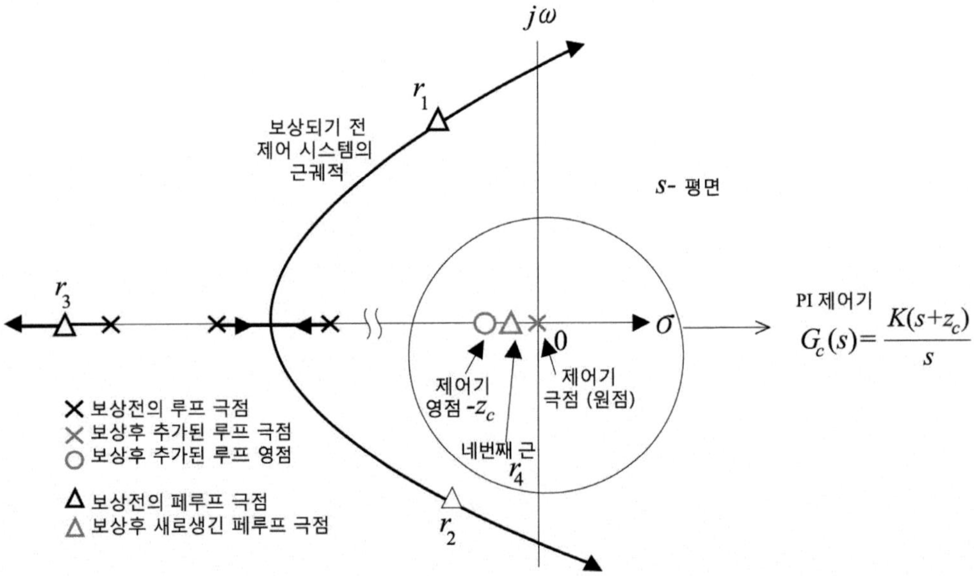

◆ PI 제어기 설계

스텝 1. $G_c(s) = \dfrac{K(s+z_c)}{s}$, $K = K_p$, $z_c = \dfrac{K_I}{K_P}$에서, z_c의 설계는 $z_c = 0.01$과 같이 0에 가까운 수로 설정한다.

스텝 2. MATLAB을 이용하여 ζ에 맞는 우세 극점을 찾아 K를 구한다.

스텝 3. K_p, K_I를 다음의 계산식으로 구하여라. $K_p = K$, $K_I = K_P \cdot Z_c$

다음은 예제를 통해 PI 제어기 설계에 대해 알아보자.

예제 12.1 계단 입력에 대한 정상상태 오차가 0이고, 감쇄비가 0.707이 되도록 PI제어기 $G_c(s)$를 설계해 보자.

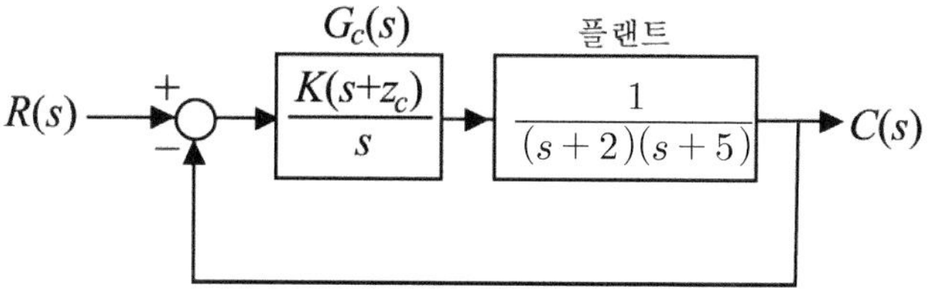

풀이.

스텝 1. z_c를 0에 가깝에 0.1로 설정

$$\text{PI 제어기} = \frac{K(s+0.1)}{s}$$

$$G_{OL}(s) = \frac{K(s+0.1)}{s(s+2)(s+5)}$$

스텝 2. MATLAB을 이용하여 근궤적을 그려 K값을 구해보면 $K = 14.5$

MATLAB

```
>> z=[1 0.1];
>> p=[1 7 10 0];
>> G=tf(z,p);
>> rlocus(G)
```

그래프 메뉴에서 데이터 커서 를 이용하여 커서를 근궤적의 $\zeta = Damping$: 0.707이 되는 지점으로 이동하면 K=Gain 값을 얻을 수 있다.

$$G_c(s) = \frac{14.5(s+0.1)}{s}$$

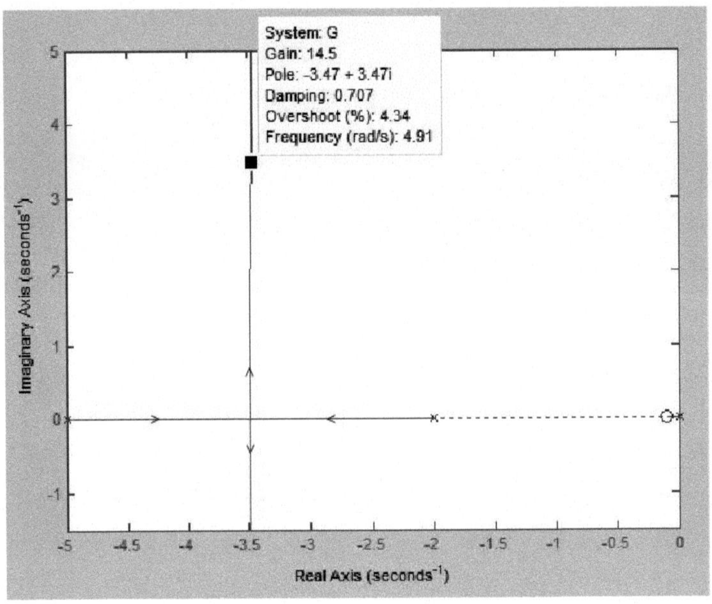

스텝 3. $K = K_p,\ z_c = \dfrac{K_I}{K_P}$ 이므로

$$K_P = 14.5$$

$$K_I = K_P z_C = 14.5 \times 0.1 = 1.45$$

예제 12.2 계단입력에 대한 정상 상태 오차가 0이 되도록 PI제어기를 설계하고자 한다. 오버슛은 10%로 하고, 정착시간이 1초 정도가 되도록 PI제어기를 설계해 보자.

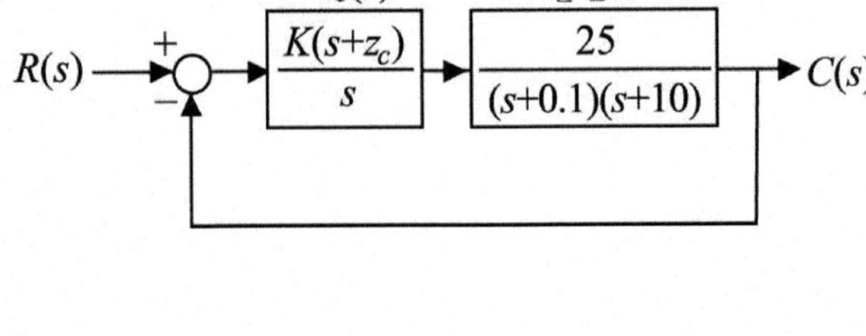

풀이.

스텝 1. $z_c = 0.001$로 설정, PI제어기=$\dfrac{K(s+0.001)}{s}$

$$G_{OL}(s) = \frac{25K(s+0.001)}{s(s+0.1)(s+10)}$$

스텝 2. MATLAB을 이용하여 근궤적을 그려 K값을 구하면 $25K = 72.1$,

$K = 2.884$

MATLAB

```
≫ z=[1 0.001];
≫ p=[1 10.1 1 0];     % s(s+0.1)(s+10) = s^3 + 10.1s^2 + s
≫ G=tf(z,p);
≫ rlocus(G)
≫ axis([-10 0 -2 10])
```

$\therefore\ G_c(s) = \dfrac{2.884(s+0.001)}{s}$ ($\because\ T_s = \dfrac{4}{\sigma_d} = \dfrac{4}{5.05} = 0.8$, T_s가 설계조건 1보다 더 적으므로 $T_s = 0.8$로 설정함)

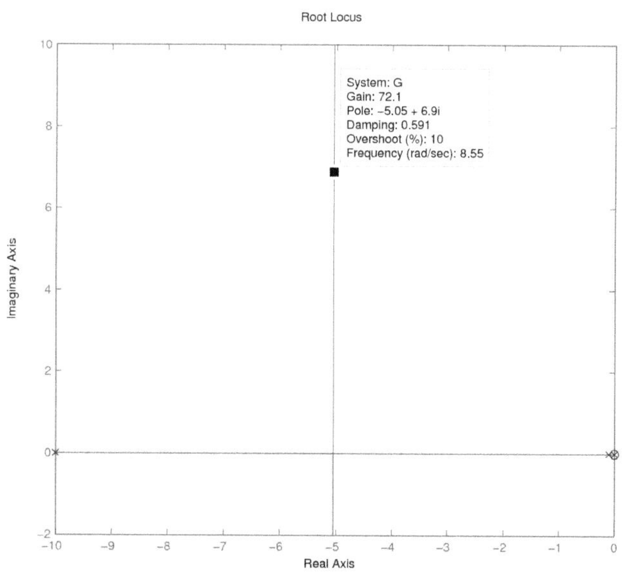

스텝 3. $K=K_p,\ z_c=\dfrac{K_I}{K_P}$ 이므로 $K_p=2.884$

$$K_I=K_P z_c=2.884\times 0.001=0.002884$$

12.4 PD 제어기 설계

과도상태 응답 개선을 위해서는 근궤적의 형태를 재구성할 필요가 있다. 따라서, 원하는 위치에 폐루프 우세 극점을 두기 위하여 PD제어기를 설계해 보도록 한다. PD제어기가 추가된 전체 제어 시스템은 다음과 같다.

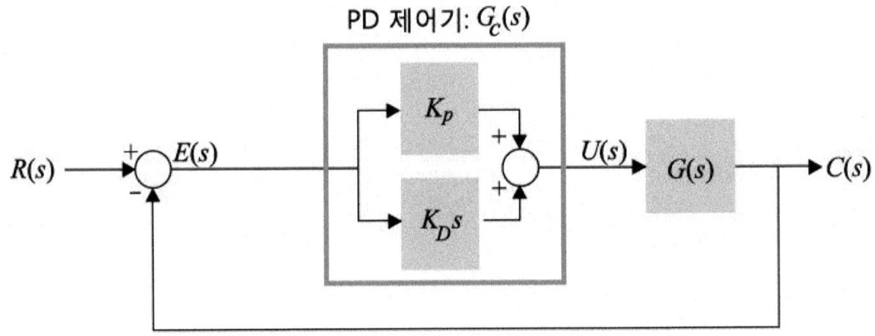

- PD 제어기 구성

$$G_c(s)=K_P+K_D s=K_D\left(s+\frac{K_P}{K_D}\right)\triangleq K(s+z_c)$$

여기서, $K=K_D,\ z_c=\dfrac{K_P}{K_D}$ 이다.

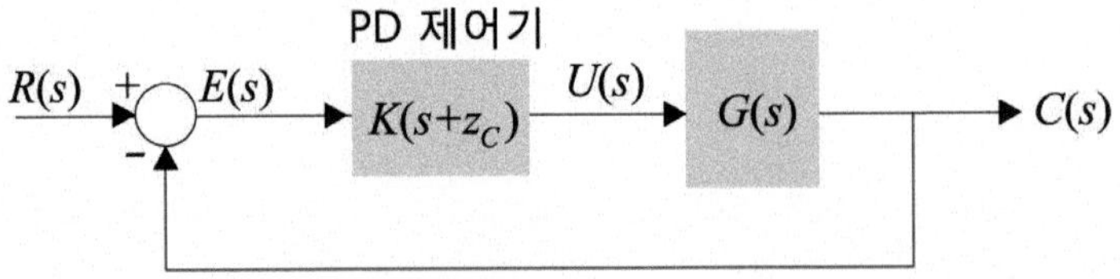

PD 제어기는 $G_c(s) = K(s+z_c)$와 같이 영점 $s = -z_c$이 추가되는 제어기이다.

$G_{OL}(s) = G_c(s) \cdot G(s) = K(s+z_c)G(s)$

◆ 과도상태 응답 개선

전방향 영점 제어기는 앞장에서 배운 바에 의하면, 루프 전달 함수에 영점을 추가하여 근궤적 자체를 s-공간의 좌변면(LHP)으로 휘게 함으로써 성능과 안정도를 개선할 수 있었다.

◆ 설계문제

$G_c(s) = K(s+z_c)$에서 어떻게 적합한 z_c를 설정하느냐가 설계 문제이다.

다음의 3차 시스템을 통하여 PD제어기의 설계 방법을 알아보자.

$$G(s) = \frac{1}{s(s+p_2)(s+p_3)}$$

PD 제어기 보상전과 보상후의 블록선도, 계단응답은 다음과 같나.

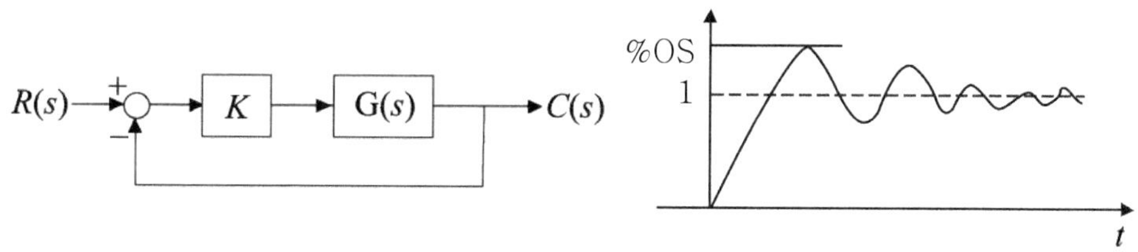

(a) 블록 선도 (b) 계단 응답

〈그림 12.8〉 비례제어기(보상전)의 블록선도와 계단응답

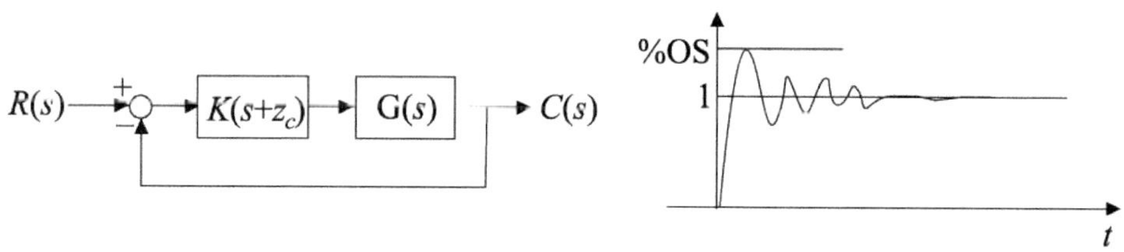

(a) 블록 선도 (b) 계단 응답

〈그림 12.9〉 PD제어기(보상후)의 블록선도와 계단응답

위의 시스템에 대한 근궤적은 다음과 같다.

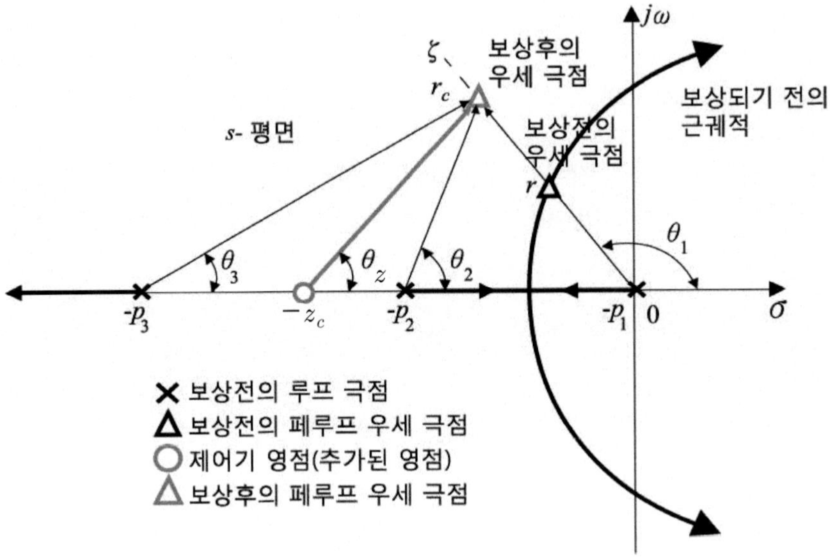

〈그림 12.10〉

보상전의 응답이 너무 느려 PD제어기를 통해 과도상태 응답을 개선하려고 한다.

· 목적 : 영점-z_c를 추가하여 보상전의 우세극점 r을 r_c로 옮기려고 한다.

r_c가 r보다 원점하고 거리가 멀어 ω_n이 크므로 더 빠른 응답을 보장한다.

◆ PD 제어기의 설계 방법

스텝 1. 설계 조건에 의해 우세 극점 $r_c = -\sigma_d \pm j\omega_d$를 결정한다.

스텝 2. 편각 조건 $\sum \angle 영점 - \sum \angle 극점 = -\pi$ 혹은 π로부터 θ_z를 구하고, 실수축 상에 있는 영점 $-z_c$를 구한다.

스텝 3. $-z_c$를 포함하는 보상 후 근궤적을 그린 후 우세극점 r_c에 대한 이득 K를 결정한다.

스텝 4. K_P, K_D를 다음의 계산식으로 구하여라. $K_D = K$, $K_P = z_c \cdot K_D$

예제 12.3 그림에서 $G(s)=\dfrac{4000}{s(s+400)}$ 일 때 다음과 같은 특성을 갖도록 PD제어기를 설계해보자.

램프입력에 대한 보상 후 응답특성은 다음과 같다.

정상상태 오차 $\le 10^{-3}$, 최대오버슛$\le 5\%$, 정착시간≤ 0.01초

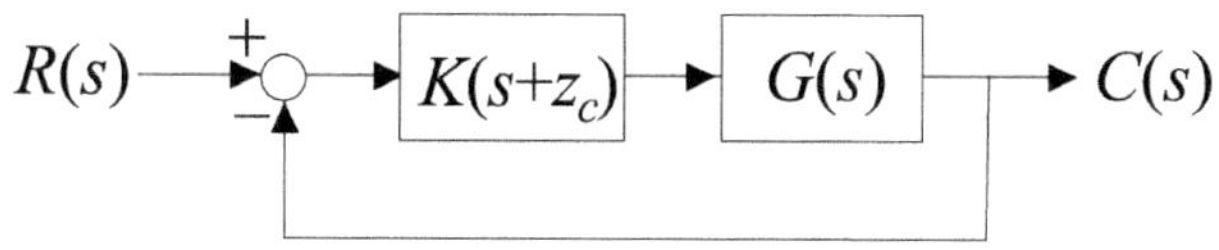

풀이. $e_p \le 10^{-3}$, $\%OS=3[\%]$, $T_s=0.008$로 **설정**

스텝 1. 설계 조건에 의해 r_c 결정

$$r_c=-\sigma_d \pm j\omega_d$$

$$\sigma_d=\frac{4}{T_s}=\frac{4}{0.008}=500$$

$$\zeta=\frac{-\ln(\%OS/100)}{\sqrt{\pi^2+\ln^2(\%OS/100)}}=\frac{-\ln 0.03}{\sqrt{\pi^2+(\ln 0.03)^2}}\fallingdotseq 0.745$$

$$\omega_n=\frac{\sigma_d}{\zeta}=\frac{500}{0.745}\fallingdotseq 671.14$$

$$\omega_d=\sqrt{671.14^2-500^2}\fallingdotseq 447.69$$

(원하는 우세극점)

$$\therefore\ r_c=-500+j447.69$$

스텝 2. 편각 조건에 의해 $-z_c$ 결정

$$\tan^{-1}\frac{447.69}{500}=41.84^\circ$$

$$\theta_1=180^\circ-41.84^\circ=138.16^\circ$$

$$\tan^{-1}\frac{447.69}{100}=77.41^\circ$$

$$\theta_2 = 180^\circ - 77.41^\circ = 102.59^\circ$$

$$\theta_z - (138.16^\circ + 102.59^\circ) = -180^\circ$$

$$\theta_z = 60.75^\circ$$

$$\tan 60.75^\circ = \frac{447.69}{z_c - 500}$$

$$1.786 = \frac{447.69}{z_c - 500}$$

$$1.786(z_c - 500) = 447.69$$

$$z_c = \frac{447.69 + 893}{1.786} \fallingdotseq 750.67$$

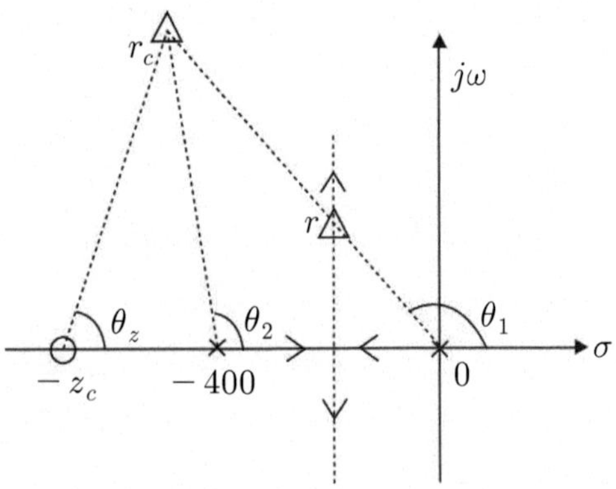

스텝 3. 근궤적에 의해 K결정

PD제어기 = $K(s+750.67)$, $G_{OL}(s) = \dfrac{4000K(s+750.67)}{s(s+400)}$

MATLAB으로 $G_{OL}(s)$의 근궤적을 구해 K값을 구하면,

MATLAB

```
≫z=[1 750.67];
≫p=[1 400 0];
≫G=tf(z,p);
≫rlocus(G)
≫axis([-2300 10 -510 510])
```

$4000K = 581$, $K \fallingdotseq 0.15$

$\therefore G_c(s) = 0.15(s+750.67)$ → PD제어기 설계

정상상태 오차 값 $K_v = \lim_{s\to 0} s\,G_{OL}(s) = \dfrac{0.15 \times 4000 \times 750.67}{400} = 1126.005$

$e_v = \dfrac{1}{1126.005} \fallingdotseq 0.89 \times 10^{-3} \Rightarrow$ 설계 조건 만족

스텝 4. $K_D = K$, $K_P = z_c K_D$에 의해 $K_D = 0.15$

$K_P = 750.67 \times 0.15 = 112.6$

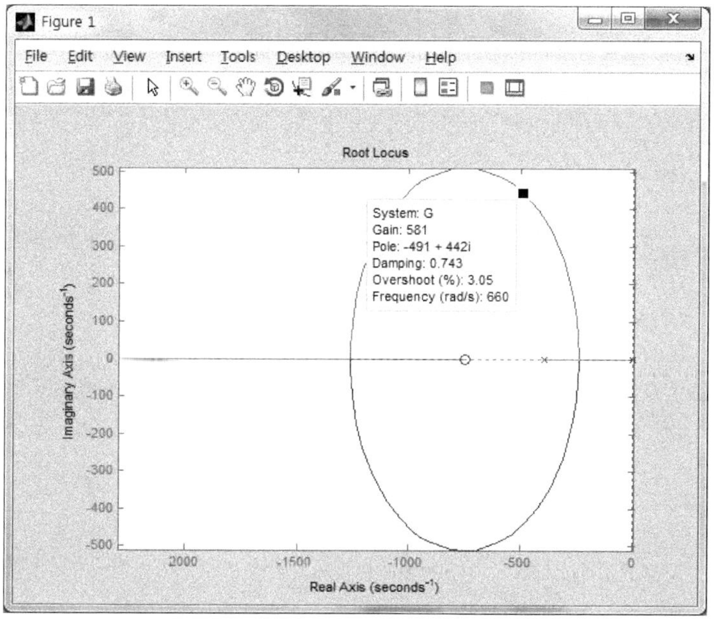

우세극점 $r_c = -500 + j447.69$에 커서를 맞추어 K를 구한다.

여기서는 비슷하게 $pole: -491 + 442j$에 맞추었다.

12.5 PID 제어기 설계

앞장에서 배운 PI제어기설계와 PD제어기를 합쳐 PID제어기를 설계해 보자.

PID 제어기 = PI 제어기(정상상태 응답 개선) + PD 제어기(과도상태응답 개선)

PID 제어기가 추가된 전체 제어 시스템은 다음과 같다.

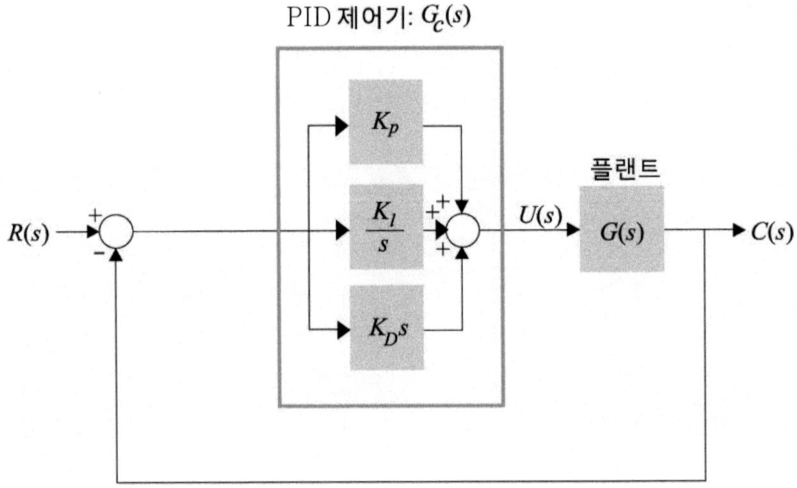

- **PID 제어기 구성**

$$G_c(s) = K_P + \frac{K_I}{s} + K_D s = \frac{K_D(s^2 + \frac{K_P}{K_D}s + \frac{K_I}{K_D})}{s}$$

$$\triangleq \frac{K(s + z_{PD})(s + z_{PI})}{s}$$

여기서, $K \triangleq K_D$, $z_{PD} + z_{PI} \triangleq \frac{K_P}{K_D}$, $z_{PD} \cdot z_{PI} \triangleq \frac{K_I}{K_D}$

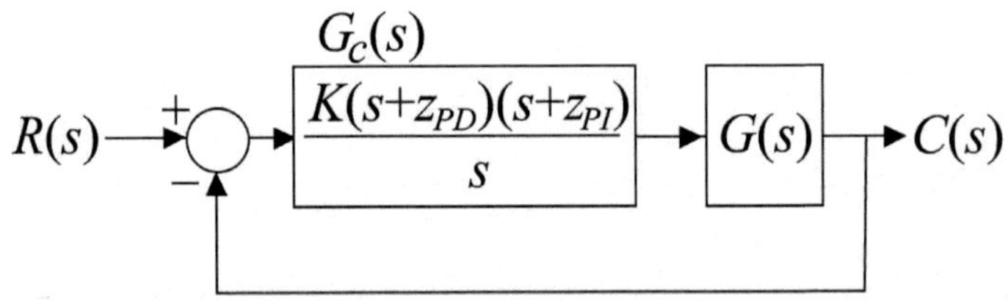

PID 제어기는 극점 $s = 0$과 두 개의 영점 $s = -z_{PD}$, $s = -z_{PI}$을 가지고 있다.

$$G_{OL}(s) = G_c(s)G(s) = \frac{K(s + z_{PD})(s + z_{PI})}{s} G(s)$$

◆ 설계 문제

제어기 설계가 더 복잡한 PD제어기를 먼저 설계한 후 PI제어기를 설계한다.

즉, z_{PD}, z_{PI}, K 순서대로 결정한다.

◆ PID제어기의 설계 방법

스텝 1. PD제어기 설계 : 설계 조건에 의해 $r_c = -\sigma_d \pm jw_d$ 결정

스텝 2. PD제어기 설계 : 편각조건 $\sum\angle$영점$-\sum\angle$극점$=-\pi$ 혹은 π로부터 $-z_{PD}$ 결정

스텝 3. PI제어기 설계 : $-z_{PI}$결정후 근궤적을 통하여 $K=K_D$를 구함

스텝 4. $z_{PD}+z_{PI}=\dfrac{K_P}{K_D}$, $z_{PD} \cdot z_{PI}=\dfrac{K_I}{K_D}$로부터 K_P, K_D, K_I를 구함

다음은 예제를 통해 PID제어기 설계에 대해 알아보자.

예제 12.4 그림에서 $G(s)=\dfrac{100}{(s^2+10s+100)}$이다. 보상후의 특성이 다음과 같도록 PID제어기를 설계해 보자. 계단입력에 대한 보상 후 응답특성은 다음과 같다.

정상 상태 오차 $\le 10^{-2}$
최대 오버슛 $< 2\%$
피크시간 < 0.03초

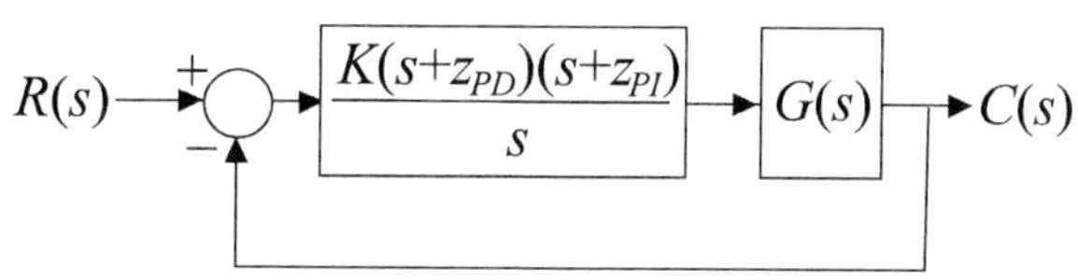

풀이.

스텝 1.

$e_p = 10^{-2}$, $\%OS = 1.8[\%]$, $T_p = 0.02$로 설정

먼저 $G(s)$의 극점을 구하면 $-5 \pm j8.6603$

$$\zeta = \frac{-\ln 0.018}{\sqrt{\pi^2 + (\ln 0.018)^2}} = 0.788 \,,\ \omega_d = \frac{\pi}{T_P} = \frac{\pi}{0.02} ≒ 157.1$$

$$\omega_n = \frac{\omega_d}{\sqrt{1-\zeta^2}} = \frac{157.1}{\sqrt{1-0.788^2}} ≒ 255.166$$

$$\sigma_d = \sqrt{255.17^2 - 157.1^2} ≒ 201.07$$

$$r_c = -201.07 \pm j157.1$$

스텝 2.

먼저 PD제어기를 설계하기 위해 z_{PD}값을 구하면

$$\tan^{-1}\frac{157.1 - 8.6603}{201.07 - 5} ≒ 37.12^\circ,\quad \theta_1 = 180^\circ - 37.12^\circ = 142.88^\circ$$
$$\tan^{-1}\frac{157.1 + 8.6603}{201.07 - 5} ≒ 40.21^\circ,\quad \theta_2 = 180^\circ - 40.21^\circ = 139.8^\circ$$

$$\theta_z - (142.88^\circ + 139.8^\circ) = -180^\circ$$

$$\theta_z = 102.68^\circ$$

$$\tan(180^\circ - 102.68^\circ) = \frac{157.1}{201.07 - z_{PD}}$$

$$201.07 - z_{PD} = 35.35$$

$$\therefore z_{PD} = 165.72$$

스텝 3.

PI제어기를 설계 하기 위해 $z_{PI} = 0.1$로 설정

$$PID = \frac{K_D(s+165.72)(s+0.1)}{s}\,,\ G_{OL}(s) = \frac{100K_D(s+165.72)(s+0.1)}{s(s^2+10s+100)}$$

$G_{OL}(s)$의 근궤적을 통해 K_D값을 구하면,

```
MATLAB
≫ z=[1  165.8  16.57];
≫ p=[1  10  100  0];
≫ G=tf(z,p);
≫ rlocus(G)
```

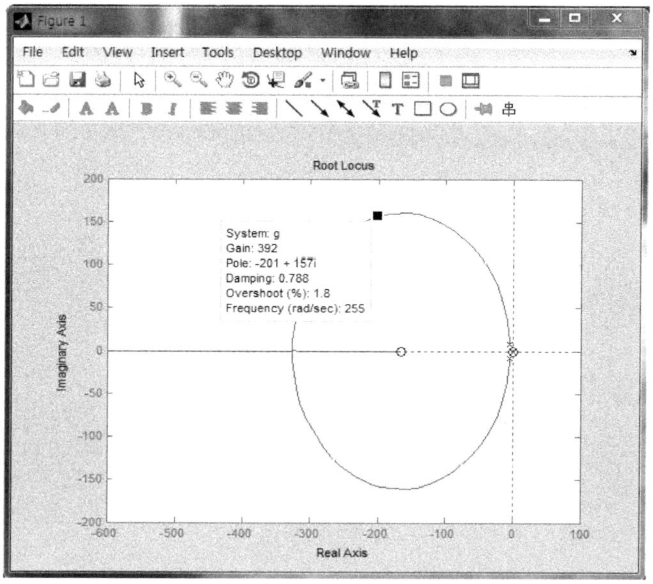

$100K_D = 392,\ K_D = 3.92$

$$\therefore\ PID = \frac{3.92(s+165.72)(s+0.1)}{s} \Rightarrow PID \text{제어기 설계}$$

스텝 4.

$z_{PD} + z_{PI} = \dfrac{K_P}{K_D}$, $z_{PD} \cdot z_{PI} = \dfrac{K_I}{K_D}$ 를 이용하여 K_P와 K_I를 구하면

$$165.72 + 0.1 = \frac{K_P}{3.92} \Rightarrow K_P = 650.014$$

$$165.72 \times 0.1 = \frac{K_I}{3.92} \Rightarrow K_I = 64.962$$

$$\therefore\ K_P + K_D s + \frac{K_I}{s} \Rightarrow 650.014 + 3.92s + \frac{64.962}{s}$$

예제 12.5 그림의 PID 제어시스템에서 $G(s)$는 다음과 같은 부족제동 시스템이다.

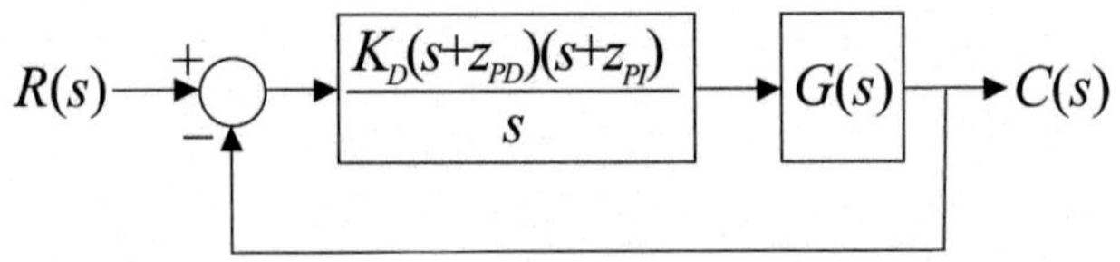

$G(s)=\dfrac{5}{(s+13)(s^2+2s+4)}$ 일때, 최대 오버슛이 10%를 넘지 않고 정착시간이 6초 이내에 되도록 PID제어기를 설계해 보자.

풀이.

스텝 1.

$\%OS=8\%$, $T_s=3$이라고 설정시

s^2+2s+4의 근 $-1\pm j1.7321$

$$\zeta=\frac{-\ln 0.08}{\sqrt{\pi^2+(\ln 0.08)^2}}\fallingdotseq 0.627\ ,\ \sigma_d=\frac{4}{3}\fallingdotseq 1.33$$

$$\omega_n=\frac{1.33}{0.627}\fallingdotseq 2.12\ ,\ \omega_d=\sqrt{2.12^2-1.33^2}\fallingdotseq 1.65\ ,\ r_c=-1.33\pm j1.65$$

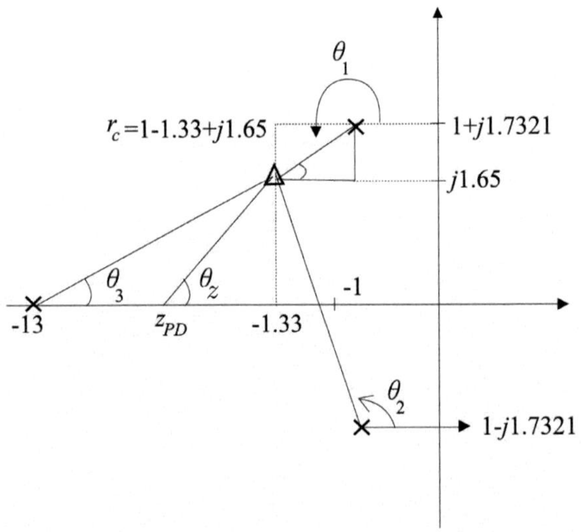

스텝 2. 먼저 PD제어기를 설계 위해 z_{PD}값을 구하면

$$\tan^{-1}\frac{1.7321-1.65}{1.33-1}=13.97^\circ \quad \Rightarrow \quad \theta_1=180^\circ+13.97^\circ=193.97^\circ$$

$$\tan^{-1}\frac{1.7321+1.65}{1.33-1}=84.43^\circ \quad \Rightarrow \quad \theta_2=180^\circ-84.43^\circ=95.57^\circ$$

$$\tan^{-1}\frac{1.65}{13-1.33}=8.05^\circ \qquad \Rightarrow \quad \theta_3=8.05^\circ$$

$$\theta_z-(195.97^\circ+95.57^\circ+8.05^\circ)=-180^\circ$$

$$\theta_z=297.59^\circ-180^\circ=117.6^\circ$$

$$\tan(180^\circ-117.6^\circ)=\frac{1.65}{1.33-z_{PD}} \qquad \Rightarrow 1.91(1.33-z_{PD})=1.65$$

$$1.91z_{PD}=2.54-1.65$$

$$z_{PD}=\frac{2.54-1.65}{1.91}\fallingdotseq 0.47$$

스텝 3. PI제어기를 설계하기 위해 $z_{PI}=0.1$ 설정

$$PID=\frac{K_D(s+0.47)(s+0.1)}{s}$$

$$G_{OL}(s)=\frac{5K_D(s+0.47)(s+0.1)}{s(s+13)(s^2+2s+4)}$$

∴ $G_{OL}(s)$를 근궤적을 그려 K_D값을 구하면

MATLAB

```
≫z=[1 0.57 0.047];
≫p=[1 15 30 52 0];
≫G=tf(z,p);
≫rlocus(G)
≫axis([-13 1 -16 16])
```

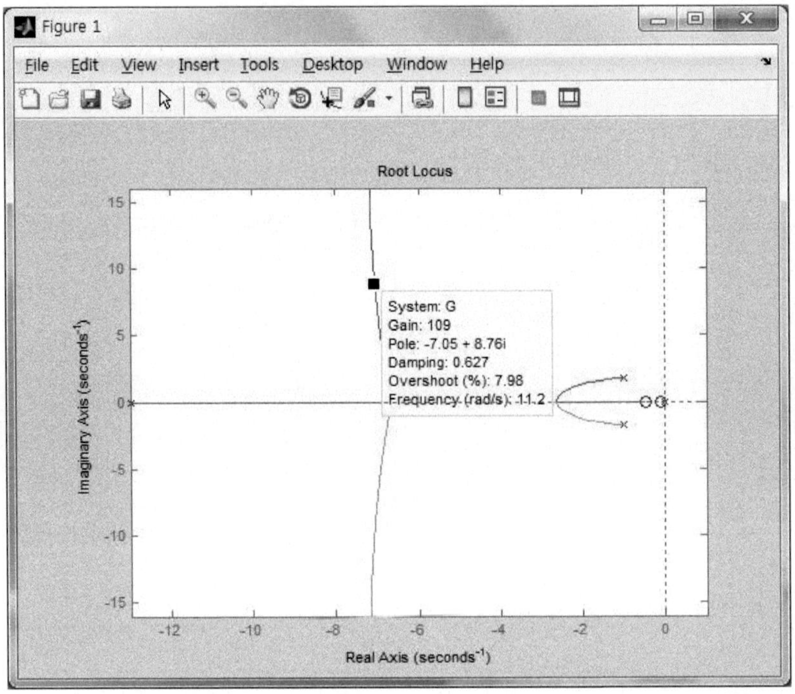

$$5K_D = 109,\ K_D = 21.8$$

$$\therefore\ G_c(s) = \frac{21.8(s+0.47)(s+0.1)}{s} \quad PID \text{ 제어기 설계}$$

스텝 4.

K_P, K_I 값을 구해보면

$$0.47 + 0.1 = \frac{K_P}{K_D} \Rightarrow K_P = 21.8 \times 0.57 \fallingdotseq 12.426$$

$$0.47 \times 0.1 = \frac{K_I}{K_D} \Rightarrow K_I = 0.47 \times 0.1 \times 21.8 \fallingdotseq 1.0246$$

$$\therefore\ K_P + K_D s + \frac{K_I}{s} = 12.426 + 21.8s + \frac{1.0246}{s}$$

12.6 PID 제어기의 H/W 구성

12.6.1 아날로그 PID 제어기 구현

이번 절에서는 앞서 배운 미분기 s, 적분기 $\frac{1}{s}$, PI, PD, PID제어기를 H/W로 어떻게 구성할 수 있는지에 대해 알아보자.

먼저, 전기 · 전자 소자에 따라 두 가지로 분류해 보자.

능동 소자 – 에너지 공급 능력이 있어서 입력 신호보다 큰 신호를 얻을 수 있다.
예) 트랜지스터, OP 앰프
수동 소자 – 에너지 발생 능력이 없음
예) 저항, 인덕터, 커패시터

이러한 소자들을 사용하여 다음과 같은 회로를 만들 수 있다.

능동 회로 – 능동소자를 이용하여 구성한 회로.
미분기 s, 적분기 $\frac{1}{s}$ 같은 시스템을 구현함.
예) PD제어기, PI제어기, PID제어기, 지상제어기, 진상제어기, 지상 – 진상 제어기

수동 회로 – 수동소자만을 이용하여 구성한 회로.
미분기 s, 적분기 $\frac{1}{s}$과 같은 시스템은 구현하지 못함.
예) 지상제어기, 진상제어기, 지상 – 진상제어기

따라서, PID제어기 구성을 위해서는 능동회로만이 가능하다.

- **OP앰프의 기본 형태 회로**

다음은 OP앰프를 사용한 능동회로의 기본 형태이다.

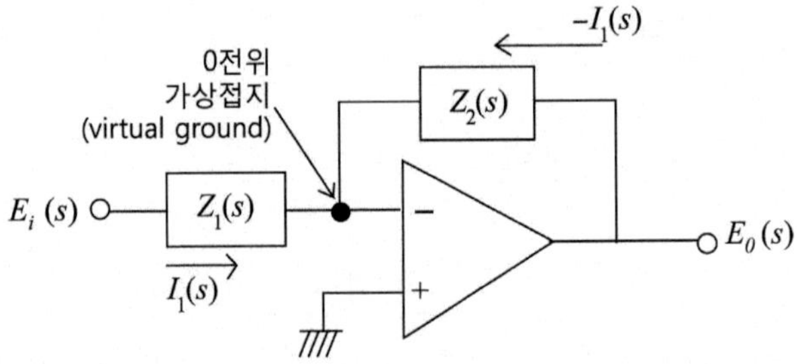

$$\begin{cases} E_i(s) = I_1(s)Z_1(s),\ I_1(s) = \dfrac{E_i(s)}{Z_1(s)} \\ E_o(s) = -I_1(s)Z_2(s),\ I_1(s) = -\dfrac{E_o(s)}{Z_2(s)} \end{cases}$$

$I_1(s)$를 소거하면, $\dfrac{E_i(s)}{Z_1(s)} = -\dfrac{E_0(s)}{Z_2(s)}$

$$\frac{E_o(s)}{E_i(s)} = -\frac{Z_2(s)}{Z_1(s)} \quad : \text{반전 증폭기}$$

$Z_1(s)$, $Z_2(s)$를 다양한 수동회로로 구성하면 여러 가지 전달함수를 쉽게 구현할 수 있다. 부호가 (-)이므로 반전증폭기(inverting amplifier)라고 부른다. 음의 부호는 다음과 같이 두 개의 반전 증폭기를 직렬로 연결하여 없앨 수 있다.

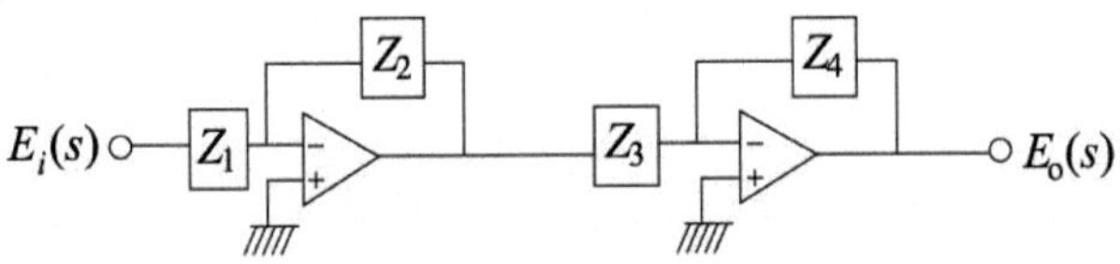

$$\frac{E_o(s)}{E_i(s)} = \left(-\frac{Z_2(s)}{Z_1(s)}\right) \cdot \left(-\frac{Z_4(s)}{Z_3(s)}\right) = \frac{Z_2(s)Z_4(s)}{Z_1(s)Z_3(s)}$$

- **비례기** : $G_c(s) = K$

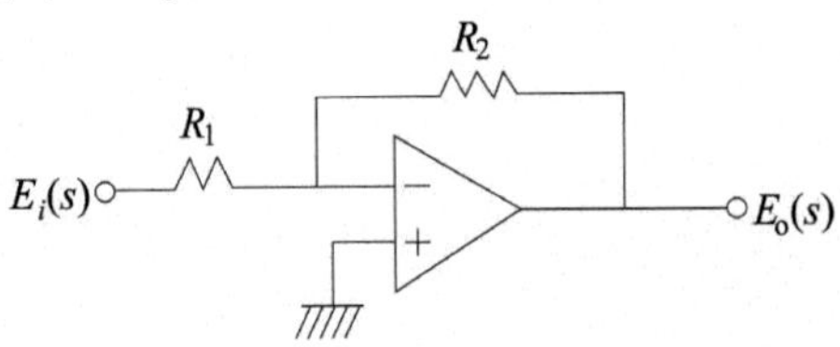

$Z_1(s) = R_1$, $Z_2(s) = R_2$

$$G(s) = -\frac{Z_2(s)}{Z_1(s)} = -\frac{R_2}{R_1} \quad : \text{비례기}$$

- **미분기** : $G_c(s) = Ks$

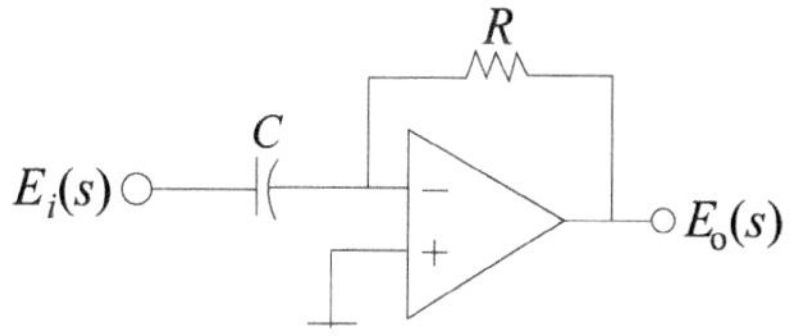

$$Z_1(s) = \frac{1}{sC},\ Z_2(s) = R$$

$$G(s) = -\frac{Z_2(s)}{Z_1(s)} = -\frac{R}{\frac{1}{sC}} = -RCs \quad : \text{미분기}$$

- **적분기** : $G_c(s) = \frac{K}{s}$

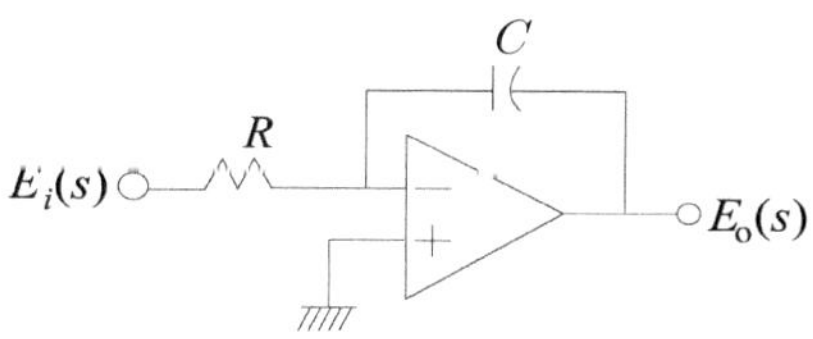

$$Z_1(s) = R,\ Z_2(s) = \frac{1}{sC}$$

$$G(s) = -\frac{Z_2(s)}{Z_1(s)} = -\frac{\frac{1}{sC}}{R} = -\frac{\frac{1}{RC}}{s} \quad : \text{적분기}$$

- **PI 제어기** : $G_c(s) = K_P + \frac{K_I}{s}$

$$Z_1(s) = R_1\ ,\ Z_2(s) = R_2 + \frac{1}{sC} = \frac{R_2Cs+1}{sC}$$

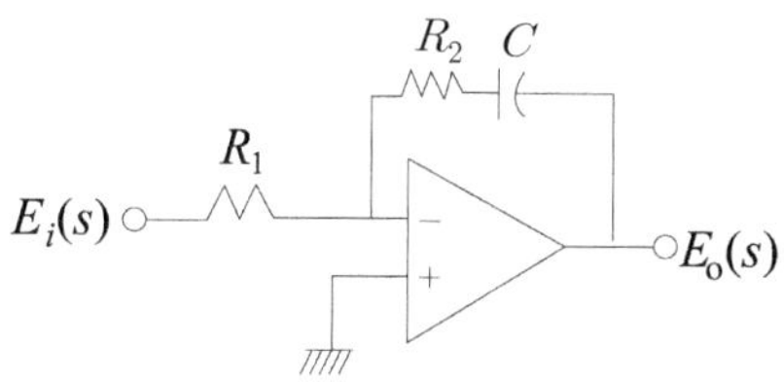

$$G(s) = -\frac{Z_2(s)}{Z_1(s)} = -\frac{\frac{R_2Cs+1}{sC}}{R_1}$$

$$= -\frac{R_2Cs+1}{sCR_1} = -\frac{1+R_2Cs}{sCR_1}$$

$$= -\left(\frac{\frac{1}{CR_1}}{s} + \frac{R_2}{R_1}\right) \quad : PI \text{ 제어기}$$

- **PD 제어기** : $G_c(s) = K_P + K_D s$

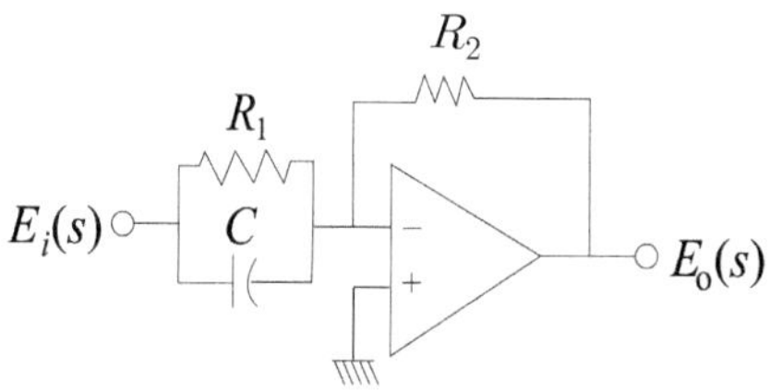

$$Z_1(s) = \frac{\frac{R_1}{sC}}{R_1 + \frac{1}{sC}} = \frac{\frac{R_1}{sC}}{\frac{s_CR_1+1}{sC}} = \frac{R_1}{1+sCR_1}$$

$$Z_2(s) = R_2$$

$$G(s) = -\frac{Z_2(s)}{Z_1(s)} = -\frac{R_2}{\frac{R_1}{1+sCR_1}} = -\frac{R_2(1+sCR_1)}{R_1}$$

$$= -(\frac{R_2}{R_1} + R_2 Cs) \quad : PD \text{ 제어기}$$

- **PID 제어기** : $G_c(s) = K_P + K_D s + \frac{K_I}{s}$

$$Z_1(s) = \frac{R_1}{1+sC_1R_1}, \quad Z_2(s) = \frac{R_2C_2s+1}{sC_2}$$

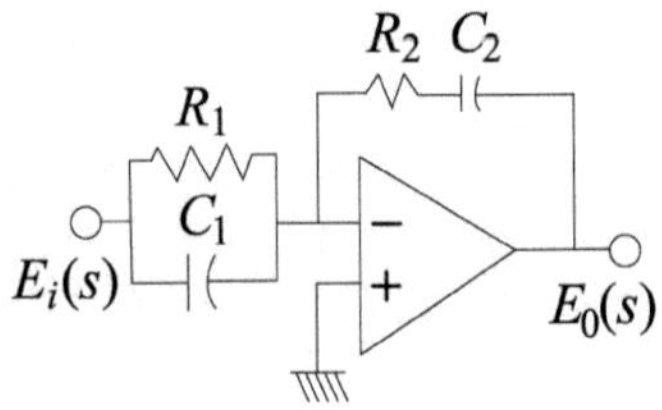

$$G(s) = -\frac{Z_2(s)}{Z_1(s)} = -\frac{\frac{R_2C_2s+1}{sC_2}}{\frac{R_1}{1+sC_1R_1}} = -\frac{(R_2C_2s+1)(1+sC_1R_1)}{R_1sC_2}$$

$$= -\frac{R_2C_2s + R_1R_2C_1C_2s^2 + 1 + sC_1R_1}{R_1C_2s}$$

$$= -\frac{(R_1C_1+R_2C_2)s + R_1R_2C_1C_2s^2 + 1}{R_1C_2s}$$

$$= -[\frac{R_1C_1+R_2C_2}{R_1C_2} + R_2C_1s + \frac{1}{R_1C_2} \cdot \frac{1}{s}] \quad : PID \text{ 제어기}$$

12.6.2 디지털 PID제어기 구현

디지털 PID제어기는 C언어 기반의 프로그램에서 아래와 같이 코딩을 한 후에 컴파일과 업로드를 하여 마이컴에 이식시켜 사용한다. 아래의 예는 아두이노 마이컴에 DC모터의 각도 제어를 위해 PID제어기 구조를 알고리즘으로 구현하는 것을 보여준다. DC 모터의 희망 각도는 45˚이고 샘플링타임은 0.005초이다. 현재 각도는 엔코더와 같은 센서를 사용하여 측정한 값을 사용하면 된다.

```
double Kp = 1.0;
double Ki = 2.5;
double Kd = 3.0;

double error;
double error_previous;

double desired_angle = 45;
double current_angle;

double P_control, I_control, D_control;
double Time = 0.005;
double PID_control;

void setup() {
  // put your setup code here, to run once:
}

void loop() {
  // put your main code here, to run repeatedly:
  pidcontrol();
}

void pidcontrol() {
  current_angle; // 측정된 센서값을 current_angle로 정의함, 수정이 필요;
  error = desired_angle - current_angle; // 에러값 정의

  P_control = Kp * error;  //P 제어기;
```

```
    I_control += Ki * error * Time;  //I 제어기;
    D_control = Kd * (error - error_previous) / Time;  //D 제어기;

    PID_control = P_control + I_control + D_control;  /PID 제어기;
    PID_control = constrain(PID_control, 0, 255);  //제어기 출력값을 0~255 값으로 맵핑;
    analogWrite(5, PID_control);  //핀번호 5번, 제어기 출력값;

    error_previous = error;  //에러의 이전값을 기억
  }
```

디저털 제어기의 장점으로는 설계한 PID 이득 값을 정확히(예: Kp = 1.0; Ki = 2.5; Kd = 3.0) 프로그램에 기록하여 구현할 수 있다. 또한 이득값 수정시 수정된 값을 바꾸어 적으면 되므로 매우 편리하다. 이와는 반대로 아날로그 제어기에서 PID 이득값은 저항과 커패시터의 조합으로 만들어야 하므로 설계한 PID 이득값을 정확히 구현하기 어렵다. 일반적으로 저항과 커패시터를 이용하여 비슷한 근사치를 사용한다. 튜닝을 위해 이득값을 변경하면 다시 저항과 커패시터의 조합을 계산해야 하므로 수정된 이득값을 적용할 때 매우 불편하다.

디지털 제어기의 단점으로는 마이컴을 사용해야 하므로 OP앰프, 저항, 커패시터로 구성된 아날로그 제어기에 비하여 제작 단가가 더 비싸다.

따라서, 정확한 제어가 필요하면 디지털 제어기를 사용하고, 제품단가가 중요하면 아날로그 제어기를 사용하면 된다.

12.7 MATLAB® 활용

예제 M12.1 비례 제어기 설계

다음의 제어 시스템에서 $R(s) = \dfrac{1}{s}$ 계단 입력 일때, 비례 제어기 K값을 1.0, 3.0, 5.0으로 변화 시켜 가며 계단 응답을 그리시오.

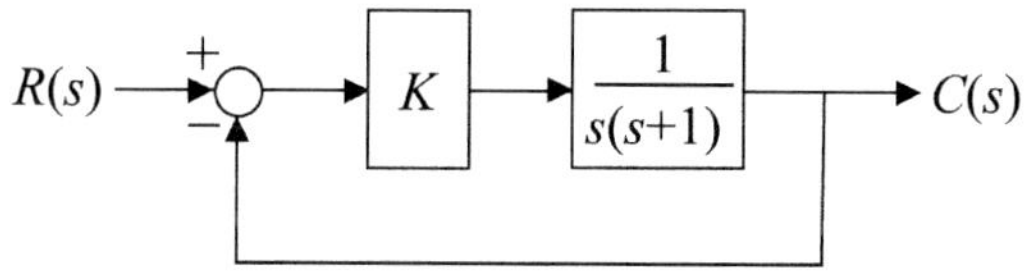

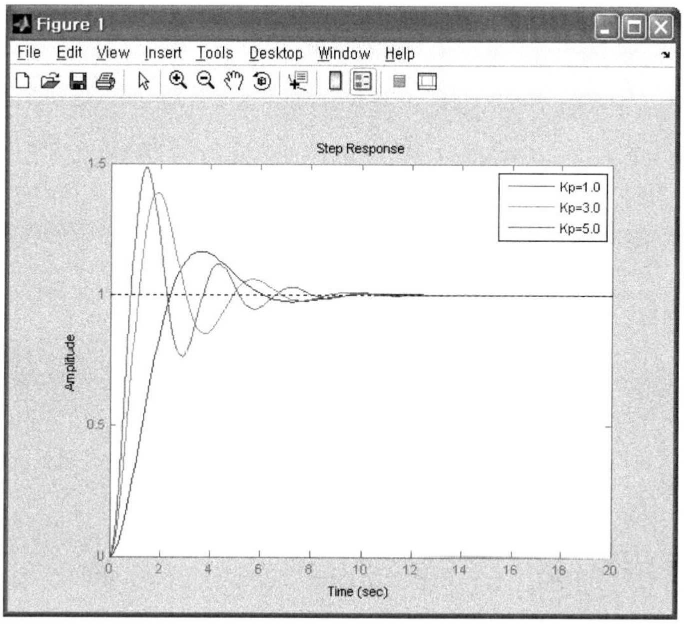


```
%ex12_1.m
t=[0 : 0.1 : 20];
K=[1.0 ; 3.0 ; 5.0];
for n=1 : length(K)
    Kp=K(n);
    num=Kp;
    den=[1 1 0];
    [c_num,c_den]=cloop(num, den, -1);
    step(c_num,c_den,t)
  hold on;
end
hold off;
legend('Kp=1.0','Kp=3.0','Kp=5.0')
```

예제 M12.2 PI제어기 설계

$G(s) = \dfrac{1}{(s+2)(s+5)}$, 계단입력에 대한 정상 상태 오차가 0, 제동비 0.707인 PI 제어기를 설계하시오.

{제어기가 설계되기 전의 상태를 해석해보자}

비교를 위해 보상전 근궤적을보고 댐핑률이 0.707 일때의 K와 s를 찾자.(다음 그림 참조)

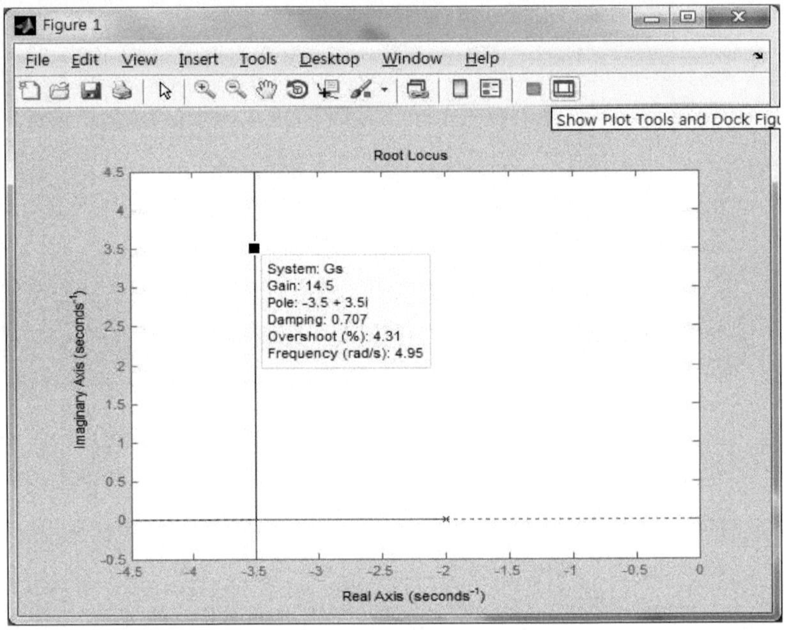

{PI 제어기를 설계해보자}

스텝 1. $z_c = 0.1$로 설정한 후 전달 함수를 구하자.

스텝 2. 근궤적을보고 댐핑률이 0.707 일때의 K와 s를 찾자.(다음 그림 참조)

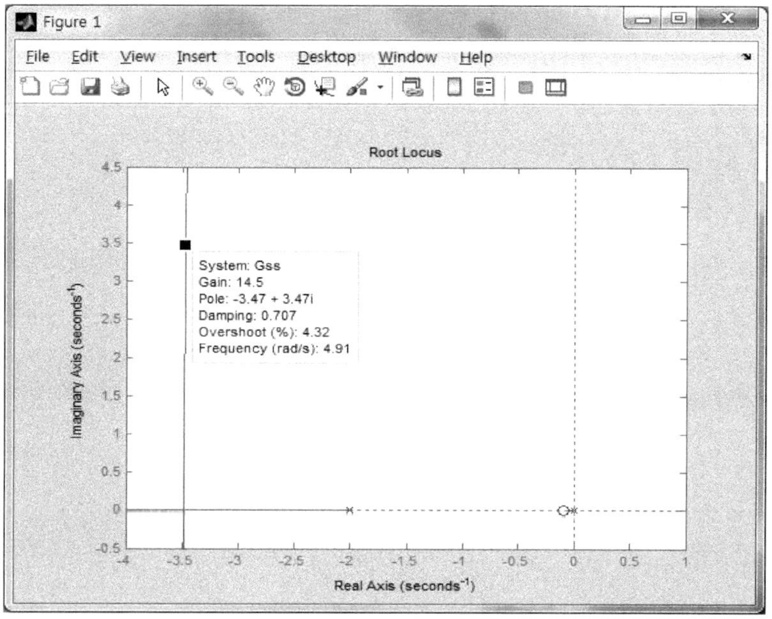

PI세어기 사용전 · 후의 s값과, K 값 비교

PI제어기 보상전

before_s = -3.5000 + 3.5100i

before_K = 14.5000

보상전 계단입력에 대한 정상 상태 오차

before_ep = 0.4082

PI제어기 보상후

s = -3.4700 + 3.4700i

K = 14.5000

보상후 계단입력에 대한 정상 상태 오차

ep = 0

PI제어기 파라미터 값

K = 14.5000

zc = 0.1000

PI제어기 보상후 전달함수는

```
Transfer function:
  14.5 s + 1.45
------------------
s^3 + 7 s^2 + 10 s
```

PI제어 전과 후 의 계단응답을 보면서 어떻게 개선되었는지 확인해보자(다음 그림 참조)

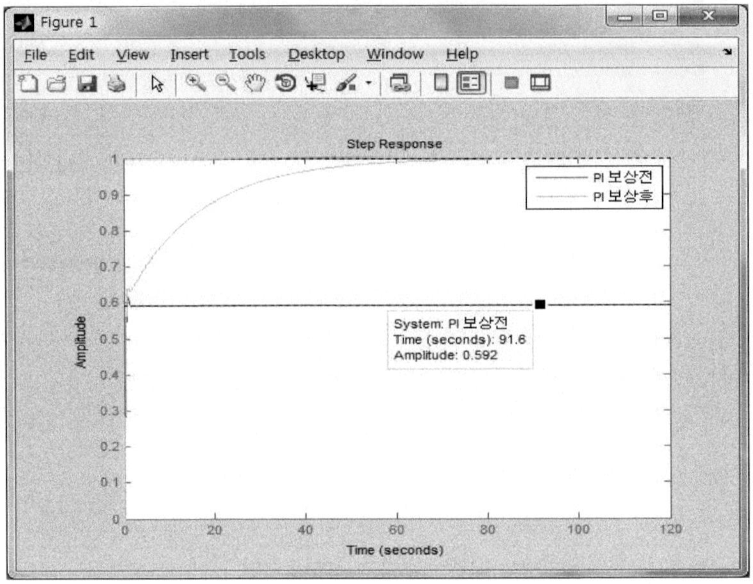


```
ex12_2.m
%(문제) spec => 정상상태 오차:0 , 제동비:0.707, PI제어기설계
clear all
close all
disp('{제어기가 설계되기 전의 상태를 보자}');
disp('insert any key');
pause;
s = tf([1 0],1);
Gs = 1/( (s+2) * (s+5) );
rlocus(Gs);
```

```
disp('비교를 위해 보상전 근궤적을보고 댐핑률이 0.707 일때의 K와 s를 찾자.');
disp('insert any key');
pause;
before_s = -3.5 + 3.51i;
before_K = 14.5;
disp( '{PI 제어기를 설계해보자}');
disp('insert any key');
pause;
disp('step 1  zc = 0.1 정한후 전달 함수를 구하자.');
zc = 0.1;
Gss = Gs*(s+zc)/s;
disp('step 2  근궤적을보고 댐핑률이 0.707 일때의 K와 s를 찾자.');
rlocus(Gss)
s = -3.47 + 3.47i;
K - 14.5;
disp('insert any key');
pause;
Gcl_1 = feedback( before_K*Gs,1); %개선전 클로즈 전달함수
Gcl_2 = feedback(series(Gss,K),1);
disp('PI제어기 보상전후의 값비교');
disp('insert any key');
pause;
disp('PI제어기 보상전');
before_s
before_K
disp('보상전 계단입력에 대한 정상 상태 오차');
before_ep = 1/(1+dcgain(before_K*Gs))
disp('insert any key');
pause;
disp('PI제어기 보상후');
```

```
s
K
disp('보상후 계단입력에 대한 정상 상태 오차');
ep = (1/(1+dcgain(K*Gss)))
disp('insert any key');
pause;
disp('PI제어기 파라미터 값');
K
zc
disp('PI제어기 보상후 전달함수는 ');
K*Gss
disp('PI제어 전과 후 의 step응답을 보면서 어떻게 개선되었는지 확인해보자');
disp('insert any key');
pause;
step(Gcl_1 , 'r',Gcl_2,'y'); legend('PI 보상전','PI 보상후');
```

예제 M12.3 PD제어기 설계

$G(s) = \frac{4000}{s(s+400)}$, 램프입력에 대한 정상상태 오차 $\leq 10^{-3}$,

최대 %OS ≤ 5, 정착 시간(Ts) $\leq$ 0.01초

를 만족시키는 PD제어기를 설계하시오.

{제어기가 설계되기 전의 상태를 보자}

```
Transfer function:
   4000
-----------
s^2 + 400 s
```

설계 사양에 맞춰서 %OS 을 넣어서 zeta를 구한다

zeta = 0.6901

비교를 위해서 근궤적을보고 보상전 s값과 K 값을 구하자. (다음 그림 참조)

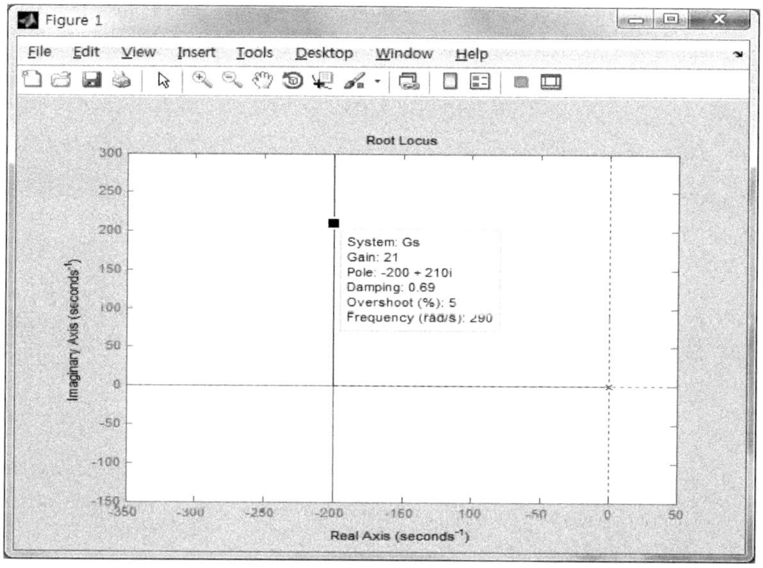

PD 제어기 설계

스텝 1. rc = ad + wn*i 구하기

제어기 설계를 위해 파라미터 값을 결정해보자

Ts = 4/ad

Ts = 0.0100

ad = 400 (ad = zeta*wd)

wn = 579.6205 (wd = wn * sqrt(1-zeta^2))

wd = 419.4758

우세 극점 좌표 rc는

rc = -4.0000e+002

+4.1948e+002i

스텝 2. zc 찾기

zc의 편각을 찾기, theta = zc - pole

theta_zc = 43.6386

zc = 839.8998

D제어기가 적용된 오픈 루프 전달함수의 근궤적을 보고

댐핑률에 따라서 변화된 K 값을 찾는다. (다음 그림 참조)

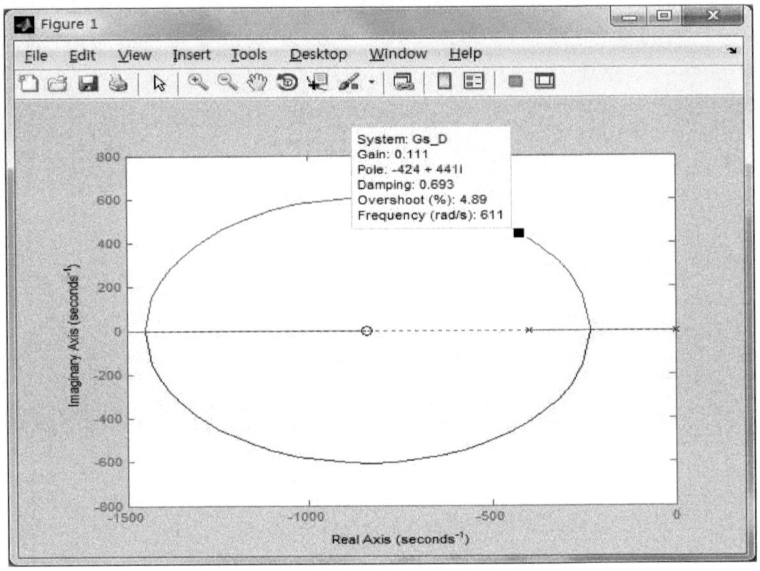

PD제어기 보상전후의 값비교

PD제어기 보상전

before_s = -2.0000e+002

+2.6100e+002i

before_K = 21

보상전 램프입력에 대한 정상 상태 오차

before_ev = 0.0048

PD제어기 보상후

s = -4.2100e+002

+4.4100e+002i

```
  K = 0.1110
  보상후 램프입력에 대한 정상 상태 오차
  PD_ev = 0
PD제어기 파라미터 값
K = 0.1110
zc = 839.8998

PD제어기 사용후의 전달함수
Transfer function:
444 s + 3.729e005
-----------------
   s^2 + 400 s
```

PD제어기 사용 전후의 폐루프 전달함수의 계단응답 비교 (다음 그림 참조)

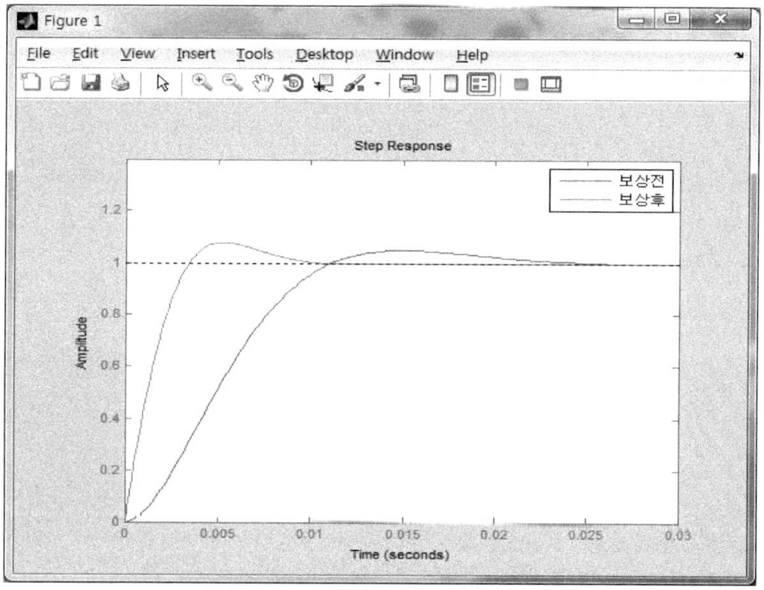

```
search_zc.m

function [zc]=search_zc(rc.Gnum.Gden)
%search_zc function for searching zc
%zc-(x+yi)=real+image=>angle=atan(image/real)
%sum all angle zero-sum all angle pole=-180
%rc=real+image*i, input
%Gnum//numerator, input
%made by hamin
angle_rc=[angle(polyval(Gnum,rc))-angle(polyval(Gden,rc))]*180/pi;
theta_zc=180-angle_rc
zc=[(imag(rc)/tan(theta_zc*pi/180))-real(rc)]
end

ex12_4.m
%문제) PD제어기를 설계하라, 램프입력에대한 정상상태 오차 <= 10^-3
% 최대 오버슛 <= 5, Ts <= 0.01
clear all
close all
disp('{제어기가 설계되기 전의 상태를 보자}');
s = tf([1 0],1);
Gs = 4000 / ( s*(s+400) )
Gnum =  [4000]; %분자 다항식
Gden =  [1 400 0];  %s*(s+400);
disp('insert any key');
pause;
disp('시스템 스펙에 맞춰서 %OS 을 넣어서 zeta를 구한다');
OS = 5;
zeta = -log(OS /100)/sqrt(pi^2+(log(OS/100))^2) %zeta = 0.6091
disp('비교를 위해서 근궤적을보고 보상전 s값과 K 값을 구하자)');
```

```
rlocus(Gs)
before_s = -200 + 261*i;
before_K = 21;
%disp('보상전 정상 상태 오차를 보여준다.');
before_ev = 1/(dcgain(before_K*s*Gs)) ;
disp('PD 제어기 설계');
disp('step 1 *** rc = -ad + wn*i 구하기');
disp('제어기 설계를 위해 파라미터 값을 결정해보자');
disp('insert any key');
pause;
disp('Ts = 4/ad ');
Ts = 0.01
ad = 4/Ts
disp('ad = zeta*wd');
wn = ad/zeta
disp('wd = wn * sqrt(1-zeta^2)');
wd = wn*sqrt(1-zeta^2)
disp('우세 극점 좌표 rc는');
rc = -ad + j*wd
disp('insert any key');
pause;
disp('step 2 *** zc 찾기');
disp('zc의 편각을 찾기, (rc - pole) -> atan(imag/real) -> sum 각zero - sum 각
pole = -180');
zc = search_zc(rc,Gnum,Gden);
disp('insert any key');
pause;
disp('D제어기가 적용된 오픈 루프 전달함수의 근궤적을 보고');
disp('댐핑률에 따라서 변화된 K 값을 찾는다.');
Gs_D = (s+zc)*Gs;
```

```
disp('insert any key');
pause;
rlocus(Gs_D)
s = -421 + 441*i;
K = 0.111;
Gs_PD = K*Gs_D;
disp('insert any key');
pause;
%disp('제어기 적용후 램프입력 정상상태 오차');
PD_ev = 1/dcgain(s*Gs_PD);
Gcl_1 = feedback(before_K*Gs,1);
Gcl_2 = feedback(Gs_PD,1);

disp('PD제어기 보상전후의 값비교');
disp('insert any key');
pause;
disp('PD제어기 보상전');
before_s
before_K
disp('보상전 램프입력에 대한 정상 상태 오차');
before_ev
disp('insert any key');
pause;
disp('PD제어기 보상후');
s
K
disp('보상후 램프입력에 대한 정상 상태 오차');
PD_ev
disp('insert any key');
pause;
```

```
disp('PD제어기 파라미터 값');
K
zc
disp('insert any key');
pause;
disp('PD제어기 사용후의 전달함수');
Gs_PD
disp('PD제어기 사용 전후의 클로즈 전달함수의 스텝응답 비교');
step(Gcl_1,'r',Gcl_2,'g'); legend('보상전','보상후');
function [zc] = search_zc(rc,Gnum,Gden)
angle_rc = [angle(polyval(Gnum,rc)) - angle(polyval(Gden,rc))]*180/pi;
theta_zc = 180 - angle_rc
zc = [(imag(rc)/tan(theta_zc*pi/180))-real(rc)]
```

예제 M12.4 PID제어기 설계

$G(s) = \dfrac{200}{s^2+20s+100}$, 계단 입력에 대한 정상 상태 오차 ≤ 10^{-2}

%OS ≤ 10 , 피크 시간(Tp) ≤ 0.15초

를 만족 시키는 PID제어기를 설계하시오.

PD제어기 설계

스텝 1. rc = ad + wd*i 구하기

OS = 7.8000

zeta = 0.6304

wd = 31.1049 (wd = pi/Tp)

wn = 40.0684 (wd = wn*sqrt(1-zeta^2)

ad = 25.2579 (ad = zeta * wn)

우세 극점 좌표 rc는

rc = -25.2579 + 31.1049i

25.2579 + 31.1049

스텝 2. zc 찾기

zc의 편각을 찾기, theta = zc - pole

theta_zc = 52.2587

zc = 49.3343

PI 제어기 설계

스텝 3. zc를 정한다.

zc를 0.1로 두고 전달함수를 다시 만들어 근궤적을 그린다.

스텝 4. zeta 값에 따른 Gain값 찾기

zeta가 0.6304 일 때의 Gain을 알아보면 K = 0.151이 된다.(다음 그림 참조)

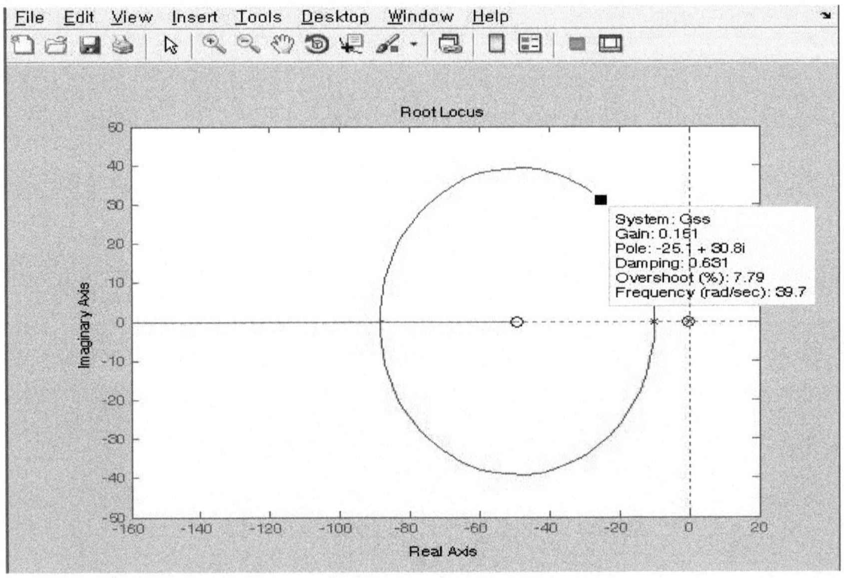

보상전 근궤적의 zeta의 범위가 0.5 보다 작아서 K를 구할 수 없음

PID제어기 보상전후의 값 비교

보상전 램프입력에 대한 정상 상태 오차

before_ev = Inf(무한대)

PID제어기 보상후

보상후 램프입력에 대한 정상 상태 오차

ev = 0.2797

PID 제어의 파라미터는

K = 0.1510
zc_PD = 49.3343
zc_PI = 0.2400

PID제어기를 적용한 오픈 루프 전달함수는 다음과 같음

```
Transfer function:
30.2 s^2 + 1497 s + 357.6
--------------------------
  s^3 + 20 s^2 + 100 s
```

보상전, PD보상후, PID보상후 의 스텝응답비교 (다음 그림 참조)

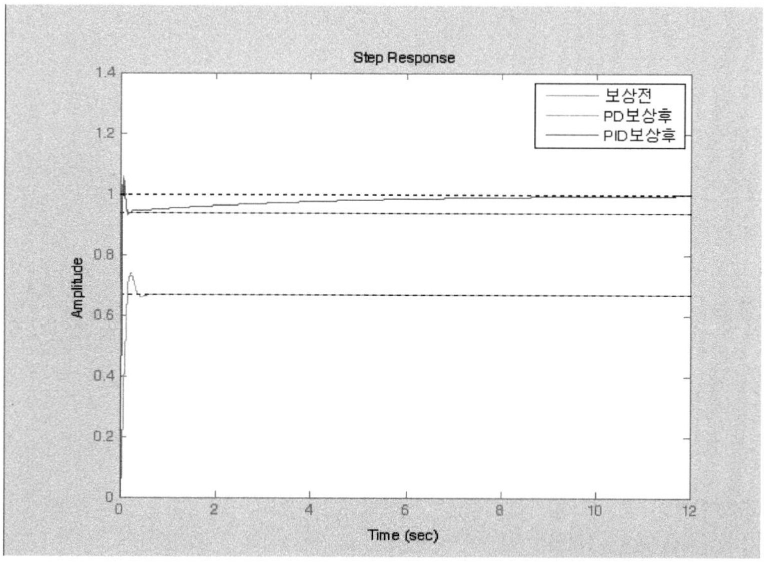

다음 그림은 시간이 충분히 지났을 때의 정상상태 응답을 보여준다.

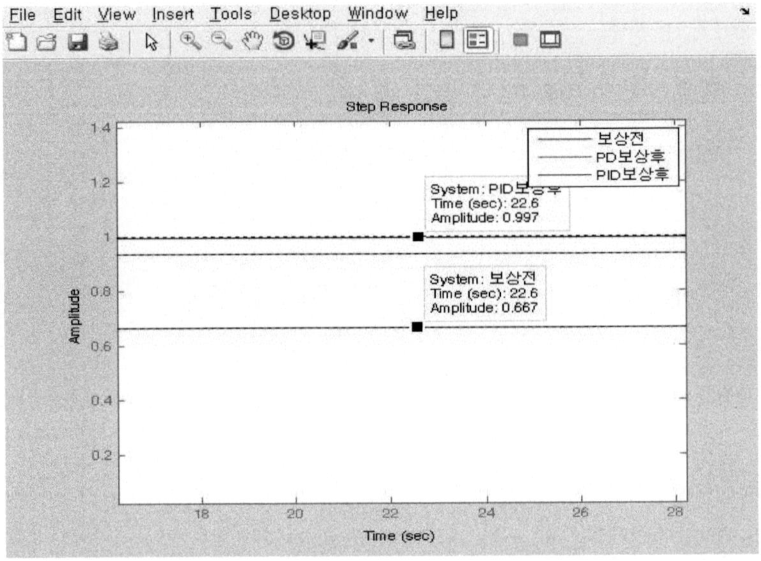

ex12_5.m

```
  %문제)PID제어기 설계, 램프 입력에 대한 정상상태 오차 = 10^(-2)
  %최대오버슛 < 10, Tp <0.15
  %보상전 근궤적의 zeta의 범위가 0.5 보다 작아서 K를 구할 수 없음
clear all
close all
disp('제어기가 설계되기 전의 상태를 ');
s = tf([1 0],1);
Gs = 200/(s^2+20*s+100)
Gnum = [200];
Gden = [1 20 100];
before_ev = 1/dcgain(s*Gs);
disp('insert any key');
pause;

disp('먼저 PD제어기 구하기');
```

```
disp('step 1  *** rc = -ad + wn*i 구하기');
disp('insert any key');
pause;
OS = 7.8
zeta = -log(OS /100)/sqrt(pi^2+(log(OS/100))^2)
disp('wd = pi/Tp');
Tp = 0.101
wd = pi/Tp
disp('wd = wn*sqrt(1-zeta^2)');
wn = wd / sqrt(1-zeta^2)
disp('ad = zeta * wn');
ad = zcta * wn
disp('우세 극점 좌표 rc는');
rc = -ad + wd * i
disp('insert any key');
pause;
disp('step 2  *** zc 찾기');
disp('zc의 편각을 찾기, (rc - pole) -> atan(imag/real) -> sum 각zero -
sum 각pole = -180');
zc = search_zc(rc,Gnum,Gden);
disp('insert any key');
pause;
zc_PD = zc;
disp('다음 PI 제어기 설계한다.');
disp('insert any key');
pause;
disp('step 1  zc 를 정한다.');
disp('zc를 0.1로 두고 전달함수를 다시 만들어 근궤적을 그린다.');
zc_PI = 0.24;
Gss = Gs*(s+zc_PI)*(s+zc_PD)/s;
disp('step 2 zeta 값에 따른 Gain값 찾기');
disp('zeta가 0.6304 일때의 Gain을 알아보면 K = 0.151 이 된다.');
rlocus(Gss)
```

```
K = 0.151;
Gs_PID = Gss*K;
disp('insert any key');
pause;

disp('보상전 근궤적의 zeta의 범위가 0.5 보다 작아서 K를 구할수없음');
disp('PID제어기 보상전후의 값비교');
disp('insert any key');
pause;
disp('보상전 램프입력에 대한 정상 상태 오차');
before_ev
disp('insert any key');
pause;
disp('PID제어기 보상후');
disp('보상후 램프입력에 대한 정상 상태 오차');
ev = 1/dcgain(s*Gs_PID)
disp('insert any key');
pause;
disp('PID제어기 파라미터 값');
K
zc_PD
zc_PI
disp('PID제어기를 적용한 오픈 루프 전달함수를 보면');
disp('insert any key');
pause;
Gs_PID
Gs_PD = Gs*(s+zc_PD)*K;
Gcl_1 = feedback(Gs,1);
Gcl_2 = feedback(Gs_PD,1);
Gcl_3 = feedback(Gs_PID,1);
disp('보상전, PD보상후, PID보상후 의 스텝응답비교');
disp('insert any key');
pause;
```

```
step(Gcl_1,'r',Gcl_2,'g' , Gcl_3,'b'); legend('보상전','PD보상후', 'PID보상후');

  function [zc] = search_zc(rc,Gnum,Gden)
  angle_rc = [angle(polyval(Gnum,rc)) - angle(polyval(Gden,rc))]*180/pi;
  theta_zc = 180 - angle_rc
  zc = [(imag(rc)/tan(theta_zc*pi/180))-real(rc)]
```

12.8 기사 문제

1 offset을 제거하기 위한 제어법은?

㉮ 비례 제어 ㉯ 적분 제어 ㉰ on-off 제어 ㉱ 미분 제어

2 PD 제어 동작은 공정 제어계의 무엇을 개선하기 위하여 쓰이고 있는가?

㉮ 정밀성 ㉯ 속응성 ㉰ 안정성 ㉱ 이득

3 PD 조절기의 전달 함수 $G_c(s) = 1.02 + 0.002s$의 영점은?

㉮ -510 ㉯ -1,020 ㉰ 510 ㉱ 1,020

4 다음은 어떤 조절기의 출력(조작 신호) $m(t)$와 동작 신호 $e(t)$사이의 관계를 나타낸다. 이 조절기의 제어 동작은? (단, K_I는 상수이다.)

$$\frac{dm(t)}{dt} = K_I e(t)$$

㉮ P-I 동작 ㉯ P-D 동작 ㉰ D 동작 ㉱ I 동작

5 적분 시간이 2분, 비례 감도가 3인 PI 조절계의 전달 함수는?

㉮ $3 + 2s$ ㉯ $3 + \frac{1}{2s}$ ㉰ $\frac{2s}{6s+3}$ ㉱ $\frac{6s+3}{2s}$

6 정상 특성과 응답 속응성을 동시에 개선시키려면 다음 어느 제어를 사용해야 하는가?

㉮ P 제어 ㉯ PI 제어 ㉰ PD 제어 ㉱ PID 제어

7 조작량 $y(t)$가 다음과 같이 표시되는 PID 동작에서 비례 감도, 적분 시간, 미분 시간은?

$$y(t) = 4z(t) + 1.6\frac{d}{dt}z(t) + \int z(t)dt$$

㉮ 2, 0.4, 4 ㉯ 2, 4, 0.4 ㉰ 4, 4, 0.4 ㉱ 4, 0.4, 4

8 $\dfrac{M(s)}{E(s)} = 3 + 1.5s + \dfrac{1}{s}1.5$인 PID 동작에서 적분 시간($T_I$)과 미분 시간($T_D$)은 각각 얼마인가?

$$G(s) = K_P\left(1 + \frac{1}{T_I s} + T_D s\right)$$

㉮ $T_I = 2,\ T_D = 2$ ㉯ $T_I = 0.5,\ T_D = 2$
㉰ $T_I = 2,\ T_D = 0.5$ ㉱ $T_I = 1.5,\ T_D = 1.5$

9 어떤 자동 조절기의 전달 함수에 대한 설명 중 옳지 않은 것은?

㉮ PID 조절기는 비례-적분-미분 동작 조절기이다.
㉯ K_P를 비례 감도라고도 한다.
㉰ T_D는 미분 시간 또는 레이트 시간(rate time)이라 한다.
㉱ T_I는 리셋률(reset rate)이다.

10 잔류 편차가 있는 제어계는?

㉮ 비례 제어계(P 제어계) ㉯ 적분 제어계(I 제어계)
㉰ 비례 적분 제어계(PI 제어계) ㉱ 비례 적분 미분 제어계(PID 제어계)

11 비례 적분 동작을 하는 PI 조절계의 전달 함수는?

㉮ $K_P\left(1 + \dfrac{1}{T_I s}\right)$ ㉯ $K_p + \dfrac{1}{T_I s}$ ㉰ $1 + \dfrac{1}{T_I s}$ ㉱ $\dfrac{K_P}{T_I s}$

12 PI 제어 동작은 공정 제어계의 무엇을 개선하기 위해 쓰이고 있는가?

㉮ 속응성 ㉯ 정상 특성 ㉰ 이득 ㉱ 안정도

13 적분 시간이 3분, 비례 감도가 5인 PI 조절계의 전달함수는?

㉮ $5 + 3s$ ㉯ $5 + \dfrac{1}{3s}$ ㉰ $\dfrac{3s}{15s + 5}$ ㉱ $\dfrac{15s + 5}{3s}$

14 PID 동작은 어느 것인가?

㉮ 사이클링과 오프셋이 제거되고 응답 속도가 빠르며 안정성도 있다.
㉯ 응답 속도를 빨리 할 수 있으나 오프셋은 제거되지 않는다.
㉰ 오프셋은 제거되나 제어 동작에 큰 부동작 시간이 있으면 응답이 늦어진다.
㉱ 사이클링을 제거할 수 있으나 오프셋이 생긴다.

15 조작량 $y(t) = 4x(t) + \frac{d}{dt}x(t) + 2\int x(t)dt$로 표시되는 PID 동작에 있어서 미분 시간과 적분 시간은?

㉮ 4, 2　㉯ $\frac{1}{4}$, 2　㉰ $\frac{1}{2}$, 4　㉱ $\frac{1}{4}$, 4

해답

1.㉯ 2.㉯ 3.㉮ 4.㉰ 5.㉱ 6.㉱ 7.㉰ 8.㉰ 9.㉱ 10.㉮
11.㉮ 12.㉯ 13.㉱ 14.㉮ 15.㉯

13 진상-지상 제어기 설계

13장에서는 12장에서 설계한 PID제어기 설계를 기반으로 진상-지상 제어기를 설계하는 방법에 대해 다룬다.

13.1 지상, 진상 제어기의 개념 이해

❖ 지상 및 진상 제어기가 나오게 된 배경

PI, PD, PID 제어기 구성을 위해서는 능동 소자가 필요하다.

⇒ 전력 소모 및 단가가 비싸짐.

저항, 커패시터만으로 구성된 수동소자를 사용하면 전력소모가 줄고 단가도 싸진다. 대신 0과 무한대의 극점인 미분기 s, 적분기 $\frac{1}{s}$을 구현할 수 없다.

하지만, PI, PD, PID 제어기 대용으로 필요에 따라 사용할 수 있다.

다음의 제어기 형태를 고려해 보자. $G_c(s) = K\frac{s+z_c}{s+p_c}$

지상 제어기 : 0의 극점인 미분기 s는 0에 가까운 극점으로 대치한다.

$$G_c(s) = K\frac{s+z_c}{s+p_c} \text{에서 } z_c > p_c \Rightarrow \text{PI제어기를 대신한다.}$$

$$G_c(s) = \frac{1}{\alpha}\left(\frac{s+\alpha p_c}{s+p_c}\right), \quad (\alpha > 1)$$

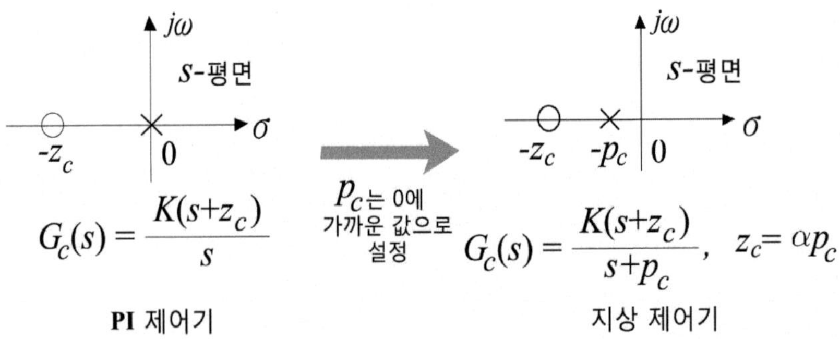

진상 제어기 : 무한대의 극점을 충분히 큰 유한한 극점으로 대치한다.

$$G_c(s) = K\frac{s+z_c}{s+p_c} \text{에서 } z_c < p_c, \text{ PD제어기를 대신한다.}$$

$$G_c(s) = \alpha\left(\frac{s+z_c}{s+\alpha z_c}\right), \quad (\alpha > 1)$$

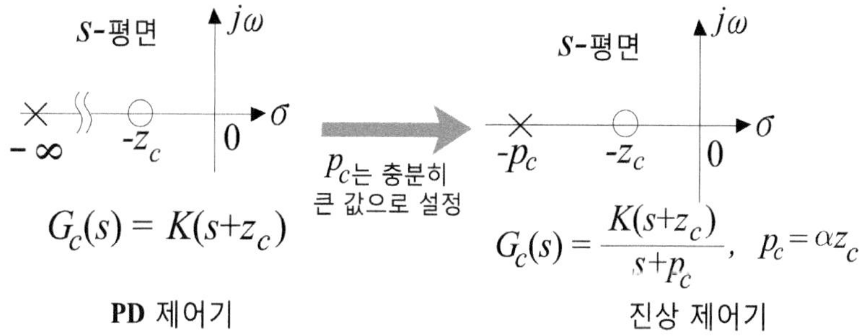

진상-지상 제어기 : 진상-지상 제어기 = 진상 제어기 × 지상 제어기

$$G_c(s) = \underbrace{\left(\frac{s+z_c}{s+\alpha z_c}\right)}_{\text{진상제어기}} \cdot \underbrace{\left(\frac{s+\alpha p_c}{s+p_c}\right)}_{\text{지상제어기}}, \quad (\alpha > 1)$$

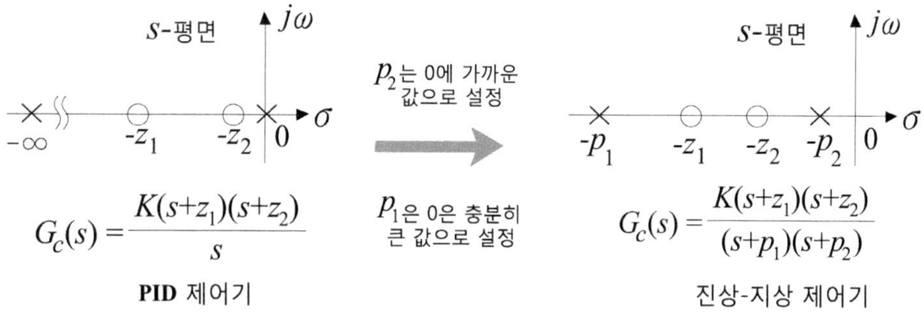

결론 : 0의 극점과 무한대의 극점을 유한한 극점으로 대신함으로서 성능저하가 불가피함. 유한한 극점 p_1을 어떻게 설정할지 결정하여야 함.

13.2 지상 제어기의 설계

지상 제어기는 PI제어기를 모방한 것으로 정상상태 오차를 개선 시키는데 목적이 있다.

$$G_c(s) = \frac{1}{\alpha}\left(\frac{s+\alpha p_c}{s+p_c}\right)$$

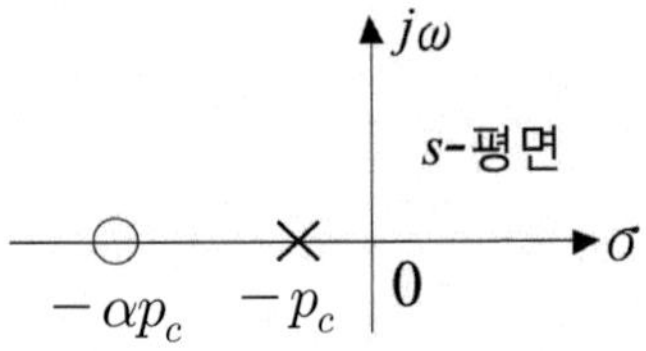

설계 목적 : 극점 $-p_c$와 영점 $-\alpha p_c$를 충분히 가깝게 하여 극점·영점 상쇄 효과로 근궤적 형태에 영향을 주지 않는다. 0에 가까운 극점 $-p_c$의 추가로 정상상태 응답을 개선하려고 한다.

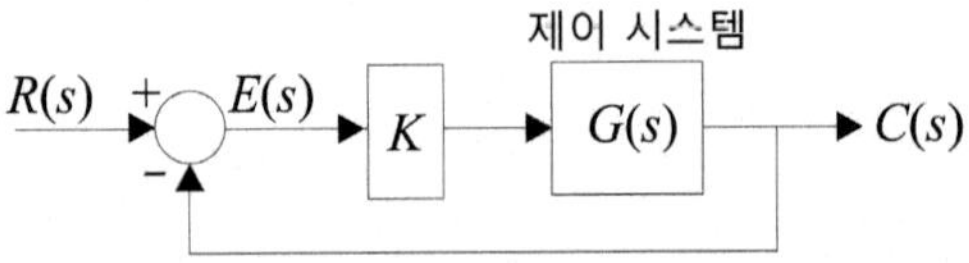

(a) 보상전

보상전 : $G_{OL}(s) = KG(s)$

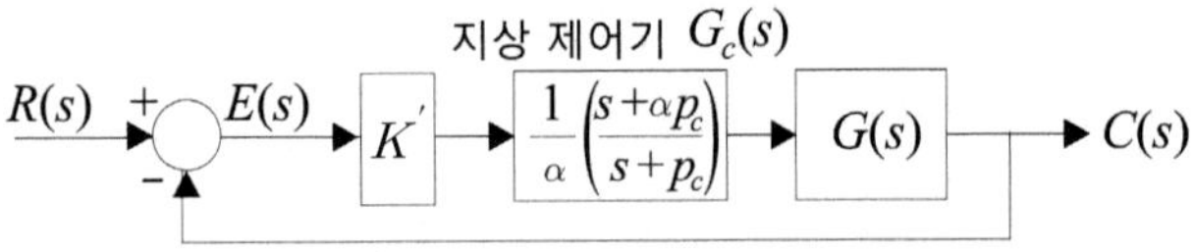

(b) 보상후

〈그림 13.1〉 지상제어기의 설계

보상후 :

$$G_{OL}(s) = K' G_c(s) G(s)$$
$$= \frac{K'}{\alpha}\left(\frac{s+\alpha p_c}{s+p_c}\right)G(s), \quad (\alpha >$$

- 지상 제어기를 사용하여 보상한 후의 이득과 위치 상수를 구해 정상상태 오차가 개선되는 것에 대하여 알아보자.

이득 - 보상전 이득 : K

보상후 이득 : $\frac{K'}{\alpha}$, K'(보상후)

$$K = \frac{K'}{\alpha}, \; K' = \alpha K$$

보상후 이득은 α배로 증가한다.

오차 위치상수 - 보상전 : $K_p = KG(0)$

보상후 : $K_p' = K' G_c(0)G(0)$, $G_c(0) = 1$

$= K' G(0) = \alpha KG(0) = \alpha K_p$

보상후의 오차 위치 상수는 보상전에 비해 α배로 늘어나게 되어 정상 상태 오차가 줄어들게 된다.

보상전 $e_p = \dfrac{1}{1+K_p}$, 보상후 $e_p' = \dfrac{1}{1+\alpha K_p}$

결과 : PI제어기는 시스템의 유형을 높여 정상상태 오차를 완전히 0으로 만들 수 있지만, 지상제어기는 원점에 극점이 없으므로 시스템의 유형을 높일 수 없다. 따라서, 정상상태 오차를 완전히 0으로 만들 수는 없지만 상당히 개선은 이룰 수 있다.

- 지상제어기의 설계방법

스텝 1. $G(s) = \dfrac{1}{\alpha}(\dfrac{s+\alpha p_c}{s+p_c})$에서 $p_c = 0.01$과 같이 0에 가까운 수로 설정.

스텝 2. MATLAB을 이용하여 ζ에 맞는 우세 극점을 찾아 보상전의 K를 구함.

스텝 3. $K_p' = \alpha K_p$를 이용하여 α를 구함.

스텝 4. MATLAB을 이용하여 ζ에 맞는 우세 극점을 찾아 보상후의 K를 구함

다음의 예제를 통해 지상제어기 설계에 대해 알아보자.

예제 13.1 다음은 지상제어기를 달았을 때의 전체 시스템이다. 보상후 응답 특성이 다음과 같도록 K와 지상제어기 $G_c(s)$를 설계하라.

$$\% OS = 20\%,\ e_p(\infty) = 0.01$$

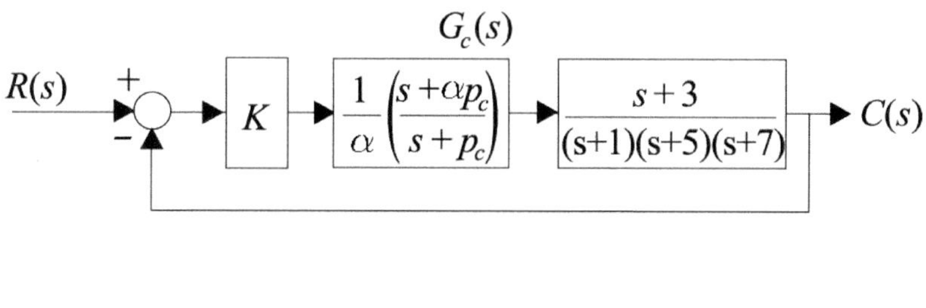

풀이.

스텝 1. $p_c = 0.01$로 설정, $\zeta = \dfrac{-\ln 0.2}{\sqrt{\pi^2 + (\ln 0.2)^2}} = 0.456$

스텝 2. MATLAB을 이용하여 ζ에 맞는 우세극점을 찾아 K를 구함.

$G(s)$의 근궤적을 그려서 K값을 구하면 다음과 같다.

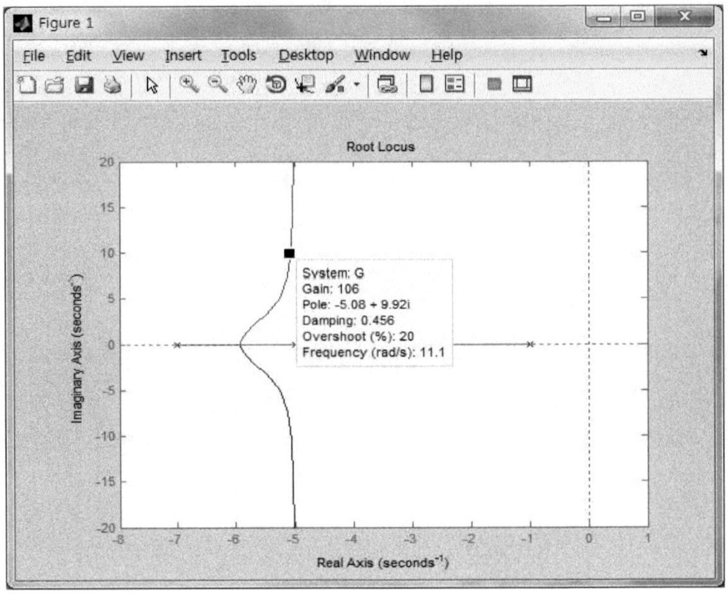

스텝 3. $K_p' = \alpha K_p$를 이용하여 α를 구함

$K = 106$

보상전

$$K_p = \lim_{s \to 0} G_{OL}(s) = \lim_{s \to 0} K \frac{s+3}{(s+1)(s+5)(s+7)} = \frac{106 \times 3}{1 \times 5 \times 7} = 9.06$$

$$e_p(\infty) = \frac{1}{1 + 9.06} = 0.099$$

보상후

$$e_p{}'(\infty) = 0.01 = \frac{1}{1+K_p{}'}$$

$$0.01(1+K_p{}') = 1$$

$$0.01K_p{}' = 1-0.01$$

$$K_p{}' = \frac{1-0.01}{0.01} \qquad \therefore \text{ 보상후의 } K_p{}' = 99$$

$K_p{}' = \alpha K_p$를 이용하면 $99 = \alpha 9.06$

$$\alpha = \frac{99}{9.06} = 10.927$$

$$\therefore \text{ 지상 제어기 } = \frac{1}{10.927}\left(\frac{s+0.10927}{s+0.01}\right)$$

$$G_{OL}(s) = \frac{K(s+0.10927)(s+3)}{10.927(s+0.01)(s+1)(s+5)(s+7)}$$

스텝 4. MATLAB에 의해 근궤적을 그려 K를 구해보면 다음과 같다.

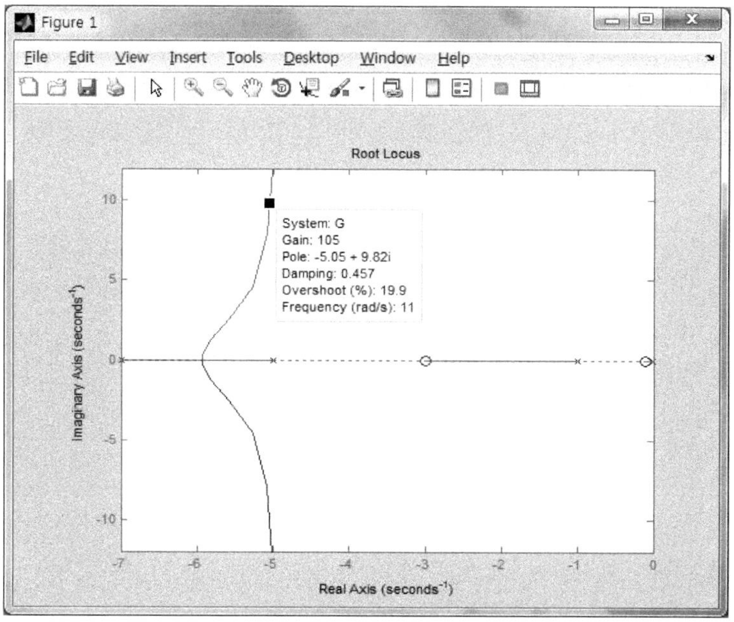

MATLAB

```
≫z=[1 3.10927 0.32781];
≫p=[1 13.01 47.13 35.47 0.35];
≫G=tf(z,p);
≫rlocus(G)
≫axis([-7 0 -12 12])
```

$$\frac{K}{10.927} = 105\ ,\ K = 1147.35$$

$$\therefore G_c(s) = \frac{1}{10.927}\left(\frac{s+0.10927}{s+0.01}\right),\quad K = 1147.35$$

13.3 진상 제어기의 설계

진상 제어기는 PD제어기를 모방한 것으로 과도상태 응답을 개선시키는데 목적이 있다.

$$G_c(s) = \alpha\left(\frac{s+z_c}{s+\alpha z_c}\right)$$

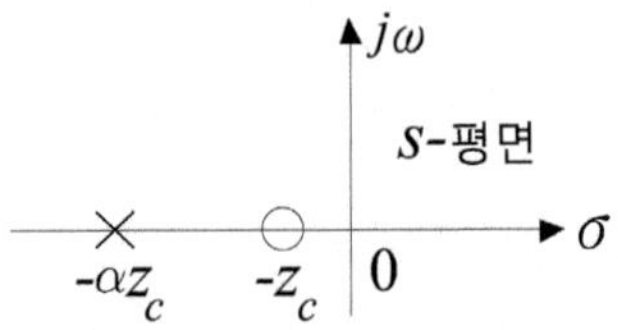

설계 목적 : 영점 $-z_c$를 추가 시켜 PD제어기와 같은 효과를 보려고 한다. 하지만, 극점 $-\alpha z_c$도 추가 되므로 근궤적의 가지수는 하나 더 늘고 점근선의 각도는 변하지 않는다. PD제어기는 근궤적을 s-공간의 좌반면(LHP)으로 휘게 만든다.

다음은 진상 제어기 영점 z_c가 PD제어기 영점 z_c보다 작게 설정해야 하는 이유를 설명한다.

$G(s) = \dfrac{s+z_1}{(s+p_1)(s+p_2)}$ 일때의 예를 보자.

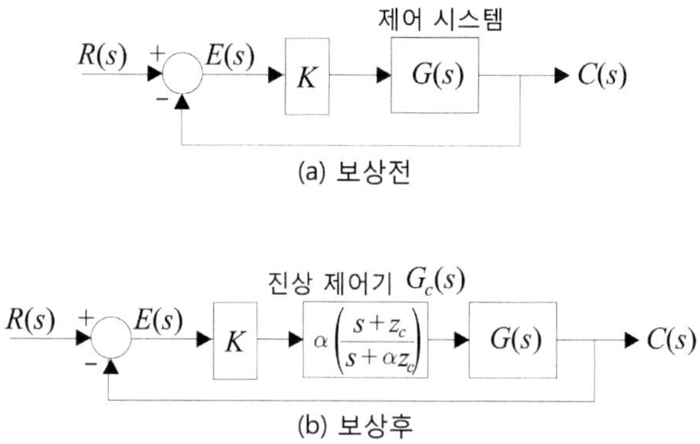

〈그림 13.2〉 진상제어기의 설계

보상후의 우세 극점에서 편각 조건을 적용 시키면 다음과 같다.

PD 제어기

$(\theta_z+\theta_3)-(\theta_1+\theta_2)=\pi$ 혹은 $-\pi$

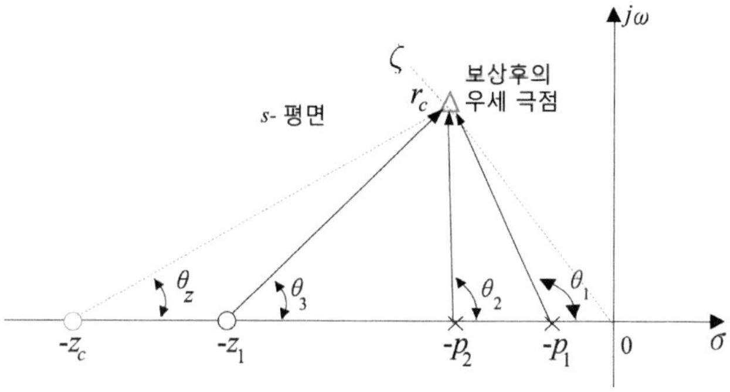

진상 제어기

$(\theta_z+\theta_3)-(\theta_1+\theta_2+\theta_p)=\pi$ 혹은 $-\pi$.

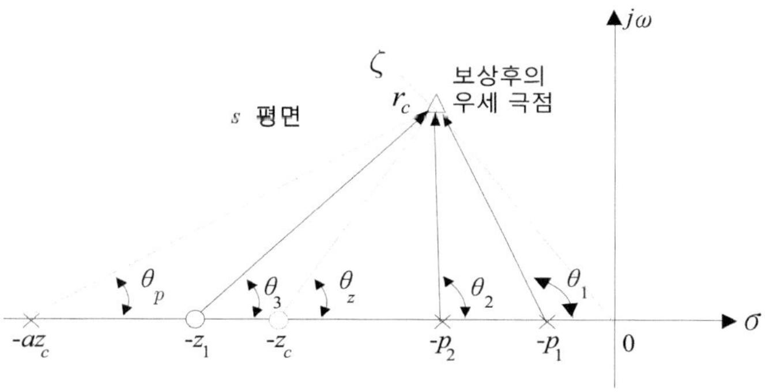

진상제어기의 경우 $-\theta_p$가 있으므로 θ_z를 결정하는 z_c가 PD제어기의 z_c보다는 원점에 더 가깝게 위치해야 한다. 왜냐하면 θ_p를 없애기 위해 더 큰 θ_z각도가 필요하기 때문이다. 따라서,

$$\text{진상제어기 영점 } z_c < PD\text{제어기 영점 } z_c$$

다음은 진상 제어기 영점 z_c 설계시 보상후의 우세극점이 $r_c = -\sigma_d \pm j\omega_d$ 일때, $z_c > \sigma_d$ 보다 크게 설정해야 하는 이유를 설명한다.

· $z_c > \sigma_d$이면, 다음의 그림처럼 추가되는 페루프 극점이 원점과 멀어 보상후의 우세 극점이 그대로 우세 극점이 된다.

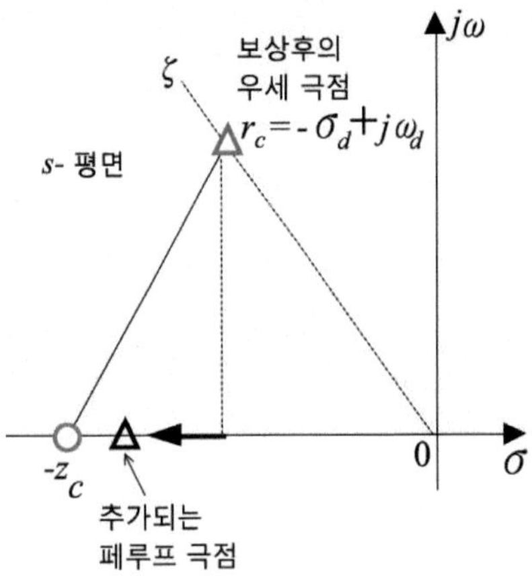

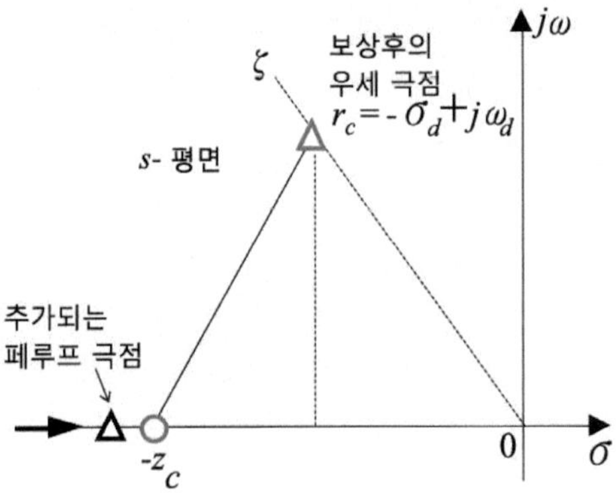

· $z_c < \sigma_d$이면, 다음의 그림처럼 추가되는 페루프 극점이 원점과 거리가 가까워 보상후의 우세 극점이 바뀔 수 있다. 즉, 원하는 우세 극점이 실제 우세 극점으로 존재하지 않을 수 있다.

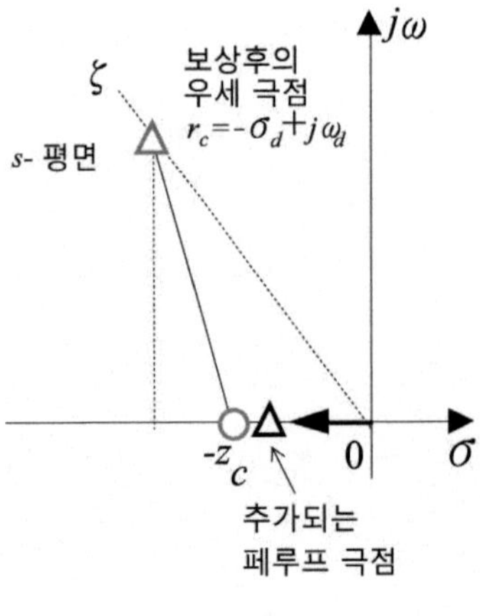

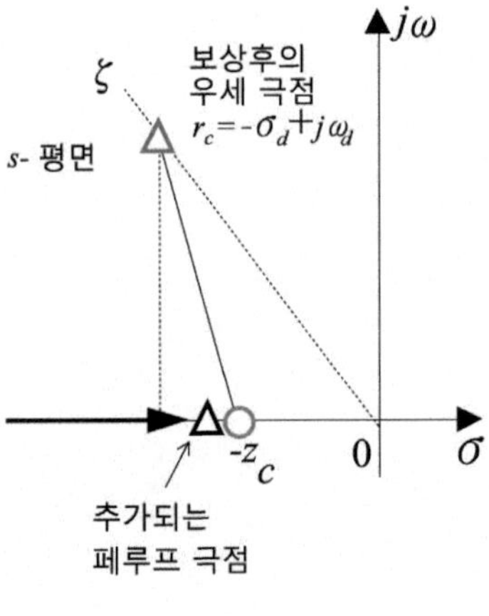

따라서, $z_c > \sigma_d$로 설정한다.

그러므로, 진상 제어기 영점은 다음 조건을 만족 시켜야 더 좋은 과도 응답 특성을 얻을 수 있다.

$$\underset{}{\sigma_d} < \underset{\substack{\text{진상제어기}\\ \text{영점}}}{z_c} < \underset{\substack{PD\text{제어기}\\ \text{영점}}}{z_c}$$

▪ 진상 제어기의 설계 방법

스텝 1. PD제어기 설계처럼 설계조건에 의해 $r_c = \sigma_d \pm j\omega_d$ 결정.

스텝 2. 편각 조건 $\sum\angle\text{영점} - \sum\angle\text{극점} = -\pi$ 혹은 π로부터 실수축상에 있는 PD제어기 영점 $-z_c$결정.

스텝 3. $\sigma_d < \underset{\substack{\text{진상제어기}\\ \text{영점}}}{z_c} < \underset{\substack{PD\text{제어기}\\ \text{영점}}}{z_c}$ 조건에 맞게 진상제어기 영점 z_c선택.

스텝 4. θ_z를 구함.

스텝 5. 편각조건에 의해 θ_p를 구함.

스텝 6. θ_p에 의해 αz_c를 구함.

스텝 7. $\alpha = \dfrac{\text{좌표}}{z_c}$를 구함.

예제. 13.2 〈그림 13.3〉은 제어 시스템을 진상 제어기로 보상 한 것이다. 보상후의 응답특성이 다음과 같도록 진상제어기를 설계해 보자.

1. 최대 오버슛: $\%OS \le 20\%$
2. 피크 시간: $T_P \le 0.24$ 초

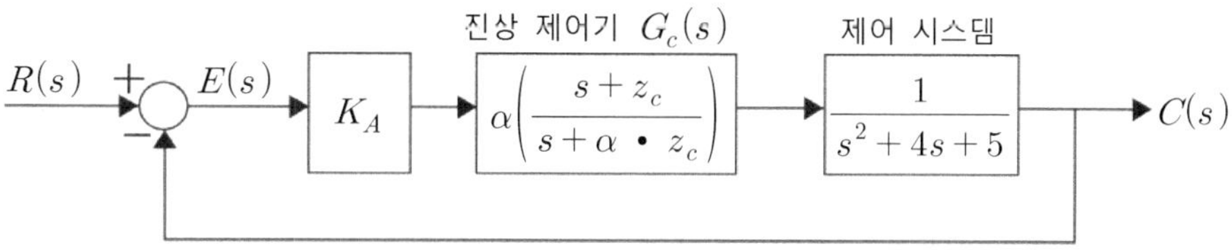

〈그림 13.3〉 진상 제어 시스템

풀이.

스텝 1. PD제어기 설계 조건에 의해 우세 극점 $r_c = -\sigma_d \pm j\omega_d$ 결정.

%OS을 설계 사양 20%보다 적은 10%로 결정

제동비 $\zeta = \dfrac{-\ln(\%OS/100)}{\sqrt{\pi^2 + (\ln(\%OS/100))^2}} = \dfrac{-\ln(0.10)}{\sqrt{\pi^2 + (\ln(0.10))^2}} = 0.591$

제동 고유 주파수 $\omega_d = \dfrac{\pi}{T_p} = \dfrac{3.14}{0.24} = 13.09$

그리고, 고유 주파수 $\omega_n = \dfrac{\omega_d}{\sqrt{1-\zeta^2}} = \dfrac{13.09}{\sqrt{1-0.591^2}} = 16.23$

제동 상수 $\sigma_d = \zeta\omega_n = 0.591 \times 16.23 = 9.59$

따라서, 우세 극점 $r_c = -9.59 + j13.09$

스텝 2. 편각 조건 $\Sigma\angle$ 영점 $-\Sigma\angle$ 극점 = $-\pi$ 혹은 π로부터 실수 축 상에 있는 PD제어기 영점 $-z_c$결정

$\theta_1 + \theta_2 = -119.54^\circ$

PD제어기에서 영점 $-z_c$에 대한 각 θ_z

$\theta_z = 180° - 119.54° = 60.46°$

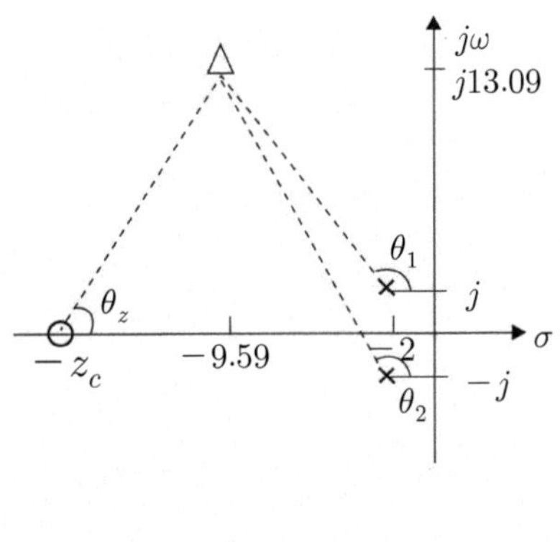

$\dfrac{\omega_d}{z_c - \sigma_d} =$

$\dfrac{13.09}{z_c - 9.59} = \tan 60.46° = 1.765$

$(z_c - 9.59)1.765 = 13.09$

$z_c \cdot 1.765 - 16.926 = 13.09$

$z_c = \dfrac{16.926 + 13.09}{1.765} \simeq 17.006$

스텝 3. σ_d 〈 z_c (진상제어기 영점) 〈 z_c(PD제어기 영점) 조건을 만족하는 진상 제어기 영점 z_c설정

스텝 1에서 구한 $\sigma_d = 9.59$, 스텝 2에서 구한 PD제어기 영점 $z_o = 17.006$

따라서, 9.59 〈 z_c (진상제어기 영점) 〈 17.006. 여기서, 진상제어기 영점은 $z_c = 16.5$로 결정.

스텝 4. θ_z를 구함.

영점이 $z_c = 16.5$ 이므로 $\dfrac{\omega_d}{z_c - \sigma_d}$에 대입하면,

$$\frac{13.09}{z_c - 9.59} = \frac{13.09}{16.5 - 9.59} = 1.89$$

$$\theta_z = \tan^{-1}(1.89) = 62.1851°$$

스텝 5. 편각 조건에 의해 θ_p를 구함.

$$\theta_p = \theta_z - \theta_c = \theta_z - (\theta_1 + \theta_2 + \theta_p)$$

$$= 180°$$

$$62.185° - (-119.54° + \theta_p)$$

$$= 180°$$

$$\theta_p = 1.725°$$

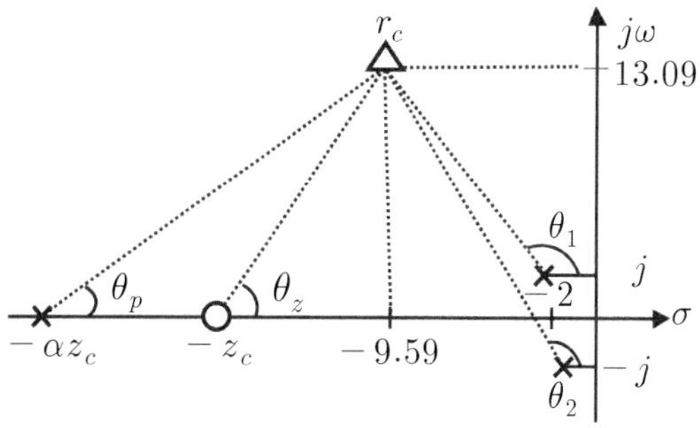

스텝 6. θ_p에 의해 αz_c를 구함.

$$\frac{13.09}{\alpha z_c - 9.59} = \tan 1.7251° = 0.030$$

$$(\alpha z_c - 9.59)0.03 = 13.09$$
$$\alpha z_c = \frac{13.09 + 9.59 \times 0.03}{0.03} = 445.92$$

스텝 7. α를 구함.

$$\alpha = \frac{445.92}{z_c} = \frac{445.92}{16.5} = 27.025(\text{매트랩수치} : 26.8868)$$

진상 제어기 전달 함수

$G_c(s) = \dfrac{26.89s + 445.92}{s + 445.92}$, 원하는 이득을 매트랩을 이용하여 근궤적을 그려 구하면 $K_A = 249$

보상된 개루프의 전달 함수

$$K_A G_c(s) G(s) = \frac{6695s + 110500}{s^3 + 447.6s^2 + 8474s + 112700}$$

다음 그림은 제어 시스템의 근궤적을 보여준다.

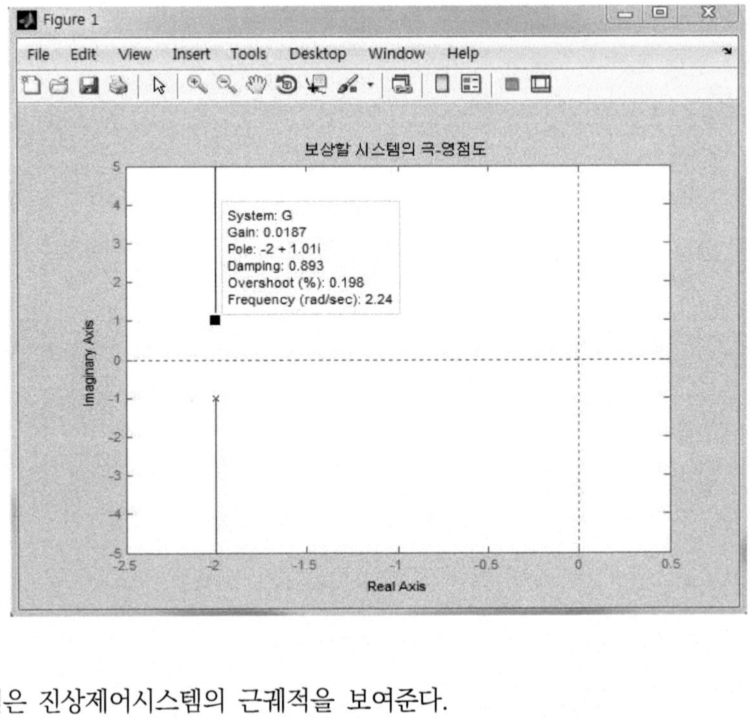

다음 그림은 진상제어시스템의 근궤적을 보여준다.

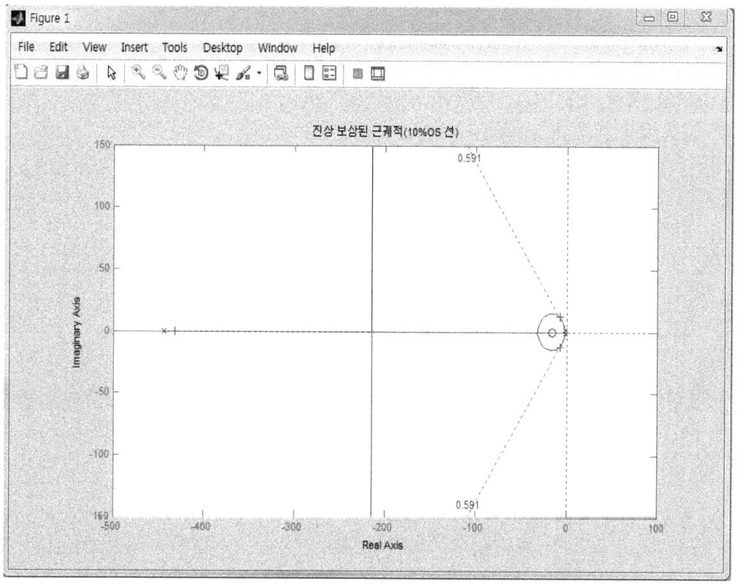

다음 그림은 우세극점과 이득값 K_A를 보여준다.

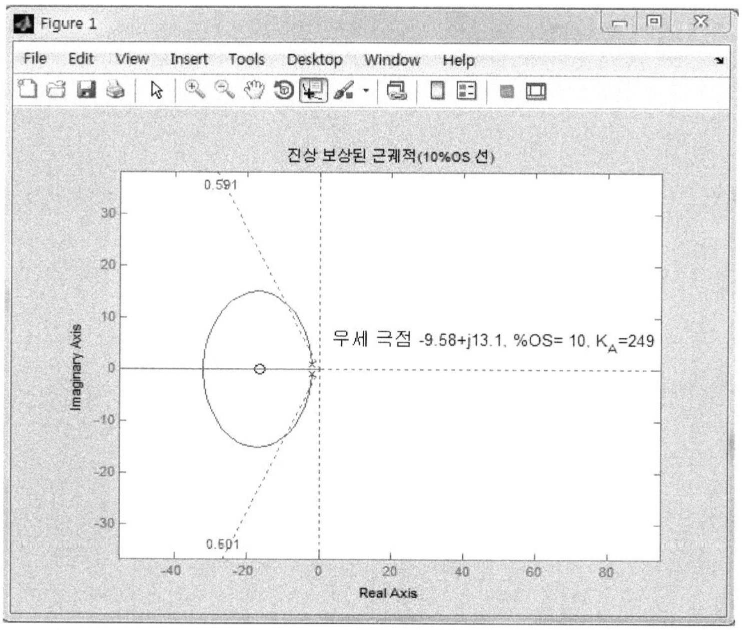

따라서, ζ=0.591일 때, 우세 극점 -9.58±j13.1이고, 이득값 K_A=249가 된다. 다음은 보상전, 보상후의 계단응답을 보여준다.

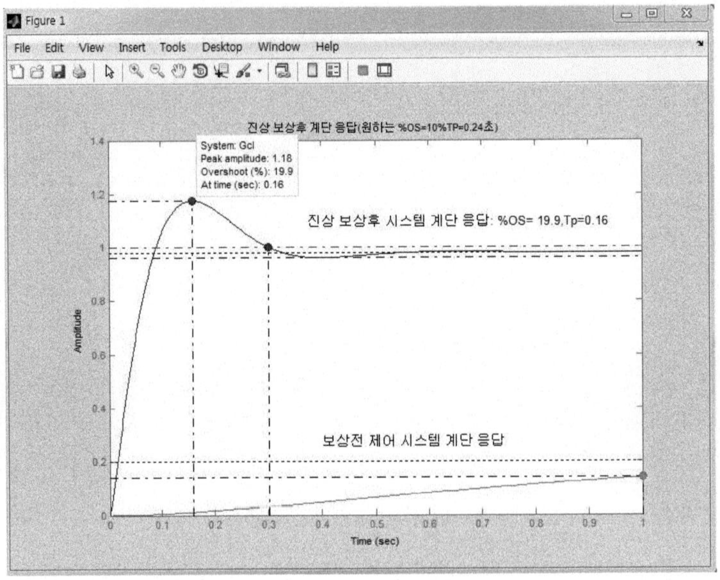

보상후 오버슛이 19.9%이며, 상승시간이 0.16이 된다. 따라서 설계조건 $\%OS \le 20\%$, $T_p < 0.24$를 만족시킨다.

13.4 진상-지상 제어기의 설계

진상-지상 제어기는 과도응답 개선을 위해 진상 제어기와 정상상태 응답 개선을 위해 지상 제어기가 혼합된 형태이다.

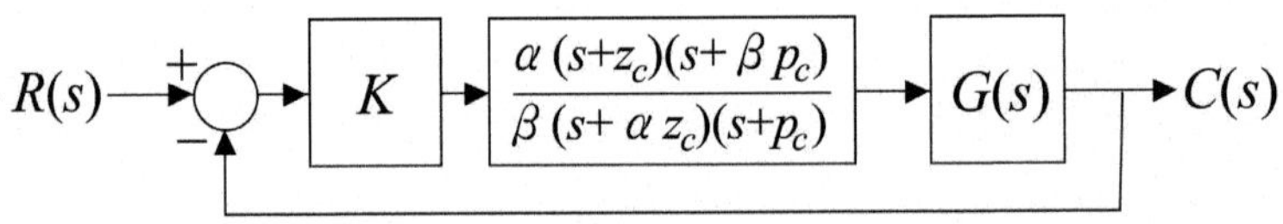

〈그림 13.3〉 진상-지상 제어기의 설계

진상-지상 제어기의 설계 방법은 설계가 더 복잡한 진상제어기를 먼저 설계하고, 그리고 나서 지상 제어기를 설계한다.

- 진상-지상 제어기의 설계방법 $G_c(s) = G_{LEAD}(s) \cdot G_{LAG}(s)$

스텝 1. 진상 제어기 설계 : z_c, α 결정 , $G_{LEAD}(s) = \dfrac{\alpha(s+z_c)}{(s+\alpha z_c)}$

스텝 2. 지상 제어기 설계 : p_c, β 결정 , $G_{LAG}(s) = \dfrac{(s+\beta p_c)}{\beta(s+p_c)}$

예제를 통하여 진상-지상 제어기 설계방법에 대해 알아보자.

예제 13.3 위의 진상-지상 제어시스템에서 다음의 $G(s)$를 설계 요건 %OS$\leq$20%, T_p=0.24초를 만족시키도록 진상-지상 제어기를 설계하시오. 단, 입력에 대한 정상상태 오차는 10배로 줄이도록 설계하시오.

$$G(s) = \frac{1}{s^2+4s+5}$$

풀이.

스텝 1. 진상제어기 설계

앞서 예제에서 구한 진상제어기 설계를 참조한다. (위의 $G(s)$는 앞서 구한 진상 제어기 예제의 $G(s)$와 같음)

스텝 2. 지상제어기 설계

진상제어기 설계에서 얻은 z_c=16.5, α=26.8868, K_A=249를 사용하면 진상제어기는 다음과 같다.(원하는 우세 극점은 -9.5941±j13.0900)

$$G_{LEAD}(s) = \frac{26.8868(s+16.5)}{s+443.6}, \ (K_A=249)$$

진상 제어기로 보상한 결과 위치 상수

$$K_{p(진상)} = K_A G_{LEAD}(0)G(0) = 249 \times \frac{443.6}{443.6} \times \frac{1}{5} = 49.8$$

이므로 정상 상태 오차는 다음과 같다.

$$e_p(\infty) = \frac{1}{1+K_{p(\text{진상})}} = \frac{1}{50.8} = 0.0197$$

지상 제어기로 보상한 후는 정상상태 오차를 10배로 줄여야 하기 때문에,

$e_p(\infty) = 0.00197 \simeq 0.002$가 된다. 위치 상수 K_p는 다음과 같다.

$$K_{p(\text{진상}-\text{지상})} = \frac{1}{e_p(\infty)} - 1 = \frac{1}{0.002} - 1 = 499$$

진상 보상된 과도 응답이 지상 제어기에 의해 변하지 않는다고 가정하면 지상 제어기의 β는 다음과 같이 결정된다.

$$\beta = \frac{K_{p(\text{진상}-\text{지상})}}{K_{p(\text{진상})}} = \frac{499}{49.8} = 10.021$$

지상 제어기의 영점을 0.1로 설정하여 지상제어기를 설계하면 다음과 같다.

$$G_{LAG}(s) = \frac{1}{10.021} \times \frac{s+10.021 \times 0.1}{s+0.1}$$

스텝 3. 각각 구해진 진상, 지상 제어기를 사용해 이득 값을 구한다.

구해진 진상, 지상 제어기를 이용하여 다음과 같은 $L(S)$를 구성한다.

$$L(s) = G_{LEAD}G_{LAG}G(s)$$

매트랩을 사용해 $L(s)$의 근궤적을 그린 후 설계 사양에 맞도록 이득 K_A를 찾는다.

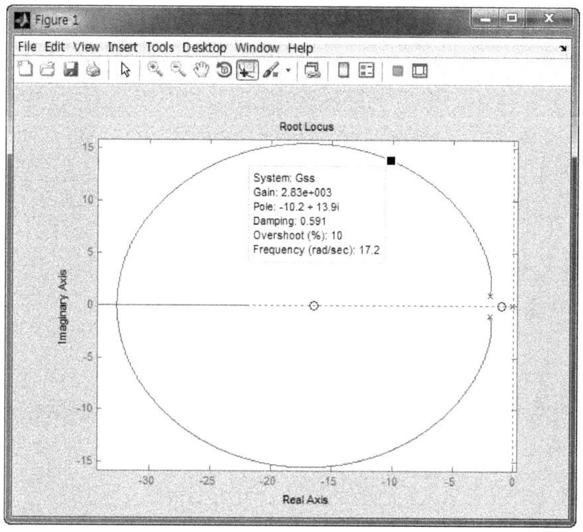

근궤적을 보면 이득 K_A=2820이다.

따라서 이득, 진상-지상제어기, 시스템이 포함된 전달함수는 다음과 같이 구해진다.

$$K_A L(s) = \frac{2.683s^2 + 46.96s + 44.36}{s^4 + 447.7s^3 + 1824s^2 + 2396s + 221.8}$$

매트랩을 사용해 진상 보상후와 진상-지상 보상후의 계단 응답을 비교하면 다음과 같다. 설계조건과 같이 %OS이 20%이하이고, 피크 시간이 0.24초 안에 들어온다.

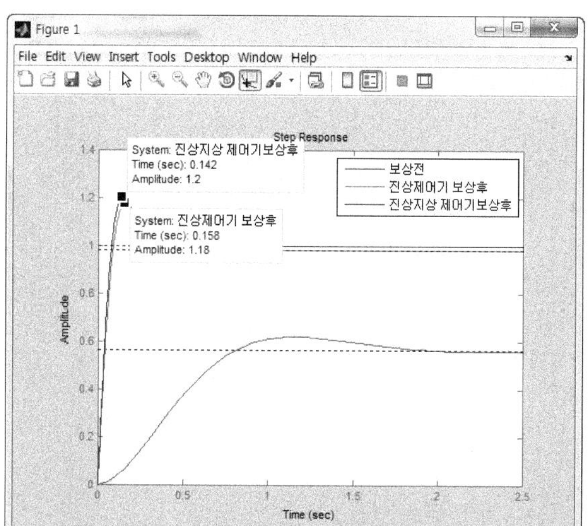

진상-지상 보상의 과도 응답은 진상 보상후와 거의 같지만 정상 상태 오차는 줄어든다. 이것은 PID제어기에서 D제어기로 과도응답을 개선하고 I제어기로 정상상태 오차를 줄이는 것과 유사하다.

13.5 진상-지상 제어기의 H/W 구성

이번 절에서는 앞서 배운 지상제어기, 진상제어기, 진상-지상 제어기를 H/W로 어떻게 구성할 수 있는지에 대해 알아보자.

13.5.1 수동회로

수동 소자 R, C만을 사용해서 제어기를 구현해 보자.

- 지상 제어기

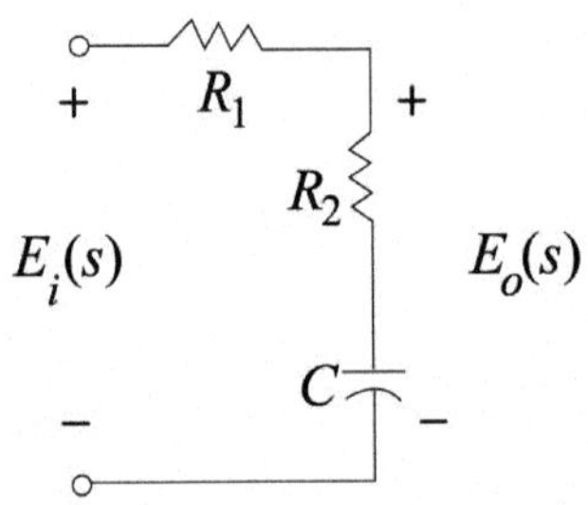

$$E_o(s) = \frac{R_2 + \frac{1}{sC}}{R_1 + R_2 + \frac{1}{sC}} E_i(s)$$

$$G(s) = \frac{E_o(s)}{E_i(s)} = \frac{sCR_2 + 1}{sC(R_1 + R_2) + 1}$$

$$= \frac{R_2}{R_1 + R_2} \left(\frac{s + \frac{1}{R_2 C}}{s + \frac{1}{(R_1 + R_2)C}} \right)$$

$$G_c(s) = \frac{1}{\alpha} \left(\frac{s + \alpha p}{s + p} \right)$$

저항, 커패시터는 $\frac{1}{R_2 C} > \frac{1}{(R_1 + R_2)C}$ 로 설정.

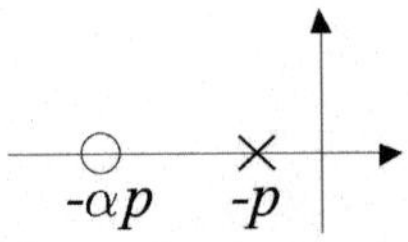

s-공간

- 진상 제어기

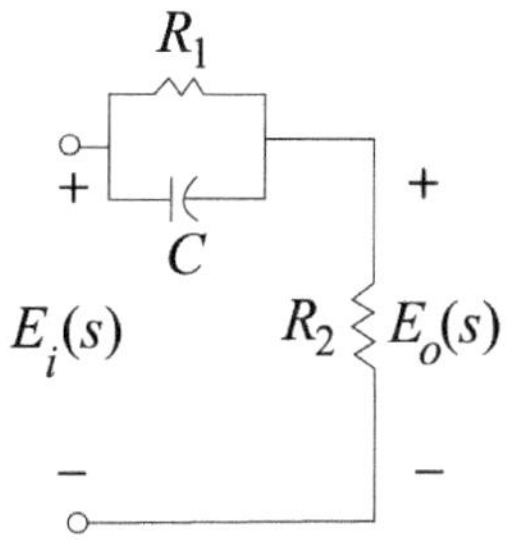

$$G_c(s) = \frac{s+z}{s+\alpha z}$$

$$E_o(s) = \frac{R_2}{(R_1 // \frac{1}{sC}) + R_2} E_i(s)$$

$$G(s) = \frac{E_o(s)}{E_i(s)} = \frac{R_2}{\frac{\frac{R_1}{sC}}{R_1 + \frac{1}{sC}} + R_2} = \frac{(R_1 + \frac{1}{sC})R_2}{\frac{R_1}{sC} + (R_1 + \frac{1}{sC})R_2}$$

$$= \frac{sCR_1R_2 + R_2}{R_1 + sCR_1R_2 + R_2} = \frac{sR_2 + \frac{R_2}{R_1C}}{sR_2 + \frac{1}{R_1C}(R_1 + R_2)}$$

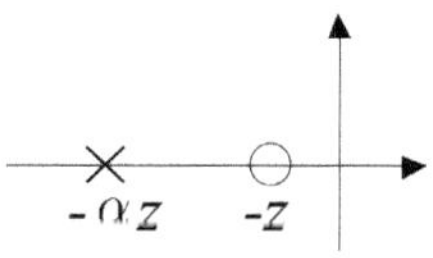

$$= \frac{s + \frac{1}{R_1C}}{s + (\frac{1}{R_1C} + \frac{1}{R_2C})}$$

저항, 커패시터는 $\frac{1}{R_1C} < (\frac{1}{R_1C} + \frac{1}{R_2C})$로 설정

- 진상-지상 제어기

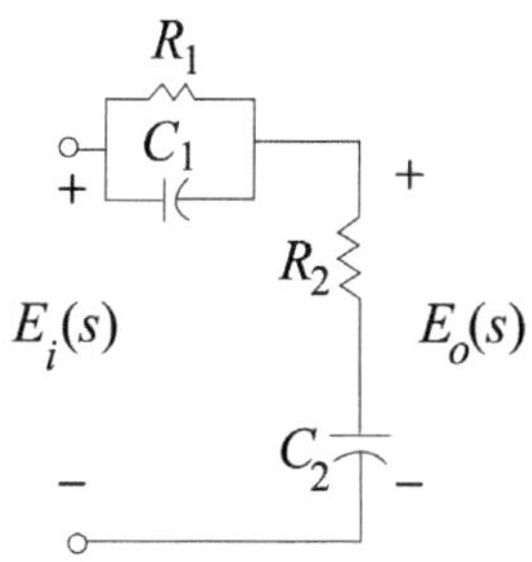

$$E_o(s) = \frac{R_2 + \frac{1}{sC_2}}{(R_1 // \frac{1}{sC_1}) + (R_2 + \frac{1}{sC_2})} E_i(s)$$

$$G(s) = \frac{E_o(s)}{E_i(s)} = \frac{(sC_2R_2 + 1)(sC_1R_1 + 1)}{sC_2R_1 + (sC_1R_1 + 1)(sC_2R_2 + 1)}$$

$$= \frac{(s + \frac{1}{R_1C_1})(s + \frac{1}{R_2C_2})}{s^2 + (\frac{1}{R_1C_1} + \frac{1}{R_2C_2} + \frac{1}{R_2C_1})s + \frac{1}{R_1R_2C_1C_2}}$$

13.5.2 능동 회로

지상 제어기, 진상 제어기 형태

$$G(s) = -K\left(\frac{s+z}{s+p}\right)$$

$z > p$이면, 지상 제어기

$z < p$이면, 진상 제어기

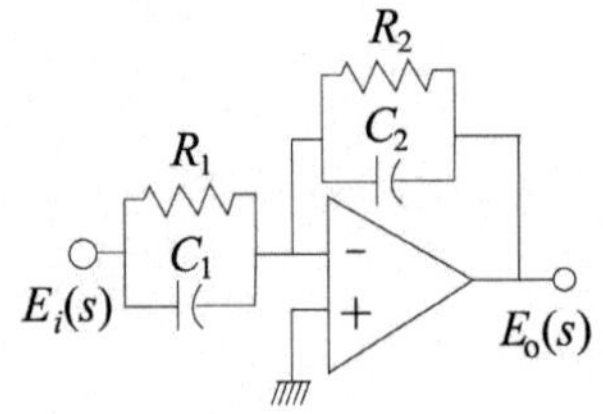

$$Z_1(s) = R_1 // \frac{1}{sC_1} = \frac{R_1}{1+sC_1R_1}$$

$$Z_2(s) = R_2 // \frac{1}{sC_2} = \frac{R_2}{1+sC_2R_2}$$

$$G(s) = -\frac{Z_2(s)}{Z_1(s)} = -\frac{\dfrac{R_2}{1+sC_2R_2}}{\dfrac{R_1}{1+sC_1R_1}} = -\frac{R_2(sC_1R_1+1)}{R_1(sC_2R_2+1)}$$

$$= -\frac{C_1}{C_2}\left(\frac{s+\dfrac{1}{R_1C_1}}{s+\dfrac{1}{R_2C_2}}\right)$$

- 지상 제어기

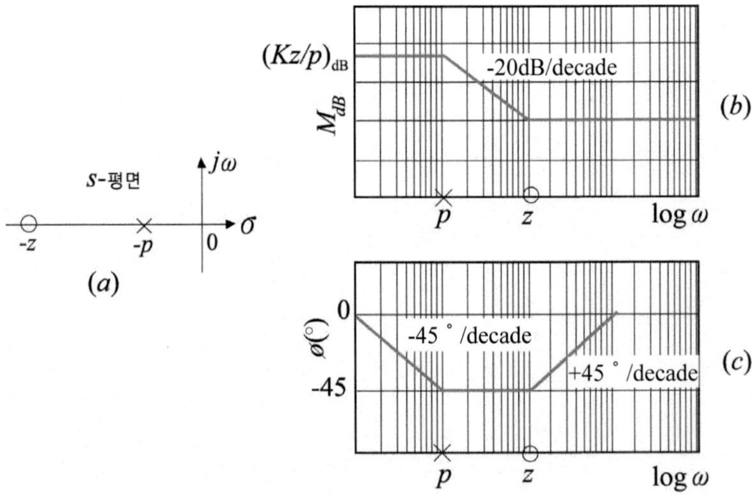

〈그림 13.4〉 지상 제어기의 보드선도

크기 : 직류이득 $|G(0)| = (K\frac{z}{p})_{dB}$

$$z > p \text{ 이므로 } (K\frac{z}{p})_{dB} > (K)_{dB}$$

위상 : 0° 이하 ⇒ 지상(phase-lag)

◆ 진상 제어기

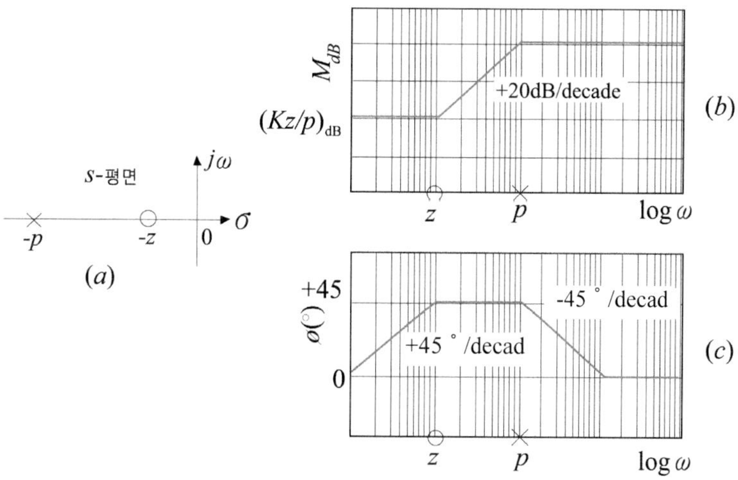

〈그림 13.5〉 진상 제어기의 보드선도

크기 : 직류이득 $|G(0)| = (K\frac{z}{p})_{dB}$

$$z < p \text{ 이므로 } (K\frac{z}{p})_{dB} < (K)_{dB}$$

위상 : 0° 이상 ⇒ 진상(phase-lead)

◆ 진상-지상 제어기

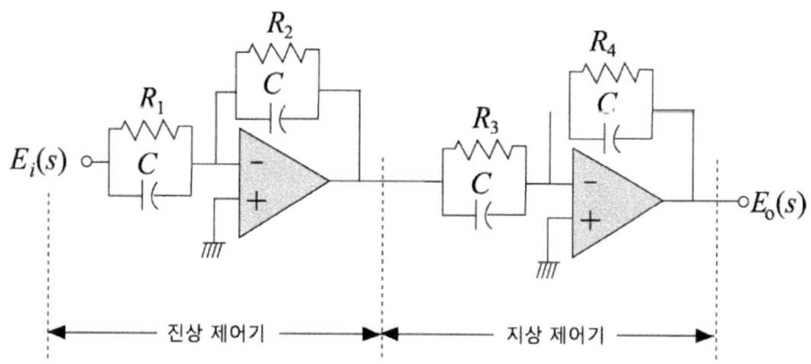

간편하게 진상-지상 제어기를 만들기 위해서는 커패시터 C를 모두 같게 하고, 저항 R_1, R_2, R_3, R_4에 의해 진상-지상 회로를 만듬.

$$G_c(s) = \frac{\alpha}{\beta}\left(\frac{s+z_c}{s+\alpha z_c}\right)\left(\frac{s+\beta p_c}{s+p_c}\right) = \underbrace{\alpha\left(\frac{s+z_c}{s+\alpha z_c}\right)}_{\text{진상 제어기}} \cdot \underbrace{\frac{1}{\beta}\left(\frac{s+\beta p_c}{s+p_c}\right)}_{\text{지상 제어기}}$$

$$z_c = \frac{1}{R_1 C},\ \alpha = \frac{R_1}{R_2} > 1$$

$$p_c = \frac{1}{R_4 C},\ \beta = \frac{R_4}{R_3} > 1$$

13.6 MATLAB® 활용

예제 M13.1 $G(s) = (s+3)/(s^3+13s^2+47s+35)$, $\%OS = 20$, $e_p = 0.01$**를 만족 시키는 지상제어기를 설계하라.**

$$G(s) = \frac{s+3}{s^3+13s^2+47s+35}$$

{제어기가 설계되기 전의 상태를 보자}

```
Transfer function:
          s + 3
------------------------
s^3 + 13 s^2 + 47 s + 35
```

$\%OS = 20$

zeta = 0.4559

보상전 오차에 사용될 K를 찾기위해 근궤적을 보고 zeta에 맞게 값을 찾는다

(다음 그림 참조)

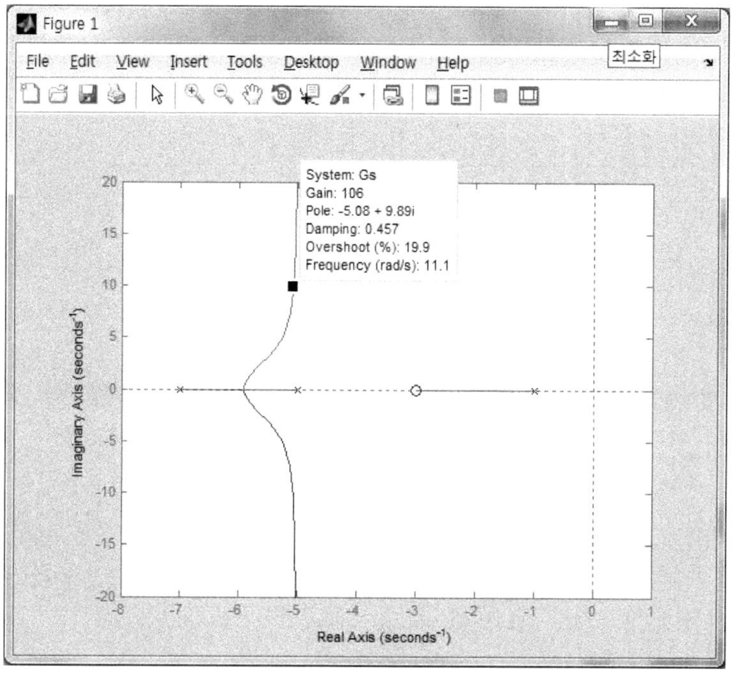

before_K = 106

before_kp = 9.0857

before_ep = 0.0992

after_ep = 0.0100

전후의 오차 관계에서 a를 찾는다 현재 after_kp 값을 모르므로

after_ep = 1/(1+after_kp)

1+after_kp = 1/after_ep

after_kp = (1/after_ep)-1

a = after_kp/before_kp

a = 10.8962

PI제어기를 흉내내기 위해서 Pc값을 작게 설정한다.

위의 전달함수의 근궤적을 그려서 zeta에 맞는 K 값을 찾는다.

Pc = 0.0100

```
Transfer function:

            104.6 s^2 + 325.3 s + 34.2

---------------------------------------------------------

s^4 + 13.01 s^3 + 47.13 s^2 + 35.47 s + 0.35
```

지상제어기 파라미터 값

a = 10.8962

Pc = 0.0100

지상제어기 보상전과 후의 스텝응답비교 (다음 그림 참조)

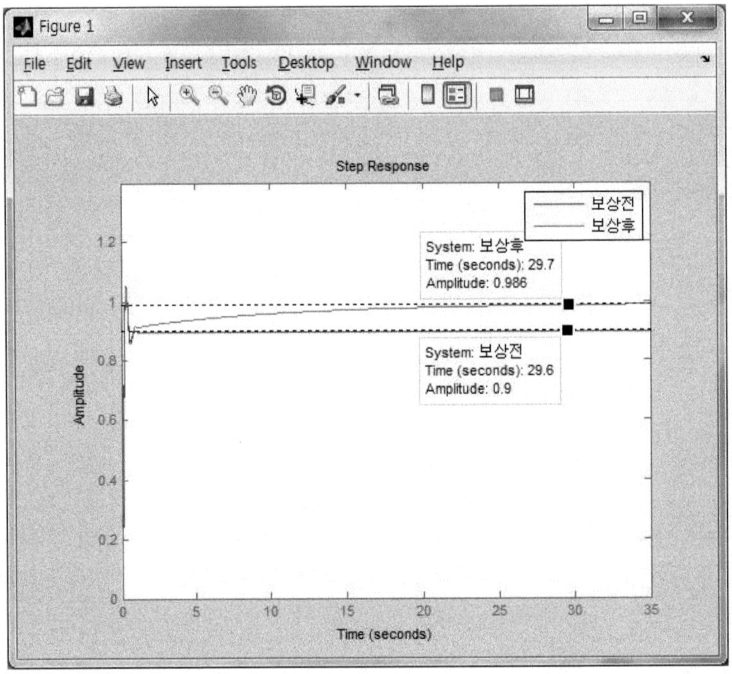


```
ex13_1.m
%(문제) OS = 20, ep = 0.01, 이 되도록 지상제어기를 설계하라
%PI제어기 설계와 유사.
```

```
clear all;
close all;
disp('{제어기가 설계되기 전의 상태를 보자}');
s = tf([1 0] , 1);
Gs = (s+3)/( (s+1)*(s+5)*(s+7) )
OS = 20
zeta = -log(OS /100)/sqrt(pi^2+(log(OS/100))^2)
disp('insert any key');
pause;
disp('보상전 오차에 사용될 K를 찾기위해 근궤적을 보고 zeta에 맞게 값을 찾는다');
rlocus(Gs)
before_K = 106
before_kp = dcgain(before_K*Gs)
before_ep = 1/(1+before_kp)
after_ep = 0.01
disp('전후의 오차 관계에서 a를 찾는다 after_kp = a*before_kp');
disp('insert any key');
pause;
a = ((1/after_ep)-1)/before_kp
disp('PI제어기를 흉내내기 위해서 Pc값을 작게 잡아 준다.');
Pc = 0.01
Gss = (1/a)*( (s+a*Pc)/(s+Pc) )*Gs;
disp('위의 전달함수의 근궤적을 그려서 zeta에 맞는 K 값을 찾는다');
disp('insert any key');
pause;
rlocus(Gss)
K = 1.14*10^3;
Gs_PI_ji = K*Gss
Gcl_1 = feedback(before_K*Gs,1);
Gcl_2 = feedback(Gs_PI_ji,1);
```

```
disp('지상제어기 파라미터 값');
a
Pc
disp('지상제어기 보상전과 후의 스템응답비교');
step(Gcl_1,'r', Gcl_2,'g'); legend('보상전', '보상후');
```

13.7 기사 문제

1 다음 중 과도 특성을 해치지 않고 보상하는 것은?

㉮ 진상 보상기 ㉯ 지상 보상기
㉰ 관측자 보상기 ㉱ 직렬 보상기

2 다음 제어기중 PD제어기를 대신하기 위해 만든 제어기는?

㉮ 비례 제어기 ㉯ 지상 제어기
㉰ 진상 제어기 ㉱ on-off 제어기

3 PD 제어계는 제어계의 과도 특성 개선을 위해 흔히 사용된다. 이것에 대응하는 보상기는?

㉮ 지 · 진상 보상기 ㉯ 지상 보상기
㉰ 진상 보상기 ㉱ 동상 보상기

4 PI 제어 동작은 프로세스 제어계의 정상 특성 개선에 흔히 쓰인다. 이것에 대응하는 보상 요소는?

㉮ 지상 보상 요소 ㉯ 진상 보상 요소
㉰ 지 · 진상 보상 요소 ㉱ 동상 보상 요소

5 진상 보상기의 설명 중 맞는 것은?

㉮ 일종의 저주파 통과 필터의 역할을 한다.
㉯ 2개의 극점과 2개의 영점을 가지고 있다.
㉰ 과도 응답 속도를 개선시킨다.
㉱ 정상 상태에서의 정확도를 현저히 개선시킨다.

해답

1.㉯ 2.㉰ 3.㉰ 4.㉮ 5.㉰

부록 제어공학에 필요한 기초수학

1. 그리스 문자

그리스 문자		호칭		그리스 문자		호칭	
A	α	alpha	알파	N	ν	nu	뉴우
B	β	beta	베타	Ξ	ξ	xi	크사이
Γ	γ	gamma	감마	O	o	omicron	오미크론
Δ	δ	delta	델타	Π	π	pi	파이
E	ϵ	epsilon	잎실론	P	ρ	rho	로오
Z	ζ	zeta	제타	Σ	σ	sigma	시그마
H	η	eta	에타	T	τ	tau	타우
Θ	θ	theta	데타	Y	υ	upsilon	웁실론
I	ι	iota	이오타	Φ	ϕ	phi	화이
K	κ	kappa	카파	X	χ	chi	카이
Λ	λ	lambda	람다	Ψ	ψ	psi	프사이
M	μ	mu	뮤우	Ω	ω	omega	오메가

2. 수학공식

① 항등식

$$a^2 - b^2 = (a+b)(a-b)$$

$$(a \pm b)^2 = a^2 \pm 2ab + b^2$$

$$a^3 \pm b^3 = (a \pm b)(a^2 \mp ab + b^2)$$

$$(a \pm b)^3 = a^3 \pm 3a^2b + 3ab^2 \pm b^3$$

② 지수

$$a^m \times a^n = a^{m+n} \qquad a^m \div a^n = a^{m-n}$$

$$(a^m)^n = a^{mn} \qquad a^{-m} = \frac{1}{a^m}$$

$$a^{m/n} = \sqrt[n]{a^m} = (\sqrt[n]{a})^m \qquad (ab)^m = a^m b^m$$

$$a^0 = 1 \ (a \neq 0)$$

③ 대수

$y = \log_a x \leftrightarrow x = a^y$

$\log_a a = 1$

$\log_a 1 = 0 \ (a > 0, \ a \neq 1)$

$\log_a (xy) = \log_a x + \log_a y$

$\log_a (x/y) = \log_a x - \log_a y$

$\log_a x^n = n \log_a x$

$\log_c a = \log_c b \times log_b a$

$\log_b a \times log_a b - 1$

$\log_a x$에서 $a = 10$일 때 상용대수라 하고 $\log x$로 표시한다.

$a = e$일 때 자연대수라 하고 $\ln x$로 표시한다.

$\log x = 0.4343 \ln x$

$\ln x = 2.3026 \log x$

$e = 2.718\ 2818284 \cdots$

④ 복소수

$j = \sqrt{-1}, \ j^2 = -1, \ j^3 = -j, \ j^4 = 1$

$1/j = -j, \ 1/j^2 = -1, \ 1/j^3 = j, \ 1/j^4 = 1$

복소수 $z = a + jb$에서

절대치 $|z| = \sqrt{a^2 + b^2}$

편각 $\theta = \arg z = \tan^{-1} \frac{b}{a}$

$a + jb = \sqrt{a^2 + b^2} (\cos\theta + j \sin\theta) = \sqrt{a^2 + b^2} \exp(j\theta)$

$a - jb = \sqrt{a^2 + b^2} (\cos\theta - j \sin\theta) = \sqrt{a^2 + b^2} \exp(-j\theta)$

$(a + jb)^n = \sqrt[n]{a^2 + b^2} (\cos n\theta + j \sin n\theta)$

$$r\angle\theta = r(\cos\theta + j\sin\theta)$$

$$e^{j\theta} = \cos\theta + j\sin\theta$$ (Euler의 정리)

$$\cos\theta = \frac{1}{2}(e^{j\theta} + e^{-j\theta})$$

$$\sin\theta = \frac{1}{2j}(e^{j\theta} - e^{-j\theta})$$

$$(\cos\theta + j\sin\theta)^n = \cos n\theta + j\sin n\theta$$

⑤ 2차 방정식의 근

$ax^2 + bx + c = 0$ (a,b,c : 실수, $a \neq 0$)이면

$$x = \frac{-b \pm \sqrt{b^2 - 4ac}}{2a}$$

⑥ 급수의 전개

- Maclaurin 급수

$$f(x) = f(0) + f'(0)x + \frac{1}{2!}f''(0)x^2 + \frac{1}{3!}f'''(0)x^3 + \cdots$$

- Taylor 급수

$$(1+x)^n = 1 + nx + \frac{1}{2!}n(n-1)x^2 + \frac{1}{3!}n(n-1)(n-2)x^3 + \cdots$$

$$\sin x = x - \frac{1}{3!}x^3 + \frac{1}{5!}x^5 - \frac{1}{7!}x^7 + \cdots \quad (x^2 < \infty)$$

$$\cos x = x - \frac{1}{2!}x^2 + \frac{1}{4!}x^4 - \frac{1}{6!}x^6 + \cdots \quad (x^2 < \infty)$$

$$\tan x = x + \frac{1}{3}x^3 + \frac{2}{15}x^5 + \frac{17}{315}x^7 + \cdots$$

$$e^x = 1 + x + \frac{1}{2!}x^2 + \frac{1}{3!}x^3 + \frac{1}{4!}x^4 + \cdots$$

⑦ 근사치

$|x| \ll 1$에 대하여

$(1 \pm x)^2 \fallingdotseq 1 \pm 2x$ $(1 \pm x)^n \fallingdotseq 1 \pm nx$

$\sqrt{1+x} \fallingdotseq 1 + \frac{1}{2}x$ $\frac{1}{\sqrt{1+x}} \fallingdotseq 1 - \frac{1}{2}x$

$e^x \fallingdotseq 1 + x$ $\ln(1+x) \fallingdotseq x$

$\sin x \fallingdotseq 0$ $\cos x \fallingdotseq 1$

$\tan x \fallingdotseq x$

⑧ 3각함수

- 보각의 3각함수

$\sin(180 \pm \theta) = \mp sin\theta$

$\cos(180 \pm \theta) -- \cos\theta$

$\tan(180 \pm \theta) = \pm sin\theta$

- 여각의 3각함수

$\sin(90 \pm \theta) = + \cos\theta$

$\cos(90 \pm \theta) = \mp sin\theta$

$\tan(90 \pm \theta) = \mp cot\theta$

$\cot(90 \pm \theta) = \mp tan\theta$

- **같은 각의 3각함수 사이의 관계**

(1) $\begin{cases} \sin A \operatorname{cosec} A = 1 \\ \cos A \sec A = 1 \\ \tan A \cot A = 1 \end{cases}$ (2) $\begin{cases} \sin^2 A + \cos^2 A = 1 \\ \sec^2 A = 1 + \tan^2 A \\ \operatorname{cosec}^2 A = 1 + \cot^2 A \end{cases}$

(3) $\tan A = \frac{\sin A}{\cos A}$

- 가법정리

$$\sin(A \pm B) = \sin A \cos B \pm \cos A \sin B$$

$$\cos(A \pm B) = \cos A \cos B \mp \sin A \sin B$$

- 배각의 공식

$$\sin 2A = 2\sin A \cos A$$

$$\cos 2A = 2\cos^2 A - 1 = 1 - 2\sin^2 A = \cos^2 A - \sin^2 A$$

$$\tan 2A = \frac{2\tan A}{1 - \tan^2 A}$$

- 반각의 공식

$$\sin\frac{A}{2} = \pm\sqrt{\frac{1-\cos A}{2}}$$

$$\cos\frac{A}{2} = \pm\sqrt{\frac{1+\cos A}{2}}$$

$$\tan\frac{A}{2} = \pm\sqrt{\frac{1-\cos A}{1+\cos A}} = \frac{1-\cos A}{\sin A} = \frac{\sin A}{1+\cos A}$$

- 합을 곱으로 고치는 공식

$$\sin A + \sin B = 2\sin\frac{1}{2}(A+B)\cos\frac{1}{2}(A-B)$$

$$\sin A - \sin B = 2\cos\frac{1}{2}(A+B)\sin\frac{1}{2}(A-B)$$

$$\cos A + \cos B = 2\cos\frac{1}{2}(A+B)\cos\frac{1}{2}(A-B)$$

$$\cos A - \cos B = -2\sin\frac{1}{2}(A+B)\sin\frac{1}{2}(A-B)$$

- 곱을 합으로 고치는 공식

$$\sin A\cos B = \frac{1}{2}\sin(A+B) + \sin(A-B)$$

$$\cos A\sin B = \frac{1}{2}\sin(A+B) - \sin(A-B)$$

$$\sin A\sin B = \frac{1}{2}\cos(A-B) - \cos(A+B)$$

$$\cos A\cos B = \frac{1}{2}\cos(A-B) + \cos(A+B)$$

- 반각 및 2배각에 관한 공식

(1) $$\begin{cases} \sin A = 2\sin\frac{A}{2}\cos\frac{A}{2} \\ \cos A = \cos^2\frac{A}{2} - \sin^2\frac{A}{2} \end{cases}$$

(2) $$\begin{cases} 2\sin^2 A = 1 - \cos 2A \\ 2\cos^2 A = 1 + \cos 2A \end{cases} \qquad \begin{cases} 2\sin^2\frac{A}{2} = 1 - \cos A \\ 2\cos^2\frac{A}{2} = 1 + \cos A \end{cases}$$

- 상수를 갖는 같은 각의 정현과 여현의 합을 단항식으로 만드는 법

$$a\cos A + b\sin A = \sqrt{a^2+b^2}\cos(A-\theta) \quad (\text{단, } \theta = \tan^{-1}\frac{b}{a})$$

- 3각형의 2변 a,b와 그 사이각 θ를 알고 맞변 P를 구하는 공식

$$P = \sqrt{a^2+b^2-2ab\cos\theta}$$

- 호도법

$$1\,[rad] = \frac{360^\circ}{2\pi} = 57^\circ 17'45'' = 3437'45''$$

■ 3각함수와 지수함수의 관계

$$\sin x = \frac{1}{2j}(e^{jx} - e^{-jx})\cos x = \frac{1}{2}(e^{jx} + e^{-jx})$$

$$\tan x = -j\frac{e^{2jx} - 1}{e^{2jx} + 1} = \frac{1}{j}\frac{e^{jx} - e^{-jx}}{e^{jx} + e^{-jx}}$$

$$e^{jx} = \cos x + j\sin x e^{-jx} = \cos x - j\sin x$$

$$\cosh at = \frac{e^{at} + e^{-at}}{2}$$

$$\sinh at = \frac{e^{at} - e^{-at}}{2}$$

⑨ 미분공식

(1) $\frac{dc}{dx} = 0$ (c : 상수)

(2) $\frac{d}{dx}(cu) = c\frac{du}{dx}$ (c : 상수)

(3) $\frac{d}{dx}(u \pm v) = \frac{du}{dx} \pm \frac{dv}{dx}$

(4) $\frac{d}{dx}(uv) = v\frac{du}{dx} + u\frac{dv}{dx}$

(5) $\frac{d}{dx}\left(\frac{u}{v}\right) = \frac{v\frac{du}{dx} - u\frac{dv}{dx}}{v^2}$

(6) $\frac{dy}{dx} = \frac{dy}{du} \cdot \frac{du}{dx}$

(7) $y = x^m$ $\quad y' = mx^{m-1}$

(8) $y = e^x$ $\quad y' = e^x$

(9) $y = a^x$ $\quad y' = a^x \log a$

(10) $y = \log x$ $\quad y' = \frac{1}{x}$

(11) $y = \sin x$ $y' = \cos x$

(12) $y = \cos x$ $y' = -\sin x$

(13) $y = \tan x$ $y' = \frac{1}{\cos^2 x} = \sec^2 x$

(14) $y = \sin ax$ $y' = a\cos ax$

(15) $y = \cos ax$ $y' = -a\sin ax$

⑩ 적분공식(적분상수는 생략함)

(1) $\int a\,dx = ax$

(2) $\int a \cdot f(x)dx = a\int f(x)dx$

(3) $\int (u+v)dx = \int udx + \int vdx$

(4) $\int udv = uv - \int vdu$

(5) $\int u\frac{dv}{dx}dx = uv - \int v\frac{du}{dx}dx$

(6) $\int x^n dx = x^{n+1}/n+1, \quad (n \neq -1)$

(7) $\int \frac{dx}{x} = \log x$

(8) $\int e^x dx = e^x$

(9) $\int e^{ax} dx = e^{ax}/a$

(10) $\int b^{ax} dx - \frac{b^{ax}}{a\log b}$

(11) $\int \sin x dx = -\cos x$

(12) $\int \cos x dx = \sin x$

(13) $\int \tan x dx = -\log \cos x$ 또는 $\log \sec x$

(14) $\int \sec^2 x dx = \tan x$

(15) $\int e^x dx = e^x$

(16) $\int e^{-x} dx = -e^{-x}$

(17) $\int e^{ax} dx = \dfrac{e^{ax}}{a}$

찾아보기

ㄱ

가속도입력 199
감도 184
감지기 169
강제 응답 194
개루프 6
경로 57
경로 이득 58
계단 응답 40
계단입력 199
계단함수 30
고유 응답 194
고유값 134
고유벡터 134
고이득 166
공정 7
공진주파수 315
과도상태 198
관성 91
교차점 276
극점 194
극점 제어기 추가 253, 257, 295
근궤적 268
기계 시스템 89
기어 93
기준입력 7

ㄴ

나이퀴스트 305
나이퀴스트 선도 328
뉴튼의 운동법칙 89
능동 회로 444

ㄷ

단위계단함수 30
대각선 행렬 137
대역폭 313, 314
대칭축 282
데시벨 329
동적 방정식 68, 124

ㄹ

라플라스 변환 25, 26
랙 96
랙기어 96, 112
램프입력 199
램프함수 31
루프 이득 58

ㅁ

마찰 90, 92

메이슨 정리 59
명령신호 7
명령입력 7
명령추종 6, 162
모터 105
무인제어 2
무인차 115
물 탱크 시스템 42
미분 제어 376
미분기 397
미분성질 33

ㅂ

반전력 주파수 313
반전증폭기 396
발산 353
발진 353
변조 성질 36
보드 305
보드 선도 328
보드선도 329
볼과 빔 시스템 26
부분 분수법 38
부족 제동 232
부피이드백 160
블록선도 52
비 제동 고유 주파수 239
비례 제어 375
비례기 396
비선형시스템 8
비접촉 루프 58
비주기 함수 309
비최소 위상 258
비최소 위상 시스템 355
비틀림 스프링 92

ㅅ

삼각 함수의 합성 공식242
상사변환 149
상승 시간 227
상승시간 245
상태 공간 68
상태 방정식 64, 124
상태 천이 행렬 144
상태공간 124
상태선도 63
서보시스템 7
선형성 32
선형시스템 8
세탁기 3
센서 169
수동소자 84
수동제어 2
수동회로 442
순서제어 4
스펙트럼 311
스프링 89
시간 응답 226, 230, 237
시간 지연 35
시간 지연 시스템 351
시간 천이 35
시간지연 349
시변시스템 8
시불변시스템 8
시스템 6
시정수 227

시퀀스 제어 3
시한제어 3

ㅇ

아크 용접 116
안정도 346, 352
안정도 판별법 176
엔코더 170
역 기전력 105
역기전력 106
영-입력 175
영점 195
영점 제어기 추가 254, 258, 297
온/오프 제어 374
외란 7, 167, 213
위상 교차점 354
위상 여유 347
위상교차주파수 347
유인제어 2
유형 204
응답 개선 371
이득 교차점 354
이득 여유 347
이득교차주파수 347
이득여유 353
이차 부족 제동 시스템 243, 251
이차 부족제동 시스템 237
이차 시스템 230
이탈점 280
인덕터 84
일차 시스템 226
임계 제동 234
임펄스 응답 39

ㅈ

자격루 12
자기 부상 열차 115
자동제어 2
저주파 통과 필터 314
적분 제어 375
적분기 397
적분성질 35
전기 기계 시스템 132
전기 시스템 84, 125
전달함수 24, 124
전방향 경로 57
전방향 경로 이득 58
전방향제어기 370
점근 안정도 175
점근선 274
점근선 기법 332
점성 마찰 90
점성마찰 92
정규화 315
정상상태 198
정상상태 오차 198
정지 마찰 90
정지마찰 92
정착 시간 227
정피이드백 160
제동 고유 주파수 239
제동 상수 239
제동비 239
제어 2
제어(control) 6
제어공학 2
제어기 2, 6

제어대상변수 7
제어목표 6
조건제어 3
조파합성 309
주기함수 309
주파수 응답 306
지상 335
지상 제어기 424, 426, 442, 444
지수 함수 행렬 138
지수함수 31
지연 시간 229
직선 운동 기계 시스템 127
진상 335
진상 제어기 430, 443, 445
진상-지상 제어기 438, 443, 445
질량 89

ㅊ

차단 주파수 313
차동기어 96
철판 압연 351
초기값 정리 37
최소 위상 259
최종값 정리 37
출력 방정식 124
출발각 276
충격 응답 39
측정잡음 7

ㅋ

카메라 서보 시스템 113
커패시터 85
커피자판기 3
쿨롱 마찰 90
쿨롱마찰 92

ㅌ

타코미터 170
토리첼리의 원리 41
토크106

ㅍ

퍼센트 오버슛 247
페로 해석법 85
폐루프6
폐루프 전달 함수 370
포텐쇼미터 169
푸리에 급수 309
푸리에 변환 28, 310
푸리에 적분 309
풀리93
플랜트6, 7
플랜트(plant)6
피이드백160
피이드백 제어 4, 5
피이드백 제어기 370
피이드백 제어시스템 5

ㅎ

회전 운동 기계 시스템 128
회전-직선 운동 기계 시스템 130
회전축 93
히터 4, 374

A

asymptotes 274

B

ball and beam 26
bandwidth 313
BIBO 안정도 173
block diagram 52
Bode 305
Bode plot 327, 329
breakaway points 280

C

closed-loop 6
command following 6
command input 7
command signal 7
control 2
control object 6
controlled variable 7
controller 2, 6
coulomb friction 90, 92
critically damped 234

D

damped natural frequency 239
damping constant 239
damping factor 239
damping ratio 239
decibel 329
delay time 229
differental gear 96
disturbance 7
dynamic equation 68

F

feed forward path 57
feedback control system 5
forced response 194
friction 90, 92

G

gain crossover frequency 347
gain margin 347
gear 93

H

high gain 166

I

inertia 91
intersection of asymptotes 276
inverting amplifier 396

L

linear spring 89
linear system 8
low pass filter 314

M

Mason 59
mass 89
measurement noise 7
minimum phase 259

N

natural response 194
non-minimum phase 258
non-touching loop 58
nonlinear system 8
normalization 315
Nyquist 305
Nyquist diagram 327

O

open-loop 6
OP앰프 395
oscillation 353

P

path 57
PD 제어기 382, 397
phase crossover frequency 347
phase margin 347
phase-lag 335
phase-lead 335
PI 제어기 377, 397
PID 제어기 374, 387, 398
plant 6, 7
pole 194
process 7
pulley 93

R

rack 96
reference input 7
rising time 227
Routh-Hurwitz 176
Routh표 176

S

sensitivity 184
servo system 7
settling time 227
similarity transformation 149
state diagram 63
state equation 64
state space 68
state transition matrix 144
static friction 90, 92
step function 30
symmetry of root locus 282
system 6

T

time constant 227
time shift 35
time-invariant system 8

time-varying system 8
torsional spring 92
type 204

U

undamped natural frequency 239
undamped) 시스템 233
under-damped 232
unit step function 30

V

viscous friction 90, 92

Z

zero 195
zero state 175

W+ 나의 제어공학

2025년 2월 10일 인쇄 발행

저 자 김동헌
발 행 인 송기수
발 행 처 도서출판 위즈덤플
편 집 처 도서출판 위즈덤플
인 쇄 처 트윈벨미디어
등록번호 제 2015-000009 호
ISBN 979-11-89342-68-5(93560)

주 소 서울 은평구 증산로15길 69 2층
전 화 02-976-7898
팩 스 02-6468-7898
홈페이지 gsintervision.kr
E-Mail gsinter7@gmail.com

가 격 35,000 원